Der EXTRA-Lieferservice

Jetzt den EXTRA-Lieferservice nutzen

Ihre Vorteile:
- Keine Ausgabe verpassen
- Kostenfreie Lieferung jedes neuen EXTRAs innerhalb von Deutschland
- Zahlung per Einzelrechnung zum aktuellen Coverpreis
- Jederzeit abbestellbar

Jetzt dabei sein!
www.vth.de/fmt/extra-lieferservice

Freuen Sie sich auf:
EXTRA RC-Elektronik am 24. März

FMT-EXTRA Baupraxis
ArtNr: 3502128
Preis: 7,80 €   für Abonnenten: 5,40 €

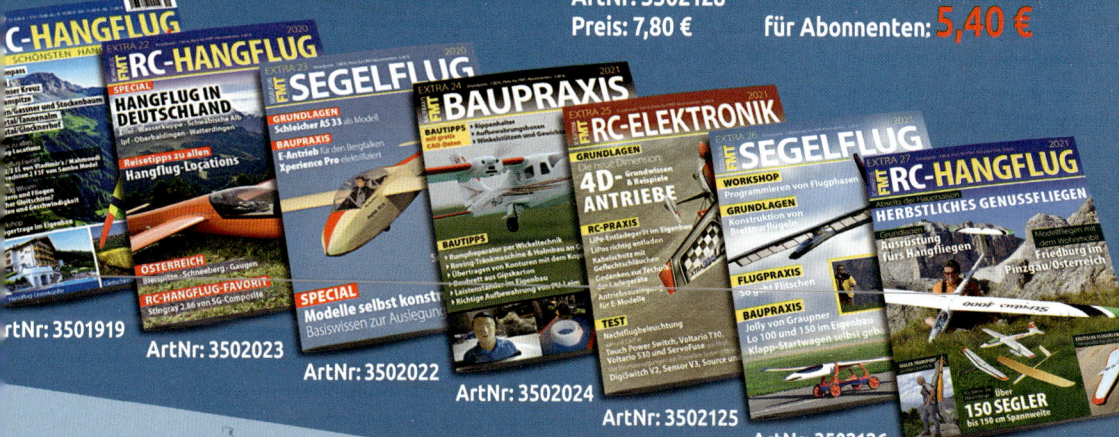

ArtNr: 3501919
ArtNr: 3502023
ArtNr: 3502022
ArtNr: 3502024
ArtNr: 3502125
ArtNr: 3502126
ArtNr: 3502127

Jetzt bestellen!

📞 07221 - 5087-22
🖨 07221 - 5087-33
✉ service@vth.de

🌐 www.vth.de/shop
📷 vth_modellbauwelt
▶ VTH neue Medien GmbH

f VTH & FMT
in VTH Verlag

Jochen Zimmermann

CAD – CAM – CNC im Modellbau

CAD – CAM – CNC im Modellbau

Jochen Zimmermann

Verlag für Technik und Handwerk neue Medien GmbH
Baden-Baden

vth-Fachbuch
Best.-Nr.: 3102270

Redaktion: Maleen Thiele, Uwe Puchtinger
Layout: Thomas Schüle, Marat Abdulmanov, Sandra Balke

Bibliografische Information der Deutschen Nationalbibliothek
Die Deutsche Nationalbibliothek verzeichnet diese Publikation
in der Deutschen Nationalbibliografie; detaillierte bibliografische
Daten sind im Internet über http://dnb.d-nb.de abrufbar.

ISBN 978-3-88180-485-1
2. überarbeitete Auflage 2021 by Verlag für Technik
und Handwerk neue Medien GmbH
Bertha-Benz-Straße 7, 76532 Baden-Baden

Alle Rechte, besonders das der Übersetzung, vorbehalten. Nachdruck und
Vervielfältigung von Text und Abbildungen, auch auszugsweise, nur mit aus-
drücklicher Genehmigung des Verlags.

Printed in Germany
Druck: Colordruck Solutions GmbH Leimen

Inhaltsverzeichnis

Über den Autor..7

1. Wir bauen ein Flugzeug...8

2. Begriffsbestimmungen...9
    2.1 CAD..9
    2.2 CAM..10
    2.3 CNC...11

3. 2D-Konstruktion – Planerstellung..13
    3.1 Vorüberlegungen..13
    3.2 Konventionen...15
    3.3 Die Programm-Oberfläche...15
    3.4 Grundlagen des Konstruierens am CAD..21
        3.4.1 Zeichenwerkzeuge..21
        3.4.2 Fangmethoden..21
        3.4.3 Auswahlmethoden..21
        3.4.4 Layer und Gruppen..22
        3.4.5 Freiheiten der Konstruktionsarbeit..23
    3.5 Konstruktion der Tragfläche..24
    3.6 Unser Plan soll „schöner" werden..37
    3.7 Profilauswahl und Rippenkonstruktion...45
    3.8 Bauteile zum Zusammenstecken..70
    3.9 Dateiverwaltung...74
    3.10 Drucken und Datenaustausch..76

4. Konstruieren in 3D...80
    4.1 Wer braucht schon 3D …?...80
    4.2 Methodik der 3D-Konstruktion...81
    4.3 Programm-Oberfläche im 3D..83
    4.4 Arbeitsebenen...84
    4.5 Rumpfkonstruktion als Volumenmodell..88
        4.5.1 Vorbereitende Arbeiten...88
        4.5.2 Extrusionskörper – Prismen..99
        4.5.3 Edit-Funktionen im 3D-Raum...105
        4.5.4 Der feature tree..110
        4.5.5 Ausrichten von Körpern...117
        4.5.6 Basiskörper...120

    4.5.7 Boole'sche Operationen – Modifikationen am 3D-Körper..............124
    4.5.8 Dreidimensionale Baugruppen und weitere 3D-Funktionen........132
    4.5.9 Konstruktionsmethoden am 3D-Bauteil.......................................145
    4.5.10 Details der Konstruktion..147
    4.5.11 Zeichnungsableitung – aus 3D mach 2D...................................150
    4.5.12 Modellierung von Freiformflächen..154

5. CNC-Technik – vom PC auf die Maschine...160
  5.1 Nach CAD kommt CAM...160
  5.2 CAM-Funktionen im 2D..161
    5.2.1 Menüstruktur und Bedienweise..161
    5.2.2 Vorbereitende Arbeiten..162
    5.2.3 Erste virtuelle Späne..170
    5.2.4 Der Weg zur Maschine..183
    5.2.5 Weitere CAM-Funktionen...189
  5.3 CAM-Funktionen im 3D..197

6. Schlusswort..211

7. Register..213

Über den Autor

Jochen Zimmermann ist Jahrgang 1962 und Modellflieger bei der FMG Nördlingen seit 1976. Er studierte Luft- und Raumfahrttechnik in Berlin. Bei der Akaflieg Berlin arbeitete er am aktuellen Projekt B13 mit. Seit 1992 ist er mit seinem Unternehmen 4CAM GmbH in Reimlingen auf dem Gebiet der CAD/CAM/CNC-Technik selbstständig. In seiner Freizeit ist er aktiver Modellbauer und -flieger und engagiert sich in der Jugendarbeit des Vereins. Er ist verheiratet und Vater von vier Kindern.

1. Wir bauen ein Flugzeug

Wir bauen ein Flugzeug – mit diesem Entschluss wäre man früher in den Keller gegangen, um in der Werkstatt nachzusehen, ob genügend Balsaholz, Sperrholz oder Kiefernleisten vorhanden sind. Gegebenenfalls hätte uns dann bei Unterbestand der Gang zum ortsansässigen Modellbauhändler des Vertrauens ein angenehmes Einkaufserlebnis beschert. Vom Verlag oder von einem Freund hätten wir uns einen Plan besorgt und schon wären die ersten Rippen oder Spanten im heimischen Keller entstanden. Bei all jenen, die sich an eigene Konstruktionen herangewagt haben wurde dieser Punkt durch die kreative Arbeit am Zeichenbrett ersetzt, bis der neue Flieger zumindest schon einmal auf dem Papier entstanden war.

Seit einiger Zeit haben jedoch moderne Arbeitsmittel das Zeichenbrett ersetzt und das nicht nur, weil in der Wohnung das sperrige Möbelstück den anderen Familienmitgliedern schon lange ein Dorn im Auge war. Die computer-unterstützte Methode der Konstruktion hat sich auch beim Einsatz im Hobby als sehr geeignet bewiesen und punktet auch hier durch Schnelligkeit, Präzision und Wiederholbarkeit. Nicht zuletzt die Möglichkeit, direkt aus den CAD-Daten Fräsprogramme zu erstellen, die für die Fertigung der Bauteile genutzt werden können, hat in Verbindung mit erschwinglichen Fräsmaschinen zum Einzug dieser C-Techniken in die Hobbywerkstatt geführt.

Wir bauen ein Flugzeug – allein schon diese Entscheidung war in den vergangenen Jahren für die meisten Modellflieger nicht an der Tagesordnung, haben doch günstige Angebote von Fertig- oder Fast-Fertig-Modellen die heimische Werkstatt meist verwaist gelassen. Der Markt bietet sehr viele Modelle aller Klassen in einer beeindruckenden Perfektion und inzwischen auch Qualität an, die einen Selbstbau angesichts der günstigen Preise dieser Produkte eigentlich unnötig machen. Und doch ist in jüngster Vergangenheit ein Trend unübersehbar, der uns Modellflieger wieder mehr im Bastelkeller zeigt, auch wenn sich dieser vielleicht in Sachen Werkzeuge und Ausstattung etwas verändert hat. Allen diesen Modellbauern sei dieses Buch gewidmet.

Die hier vorgestellten Techniken und Begriffe werden anhand der CAD/CAM-Software MegaNC und der CNC-Steuerung NCdrive erläutert, gelten aber natürlich – abgesehen von den Spezifika der Bedienung der beiden Programme – im Wesentlichen auch für andere Produkte am Markt. Die Ausführungen werden an einem konkreten Modellflugzeugprojekt dargestellt, sind aber selbstverständlich auch auf Aufgaben im allgemeinen Funktionsmodellbau übertragbar. Das Buch richtet sich per se an den Hobbyisten. Die vorgestellten Techniken sind aber ebenso wie die Softwarepakete gleichwertig im professionellen Umfeld einsetzbar. Der Hauptspant ist dann mit einem Halteblech gleichzusetzen und das als Baugruppe eingefügte Servo muss man sich dann als Linearführung oder Festo-Zylinder vorstellen.

2. Begriffsbestimmungen

Das Buch trägt plakativ den Titel „CAD – CAM – CNC im Modellbau" – und setzt damit quasi voraus, dass diese Begriffe dem Leser bereits geläufig sind. Warum sollte er sonst ins Regal greifen und sich für dieses Buch interessieren? Um alle Unklarheiten zu beseitigen, möchte ich trotzdem auf die einzelnen Begriffe noch einmal eingehen, damit wir sicher sind, im Laufe des Buches vom Gleichen zu sprechen.

2.1 CAD

Der Begriff CAD kommt wie so vieles im Computerumfeld aus dem englischen Sprachraum und bedeutet **C**omputer **A**ided **D**esign. Der Computer soll uns also beim Design, das heißt bei der Konstruktion unterstützen. Unterschieden wird hier zwischen der 2D- und 3D-Konstruktion. Auch wenn es in dieser Zeit den Eindruck macht, dass alles immer 3D sein muss, ist das zweidimensionale Arbeiten fester Bestandteil und aus der Praxis nicht wegzudenken. Am Ende ist in vielen Fällen ein Plan oder eine Werkstattzeichnung das Ergebnis der Bemühungen. Gerade die geschickte Kombination von ebenem und räumlichen Modell macht diese Technik auch für uns Modellbauer ideal nutzbar.

Im ebenen Fall (2D) ist die Software auf den ersten Blick nur ein Ersatz des Zeichenbrettes. Der Bogen Zeichenpapier wird durch eine Arbeitsfläche am Bildschirm ersetzt. Diese ist jedoch (gefühlt) unendlich groß und die Inhalte unserer Arbeit können beliebig angeordnet werden. Die Stifte und das Lineal werden durch Werkzeuge im CAD ersetzt. Dabei ist es meist eine Kombination von Arbeitsmitteln, die das Konstruieren am Bildschirm interessant und effizient macht. Zirkel und Maßstab von früher sind heute Kreisfunktionen, Kurvenschablonen werden beispielsweise durch Splinefunktionen ersetzt und über das ehemals zermürbende Schreiben von Texten oder Bemaßungen mit Bleistift oder Tusche und Textschablonen lächeln wir heute nur entspannt. Auch wenn CAD im 2D nur ein elektronisches Zeichenbrett ist, stellt es doch aufgrund der Präzision, Schnelligkeit und Wiederholbarkeit der Arbeitsmethode ein sehr mächtiges Werkzeug dar. Allein die Möglichkeit, bestehende Inhalte beliebig zu verändern oder auf bereits erstellte Konstruktionen immer wieder zuzugreifen stellt einen Quantensprung gegenüber der Handskizze oder manuellen Konstruktion dar. Verlässt man dann die Ebene und erhebt seine Konstruktion in den dreidimensionalen Raum, ist ein Vergleich mit der klassischen Konstruktion nur noch in deren Kombination mit dem darstellenden Funktionsmodellbau sinnvoll. Im Bereich Architektur ist es beispielsweise heute immer noch an der Tagesordnung, dass aus der 2D- oder 3D-Konstruktion Anschauungsmodelle erstellt werden, die eine Planung „begreifbar" machen.

Dreidimensional zu konstruieren, bedeutet die Erstellung von räumlichen Modellen am Bildschirm. Dies beginnt mit der Erstellung von 2D-Skizzen, aus denen Extrusions- oder Rotationskörper erstellt werden oder mit räumlichen Grundkörpern. Diese können am Bildschirm als Drahtmodell mit allen sichtbaren Kanten oder mit verdeckten Linien, mit schattierten Oberflächen oder auch mit simulierten Oberflächenmaterialien dargestellt werden. Das CAD erlaubt es, diese Modelle aus beliebigen Positionen oder Projektionen zu betrachten oder durch die Anbringung von Schnitten auch ins Innere einer Konstruktion optisch vorzudringen. Gleichzeitig ist es – wie auch im 2D – möglich, durch das Ein- oder Ausblenden von einzelnen Bereichen oder Objekten immer den Überblick zu behalten und den Teil der Konstruktion im Fokus zu haben, der gerade von Interesse ist. Die Kombination und gegenseitige Verschmelzung oder Subtraktion einzelner Objekte lässt dann die Konstruktion zu einem komplexen Ganzen wachsen, die ein exaktes Abbild des späteren Bauteils darstellt. Die bisher erwähnten ebenen oder einfach gekrümmten Modelle können dann auch mit der „hohen Kunst der Modellierung" – den Freiformflächen kombiniert werden. Damit ist der Weg offen zum Erstellen von beliebig komplexen Konstruktionen, die im Bereich Design, Fahrzeug- oder Flugzeugbau oder in vielen anderen technischen Disziplinen benötigt werden. Die Daten stehen dann für die weitere Nutzung als räumliche Objekte zur Verfügung. Virtuelle Welten für das dreidimensionale Erleben einer Konstruktion als „walk through" kann eine Anwendung sein, aber auch die Bereitstellung der Daten für die technische Analyse. FEM (Finite Elemente Methode) zur Festigkeits- oder Steifigkeitsberechnung, zur Strömungssimulation oder zur thermischen Untersuchung ist hier ein Stichwort für die ingenieurmäßige Weiternutzung der Daten. Und letztlich ist es natürlich die Fertigung, die inzwischen in den überwiegenden Fällen 2D- oder 3D-Daten nutzt, um Daten für die Ansteuerung von Maschinen zu erzeugen. Fräsen, Gravieren, Laser- und Plasmaschneiden, Drehen, Erodieren oder Stanzen und Umformen sind die Verfahren, die datentechnisch zum Leben erweckt werden müssen. Die Anwendungen sind vielfältig und reichen vom einfachen Erstellen von ebenen Bauteilen bis zum Formenbau. Und schließlich darf hier die Nutzung von 3D-Daten für die Herstellung von Bauteilen in additiven Verfahren nicht vergessen werden, die in den letzten Jahren stetig an Bedeutung gewonnen haben. Das 3D-Drucken auf Basis von FDM (fused deposition modelling), wie wir das von einfachen 3D-Druckern kennen oder das Lasersintern sind neue Herstellungsmethoden, die die oben genannten Techniken immer mehr ergänzen und in manchen Bereichen auch ersetzen werden.

Für uns Modellbauer sind es das Fräsen, Lasern, Drehen und das 3D-Drucken, die unser Hobby und unsere Bautätigkeit sinnvoll (und erreichbar) bereichern können. Für diese Gebiete werden wir uns in diesem Buch ausführlich mit der CAD-Konstruktion beschäftigen.

2.2 CAM

Computer **A**ided **M**anufacturing steht hinter den drei Buchstaben CAM und beschreibt die Computer unterstützte Fertigung. Basierend auf den CAD-Daten erzeugt die Software zur Arbeitsvorbereitung und Erstellung von Maschinenprogrammen die Befehle, die von CNC-Maschinen später abgearbeitet werden sollen. Auch hier wird zwischen 2D- und 3D-CAM unterschieden, wobei es hier ein reines 2D nur bei Anwendungen wie dem Lasern gibt, bei dem der Schneidkopf im Prozess nicht aktiv verfahren wird. 2,5D ist der typische Begriff für das Fräsen von ebenen Bauteilen, bei dem der Fräser zumindest am Anfang und Ende einer Kontur eine Zustellung in z-Richtung erfährt. Die Grenzen zum 3D-CAM sind hier jedoch fließend und eine eindeutige Begriffsbestimmung liegt nicht vor. Zum Teil begründet sich die Unterscheidung auf dem gleichzeitigen Verfahren von zwei oder drei Achsen. Jedoch kann auch für die Herstellung von ebenen Bauteilen – beispielsweise eines kleinen CFK-Hebels aus Plattenmaterial – das zeitgleiche Bewegen von drei Achsen notwendig werden, wenn helixförmig in das Bauteil eingetaucht werden soll. In anderen Quellen wird erst vom 3D-CAM gesprochen, wenn durch die Bewegung von drei oder mehr Achsen ein komplexes, dreidimensionales Bauteil entsteht. Für unsere Betrachtungen soll dies aber keine Rolle spielen. Inhaltlich geht es beim CAM in jedem Fall darum, dass die Geometrie aus dem CAD genutzt wird, um Bearbeitungsstrategien zu definieren, die letztlich in sogenanntem Maschinencode Ausdruck finden. Dieser kann dann von CNC-Maschinen interpretiert werden, was zu einer gesteuerten Bewegung von mehreren Achsen führt. Wie dieser textbasierende Maschinencode aussieht, hängt von den Anforderungen der eingesetzten Steuerung ab. Details dazu finden Sie im nächsten Kapitel CNC. Die oben erwähnten Bearbeitungsstrategien können im ebenen Fall das Entlangfahren an einer Kontur, das Bohren oder die Erstellung von Taschen sein. Im 3D spricht man vom Ausräumen von Bereichen (mäanderförmig oder zirkular), vom Abzeilen oder z-konstant Schlichten. Einflussfaktoren sind die eingesetzten Werkzeuge und die Ausstattung der Maschine ebenso wie die Materialeigenschaften und die Anforderungen an Oberflächengüte und Bearbeitungszeit.

Bei der Software MegaNC, die in diesem Buch die Arbeitsgrundlage darstellt wird die Bearbeitungsstrategie direkt an die CAD-Daten angehängt. Dies führt dazu, dass Veränderungen im CAD-Modell automatisch eine Anpassung der Fräsdaten mit sich bringen. Funktionieren kann das nur, wenn die CAM-Lösung vollständig in das CAD-Programm integriert ist. Wir hatten anfangs darüber gesprochen, dass die Vorteile der CAD-Konstruktion stark in der einfachen Änderbarkeit liegen – Konstruieren heißt Verändern und Anpassen. In Verbindung mit den direkt anhängenden CAM-Technologien, die sich automatisch mit verändern stellt das natürlich einen doppelten Vorteil dar.

2.3 CNC

Computerized **N**umeric **C**ontrol ist der Überbegriff für gesteuerte Maschinen und Anlagen. Eine Steuerung (Logik) ist dabei mit Verstärkern verbunden (Leistungsteile), die Motoren oder Stellantriebe mit Signalen für die gewünschte Bewegung versorgen. Ein Großteil der am Markt angebotenen Steuerungen orientiert sich an der DIN 66025, die den Sprachumfang des sogenannten G-Codes beschreibt. Diese Maschinensprache ist die Grundlage für die Kommunikation zwischen CAM-Software und Steuerung. Diese Kommunikation kann, muss aber nicht im direkten Dialog erfolgen. Die Befehlsworte werden in der Regel im CAM-System erstellt und aufgezeichnet (gespeichert) und der Steuerung als Datensatz übergeben. Andere Steuerung – wie zum Beispiel Heidenhain oder Isel – haben eine eigene Sprache für die Unterhaltung von Rechner und Maschine entwickelt, die aber auch auf einzelnen Befehlszeilen basiert, die sequenziell abgearbeitet werden.

Im Folgenden ein kleines Programm, das die Struktur von G-Code nach DIN 66025 darstellt:

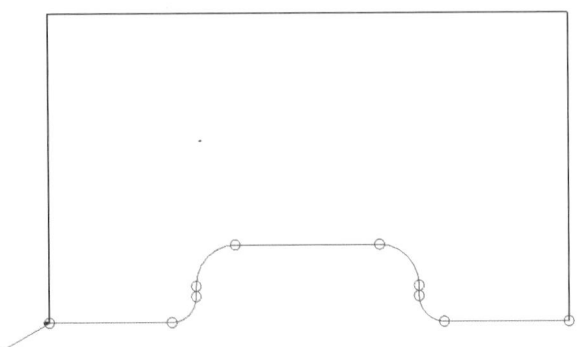

2.1: Zu sehen ist hier die Fräsbahn längs einer Kontur.

Der beispielhafte G-Code beschreibt die Maschinenbefehle für eine Kontur, wie in Bild 2.1 dargestellt wird. In den mit dem Buchstaben N nummerierten Zeilen befinden sich Einträge, die die einzelnen Programmsätze darstellen. Diese bestehen aus G- und M-Wörtern, die in Verbindung mit Zahlen und Koordinaten Befehle für die Steuerung bilden. Auf die Details dieser „neuen" Sprache gehen wir in einem späteren Kapitel ein. Um seine eigenen Ideen von der Konstruktion über die Vergabe von Bearbeitungsstrategien bis hin zur Umsetzung auf der Maschine zu verwirklichen, ist die Kenntnis des G-Codes nicht erforderlich. Trotzdem wird in der später vorgestellten CNC-Software NCdrive der Maschinencode des Fräsjobs immer dargestellt, um Anwendern, die mit diesem eventuell aus beruflicher Erfahrung vertraut sind, dieses leistungsfähige Werkzeug an die Hand zu geben. Gleichzeitig kann sich der Neuling auf einfache Weise in die Systematik und den Sprachumfang der CNC-Steuerung einarbeiten. Die CNC-Ausstattung einer Maschine besteht natürlich nicht nur aus der eigentlichen Sprache, die in einer Steuerungssoftware verarbeitet wird, sondern auch aus Hardware wie den Antrieben, Referenz- und Endlagenschaltern und den weiteren mechanischen Komponenten wie Antriebsspindeln, Kupplungen und ähnlichem. Typische Antriebe sind Schritt- oder Servomotore, die zum Teil auch über ein Regelglied zum Vergleich der Soll-Ist-Position verfügen (Encoder, Glas- oder Magnetmaßstab). Bei uns im Hobbybereich kommen im Wesentlichen Schrittmotore zum Einsatz, da diese erheblich günstiger und vor allem einfacher in der Handhabung und Konfiguration sind.

```
%FüHRUNG
N10 G40
N20 G71
N30 G90
N40 G94
N50 G50 X-0.000 Y-0.000 Z0 I159.897
J90.487 K-5.000
N60 G17
N70 (Führung)
N80 T20 M06 M12 (2,00 mm VHM-
Zweischneider)
N90 S23874 M03
N100 G00 X29.602 Y16.321 Z10.000
N110 G00 Z3.000
N120 G01 Z-2.000 F335
N130 G01 X54.602 F669
N140 G03 X59.602 Y21.321 I0.000 J5.000
N150 G01 Y23.321
N160 G02 X67.602 Y31.321 I8.000 J0.000
N170 G01 X96.602
N180 G02 X104.602 Y23.321 I0.000
J-8.000
N190 G01 Y21.321
N200 G03 X109.602 Y16.321 I5.000 J0.000
N210 G01 X134.602
N220 G00 Z10.000
N230 M05
N240 M60
N250 M30
```

3. 2D-Konstruktion – Planerstellung

3.1 Vorüberlegungen

Ich hatte versprochen, eine reale Flugzeugkonstruktion in dieses Buch einfließen zu lassen und bin bei den Vorarbeiten über einen alten Plan gestolpert, der bei ebay angeboten wurde und der 3-2-1 kurz darauf meins war. Es handelt sich dabei um ein Modell aus den 1960er-Jahren, das mich spontan angesprochen hat. Der Plan wurde in einem Heft der Reihe „hobby – Wissen – Technik" von Helmut Appelt vorgestellt und beschreibt einen kleinen Segler mit 2-Kanal-Steuerung, bei der der eine Kanal für die Ansteuerung des Seitenruders, der andere nicht wie zu erwarten für das Höhenruder, sondern für das Öffnen einer Rumpfklappe genutzt wurde, die einen Bremsfallschirm freigab. Wer braucht schon ein Höhenruder, wenn das Modell ordentlich ausgetrimmt ist – das erklären Sie einmal einem jungen Modellflieger heute!

Natürlich war schnell klar, dass dieser Condor genannte Flieger nur eine An-

3.1: Der Flieger Condor mit viel V-Form und Tipp-Tipp-Anlage, der als Vorlage dienen wird.

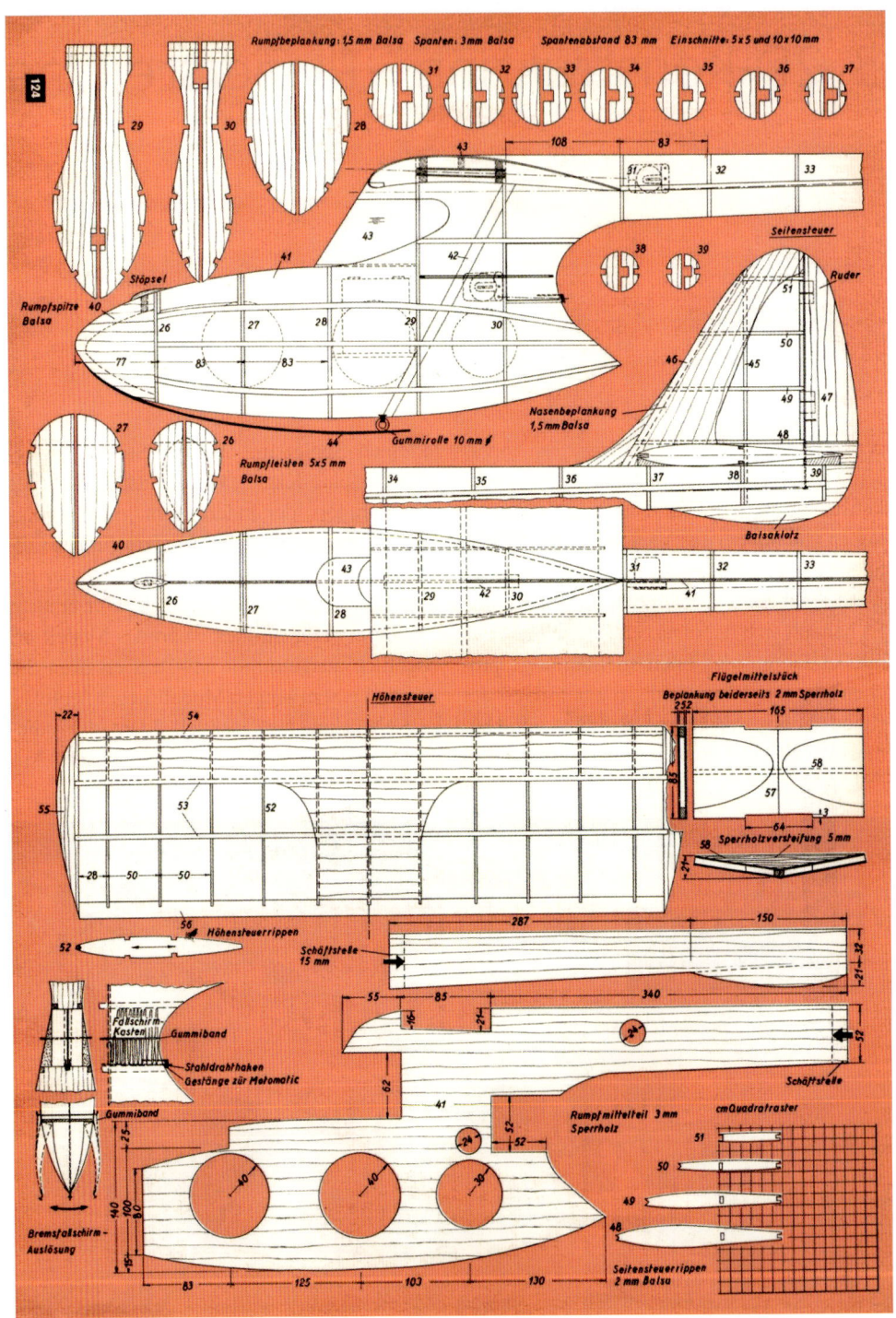

3.2: Der Planausschnitt des Modells im Format A5.

regung für ein heutiges Modell sein konnte und so war kurzerhand der Condor NT (für **N**eue **T**echnologie) geboren. Er sollte den Luxus von angelenktem Höhen- und Seitenruder bekommen und die V-Form sollte erheblich reduziert werden. Dies machte im Umkehrschluss den Einsatz einer Steuerung um die Längsachse notwendig. Statt der üblichen Querruder entschloss ich mich aber zum Einbau einer Flügelsteuerung, die die gesamte Flügelhälfte als „Querruder" nutzt. Damit ist das NT schließlich zu begründen, da mir selbst keinerlei Erfahrungen in dieser Richtung vorlagen und die Bewegung eines 1,2 Meter messenden Flügels einige Unsicherheiten bezüglich Wirkung und Kräften mit sich brachte. Die Realisierung der Rumpfklappe, die im Übergang zum Leitwerksträger unter dem Flügel den Bremsfallschirm beherbergte, wollte ich mir offenlassen. Im ersten ausgeführten Modell habe ich dann darauf verzichtet. Bei einem ausgedehnten Hangflug im letzten Sommer am Berg Ipf in Baden-Württemberg, der mit prächtigem Wind am Westhang und zusätzlich großflächiger Hammerthermik punktete, hatte ich 20 Minuten ums Runterkommen gekämpft – hier hätte ich mir den Fallschirm gewünscht! Ein weiterer Randparameter des Projektes war der Wunsch, den kompletten Flieger aus Sperrholz und Kiefer zu bauen, um mich in diese Technik einzuarbeiten. Mit diesen Vorgaben ging's ans Werk – also erst einmal an den PC.

3.2 Konventionen

Um die Beschreibung der Arbeitsweise nachvollziehbar zu machen will ich einige Schreibweisen und Symboliken vorab erklären. Die Bedienung der CAD/CAM-Software basiert auf dem Einsatz der linken und rechten Maustaste.

Für alle Befehle, die Sie aktiv ausführen wollen, klicken Sie das Icon (Funktionssymbol) mit der linken Maustaste an. Wird im Text darauf hingewiesen, dann wird dies mit der Abkürzung LMT dargestellt. Mit der LMT geht es also ins Programm hinein, wird etwas bestätigt oder wird eine Auswahl von Elementen getroffen. Die rechte Maustaste dagegen dient zum Unterbrechen oder Beenden einer Aktion. Im Text abgekürzt mit RMT werden Aktionen beschrieben, die aus dem Programm herausführen. Im Zweifel führt Sie ein wiederholtes Anklicken der rechten Maustaste zurück zur Oberfläche beim Programmstart. Zur Bedienung sollten Sie also eine Maus mit mindestens zwei Tasten und einem Scrollrad besitzen. Das Symbol des Mauscursors ist primär ein Pfeil. Abhängig von der jeweiligen Arbeitssituation kann diese Darstellung auch andere Formen annehmen, um den Anwender über aktuelle Gegebenheiten visuell zu informieren.

Icons in den Menüs, die für die Ausführung einer Funktion angeklickt (LMT) werden sollen, werden als Symbol in der Randspalte dargestellt.

Wird auf *Texthinweise* oder *Beschreibungen* in der Programmumgebung verwiesen, dann wird dies im Buch in *kursiver* Schreibweise hervorgehoben.

EXTRAMELDUNG!

Auf Informationen, die programm- oder funktionsübergreifend für die Arbeit am CAD gelten wird in dieser Form hingewiesen.

3.3 Die Programm-Oberfläche

Um Sie an meinen Überlegungen teilhaben zu lassen muss ich zuerst die Programm-Oberfläche vorstellen. Wenn Sie die Lektüre des Buches mit praktischen Übungen begleiten wollen können Sie sich eine Demo-Version von MegaNC von der Homepage www.4cam.de herunterladen oder beim Autor eine Testversion auf DVD anfordern. MegaNC basiert auf dem deutschen CAD-System MegaCAD, das im Wesentlichen im gewerblichen Umfeld zum Einsatz kommt. Diese Software ist in mehreren Ausbaustufen erhältlich und deckt die professionellen Anforderungen von Industrie und Handwerk ab. Neben den allgemeinen Konstruktionsmitteln in den Grundversionen sind hier Branchenlösungen für den Maschinenbau, die Blechbearbeitung, den Stahl- und Metallbau und andere Gewerke verfügbar. Um diese professionelle Software zu einem erschwinglichen Preis auch dem engagierten Hobbyisten anbieten zu können, wurden aus den großen Versionen von MegaCAD die wichtigsten Funktionen ausgewählt und mit den Methoden der CAM-Applikation kombiniert. Dieses etwas „abgespeckte" Paket ist unter dem Namen MegaNC am Markt erhältlich. Beachten Sie bitte, dass die Installation von MegaNC zweiteilig ist. Das bedeutet, dass wenige Sekunden nach Abschluss des ersten Teils, der zweite Installationsschritt automatisch startet. Zwischenzeitlich sollte der PC nicht heruntergefahren oder neu gestartet werden. Nach der Installation des CAD-Programms finden Sie ein Icon auf Ihrem Desktop, das Sie per Doppelklick ausführen können.

 Nach dem Start erscheint die in Bild 3.3 dargestellte Menüoberfläche. Sollte die Darstellung geringfügig abweichen, dann müssen Sie auf das kleine Schaltfeld 2D-Modus EIN/AUS oben links klicken, um in die 2D-Oberfläche zu wechseln. Im Zuge der Entwicklung der Microsoft Office Suite wurde vor einigen Jahren eine neue Bedienphilosophie eingeführt. Natürlich wurde diese auch für die Produkte MegaCAD und MegaNC integriert.

Im Pulldown-Menü *Stil* können Sie die *Fluent Oberfläche* anwählen und erhalten nach Neustart des Programmes die Menü-Umgebung wie in Bild 3.4 dargestellt.

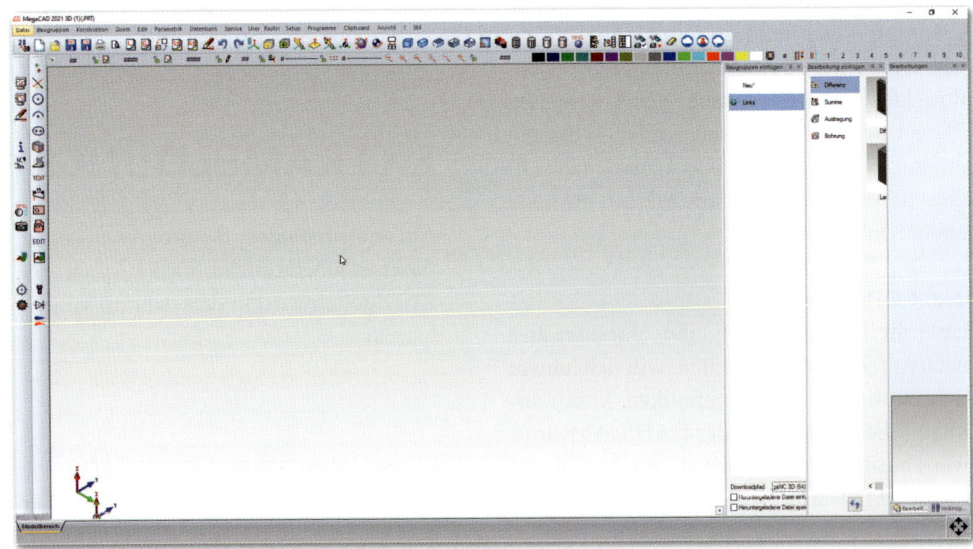

3.3: Die Menüoberfläche nach dem Programmstart des CAD-Programms.

Die Beschreibung der Funktionen basiert auf der klassischen Oberfläche. Wird auf die jeweilige Arbeitsweise in der neuen Oberfläche hingewiesen erfolgt der Hinweis *fluent:*.

Welches der beiden Menüdesigns dem Anwender besser gefällt, bzw. mit welchem er seine Arbeit schneller und entspannter erledigen kann ist eine sehr persönliche Entscheidung. Probieren Sie am besten beide Varianten aus und wählen dann die klassische Bedienfläche oder „office-like"' die flu-

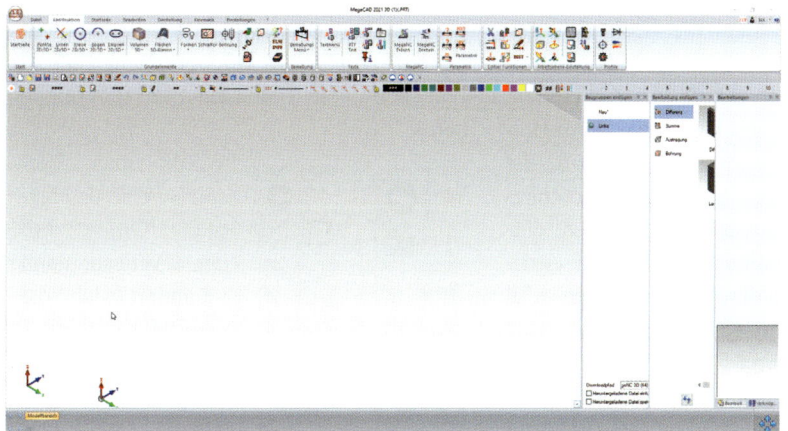

3.4: Die Fluentoberfläche ist, neben der klassischen Bedienfläche, eine der beiden Menüdesigns, zwischen denen der Anwender wählen kann.

ent-Oberfläche ganz nach Ihren eigenen Erfahrungen. Beginnen wir mit Erläuterungen zur klassischen Oberfläche. Der Bildschirm teilt sich in folgende Bereiche:

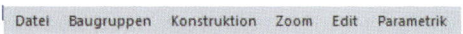

In der Windows-Zeile stehen der Programmname und der Name der geöffneten Datei – hier: Flügelplan1.prt. Die Endung *.prt* definiert die Datei im Windows-System als Zeichnung von MegaCAD bzw. MegaNC. Die Zahl vor dem Dateinamen weist darauf hin, ob eventuell mehrere Tasks von MegaNC geöffnet sind.

Darunter kommen die Pulldown-Menüs, die in Textform alle Befehle des Programms enthalten. Beginnend mit den üblichen Einträgen wie *Laden* und *Speichern* unter *Datei*, finden sich thematisch geordnet alle Funktionen zum Konstruieren und Verändern der Zeichnung oder Konfigurieren der Software in diesen Aufklapp-Feldern. Die überwiegende Anzahl von Anwendern arbeitet jedoch mit den grafischen Menüs, die anschließend beschrieben werden.

Die Menüleiste unterhalb der Pulldown-Befehle beinhaltet Funktionen, die zu jedem Zeitpunkt der Bedienung sichtbar sind. Im Gegensatz zu den weiter unten beschrie-

17

benen seitlichen Menüs erfährt diese Menüleiste keine Veränderung und die Icons sind immer direkt im Zugriff. Damit empfiehlt sie sich zur Aufnahme von wichtigen Befehlen, die immer wieder spontan abrufbar sein sollen. *Laden, Speichern, Drucken, Löschen* oder auch verschiedene *Edit*-Befehle sind hier abgelegt. Sie können aber auch jederzeit diese Menüleiste mit eigenen „favorites" bestücken.

Damit kommen wir noch zu der seitlichen Menüleiste, die die zentrale „Schalt- und Waltstelle" des Programms darstellt. Zu Programmstart ist das Hauptmenü zu sehen, das im Wesentlichen die Verzweigung in die einzelnen Kapitel der Bedienung anbietet. Abhängig von der Vorgehensweise kann hier die Funktionsgruppe der Punkte, der Linien, der Kreise oder andere geöffnet werden. Zusätzlich stehen auch hier wichtige Funktionen wie das Löschen, das Neuzeichnen oder der Aufruf von Auswahloberflächen für das Platzieren von Symbolen und Baugruppen bereit.

In der darunter liegenden Attributleiste werden die Eigenschaften von Elementen ausgewählt, die im Folgenden erstellt werden sollen. Diese Eigenschaften sind zum Beispiel die Farbe, die Strichart, die Linienstärke und die Layer-Zugehörigkeit. Jedes neue Element entsteht exakt mit den hier ausgewählten Attributen. Damit fällt die Arbeit leichter, weil die einzelnen Linien, Kreise oder auch Maße schnell aufgrund ihrer Optik erkannt werden können, aber auch indem entsprechend diesen Attributen Kriterien für deren Auswahl zur Verfügung stehen, beispielsweise bei nachträglichen Veränderungen der Konstruktion. Natürlich können auch zu jedem späteren Zeitpunkt bei bestehenden Elementen die Attribute geändert werden.

Wählt man beispielsweise das Kapitel *Linien* mit der LMT an, dann verändert sich die Oberfläche und es stehen alle Funktionen rund um das Thema Linien zur Verfügung. Analog gilt dies auch für die Unterkapitel Kreise, Bögen, Edit, Schraffur, usw. Wie bereits in Kapitel 3.2 dargestellt kann jedes dieser Untermenüs mit einem rechten Mausklick in der Zeichenfläche wieder verlassen werden, um ins Hauptmenü zurückzukehren. Alternativ bietet sich auch der grüne Pfeil oben im Untermenü an, um dorthin zu kommen. Hierzu ist ein Anklicken der linken Maustaste notwendig. Diese Bedienweise ist konsequent im ganzen Programm anzuwenden und begleitet Sie in allen Bereichen der Software. Wird nun ein

EXTRAMELDUNG!

Der Begriff „Layer" sollte hier kurz erläutert werden. Es handelt sich um eine Strukturierung der Zeichnungsdaten in einzelnen Ebenen – ähnlich den Folien bei einem Vortrag mit dem Overhead-Projektor. Wenn nun die Zeichnungselemente auf unterschiedlichen Layern (Ebenen) liegen, können sie einfach angezeigt oder auch ausgeblendet werden.

Icon – beispielsweise die Funktion *Linie frei* – angewählt, dann werden mit dem Start dieses Konstruktionswerkzeugs die dazugehörigen Hilfen in Form von Fangmethoden im Seitenmenü angeboten. Diese dynamischen Menüs mögen auf den ersten Blick verwirrend wirken, ich kann aber versichern, dass Sie diese Arbeitsweise und die dazu angebotene Programmoberfläche in kurzer Zeit sehr schätzen sowie die damit verbundene Schnelligkeit und Effektivität der Bedienung erkennen werden.

Konzentrieren wir uns auf den mittleren Block der Funktionen in diesem seitlichen Hilfsmenü, dann finden wir dort Fangmethoden zur exakten Bestimmung eines Punktes. Sie haben die Möglichkeit einen freien Punkt zu wählen, aber auch definierte Zugriffe wie zum Beispiel Endpunkt, Schnittpunkt oder Segmentpunkte von Zeichenelementen zu greifen. Wir werden diese Fangmethoden ausführlich besprechen und einüben. Vorab sei nur erwähnt, dass das exakte Bestimmen von Punkten das A und O einer ordentlichen Konstruktion ist. Dies trifft umso mehr zu, wenn die Ergebnisse der Konstruktion die Basis für die CNC-Bearbeitung sein sollen. Die *fluent*-Oberfläche dagegen hat einen etwas anderen Aufbau, während die Symbole exakt die gleichen sind. Hier wird nur auf die Unterschiede eingegangen.

Die Karteikarten (Datei, Startseite, Konstruktion, Bearbeiten, usw.) gliedern die Menüs inhaltlich. Beispielsweise enthält der Reiter *Bearbeiten* alle Funktionen zum Ändern von bestehenden Elementen. Mit Verschieben, Rotieren, Abrunden, Trimmen, Aufbrechen und anderen Befehlen nehmen Sie Einfluss auf Ihre Konstruktion und verändern deren Elemente nachträglich. Die gleichen Funktionen finden Sie in der klassischen Oberfläche unter *Edit*.

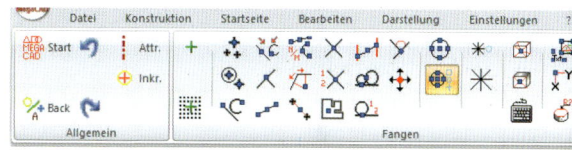

Wird schließlich wieder eine Funktion aufgerufen, die das konkrete Platzieren von Punkten erfordert (beispielsweise wieder *Linien – Linie frei*), dann sind auch diese Hilfen im oberen Menüband anzuklicken. Natürlich stehen auch hier die gleichen Fangbefehle zur Verfügung. Sie sehen, dass die Unterschiede in den Menüoberflächen rein optischer Natur sind und Sie werden schnell mit beiden zurechtkommen. Zu erwähnen ist noch, dass zwischen den einzelnen Karteireitern der *fluent*-Oberfläche durch das Drehen des Mausrades gewechselt werden kann, sobald der Cursor im Menüband steht. Beim

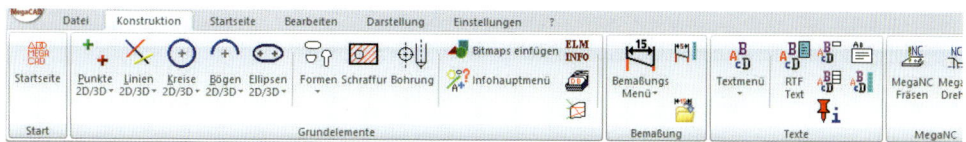

Das Hauptmenü, wie wir es bisher kennen, wandert an den oberen Bildschirmrand. Dort finden Sie wieder die Schaltflächen für den Wechsel in die Untermenüs für Punkte, Linien, Kreise, usw.

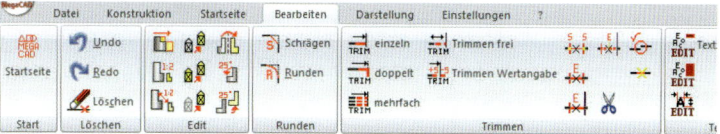

19

Überfahren eines Icons erscheint immer ein kurzer Hilfetext, der Ihnen neben der Grafik der Schaltfläche selbst Hinweise zur Funktion gibt. In den klassischen Menüs ist dies direkt am Mauscursor nur ein kurzer Hinweis, während der Langtext der Hilfe unten in der Statuszeile erscheint. Bei den *fluent*-Menüs erscheint der Hilfstext am oberen Rand der Zeichenfläche. Sollten diese Hinweise nicht ausreichend sein, dann können Sie zu jeder Funktion einen ausführlichen Hilfetext erhalten, indem Sie mit dem Cursor auf das Icon zeigen und gleichzeitig die F1-Taste drücken. Das in Bild 3.5 sichtbare Hilfesystem beschreibt alle Funktionen und Bedienweisen der Software und verfügt auch über umfangreiche Suchfunktionen. In bebilderten Beispielen werden Funktionsweisen und Anwendungsfälle erklärt. Zusätzlich gibt es in den Hilfetexten immer wieder Querverweise (links), die zu verwandten Themen führen. Damit ist das Hilfesystem von MegaNC ein nützliches Werkzeug, um einzelne Fragen zu beantworten. Es stellt jedoch kein Lernsystem dar, das primär zur Einarbeitung in die Software geeignet ist. Hierfür werden auch Schulungen angeboten oder Sie bedienen sich eines praxis-orientierten Buches wie dem, das Sie in Händen halten.

In der Programmoberfläche ist noch ein weiterer Bereich zu finden, der im Rahmen dieser ersten Orientierung erwähnt werden muss. Dieser ist jedoch wieder in beiden Menüvarianten gleich aufgebaut. Es handelt sich um die Statusleiste am unteren Bildschirmrand, die bei Programmstart noch leer ist und erst mit dem Aufruf einer Funktion nützliche Informationen zum aktuell eingesetzten Befehl anbietet.

Ganz links ist der Name der aktiven Funktion genannt, am rechten Rand sehen Sie die Koordinaten der Lage des Mauscursors bezogen auf den letzten Klickpunkt (mitlaufendes Koordinatensystem). Die wichtigste Hilfe – gerade für Einsteiger – ist jedoch die sich ständig anpassende Information über die aktuelle Belegung der linken und rechten Maustaste. Diese beiden Zeilen geben dem Anwender zu jedem Zeitpunkt eine Rückmeldung, was passiert, wenn er jetzt die linke oder rechte Maustaste drückt und was das Programm von ihm erwartet. Daneben (hier: *Konstruktion*) zeigt die Software noch an, in welchem Fangmodus im Augenblick gearbeitet wird.

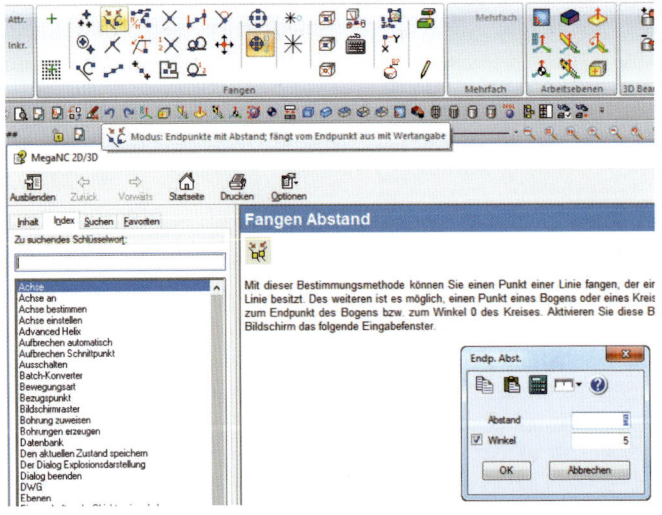

3.5: Hier zu sehen ist das Hilfesystem von MegaNC.

3.4 Grundlagen des Konstruierens am CAD

Der CAD-Arbeitsplatz ist – solange es sich um die 2D-Konstruktion und -Planerstellung handelt – im Wesentlichen ein elektronisches Zeichenbrett und orientiert sich ein gutes Stück an den Vorgehensweisen des manuellen Zeichnens am Reißbrett. Während uns damals jedoch nur Lineal, Winkeleinstellung, Zirkel und Schablonen für Texte, Symbole und Rundungen zur Verfügung standen ist die Werkzeugpalette des CAD erheblich umfangreicher.

3.4.1 Zeichenwerkzeuge

Was früher der Tuschestift in Verbindung mit Lineal oder Schablone war, ist im CAD meist das Erzeugen einer Geometrie anhand von bestimmten Parametern. Beispielsweise gibt es neben der einfachen Funktion *Kreis mit Durchmesser* (am Zeichenbrett: Zirkel einstellen, einstechen, drehen) auch spezielle Lösungen wie das Erzeugen eines Kreises anhand tangentialer Berührpunkte an anderen Elementen. Das wäre von Hand eine ziemliche Konstruktionsarbeit und im CAD ist das Ergebnis nur drei Klicks entfernt. Zudem punktet die moderne Arbeitsweise mit der absoluten Präzision und Wiederholgenauigkeit. Dazu kommt noch die Vielfalt der Werkzeuge, die für die Erzeugung von Punkten, Linien, Kreisen und Ähnlichem zur Verfügung stehen. Parallelen mit definierten Abständen, Vielecke, Splines oder spezifische Formen (Langlöcher, Ausklinkungen, usw.) sind nur einige Beispiele aus dem Umfeld der Linienfunktionen.

3.4.2 Fangmethoden

Unschlagbar ist das CAD auch, wenn es um das präzise Fangen von Punkten geht. Nicht nur Endpunkte, Mittelpunkte oder Schnittpunkte können mathematisch genau genutzt werden, sondern auch konstruktive Methoden können die Arbeit erleichtern und beschleunigen – wie das exakte Einrasten an einem Segmentpunkt, der beispielsweise einen Kreisbogen in eine bestimmte Anzahl von Teilstücken aufteilt. Nur mit diesen Mitteln sind eine korrekte Konstruktion und eine präzise Umsetzung auf der CNC-Maschine möglich. Diese Hilfswerkzeuge stehen automatisch zur Verfügung, sobald eine Funktion diese benötigt. In unseren praktischen Übungen wird sehr intensiv auf die Nutzung dieser Fangmethoden hingewiesen und deren Einsatz immer wieder eingeübt.

3.4.3 Auswahlmethoden

Eine CAD-Konstruktion lebt davon, dass die einzelnen Elemente der Zeichnung sich in ihren Attributen unterscheiden. Das auffälligste Attribut ist die Farbe, in der eine Linie, ein Kreis, ein Text oder eine Bemaßung angelegt ist. Damit hauchen Sie Ihrer Arbeit Leben ein und es fällt leichter, die Konstruktion zu erfassen. Natürlich betrifft dies auch die Linienarten und -stärken, obwohl letztere in der Regel nicht auf dem Bildschirm angezeigt werden. Ein weiteres wichtiges Attribut (Eigenschaft) eines Zeichenelements ist die Layer- und Gruppenzugehörigkeit. Auf dieses Thema gehen wir im nächsten Kapitel nochmals ausführlich ein. Anhand all dieser Attribute und auch in Unterscheidung der Elementtypen lassen sich nun Auswahlkriterien erstellen, die den Umgang speziell beim Verändern (Editieren) der Konstruktion erleichtern. Als Beispiel kann hier der Umgang mit Hilfslinien genannt werden, die – um Sie von der späteren Konstruktion zu unterscheiden – in einer auffälligen Farbe und/oder auch auf einem eigenen Layer angelegt werden. Wenn diese Hilfsgeometrien schließlich nicht mehr benötigt werden, können sie einfach durch das Auswahlkriterium Farbe oder Layerzugehörigkeit selektiert und gelöscht werden. Bei allen Funktionen, die eine Auswahl von Elementen verlangen (zum Beispiel: Verschieben, Löschen, Ändern der Elementeigenschaften, Zusammenfassen zu Baugruppen und viele andere) kann nach einzelnen Kriterien oder nach Kombinationen aus diesen selektiert werden. Diese Auswahl kann den ganzen Bildschirm betreffen oder auch mit leistungsfähigen Funktionen einzuschränkende Bereiche der Konstruktion.

Gruppen thematisch getrennt am Bildschirm darzustellen. Auch für die Ausgabe auf dem Drucker oder für die Weitergabe von Daten kann es sinnvoll sein, die Inhalte einzelner Layer oder Gruppen abschalten zu können. Stellen Sie sich vor, dass Sie eine selbst konstruierte Blechgeometrie einem Freund zu-

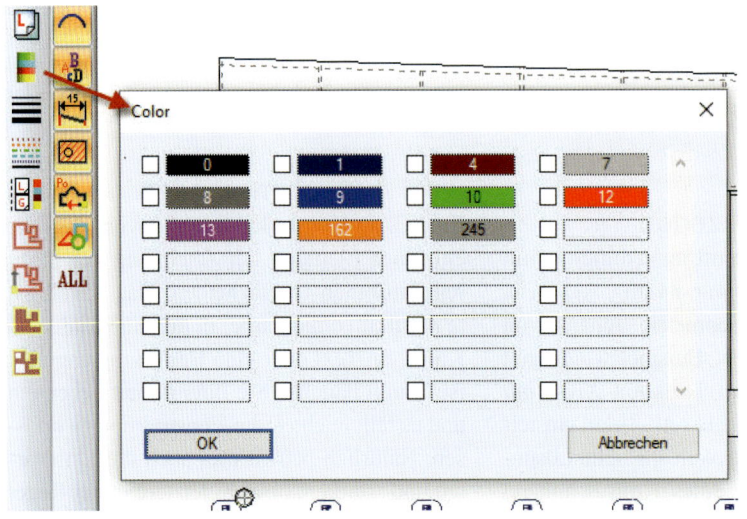

3.6: Zu sehen ist eine Auswahl über das Kriterium Farbe.

3.4.4 Layer und Gruppen

Obwohl diese Thematik bereits weiter oben kurz angesprochen wurde, soll hier noch einmal auf dieses wichtige Thema ausführlicher eingegangen werden. Jedes Zeichenelement gehört einem Layer und einer Gruppe an, die dazu dienen können, die Konstruktion sinnvoll und systematisch zu strukturieren. Wenn diese beiden Attribute nicht aktiv angewählt werden, bevor das Element erzeugt wird, dann wird der default-Wert für diesen Elementtyp herangezogen – wie dies auch bei den Attributen Farbe, Linientyp, usw. gemacht wird. Sinnvoll ist es, seiner Zeichnung eine Struktur zu geben, die beispielsweise Außenkanten von Mittellinien, Schraffuren oder Bemaßungen abgrenzt. Damit wird es möglich, die Inhalte durch das Aus- oder Einblenden einzelner Layer oder

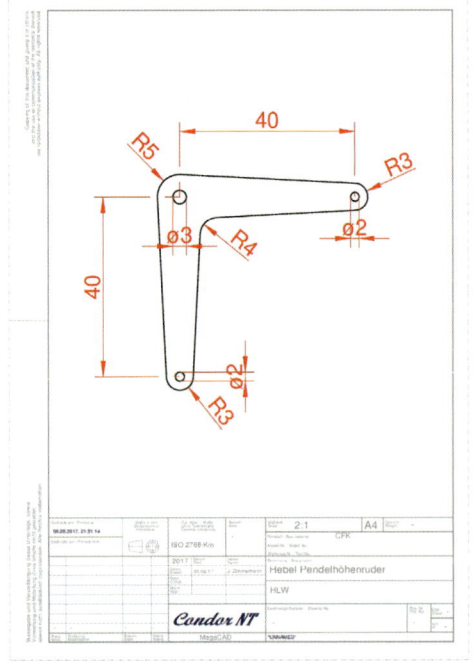

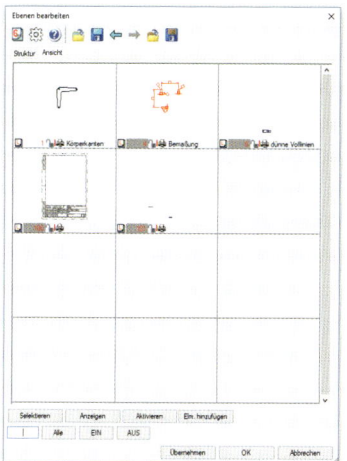

kommen lassen wollen, der diese für Sie in seinem Betrieb auf der Laseranlage fertigt. Zur Kontrolle und Dokumentation haben Sie Ihre Zeichnung mit Mittellinien, Maßen und Texten versehen. Diese sind aber für das Ausschneiden am Laser unwichtig, bzw. sogar störend. Dann ist es von Vorteil, wenn die jeweiligen Inhalte einfach über die Layersteuerung ausgeblendet werden können. Zur Sicherheit können Sie Ihrem Kollegen einen Ausdruck der vollständigen Zeichnung oder ein pdf-File Ihrer Konstruktion mitgeben, damit er die Maßhaltigkeit überprüfen kann.

3.4.5 Freiheiten der Konstruktionsarbeit

Alle bisher angeführten Beschreibungen und Methoden zur Arbeit am CAD-Arbeitsplatz sind bisher für Sie sicherlich noch recht theoretisch und wenig greifbar. Bevor es nun endlich losgeht mit dem „Flugzeugbau" will ich hier noch kurz über die Dinge berichten, die mich nach inzwischen dreißig Jahren Erfahrung in der CAD-Welt immer noch begeistern und faszinieren.

- CAD ist groß: Wir müssen uns keine Gedanken mehr machen, ob die Konstruktion, die unter unseren Händen (unserer Maus) wächst und gedeiht auf das gewählte Papierformat passt. Das Blatt im CAD ist unendlich groß und wir können am Ende genau dort drucken, wo es interessant ist.

- CAD ist geduldig: Wir sind die Sorgen los, ob der eben platzierte Kreis korrekt ist. Löschen ist so einfach wie das Erstellen von Elementen und hinterlässt keine Spuren. Damit können wir nach Herzenslust testen und probieren, bis uns das Ergebnis gefällt.

- CAD hat ein gutes Gedächtnis: Alles was wir irgendwann entwickelt und abgespeichert haben, kann immer wieder genutzt werden. So erspart man sich, Dinge doppelt zu machen und kann Stück für Stück seine eigene kleine Bibliothek von Teilen aufbauen und diese auch mit Kollegen teilen.

- CAD ist genau: Zumindest ist es das, wenn wir es sind. Wer die Werkzeuge und Hilfsmittel der Software korrekt nutzt, kann sich über eine Präzision freuen, die immer wieder erstaunlich ist. Die Passgenauigkeit der gefertigten Teile ist immer noch und immer wieder ein Grund zur Freude und bekräftigt uns Modellbauer weiterhin, die endliche, eigene Handwerkskunst mit diesen modernen Methoden zu ergänzen.

- CAD ist fleißig: In der Konstruktions-Software entwickelte, komplexe Teile, wie beispielsweise Rippen mit filigranen Aussparungen, lassen sich ohne große Mühe auf die Maschinen bringen und bescheren uns fantastische Ergebnisse. Wir wagen uns damit an Projekte heran, deren Anblick allein uns früher schon abgeschreckt hätte.

Ich hoffe nun, Ihnen mit diesem Lobgesang, Neugier und Lust auf das Kommende gemacht zu haben und würde mich freuen, Sie bis zum Ende des Buches an meiner Seite zu wissen.

3.5 Konstruktion der Tragfläche

Beginnen wir nun mit der Planerstellung der Flügel. Die Vorgabe war ja, einen starren Flügel zu bauen, der über eine Mechanik im Rumpf (als Querruderersatz) angestellt werden kann, um die Steuerung um die Längsachse zu ermöglichen. Das macht die Bauweise flügelseitig recht einfach. Ein perfektes Teil also, um mit dem Einstieg in die CAD-Konstruktion zu beginnen. Der Original-Condor aus den 1960er-Jahren hatte eine Spannweite von circa 2,20 Meter. In Anbetracht der Bauweise in Sperrholz und der Mechanik für die Flügelverdrehung habe ich die Spannweite auf knapp 2,5 Meter erhöht, um dem erhöhten Gewicht und dem Wunsch nach einer niedrigen Flächenbelastung Rechnung zu tragen. Mit einer Tiefe des Flügels an der Wurzel von 240 mm und 125 mm an der Flügelspitze sind die Parameter für den Grundriss schnell umrissen. Diese Geometrie entspricht auch weitgehend dem Original-Modell. Der Flügel soll einen Kieferholm an der dicksten Stelle des Profils erhalten. Hier soll auch die Krafteinleitung für die Flügel-Drehlagerung erfolgen, da zwischen den Kieferleisten die Kräfte aus der Holmbrücke am besten in die Flügelstruktur eingeleitet werden können. Der Antrieb des „Querruders" erfolgt über den hinteren Querkraftbolzen, der ähnlich einem Pendel-Höhenleitwerk ausgeführt wird. Die dort auftretenden Lager- und Antriebskräfte werden über die Wurzelrippe und einen schräg verlaufenden Hilfsholm in die Struktur übertragen.

Öffnen Sie nun die Software und stellen Sie sicher, dass das Programm sich im 2D-Modus befindet. Dazu muss das Icon in der Menüleiste links gelb hinterlegt sein. Zusätzlich ist dieser Betriebszustand daran erkennbar, dass die Zeichenfläche gleichmäßig weiß gefärbt ist und nicht wie im 3D-Modus einen farblichen Verlauf aufweist.

Starten Sie nun das Linienhauptmenü und wählen dort die Funktion *Linie frei*. Sie können beobachten, dass sich die Oberfläche Ihrer Software an mehreren Stellen verändert. Zum einen erwacht die (untere) Statuszeile zum Leben und gibt Ihnen Informationen über die laufende Zeichenfunktion. Dabei werden Sie gleichzeitig unterrichtet, welche Fangfunktion im Moment gewählt ist bzw. was ein Klick auf die rechte oder linke Maustaste jetzt bewirken würde. Sie werden also auf-

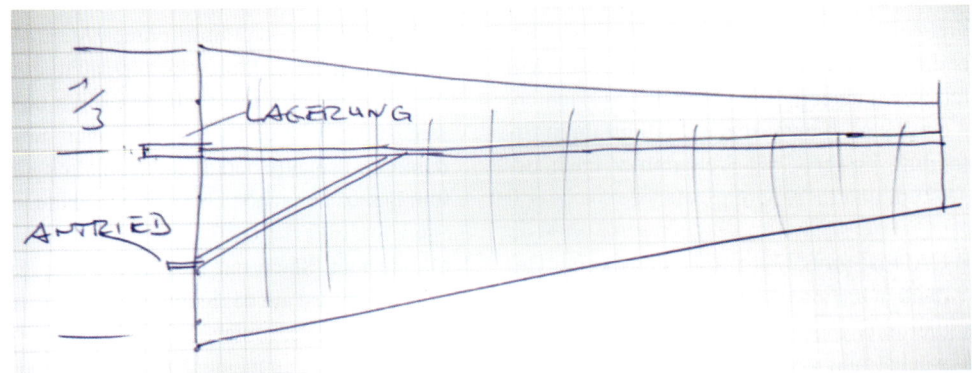

3.7: Auch eine Handskizze ist in den Zeiten von CAD noch erlaubt.

gefordert mit der LMT einen Startpunkt für eine Linie zu setzen. Wie bereits erwähnt, ist es im CAD-Umfeld vollkommen gleichgültig, wo Sie die Darstellung der Wurzelrippe beginnen. Um sich in keiner Weise einschränken zu müssen, was die Startposition betrifft, sollten Sie jetzt noch im Menü die Fangmethode *Fangen Raster* anklicken. Wir kommen im Folgenden auf dieses Thema noch mehrfach ausführlich zu sprechen.

Wird der Mausklick nun ausgeführt, dann hängt Ihre erste CAD-Linie an Ihrer Maus und erwartet von Ihnen den nächsten Punkt, nämlich den, an dem die Linie enden soll. Wenn aus dieser angefangenen Linie die Darstellung der Wurzelrippe werden soll, dann muss dieser nächste Punkt exakt 240 mm über dem ersten Klickpunkt liegen. An diesem sehen Sie jetzt die symbolische Darstellung eines Nullpunktes. Diese stellt das mitlaufende Koordinatensystem in MegaNC dar, das Ihnen jetzt eine inkrementelle (relative) Maßeingabe ermöglicht. Durch die Anwahl des Startpunktes als Rasterpunkt fällt es nicht schwer, die Linie exakt 240 mm nach oben weisen zu lassen. Beim Bewegen der Maus können Sie die Koordinatenanzeige unten rechts in der Statusleiste beobachten, die jetzt Sprünge in 5-mm-Schritten anzeigt.

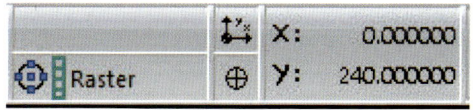

Wahrscheinlich wird der Blattausschnitt auf Ihrem Monitor nicht ausreichen, um den Endpunkt der Linie in diesem Abstand über dem Startpunkt abzusetzen. Daher sollten Sie gleich über eine erste Zoom-Funktion Kenntnis erlangen. Drehen Sie das Mausrad auf sich zu und Sie werden beobachten, dass Ihre Zeichenfläche größer wird. Mit Blick auf die Koordinatenanzeige können sie das so lange fortführen, bis die gewünschte Linienlänge (y = 240 mm) gezeichnet werden kann. Der Wert der x-Koordinate muss währenddessen 0 sein. Mit der Fangoption Raster, die weiterhin angewählt ist, sollte das nicht schwerfallen. Jetzt haben Sie also schon ein erstes, korrektes Zeichenelement im CAD erzeugt – gratuliere! Die Linie ist damit aber noch nicht vollendet, da das nächste Liniensegment automatisch an der Maus hängt. Die Software lässt Ihnen demnach immer die Chance, direkt mit einem Linienzug fortzufahren. Ist dies nicht erwünscht, dann genügt ein einfacher, rechter Mausklick, um dies zu unterbinden.

EXTRAMELDUNG!

MegaNC lässt einmal angewählte Funktionen in der Regel so lange aktiv, bis der Anwender diese mit einem Rechtsklick beendet.

Fahren Sie mit der Darstellung des Hauptholms fort. Dieser ist wie erwähnt am 1/3-Punkt der Wurzelrippe anzusetzen und soll exakt waagrecht mit einer Länge von 1.200 mm (Halbspannweite) verlaufen. Die ungepfeilte Auslegung des Hauptholmes erleichtert den Einbau der Flügellagerung auf der Torsionsmechanik. Sollten Sie nach dem Erstellen der Wurzelrippe nur einmal die RMT betätigt haben, dann können Sie gleich mit der Linie für den Hauptholm fortfahren. Andernfalls ist der Aufruf der Funktion *Linie frei* zu wiederholen.

Wie finden Sie nun den Punkt auf der Wurzelrippe, der genau einem Drittel der Länge entspricht? Die Mathematiker unter uns schätzen die Situation sofort auf 80 mm ein und dieser Abstand könnte auch augenblicklich über den Rasterfang angefahren werden. Jedoch wird es Situationen geben, bei denen uns das kleine Einmaleins nicht so elegant in die Karten spielt. Dafür gibt es aber in der Software leistungsfähige Funktionen – eine davon ist das Fangen von *Segmentpunkten*.

Das hier erscheinende Menü zeigt Ihnen anhand von drei Beispielen die Anwendung der Fangmethode und die Bedeutung der beiden Variablen *n* und *m*. In unserem Fall wählen Sie drei Segmente (*n*) und entscheiden sich für den Zugriff auf den ersten Abschnitt (*m* = 1). Mit OK wird das Menü verlassen und die Software sucht nun für Sie nach Elementen auf der Zeichenfläche, die an ihrem 1/3-Punkt gefasst werden. Dazu müssen Sie die Maus in die Nähe Ihrer Linie bewegen und Sie werden beobachten, dass der Cursor an das erste Drittel der Länge der Linie springt. Natürlich ist es dabei entscheidend, ob Sie sich am oberen oder unteren Ende dem Element nähern. Solange Sie die Maus in der oberen Hälfte an die Linie halten, kann der Segmentpunkt jetzt angeklickt werden. Augenblicklich will das System wissen, wie es weitergeht und fragt nach dem nächsten Punkt der wiederum an der Maus hängenden Linie.

Jetzt machen Sie Schluss mit dem Zeichnen auf Rasterpunkten und lernen, wie Sie konkrete Größen eingeben können. Werfen Sie einen Blick auf die Koordinatenanzeige unten am Bildschirmrand. Die hier angezeigten Werte beziehen sich auf den letzten Klickpunkt, solange nicht auf absolute Koordinaten umgestellt wurde. Die x-Koordinate wächst an, solange Sie die Maus nach rechts bewegen, Gleiches gilt für den y-Wert, während Sie mit der Maus in Richtung oberen Bildschirmrand fahren.

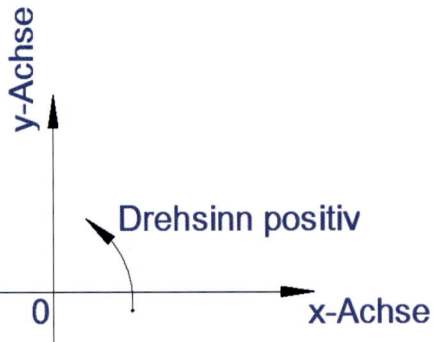

3.8: Hier sehen Sie das erwähnte Koordinatensystem in MegaNC.

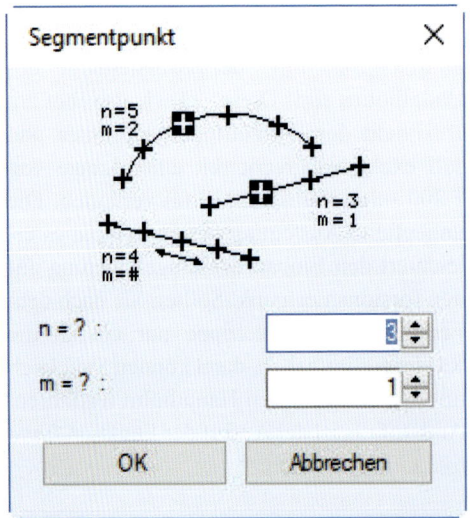

Nun ist dieses Feld nicht nur eine Anzeige der Lage des Mauscursors bezogen auf den letzten Klickpunkt, sondern auch ein Eingabefeld für Koordinaten. Tippen Sie dazu einfach die Zahl 1200 ein und Sie werden beobachten (dies gilt für die MegaNC-Version ab 2017, früher musste noch vorab die *ESC-Taste* gedrückt werden), dass diese Zahl als x-Koordinate unten rechts eingetragen wird. Sollte jetzt der Wert für y nicht null sein (notwendig für eine waagrechte Linie) dann können Sie mit der *Tabulator-Taste* (links von Ihrer Taste Q an der Tastatur) in das y-Feld springen und dort den Wert 0 eintippen. Sind alle Angaben korrekt, dann löst eine *Enter-Eingabe* am Keyboard das Zeichnen der Linie aus.

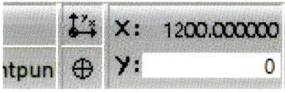

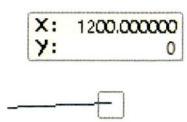
Optional ist auch das kleine, gelbe Koordinatenfeld direkt am Mauscursor aktiv geschaltet. Dieses zeigt Ihnen synchron mit der Anzeige unten rechts die Lage des Mauspfeils bezogen auf den letzten Klickpunkt an. In diesem Fall bewirkt die Eingabe von Werten in dieses Feld die oben beschriebene Arbeitsweise. Über die Menüs *Setup – Einstellungen – Mauscursor* kann diese zusätzliche *Anzeige aktiv* oder inaktiv geschaltet werden.

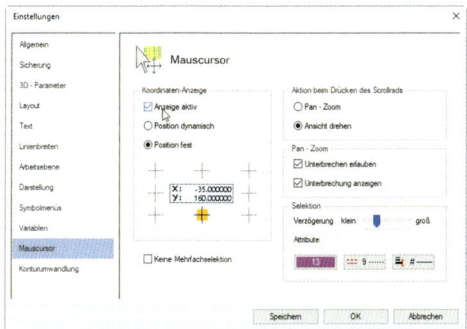

Jetzt ist Ihr Monitorausschnitt sicherlich wieder zu klein für den ganzen Flügel. Zeit, eine weitere Zoom-Funktion kennen zu lernen. Am oberen Rand Ihrer Zeichenfläche befinden sich zwischen den Attribut-Schaltflächen Icons für das Verändern Ihres Bildbereichs. Ganz links befindet sich die Taste *Autozoom*, die bewirkt, dass alle Inhalte Ihrer Konstruktion formatfüllend auf Ihrem Bildschirm erscheinen. Da dieser Wunsch natürlich regelmäßig besteht handelt es sich hier um eine der wichtigen Funktionen. Ausgelöst werden kann diese auch durch das Drücken der Taste *a* (Hotkey) auf Ihrer Tastatur.

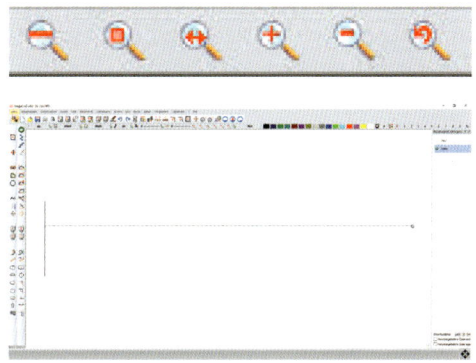

Nun ist es der nächste Schritt die Profiltiefe an der Flügelspitze zu bestimmen. Mit Blick auf gutmütige Flugeigenschaften und in Anlehnung an das Vorbildmodell legen wir eine Tiefe von 125 mm fest. Diese muss nun in Form einer weiteren Linie an das Ende der Holmlinie gezeichnet werden, wieder am 1/3-Punkt angehängt. Dies bewerkstelligen wir nun auf einem kleinen Umweg, um gleich noch die Funktion für das Verschieben von Zeichenelementen kennenzulernen.

Beenden Sie mit einem Rechtsklick die Linienfunktion und wählen Sie im wieder zum Vorschein kommenden Linienhauptmenü die „Schwesterfunktion" *Lotrechte Linien*. Diese lässt nur eine waagrechte oder senkrechte Ausrichtung des Elementes zu, was perfekt zu unserer Aufgabenstellung passt. Beginnen Sie an einem beliebigen Punkt und geben Sie nach dem ersten Klick mit der LMT die Länge in y-Richtung ein (*0 – Tab – 125 – Enter*). Anschließend dreimal RMT und Sie finden sich im Hauptmenü wieder.

27

Schritt 2 ist es jetzt, die Linie an die korrekte Position zu bringen. Im *Edit*-Menü (in der fluent-Oberfläche im Reiter *Bearbeiten*) befinden sich die Befehle zum Verändern von bestehenden Objekten. Das können Veränderungen in der Lage, der Ausrichtung oder der Größe sein. Für uns bietet sich jetzt die Funktion *Verschieben* an, um die Lage der Außenrippe zu korrigieren. Mit dem Start der Funktion werden Sie aufgefordert, ein 1. Element mit der linken Maustaste anzuklicken. Lesen Sie dazu immer die Meldungen unten rechts in der Statuszeile mit, die Ihnen wichtige Informationen zur Programmbedienung geben. Wählen Sie daher die 125er-Linie an, die sich mit dem Mausklick rosa verfärbt – als Rückmeldung für Sie, dass dieses Element ausgewählt ist. Weitere Elemente benötigen wir nicht, daher schließt die RMT (R: Genug) die Auswahl ab. Die Funktion läuft weiter, indem sie nach dem Punkt fragt, an den das Element an die Maus gehängt werden soll. Diesen Bezugspunkt definieren Sie wieder mit der Fangoption *Segmentpunkt*.

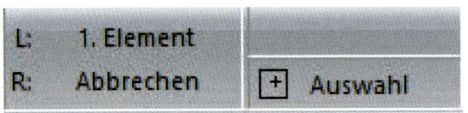

Wieder ist es das erste Drittel, an dem wir zugreifen wollen (n = 3, m = 1) und dieses natürlich von oben hergesehen. Diesen Bezugspunkt greifen Sie mit der LMT und augenblicklich hängt die Linie an der Maus und wartet darauf am korrekten Punkt abgesetzt zu werden. Wir geben dem Programm dazu den Befehl, den *Endpunkt* unserer Holmlinie zu fangen. Der Hotkey für diese wichtige Fangoption ist „e". Unten in der Statuszeile muss jetzt als Fangoption der Begriff Endpunkt auftauchen, wo vorher noch Segmentpunkt stand. Nähern wir uns

jetzt der Holmlinie rechts von deren Mittelpunkt, dann springt unsere Außenrippe sofort ans rechte Ende der Linie. Um sie dauerhaft dort anzuheften, drücken Sie die LMT. Schon erhalten wir einen Eindruck, wie der Flügel in seiner Geometrie aussehen wird.

Bild 3.9: Eine Tragfläche entsteht – mit etwas Fantasie.

Für das Projekt Condor NT habe ich ein Sperrholz mit dem Namen Indu gefunden, welches bei einer Dicke von 1,8 mm in etwas das gleiche Gewicht hat wie 3-mm-Pappelsperrholz, aber eine spürbar höhere Festigkeit aufweist. Dieses sollte für die Rippen zum Einsatz kommen. Wir benötigen für die weitere Plankonstruktion also jeweils zwei parallele Linien mit Abstand 1,8 mm, die die Rippendicke darstellen sollen. Das passende Werkzeug finden wir hierfür bei den Linien, die Sie vom Hauptmenü aus erreichen. Um die Verschieben-Funktion und das Edit-Menü zu verlassen sind mehrere Rechtsklicks notwendig. In der fluent-Oberfläche wechseln Sie einfach auf den Reiter *Konstruktion* und starten von dort aus das Linienmenü. Die *Parallele Linie* finden Sie links oben im Menü. Mit dem Start der Funktion öffnet sich in der Statuszeile das Eingabefeld für den Abstand. Tippen Sie hier den Wert von 1,8 [mm] ein. Wie immer schließt ein Druck auf die *Enter*-Taste die Eingabe ab.

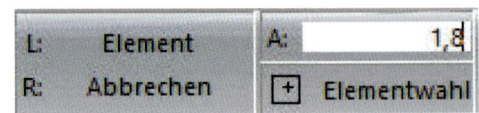

EXTRAMELDUNG!

Immer wenn in MegaNC Werte für Längen, Durchmesser, Abstände oder ähnliches eingegeben werden müssen, können dies natürlich auch Dezimalzahlen sein. Dabei ist es gleichgültig, ob Sie als Trennung einen Punkt oder ein Komma wählen.

MegaNC fragt Sie nun, zu welchem Objekt Sie eine Parallele konstruieren wollen. Mit der Annäherung an die Wurzelrippe von der rechten Seite aus wird die passende Linie angezeigt. Diese wird auch dauerhaft gezeichnet, wenn Sie mit der LMT die Eingabe bestätigen. Achten Sie dabei darauf, nicht versehentlich nach links abzurutschen oder eine andere Linie in den Bereich des Mauscursors zu bringen. Im Zweifel bringt es Vorteile mit dem Mausrädchen die Wurzelrippe heranzuzoomen. Nutzen Sie diese Vorgehensweise immer aktiv, um eine bessere Übersicht zu bekommen und Fehleingaben zu vermeiden.

Rippe 1 ist jetzt fertig und wir machen uns daran, alle weiteren zu erzeugen. Als Rippenabstand sind 60 mm ein guter Wert und wir nutzen die Darstellung der ersten Rippe als Muster für alle weiteren. Im Edit-Menü (Reiter Bearbeiten) machen wir uns dieses Mal die erste der drei Verschieben/Kopieren-Funktionen zu Nutze, um mit einem Befehl alle erforderlichen Rippen zu skizzieren. Starten Sie dazu einfach den Befehl *Verschieben/Kopieren* und wählen Sie mit zwei Klicks beide Linien aus. Beide werden nun rosa markiert dargestellt. Wieder beenden Sie die Auswahl mit der RMT und auch bei dieser Variante des Befehls fragt Sie die Software nach dem Bezugspunkt. Sinnvoll ist dieser als *Endpunkt* der Holmlinie zu wählen. Die entsprechende Fangoption finden Sie im seitlichen Menü für die Punktbestimmung. Bild 3.10 zeigt, wie mit der Fangoption Endpunkt die Maus an die Linie angenähert wird und der Fangcursor automatisch ans Ende der Linie springt. Wird der Mausklick ausgeführt, dann hängen die beiden Linien der Rippe 1 am Mauszeiger und in der Statuszeile werden Sie nach dem Zielpunkt gefragt. Dieser kann jetzt direkt über die Koordinaten definiert werden (60 mm rechts vom letzten Klickpunkt) oder über die Fangmethode *Fangen mit Abstand*, die Sie jetzt bitte anklicken. Im dem sich öffnenden Menü kann ein Abstand – gemessen als Entfernung vom nächstgelegenen Endpunkt – angegeben werden.

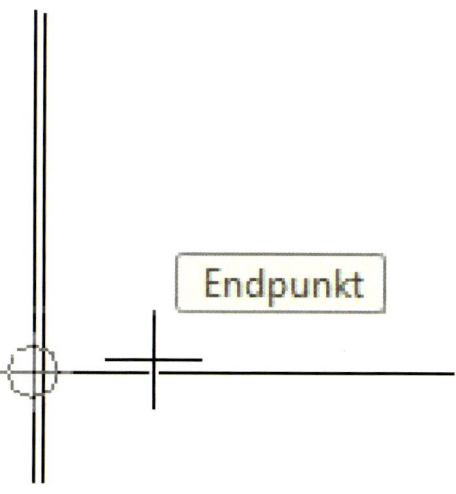

Bild 3.10: Das Fangen des Endpunktes.

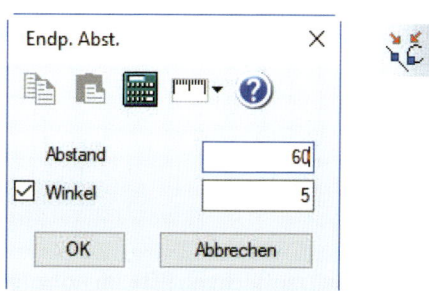

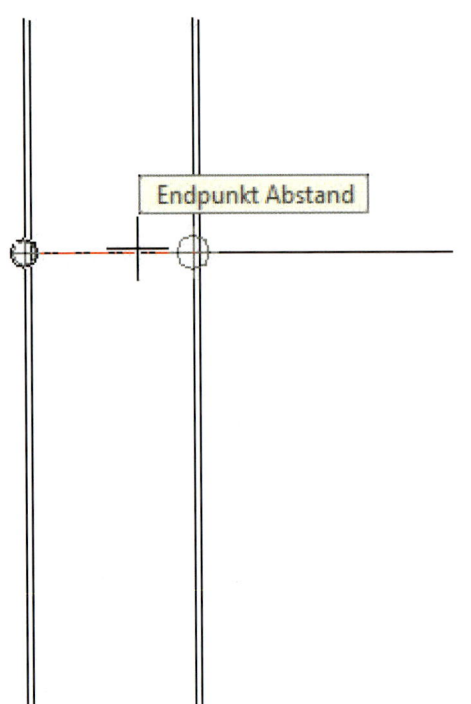
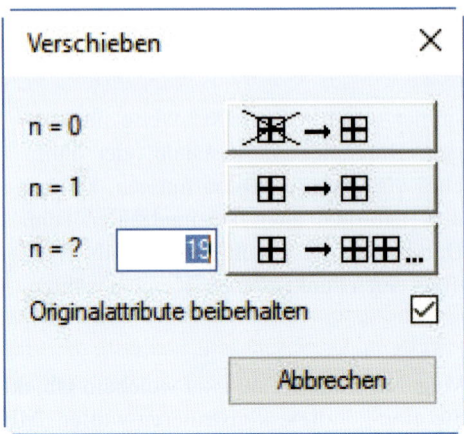

Solange man mit der Maus an linienförmige Elemente fährt, wird nur der Wert für Abstand betrachtet. Beim Annähern an kreis- oder bogenförmige Zeichnungsteile kommt automatisch der untere Wert als Winkelangabe zum Einsatz. Mit OK schließen Sie das Fenster und Sie werden beobachten, dass die beiden Linien am Mauscursor direkt auf die korrekte Position springen, sobald Sie in die Nähe der Holmlinie kommen. Natürlich hat Rippe 2 im Moment noch die gleiche Länge wie das Ausgangselement. Von der Zuspitzung des Flügels weiß die Software nichts – wir werden dies später mit weiteren Funktionen beeinflussen. Ein Drücken der LMT setzt die Elemente an der gewünschten Position ab und Sie werden in dem jetzt erscheinenden Menü gefragt, ob Sie mit der 1. Option (n=0) nur verschieben, mit der 2. Option (n=1) kopieren oder mit der dritten Variante mehrfach kopieren wollen. Die Anzahl n der Kopien geben Sie mit 19 an. Das bedeutet, dass 19 weitere Rippen gezeichnet werden und das Original erhalten bleibt. Mit diesem Eintrag drücken Sie auf die unterste der drei Schaltflächen und mit dem Schließen des Fensters wird der Befehl ausgeführt. An der Maus hängt nochmals das Linienpaar, falls Sie dieses für weitere Zwecke noch nutzen wollen. Andernfalls beendet ein Rechtsklick diesen Vorgang und Sie kommen mit einer weiteren RMT zurück ins Menü fürs Bearbeiten (Edit).

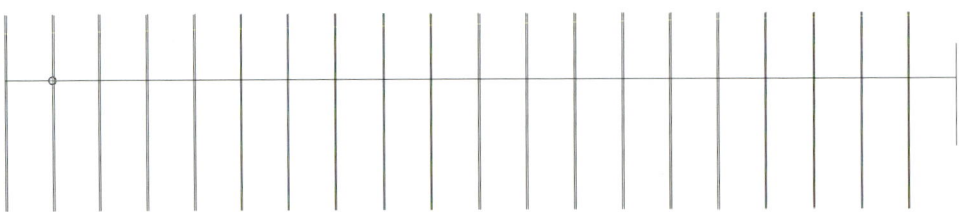

Bild 3.11: Die Tragflächenhälfte im Rohzustand.

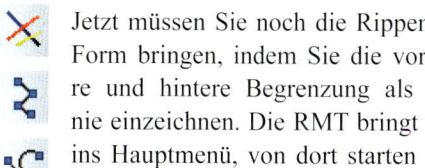

Jetzt müssen Sie noch die Rippen in Form bringen, indem Sie die vordere und hintere Begrenzung als Linie einzeichnen. Die RMT bringt Sie ins Hauptmenü, von dort starten Sie neu in das Zeichnen von Linien. *Linie frei* ist hier die flexibelste Möglichkeit, um mit der Fangoption *Endpunkt* die linke Linie der Wurzelrippe mit der rechten Linie der Endrippe zu verbinden. Machen Sie dies jeweils an der Nasen- und Endleiste des Flügels. Sie können beobachten, dass die einmal gewählte Fangmethode *Endpunkt* erhalten bleibt, bis eine Änderung von Ihnen vorgenommen wird. Zwischen den beiden Linien müssen Sie mit der RMT den Linienzug unterbrechen.

Die Einzellinie an der Flügelspitze soll keine Rippe werden, sondern nur als Hilfsgeometrie eingezeichnet bleiben, um hier später den Randbogen zu formen.

Im nächsten Schritt lernen Sie, bestehende Zeichenelemente in ihrer Größe zu verändern. Sie ahnen bereits, dass Sie dazu in das Edit-Menü (Bearbeiten in der fluent-Oberfläche) wechseln müssen. Dort befindet sich etwas oberhalb der Mitte in der linken Leiste die Funktion *Aufbrechen automatisch*. Diesen Begriff könnte auch mit partiellem Löschen übersetzen. Am Klickpunkt sucht diese Funktion nach beiden Seiten am angewählten Element entlang nach den nächsten markanten Punkten (z. B. Endpunkt, Schnittpunkt, usw.) und löscht dann das gefundene Segment weg. So können schnell die Überstände vor der Nasenleiste und hinter der Endleiste entfernt werden. Bei der Anzahl der Rippen, die alle noch aus zwei Linienelementen bestehen ist das eine ziemliche Klickerei. Schneller geht es, wenn Sie einfach in einem gewissen Abstand vom ersten Element klicken und dann eine lange „Löschlinie" mit der Maus aufziehen, die alle Elemente, die von ihr erfasst werden mit der Aufbrech-Funktion behandelt. Ob die Option dieser schnellen Elementanwahl in einer Funktion besteht, zeigt Ihnen das CAD-System an der gestrichelten, schrägen Linie an, die am Mauscursor erscheint. Auf diese Weise ist es schließlich mit jeweils zwei Mausklicks vorne und hinten am Flügel möglich, Ordnung zu schaffen. Das Ergebnis ist im Bild 3.12 zu sehen. Für die Ausführung ist ein Heranzoomen an die Detailbereiche hilfreich.

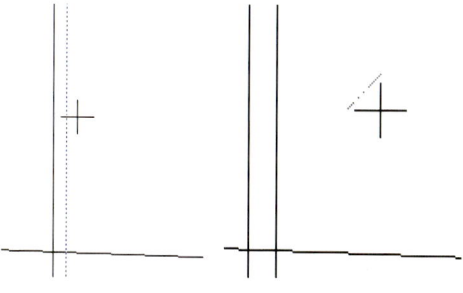

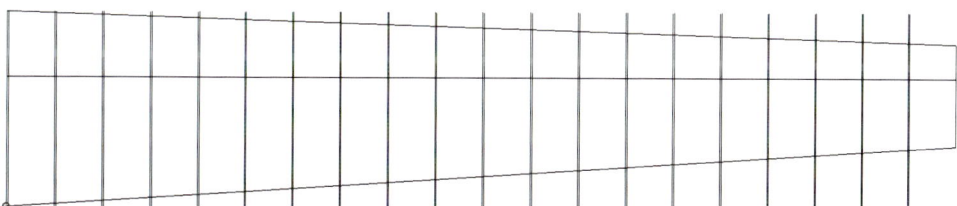

Bild 3.12: Die rechte Flügelhälfte vor dem „Verputzen".

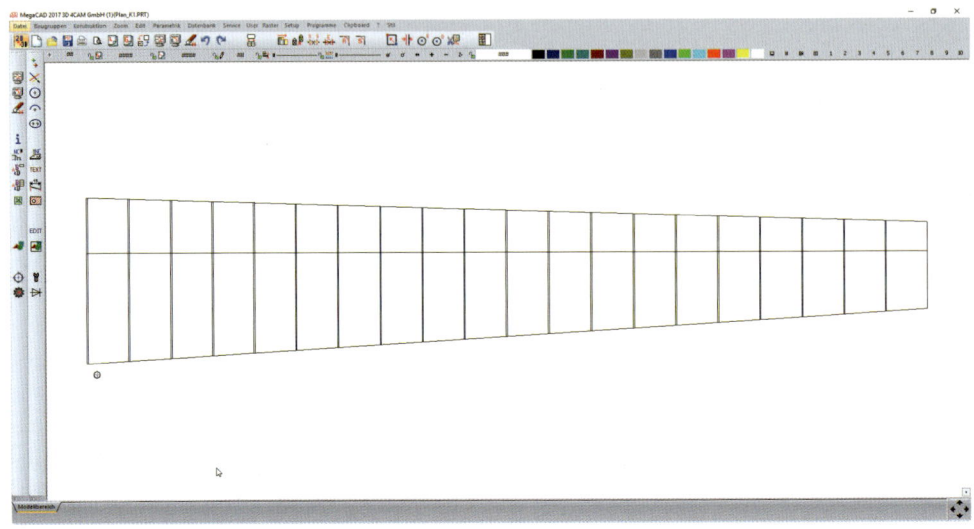

Bild 3.12: Das Rohgerüst steht.

Obwohl die Rippen jetzt im Plan aufgrund der Zuspitzung des Flügels konisch dargestellt werden, müssen wir uns darüber im Klaren sein, dass jede Rippe, die wir später auf einer 3-achsigen CNC-Maschine herstellen werden, diese Konizität nicht haben kann. Dazu müsste dann eine 5-Achs-Maschine zur Verfügung stehen und der Aufwand würde ad absurdum getrieben. Nüchtern betrachtet ist aber einzugestehen, dass der gute alte Rippenblock hier Vorteile hätte. Da haben wir gewissermaßen die 5-Achsigkeit im Handgelenk. An dieser Stelle ist es vielleicht hilfreich auf die Thematik des „Zoomens" genauer einzugehen. Wir haben im CAD die Freiheit, uns die Inhalte am Bildschirm in beliebiger Größe anzeigen zu lassen. Weiter oben habe ich bereits darauf hingewiesen, dass durch einfaches Drehen am Mausrad ein Vergrößern bzw. Verkleinern des Bildausschnitts möglich ist. Wie Sie vielleicht schon bemerkt haben, hat die Lage des Mauscursors dabei einen Einfluss auf das Zoomverhalten. Abhängig von seiner Position wird nämlich auch die Zeichnung verschoben, indem mit dem Drehen am Rädchen auf diesen Cursor hin gezoomt wird. Sie können damit die beiden Funktionen Vergrößern und Verschieben kombinieren.

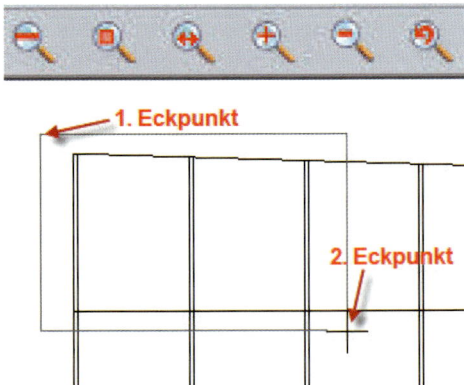

Am oberen Ende des Bildschirmrandes finden Sie etwa in der Mitte weitere Möglichkeiten der Anpassung des Bildausschnitts. Die ersten beiden Icons sind dabei die am häufigsten genutzten Optionen. *Autozoom* bewirkt die Darstellung Ihrer Konstruktion in maximal möglicher Größe auf dem Bildschirm. Diese häufig eingesetzte Funktion ist auch mit dem Hotkey „*a*" auszuführen. Dagegen bewirkt die Taste „*w*" bzw.

ein Klick auf das zweite Icon von links einen Direktzoom. Dieses konkrete Vergrößern eines Bildbereichs erfordert noch die Definition eines Zoom-Rechtecks durch die Angabe (LMT) des 1. und 2. Eckpunktes dieses Ausschnittes. Das aufgezogene Rechteck sollte dabei in etwa die Form des Bildschirmes haben, um den gewünschten Effekt zu erzielen. Testen Sie diese beiden wichtigen und die anderen Zoomfunktionen in Ruhe aus – sie gehören zu den ständig eingesetzten Arbeitsmitteln. Die Übersicht über Ihre Konstruktion erhalten Sie zu jedem Zeitpunkt mit dem Drücken der Taste „a" an Ihrer Tastatur.

Für die weitere Ausstattung unseres Flügelplanes benötigen wir jetzt noch die Darstellung der Nasen- und Endleiste und des Randbogens. Beginnen wir mit der Nasenleiste, deren Erstellung jetzt schon eine Wiederholung des Gelernten für Sie darstellt. Plan ist es aus dem gleichen Sperrholz (Indu 1,8 mm) einen 5-mm-breiten Streifen stirnseitig in die Rippen einzusetzen, der im weiteren Verlauf der Konstruktion mit kleinen Ausfräsungen ausgestattet wird. Diese verzahnen sich dann mit den Rippen und die Abstände werden auf einfache Weise eingehalten. Fürs Erste benötigen wir eine *Parallele* mit Abstand 5 mm. Nach dem Start der Funktion aus dem *Linienmenü* heraus geben Sie diesen Wert unten rechts in der Statuszeile ein und bestätigen dies mit der Enter-Taste. Die Maus bringen Sie nun etwas unterhalb der Nasenlinie in Position und setzen die Parallele mit einem Klick auf die LMT ab. Ein Rechtsklick beendet die Funktion und Sie können gleich im Linienmenü fortfahren.

Die Endleiste soll an der Wurzel eine Tiefe von 30 mm und an der Flügelspitze 20 mm haben. Die Funktion *Linie frei* kennen Sie schon und auch die Punktbestimmungs-Methode *Fangen Abstand* hatten wir bereits eingesetzt. Neu ist hier, dass Sie während die Linie nach dem ersten Klick mit Abstand 30 an der Maus hängt erneut ins Menü fahren müssen, um den Distanzwert auf 20 mm zu ändern.

EXTRAMELDUNG!

Ich hatte Ihnen im Vorspann eine ganze Menge über die Wichtigkeit der Strukturierung einer Konstruktion mit Farben, Linienarten und Layern erzählt. Wundern Sie sich bitte nicht, dass wir dies hier bisher nicht gemeinsam praktizieren. Für diese ersten Schritte wollte ich Sie nicht auch noch damit belasten. Wir werden dies nachholen und auch die bestehende Konstruktion in dieser Hinsicht editieren.

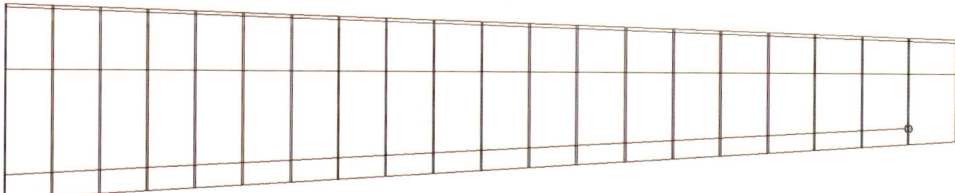

Bild 3.12: Unser Flügel bekommt seine Nasen- und Endleiste.

Beim Randbogen muss das CAD-System zeigen, ob es auch mit organischen Formen zurechtkommt und uns Werkzeuge an die Hand gibt, die es uns erlauben, solche freien Geometrien zu gestalten. Wir könnten uns mit Kreisen oder Bögen an die Arbeit machen, jedoch scheinen diese zu unflexibel. Dagegen finden wir im *Linienmenü* ein Icon für die Erstellung von *Splines*. Der hier angebotene „*Natürlich parametrisierte Spline*" ist eine fließende Kurve mit der Eigenschaft, dass jeder angeklickte Stützpunkt von ihr getroffen werden muss und die Kurve dabei keine Knicke aufweist. Eine Besonderheit der Splines ist es, dass diese sich auch bei späteren Änderungen noch dynamisch fließend verhalten.

Der Vollständigkeit halber sei hier erwähnt, dass in der großen Version der MegaCAD-Software noch weitere Splines (z. b. Bezier-Kurven) angeboten werden. Für unsere Aufgabe ist aber die passende Funktion vorhanden.

Die Anzahl der Zwischenpunkte ist mit neun gut gewählt und mit einem Mausklick auf *Erstellen* können Sie beginnen Punkte anzugeben, durch die die Kurve verlaufen soll. Ziel ist es, annähernd tangential aus der Nasenleiste heraus zu starten und ebenso tangential in die Endleiste zu münden. Die äußerste Linie dient lediglich als räumliche Orientierungshilfe. Als Fangmethode für die Platzierung der Punkte kommen der *Elementfang* und das *Freie Fangen* zum Einsatz. Während letzterer keinerlei Einschränkungen bei der Platzierung der Punkte vorgibt, stellt das

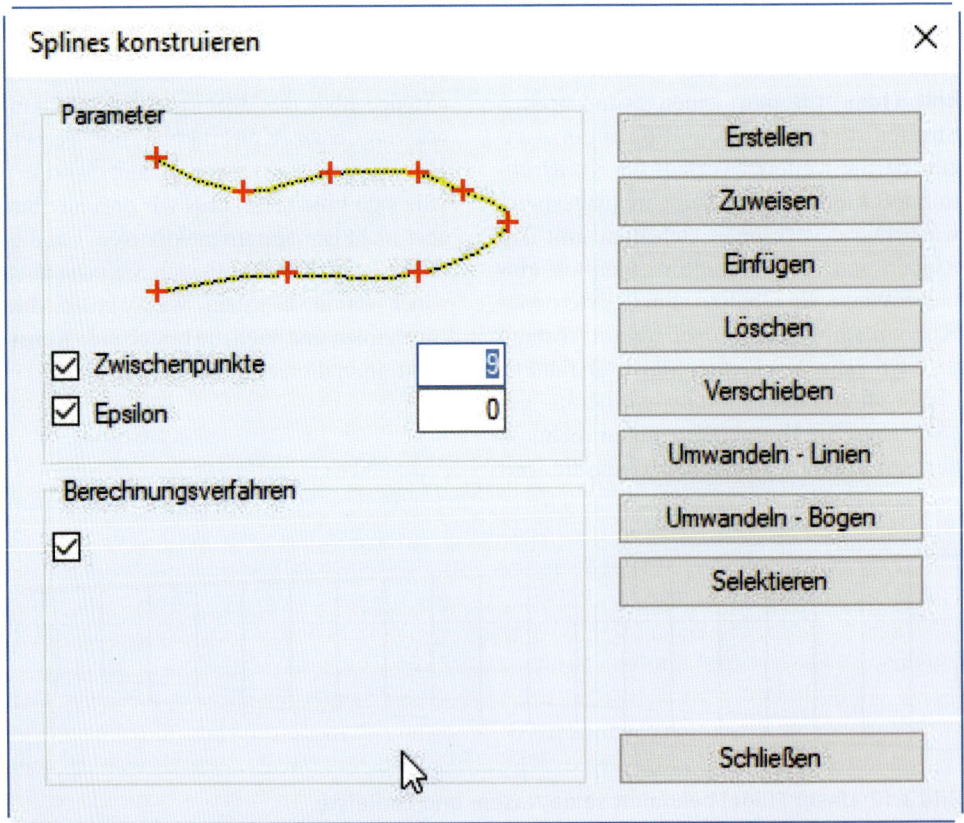

Fangen auf dem Element sicher, dass das jeweilige Zeichenelement getroffen wird. Gehen Sie mutig ans Werk – alle Punkte lassen sich auch später noch beliebig verschieben. In Bild 3.13 sehen Sie einen ersten Entwurf der Randbogenform.

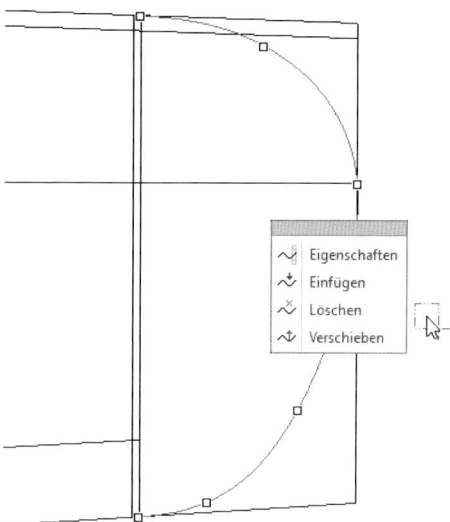

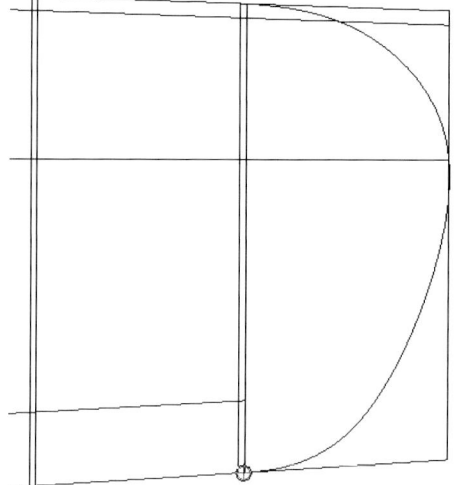

Bild 3.13: Der Entwurf des Randbogens.

Sollten Sie mit Ihren ersten Gehversuchen in Sachen Spline noch nicht zufrieden sein, ist dies kein Grund zu verzweifeln. Viel mehr ein guter Anlass, auf eine Arbeitsweise hinzuweisen, die wir später noch ausführlicher besprechen werden. Die Methode des drag&drop wird Ihnen hier helfen, an der Form zu basteln. Prinzipiell ist dies ein Überbegriff zu einer Arbeitsweise, mit der einzelne Elemente schnell modifiziert werden können. Sie beruht auf der Windows-typischen Methodik, ein Element per Mausklick zu markieren, um an diesem dann Änderungen in den Eigenschaften, der Form oder der Lage vorzunehmen. Die Bedienphilosophie von MegaCAD/MegaNC lässt es nur zu, ein Element zu markieren, wenn sonst keine Funktion aktiv ist – sonst würde ja die laufende Funktion Einfluss auf das Geschehen nehmen. Beenden Sie also mit der

RMT eventuell aktive Werkzeuge und klicken Sie dann den eben gezeichneten Spline an. Sie werden beobachten, dass die Kurve rosa markiert wird und Ihre Stützpunkte als weiße Symbole angezeigt werden. Hinzu kommt, dass ein Kontextmenü erscheint, das Ihnen unterschiedliche Werkzeuge anbietet. Dieses Verhalten kennen Sie aus anderen Windowsprogrammen, nur müssen Sie dort nochmals explizit die RMT drücken, um das Auswahlfenster zu erhalten. Nähern Sie sich jetzt mit dem Mauscursor einem dieser Griffpunkte, dann erscheint ein kleines Pfeilsymbol und die Information „Punkt verschieben". Gehen Sie auf diesen Vorschlag ein und bringen Sie so Ihren Randbogen in die gewünschte Form. Sie werden beobachten, dass die Spline-Eigenschaft (stetiger Verlauf) immer erhalten bleibt. Allein bei zu engen Radien kann es sein, dass eine gewisse Kantigkeit auftaucht. Diese wäre durch eine höhere Anzahl an Zwischenpunkte (im Menü) zu vermeiden.

Das Kontextmenü bietet Ihnen auch an, weitere Stützpunkte einzufügen, bzw. einzelne zu entfernen. Über die Schaltfläche Eigenschaften kommen Sie zurück in die

Menüoberfläche, um dort beispielsweise die oben erwähnte Feinheit der Rundung zu beeinflussen.

EDIT Nachdem das Grobe jetzt erledigt ist und die Geometrie des Flügels steht, machen wir uns an die Feinarbeit. Diese beginnt mit dem Entfernen der überstehenden Linien am Flügelende. Sie könnten wieder die Aufbrechen-Funktion nehmen und die Überstände einfach wegknipsen, aber Sinn Ihrer Lektüre hier ist es ja, immer neue Funktionen kennenzulernen.

TRIM Veränderungen an bestehenden Elementen machen wir mit den Werkzeugen im *Edit-Menü*. In der klassischen Oberfläche oben links und in der *Bearbeiten*-Karteikarte des fluent-Stils im Block Trimmen befinden sich Funktionen, um die Länge von Elementen zu modifizieren. Dabei können diese Trimmen-Werkzeuge Linien, Bögen, etc. kürzer oder länger machen. Um die Frontlinie direkt in den Spline übergehen zu lassen wählen Sie *Trimmen doppelt*. Damit werden zwei Bauteile so gestreckt oder gestutzt, dass sie eine Ecke bilden oder in unserem Fall direkt ineinander übergehen. Dazu müssen Sie nach einem Linksklick auf das Icon zuerst das eine, dann das zweite Element anklicken, wie dies in Bild 3.14 dargestellt ist.

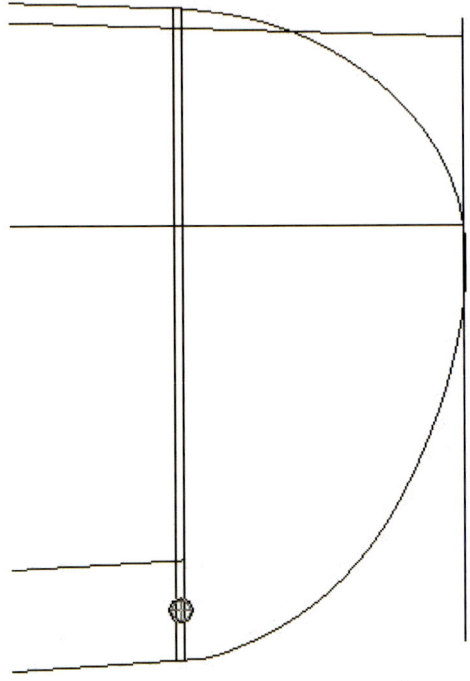

Bild 3.15: Der fertig getrimmte Randbogen.

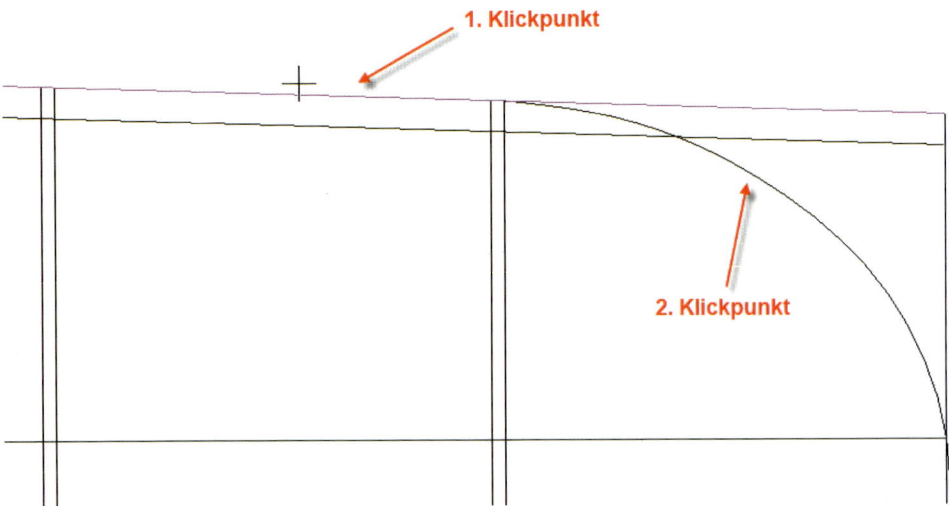

Bild 3.14: Doppeltes Trimmen.

Das Ergebnis zeigt Bild 3.15. Die restlichen, überzähligen Objekte entfernen Sie mit dem *Automatischen Aufbrechen* (dies betrifft die Nasenleiste) und der Funktion *Löschen*, die Sie im Edit-Menü, aber auch in der Funktionsleiste am oberen Rand des Zeichenbereichs finden. Mit dieser universellen Funktion zum Entfernen von ganzen Elementen klicken Sie einfach (LMT) die Hilfslinie am rechten Rand an. Nun wird es Zeit festzulegen, welchen Querschnitt der Hauptholm bekommen soll. Wir bauen einen relativ kleinen Segler, der sich im langsamen Geschwindigkeitsbereich wohlfühlen soll. Dazu erhält das Modell ein eher dickes Profil (lassen Sie sich überraschen) und einen Sperrholz-beplankten Nasenbereich, sodass wir mit relativ kleinen Zug- bzw. Druckbelastungen des Holmes rechnen können. Wir sehen also Kiefernleisten mit den Maßen 5×2 mm vor. Für den Fall, dass jetzt ein Aufschrei durch die Gemeinde gehen sollte, kann ich Sie beruhigen. Auch diese recht filigrane Ausführung hat in der Praxis schon einigen Belastungen standgehalten.

Die Darstellung des Hauptholmes wird Ihnen jetzt bereits leicht von der Hand gehen, da Sie mit der *Parallelen Linie* bereits Erfahrungen sammeln konnten. Über das Hauptmenü geht es zurück zu den Linien und mit dem Start der Funktion wird im Eingabefenster unten rechts nach dem Abstandswert (A = 5) gefragt. Die Enter-Taste schaltet die Funktion scharf und Sie klicken bitte leicht oberhalb der ersten Holmlinie, um die Kiefernleiste nach vorne hinzuorientieren.

EXTRAMELDUNG!
Lassen Sie sich beim Absetzen der Parallel-Linie nicht aus der Ruhe bringen, wenn im Moment des Mausklicks bereits die nächste Linie erscheint. Wie Sie wissen, bleibt in MegaNC die Funktion immer für weitere Eingaben geöffnet. Ein Wegfahren der Maus oder eine RMT schafft Abhilfe.

Wenn wir gerade schon dabei sind, verändern wir durch einfaches Tippen des Wertes *20* (ein Blick nach unten rechts zeigt Ihnen, was dabei geschieht), gefolgt von einem Druck auf die Enter-Taste den Abstand der nächsten Parallelen und fahren mit der Maus zum Spline des Randbogens. Um diesen später auch bauen zu können bereiten wir uns ein Sperrholzteil vor, auf das wir die Hauptholme herunterbiegen können, um ein Gerüst für die Bespannung zu bekommen.

3.6 Unser Plan soll „schöner" werden
Wie bereits oben erwähnt haben wir es bisher versäumt – oder vermieden – uns mit der strukturierten Ausgestaltung unseres ersten Planes zu befassen. Das vorliegende Resultat unserer gemeinsamen Bemühungen könnte bereits dazu dienen, einen Tragflügel dar-

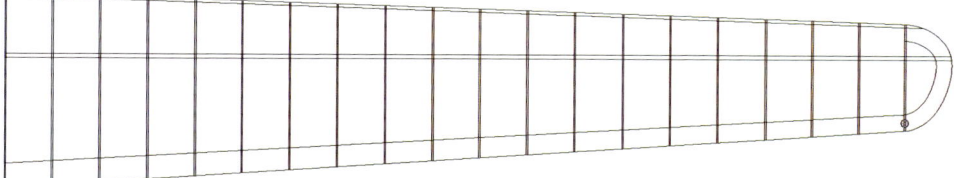

Bild 3.16: Der Hauptholm und der Randbogen sind konstruiert.

auf aufzubauen. Persönlich aber habe ich immer Schwierigkeiten beim Umgang mit diesem Rohzustand. Ein Plan sollte meines Erachtens mehr aussagen als eine Anordnung von Linien oder Bögen. Mein Anspruch ist es, in einem Plan lesen zu können wie in einem Buch. Dazu ist es zumindest notwendig, sich Gedanken zu Linienarten oder -stärken zu machen, um auf einen Blick erkennen zu können, welche Elemente in der Realität überhaupt sichtbar sein werden, bzw. von anderen Bauteilen verdeckt werden. Unser Flügel soll im Nasenbereich und an der Endleiste beplankt werden, ergo sind die Rippen darunter eigentlich nicht zu sehen. Die Zeichnungsnorm spricht in diesem Fall von verdeckten Bauteilen und diese sollten dann auch so dargestellt werden. Eine dünne, gestrichelte Linie ist hierfür normalerweise vorgesehen. Dass der Flügel auch noch Aufleimer bekommt, ist ein Detail, das man im Plan eventuell nur andeuten möchte. Mit etwas Fleiß und Geschick ist dies aber auch schnell zu realisieren. Beginnen wir also mit den Feinarbeiten der Darstellung, indem wir die Elementattribute anpassen.

Das Thema Layer und Gruppen wurden schon mehrfach angesprochen, lassen Sie uns jetzt hiermit beginnen, um Ihrer Konstruktion eine sinnvolle Struktur zu geben. Der Plan wird im Laufe Ihrer Lektüre dieses Buches noch weiterwachsen, also sollten Sie gleich Vorkehrungen treffen, einzelne Bereiche mit wenigen Mausklicks sichtbar oder unsichtbar schalten zu können. Ein festes Rezept über den Aufbau einer derartigen Struktur gibt es nicht, hier muss sich jeder im Laufe seiner CAD-Karriere ein für ihn passendes Procedere entwickeln.

Wir hatten ja bisher einfach nur drauflosgearbeitet und uns um keines der angebotenen Attribute gekümmert. Entsprechend trostlos sieht es daher auch in der Verwaltung

der Layer aus. Mit einem LMT auf das *Icon Layer ein/ausschalten* in der Menüleiste sehen Sie in der Strukturansicht, dass nur eine Zahl (Layer-Nummer) rot gefärbt ist. Das beweist, dass bei den bisherigen Arbeiten alles auf einem Layer gezeichnet wurde (hier Nummer 1). Mit der Anwahl der Diashow (Karteireiter Ansicht) wird dies noch plastischer erkennbar, wie in Bild 3.17 zu erkennen.

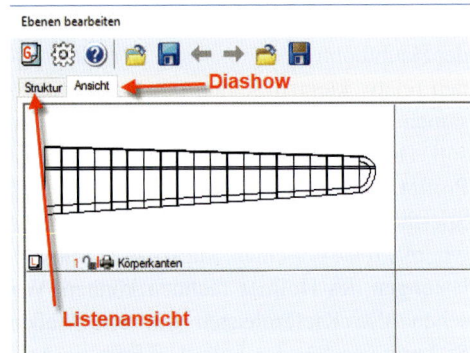

Bild 3.17: Die Layerstruktur ist hier noch überschaubar.

Exakt das gleiche Bild erhalten wir beim Blick in die *Gruppen*. Neben den Layern bieten diese eine weitere Möglichkeit, unsere Zeichnung zu strukturieren. Nachdem oft die Layer zur Unterscheidung von Bauteilen und/oder zur Differenzierung von Darstellungsarten (Außenkanten, verdeckte Kanten, Bemaßungen, Texte, usw.) genommen werden, wollen wir hier die Gruppen nutzen, um unseren Plan inhaltlich zu strukturieren. Beispielsweise können wir die uns vorliegende Planvorlage auf Gruppe 10 legen, um sie später als Ganzes ein- oder ausblenden zu können. Wechseln Sie hierfür ins *Bearbeiten*-Menü (Edit) und lernen dort die Funktion *Edit Elementattribute* kennen. Nach dem Klick mit der LMT geschieht nichts Spektakuläres, jedoch steht unbemerkt die Attributleiste in Wartestellung, um Ihre Wünsche entgegenzunehmen. Öffnen

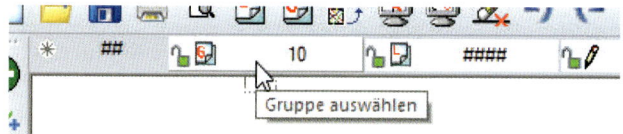

Bild 3.18: Eine Auswahl einer Gruppe für die gewünschte Änderung der Attribute.

Sie das Menü *Gruppe auswählen* und Sie sehen wieder ein ähnlich aufgebautes Dialogfeld für die Auswahl einer Gruppe. Klicken Sie direkt auf die Zahl 10 in der Listendarstellung (Struktur), worauf sich das G-Symbol rot färbt. Nach dem OK steht nun die Zahl 10 im Gruppenfeld der Attributleiste (siehe Bild 3.18).

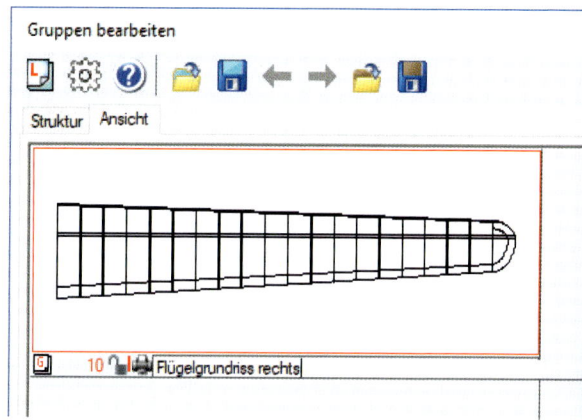

Damit sind unsere Forderungen für Veränderung formuliert und die Software wartet auf Ihre Aussage, für wen diese Änderung gelten soll. Lesen Sie unten rechts in der Statuszeile, dass mit der LMT ein 1. Element angewählt werden soll. Natürlich wäre es zu aufwändig, jede Linie einzeln anzuklicken, stattdessen können Sie einfach mit zwei Mausklicks ein Rechteck so über den Flügel aufziehen, dass alle Elemente komplett enthalten sind. Sofort wird der ganze Plan rosa eingefärbt (die Elemente markiert) und es bestünde jetzt noch die Option, einzelne Elemente durch explizites Anklicken abzuwählen. In unserem Fall beendet aber eine RMT die Auswahl und die Änderung wird für uns im ersten Moment nicht erkennbar durchgeführt. Ein erneuter Blick in die Gruppenübersicht (*Gruppe ein/ausschalten*) beweist die korrekte Erledigung.

Um später noch die Übersicht zu bewahren, bietet es sich an, der Gruppe einen aussagekräftigen Namen zu geben. Ein Doppelklick in das Textfeld neben dem kleinen Druckersymbol öffnet die Maske und Sie können den Inhalt *Flügelgrundriss rechts* eintippen. Ein erster Schritt ist getan, jetzt geht es über die passenden Zuweisungen der Attribute an die Optik. Um zu verstehen was mit Attributen gemeint ist will ich Ihnen diese hier im Einzelnen vorstellen.

Farbe

Neben den 16 Grundfarben, die direkt auf der Programmoberfläche auszuwählen sind verbergen sich hinter der großen Schaltfläche links der Grundfarben weitere 256 Möglichkeiten das Geschehen bunt zu machen. Sollte dies nicht reichen, finden Sie unter *Mehr...* in diesem Menü die Auswahlmethoden für die 16,7 Millionen von Windows unterstützen Farben. Die ersten 256 Farben sollten bevorzugt eingesetzt werden, da diese eindeutig nummeriert, und nicht über Farbmischungen definiert sind.

Linientyp

Links der Zoombefehle in der Attributleiste finden Sie die Auswahl für 14 unterschiedliche Linientypen.

Linienbreite

MegaNC unterstützt Sie durch die Differenzierung von acht Linienbreiten, die Sie den Zeichenelementen zuordnen können. Damit fällt es leicht, eine Konstruktionszeichnung mit unterschiedlichen Strichstärken zu erstellen. In der Regel wird im CAD die Dicke der Linie

39

am Bildschirm nicht dargestellt, sondern über die Farbwahl eine Gewichtung vorgenommen. Elemente, die im Ausdruck dick dargestellt werden sollen (z.B. Außenkanten) erhalten eine kräftige Farbe, während beispielsweise Schraffuren am Bildschirm in kontrastarmer Farbe gezeichnet werden und auch im Ausdruck später dünn bleiben sollen. Im Setup-Menü können Einstellungen hierzu vorgenommen und der Ausdruck kalibriert werden.

Plotterstift
Dieses Attribut wird heute nur noch selten eingesetzt, da Stiftplotter kaum noch im Einsatz sind und daher die direkte Zuordnung einer Linie zu einem Stift im Ausgabegerät nicht mehr gefordert wird.

Layer
Über die Einteilung der Zeichnung in aus- und einblendbare Ebenen wurde bereits berichtet.

Gruppe
Gleiches gilt für die Zuordnung zu Gruppen.

Diesen sechs Schaltfeldern ist gemeinsam, dass neu entstehende Elemente immer exakt mit diesen Attributen versehen werden, die zum Zeitpunkt der Erstellung eines Elements angewählt sind. Die Schaltflächen dienen aber auch dazu, bestehende Elemente nachträglich mit diesen Eigenschaften zu versehen. In dieser Weise werden wir sie im Folgenden anwenden. Jetzt werden Sie vielleicht denken, dass es recht aufwändig ist, während einer Konstruktionsarbeit ständig bis zu sechs Schaltflächen drücken zu müssen, um die Zeichnung zu strukturieren. Das haben sich die Entwickler der Software auch gedacht und haben am rechten Ende der Attributleiste zehn Schaltflächen integriert, die die Definition von *Stiften* ermöglichen. Jeder dieser Stifte ist eine Zusammenfassung der sechs Attribute und wird mit einem Namen versehen. Die Definition der Stifte starten Sie über die Schaltfläche links von Stift 1.

Sie erkennen im Menü (zeilenweise), dass z.B. mit Stift 1 Körperkanten auf Layer 1 mit Strichstärke 5, als schwarze Volllinie vorbelegt sind. Eine Entscheidung für eine Gruppe oder für einen Plotterstift findet nicht statt, dafür stehen die Rautensymbole. Sollte dies bei Ihnen nicht der Fall sein, führen Sie bitte die Änderungen

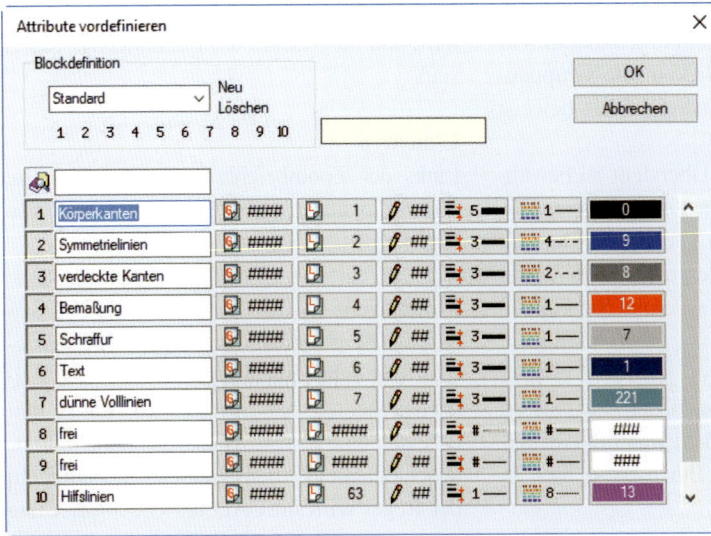

Bild 3.19: Stiftdefinitionen zur schnellen Zuordnung der Attribute.

entsprechend Bild 3.19 durch. Dies sind alles nur Vorschläge, die Sie Ihren Anforderungen anpassen können, sobald Sie sich einen Überblick über die Funktionalität der Software gemacht haben. Für unsere gemeinsamen Übungen wäre es dagegen sinnvoll, mit den dargestellten Einstellungen zu arbeiten.

EXTRAMELDUNG!

Das Rautensymbol ### wird in Mega-CAD/MegaNC immer dann eingesetzt, wenn für eine Einstellung keine konkrete Definition vorliegt. Taucht die Raute # auf, dann wird auf default-Einstellungen zurückgegriffen, bzw. bestehende Einstellungen werden nicht verändert.

Im zweiten Schritt unserer Aktion zur besseren Lesbarkeit des Planes nehmen wir uns die Rippen vor, die korrekterweise dank Beplankung und Aufleimern (die wir noch zeichnen müssen) in der Draufsicht gar nicht zu sehen sind. Folglich soll für sie eine dünnere Linienbreite und eine gestrichelte Strichart Verwendung finden. Zusammengefasst finden Sie das im Stift 3 – verdeckte Kanten.

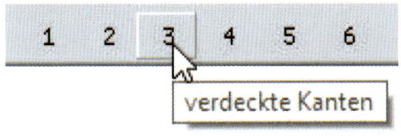

Noch einmal kommt die Funktion *Edit Elementattribute* zum Einsatz. Weil dieses Werkzeug oft gebraucht wird, können Sie sich den Weg über das Edit-Menü (Bearbeiten) auch sparen und den Aufruf direkt über das Icon in der Attributleiste vornehmen.

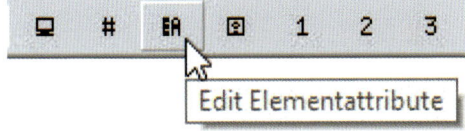

Nach dem Start der Funktion (LMT) warten die sechs möglichen Attribute auf eine Entscheidung von Ihnen, was geschehen soll. Mit der Anwahl von Stift 3 füllen sich die Felder automatisch und sofort können Sie bestimmen, für wen die Änderung gelten soll. In diesem Fall stehen Ihnen in der nun sichtbaren Menüoberfläche Hilfen zur Verfügung, die Sie bei der Auswahl von Elementen unterstützen. In der klassischen Oberfläche unterteilt sich das Menü in eine Filterfunktion rechts und Auswahlmethoden in der linken Spalte. Anfangs ist hier das oberste Icon aktiviert, das eine *Auswahl von einzeln* angeklickten Elementen zulässt. Dazu müssten Sie jetzt aber bei jeder Rippe beide Linien mit der Maus anklicken. Das ist zu umständlich und Sie finden im Menü etwas tiefer die

 Auswahl Schnittlinie. Wenn Sie sie nutzen, dann werden Sie aufgefordert mit der LMT einen *Startpunkt* einer Linie zu wählen. Der nächste Klick ist das Ende der Linie mit dem Erfolg, dass alle Elemente, die die Linie berührt in die Auswahl aufgenommen werden und temporär rosa hervorgehoben werden. Werden Sie sich darüber klar, dass bis auf die linke Linie von Rippe 1 alle Rippenelemente umgewandelt werden sollen. Zur Ausführung der Bearbeiten-Funktion ist es wieder sinnvoll näher heranzuzoomen, um Fehleingaben zu vermeiden.

Zwischenzeitlich sieht Ihr Flügel wie in Bild 3.20 dargestellt aus. Alle Bauteile, die in der Auswahl sind und jetzt rosa leuchten werden mit den oben gewählten Attributen neu gezeichnet, sobald Sie mit zwei Klicks der RMT die Auswahlschleife beenden. Der erste Rechtsklick beendet den Linienmodus und Sie könnten noch Elemente einzeln dazu nehmen bzw. abwählen. Der zweite Rechtsklick stellt das Ende der Auswahl dar und führt den Befehl aus.

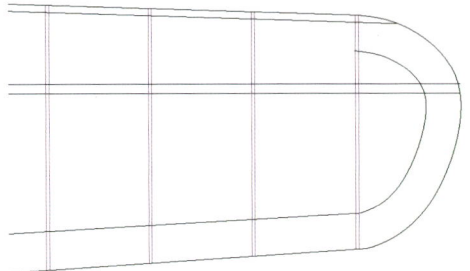

Bild 3.20: Die Rippenlinien sind ausgewählt.

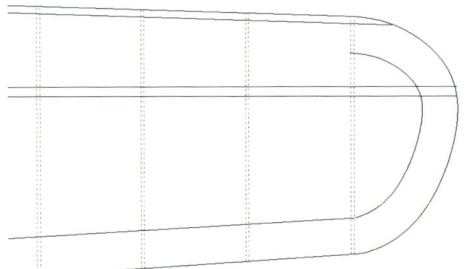

Bild 3.21: Die Änderung ist ausgeführt.

Sie erinnern sich an die Aussage, dass die CAD-Software eine Funktion immer geöffnet lässt, bis der Anwender diese mit einem weiteren Rechtsklick schließt? Das können Sie sich jetzt zunutze machen und noch die innere Nasenleiste auswählen, da diese ja auch gestrichelt sein soll.

Wir nehmen uns hier noch einmal die Zeit, einen Blick in die fluent-Oberfläche zu werfen, um allen Mitlesern, die mit dieser arbeiten wollen Unterstützung zukommen zu lassen. Die oben beschriebenen Elementfilter sind hier als *Ein/Aus-Block* dargestellt, der es erlaubt, den Zugriff auf die Elementtypen einzuschränken. Die gleichen Auswahlmethoden, die wir in der linken Spalte der klassischen Oberfläche vorgefunden haben, stehen uns natürlich auch in der office-like-Technik zur Verfügung. Sie sehen, es handelt sich um die gleichen Arbeitsschritte, nur die Icons sind etwas anders verteilt.

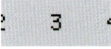

 Bevor wir uns mit der Beplankung und den Aufleimern beschäftigen, sollte der Hilfsholm eingeplant werden, wie wir ihn zur besseren Krafteinleitung angedacht haben. Dazu nehme ich ein paar technische Details vorweg und gebe Ihnen die Maße der Wurzelrippe, wie wir sie später noch gemeinsam entwickeln werden. Sie erkennen, dass der Hilfsholm mit einem Querschnitt von 5×2 mm in einem Abstand von 139,1 mm von der Nase entfernt liegt. An der vierten Rippen mündet dann dieser Hilfsholm in den Verband des Hauptholmes ein. Mit der inzwischen bereits bekannten Funktion *Linie frei* wird daher einfach eine Linie schräg eingezeichnet. Nachdem später die Beplankung diesen Bereich komplett abdecken wird, muss auch der nun entstehende Strich mit Stift 3 konstruiert werden. Die Distanz von 139,1 mm lässt sich einfach mit *Fangen Abstand* eingeben und der zweite Mausklick führt zu dem Punkt, an dem die 4. Rippe den Hauptholm trifft. Präzise gefangen werden

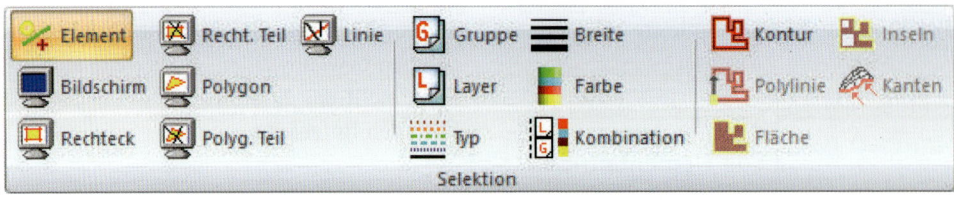

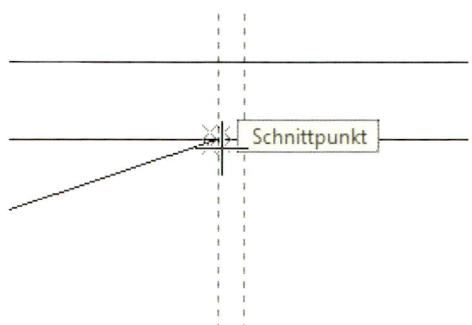

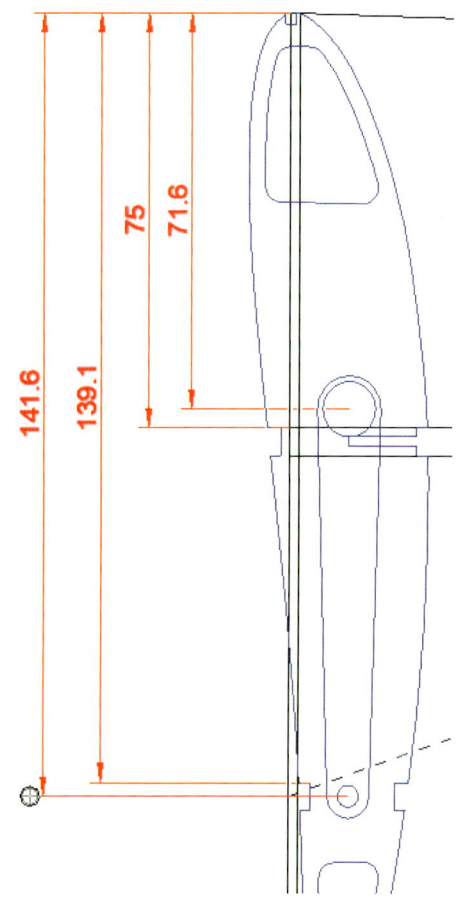

✕ kann diese Stelle mit der Punktbestimmungsmethode *Schnittpunkt*.
Im Laufe unseres langen Gesprächs werden Sie Ihre Kenntnisse im Umgang mit der Software immer weiter ausbauen und immer öfter werden Sie auch Zwischenschritte ohne detaillierte Klick-für-Klick-Anweisungen eigenständig ausführen. Dies dient dazu, dass dieses Buch nicht unendlich dick wird, aber auch um Ihnen die Möglichkeit zu geben, Ihren Übungsstand zu kontrollieren und auszubauen. Auch die bisher vollständige Erklärung der einzelnen Mausklicks und Auflistung der zu drückenden Icons können wir etwas reduzieren, da Sie inzwischen sicherlich schon eine ganz gute Übersicht über die Menüstruktur haben und ohne nachzudenken einen Rechtsklick machen, wenn Sie eine Funktion beenden oder ein Menü verlassen wollen. Jetzt wäre zum ersten Mal eine solche Gelegenheit für Sie, die Darstellung des Hilfsholmes mit einer Breite von 5 mm ohne vollständige Erklärung auszuführen.

⇥ TRIM Weiter geht es anschließend mit der Erkenntnis, dass die Parallele (kleiner Hinweis) ja an beiden Enden zu kurz ist. Eine gute Gelegenheit, um auf eine weitere Trimm-Funktion im Edit-Menü einzugehen. Mit *Trimmen einfach* kann ein Element an ein anderes herangeführt werden. Dabei spielt es keine Rolle, ob es verlängert oder verkürzt wird. Unten rechts finden Sie wieder die jederzeit aktuellen Informationen, was die Software von Ihnen, bzw. Ihrer Maus verlangt. Das zu *trimmende Element* ist in diesem Fall die Linie, die verlängert werden soll. Als Hilfe erhalten Sie eine optische Rückmeldung (rosa). Sobald Sie geklickt haben (LMT) werden Sie nach dem *trimmenden Element* gefragt. Fahren Sie nun mit der Maus an die hintere Linie des Hauptholmes und Sie können beobachten, dass in der Voransicht bereits das Ergebnis Ihrer Aktion gezeigt wird (Bild 3.22). Sobald Sie dies mit einem LMT bestätigen, ist die Bearbeitung abgeschlossen und MegaNC fragt Sie nach dem nächsten Elementpaar, das behandelt werden soll. Führen Sie dies nun noch am linken Ende des Hauptholmes aus.

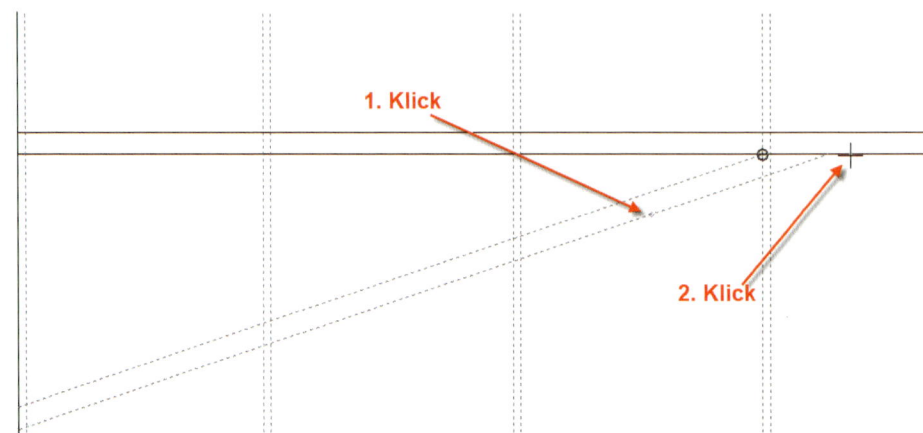

Bild 3.22: Das Trimmen einer Linie.

Dieser schräg verlaufende Holm führt zu Aussparungen in den Rippen, die wir später auf den Geometrien dieses Planes konstruieren werden. Wir müssen uns darüber im Klaren sein, dass die Ausschnitte, die wir letztlich mit unserer 3-Achs-Anlage fräsen können, nicht der realen Form entsprechen können (Bild 3.23). Eine Option wäre es, die Ausschnitte in den Rippen so groß zu machen, dass die Kiefernleiste ohne Nacharbeit eingefügt werden kann. Dabei würden wir aber Klebefläche verlieren, was nachteilig für die Festigkeit wäre. Besser ist es hier auf „Nennmaß" zu arbeiten und die wenigen Anpassungen mit der Feile vorzunehmen. Sie sehen, CAD-CAM hin oder her, wir bleiben in unserem Hobby Handwerker – und das ist auch gut so!

Was fehlt noch in unserm Plan? Erst die Darstellung der Flügelaufhängung, der Beschriftung und Details wie Füllklötze oder Eckleimer machen die Zeichnung auch für andere Modellbauer baubar. Für uns selbst könnten wir auf diese verzichten – wir haben unseren Plan ja „im Kopf". Lassen Sie uns daher hier kurz unterbrechen und wenden wir uns der Profilierung zu, die oben genannten Detail ja maßgeblich beeinflusst.

EXTRAMELDUNG!

Es wird sicherlich einmal vorkommen, dass Sie im Eifer des Gefechts eine Fehleingabe machen, beispielsweise beim Trimmen das falsche Zielelement auswählen. Drücken Sie dann einfach die Undo-Taste in der oberen Menüleiste oder die Taste u (Hotkey). Dies macht den zuletzt ausgeführten Befehl an einem Zeichenelement rückgängig und Sie können die Aktion noch einmal korrekt wiederholen.

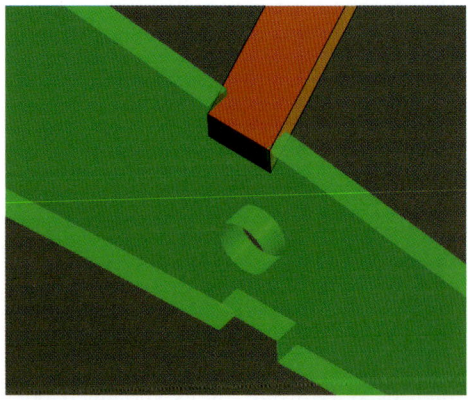

Bild 3.23: Der schräge Ausschnitt in der Wurzelrippe.

3.7 Profilauswahl und Rippenkonstruktion

Teil des schöpferischen Aktes bei der Flugzeugkonstruktion ist die Profilauswahl – und die hat, wie wir wissen einen maßgeblichen Einfluss auf die Flugleistungen und -eigenschaften unserer Kreation. Beim Bau eines historisch anmutenden Segelflugmodells kommt es uns weniger auf die Leistungsdaten (Auftrieb/Widerstand) an, sondern darauf, dass die Fluggeschwindigkeit zum Modell passt und das Flugverhalten unkritisch ist. Ein wesentliches Kriterium ist auch die Beurteilung der Baubarkeit. Profile mit geraden Unterseiten lassen sich ohne weiteren Aufwand auf dem Baubrett erstellen. Dünne Flügelquerschnitte stellen uns vor erhöhte Anforderungen der Festigkeit, geht doch die Bauhöhe in der dritten Potenz ins Widerstandsmoment der Holmkonstruktion ein, das sich der Biegebelastung entgegenstemmt. Über all diese und viele weitere Gedanken zur Konstruktion könnte man allein ein ganzes Buch füllen und ich verweise hier gerne auf andere Abhandlungen. Ein relativ dickes Profil mit unkritischen Eigenschaften war für unseren Condor NT die Vorgabe und auch da ist die Auswahl noch groß. Weil es wie bereits erwähnt auf die Leistung nicht primär ankommt fiel meine Wahl auf ein Exemplar der bekannten Göttinger Profilfamilie. Die Gründe für diese Auswahl sind nicht technisch bestimmt, sondern eher der Tatsache geschuldet, dass mich der Einsatz einer dieser klassischen „Keulen" schon immer gereizt hat. Letztlich passt dies auch gut zum historischen Anspruch an den Bau dieses Modells.

„Nachdem MegaNC/MegaCAD vom Ansatz her ja keine spezielle Software für Modellbauer ist können wir nicht erwarten, dass eine Profilbibliothek zur Verfügung steht," hatte ich in der ersten Auflage dieses Buches noch geschrieben. Inzwischen haben wir eine kleine Profilsammlung in die Software integriert und könnten unser Wurzelprofil sofort aus dieser heraus generieren. Um aber den Weg ‚Fremddaten' in unserer CAD-Konstruktion zu nutzen trotzdem darzustellen gehen wir im ersten Schritt den Weg über das Einfügen aus einer Profilsammlung. Natürlich kann eine eigene Bibliothek über die Technik der Baugruppen nach und nach angelegt werden. Die Software wächst dann einfach mit dem Einsatz in unserem Anwendungsgebiet. Es stehen aber auch bekanntermaßen Profilsammlungen oder -generatoren am Markt zur Verfügung, auf die ich dann in diesen Fällen auch gerne zurückgreife. Neben dem Abtippen von Profilkoordinaten als Punkteingabe direkt ins CAD und der Verbindung der Punkte über einen Spline gibt es auch Programme, in denen man sich die Profile fertig und in der Größe skaliert ausgeben lassen kann. Das übliche Datenformat ist hier DXF, das MegaNC direkt einlesen kann.

EXTRAMELDUNG!

Um den Datenaustausch zwischen CAD-Systemen zu ermöglichen, wurde ein Datenformat (*.dxf) als quasi Standard entwickelt, das zur Ein- und Ausgabe von Fremddaten in die einzelnen CAD-Programme integriert wurde. Das Einlesen von Konstruktionen aus anderen Quellen wird so ermöglicht. Allerdings kann es sein, dass kleinere Formatierungsänderungen notwendig werden, was die Attribute (Farbe, usw.) betrifft.

Darüber hinaus werden heute auch Programme angeboten, die einen ganzen Flügelentwurf mit sehr vielen unterschiedlichen Optionen möglich machen. Gerade bei Profilstraks oder bei Rippen mit komplexen Aussparungen oder Holmverläufen kann dies sehr hilfreich sein. Eine Vielzahl von parametrischen Varianten lassen auch anspruchsvolle Konstruktionen zu. Ist aber eine Variante, die dem Konstrukteur vielleicht vorschwebt, nicht vorgesehen, dann muss doch wieder das gute alte CAD herhalten, um diese Änderung dann abschließend händisch einzubauen. Daher bleiben wir hier beim Erlernen des CAD und konzentrieren uns erstmal auf den Import von extern zur Verfügung gestellten Daten.

Im Pulldown-Menü Datei steht neben dem Laden auch die Funktion *Einfügen* zur Verfügung. Diese bewirkt, dass in die bestehende Zeichnung eine andere Datei vollständig eingefügt wird. Dazu wählen Sie bei Dateityp die Option DWG/DXF aus. In der Liste darüber finden Sie dann nur noch CAD-Files mit dieser Dateinamenserweiterung. Das Göttinger Profil hat uns der Profilgenerator mit dem Namen GOE497_240.dxf vorbereitet und wir holen es jetzt auf der Festplatte ab, um die Geometrie in unserer Konstruktion zu nutzen (die notwendigen Daten finden Sie im download-Bereich der VTH-Homepage. Von dort können Sie sich diese auf Ihre Festplatte kopieren). Mit dem Schließen des Einfügen-Dialogs hängt nun das Profil an der Maus. Abhängig von der ausgebenden Software kann es vorkommen, dass sich der Anhängepunkt des Mauscursors nicht direkt am Profil befindet, sondern an einem imaginären Nullpunkt. Solange die Elemente an der Maus hängen können Sie ausprobieren, was

passiert, wenn Sie jetzt oben in der Attributleiste eine Farbe anwählen. Sie werden beobachten, dass sich alle sofort umfärben. Das Gleiche gilt für die anderen Attribute. Damit können Sie also konkret steuern, welche Eigenschaften Bauteile, die von draußen kommen erhalten sollen. Um unsere Konstruktion gleich ordentlich zu strukturieren, klicken sie mit der LMT auf *Layer auswählen* in der Attributleiste und entscheiden Sie sich für den Layer 31. Sie sehen, dass der Layer auch gleich mit einem Namen versehen wurde. Dazu nehmen Sie noch die Farbe Nr. *5* (dunkelrot), um die Rippe auch optisch am Bildschirm vom Rest unterscheiden zu können. Mit einer LMT platzieren Sie jetzt die Rippe an beliebiger freier Stelle im Plan. Sie sehen die geschwungene Profilform und die Sehne der Rippe als Bezugslinie. Wenn Sie alle laufenden Funktionen beenden (RMT) können Sie das Profil anklicken (LMT) und starten damit das Markieren des Elementes. Dieses drag&drop genannte Verfahren ermöglicht den Umgang mit Zeichnungselementen und ergänzt die Funktionen aus dem Edit-Bereich (Bearbeiten), weil es Änderungen der Eigenschaften und der Form und Lage ermöglicht. Der Vorteil dieser quick-and-dirty-Methode liegt beim Umgang mit einzelnen oder nur wenigen Elementen, während die klassischen Methoden des Editierens ihre Vorteile bei der Behandlung von mehreren, bzw. vielen Zeichnungsteilen haben.

An den vielen kleinen Griffpunkten und am Kontextmenü (Bild 3.24) erkennen wir,

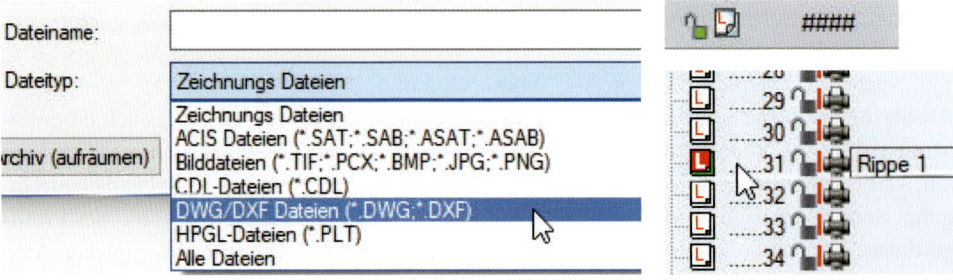

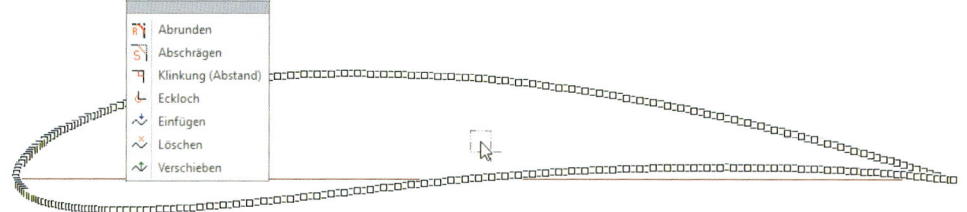

Bild 3.24: Die per drag&drop angeklickte Rippe.

dass es sich um eine Polylinie handelt, die wir per Datenimport erhalten haben. Polylines sind zusammenhängende Geometrien aus Linien und Bögen, die gegenüber Einzelelementen Vorteile in der Handhabung haben. Wir werden später darauf noch eingehen.

Sie haben schon gemerkt, dass ich versuche, Ihnen die Wichtigkeit einer gewissen Ordnung in der Zeichenarbeit zu verdeutlichen. Der nächste Arbeitsschritt betrifft auch dieses Kapitel. Um die Arbeiten an den Rippen gepflegt in Angriff nehmen zu können bereiten wir uns für jedes Bauteil einen Layer vor. Zusätzlich bauen wir in der Layer-Verwaltung eine Tiefenstruktur auf, die das Handling mit einzelnen Zeichnungsbereichen vereinfacht. Starten Sie dazu die Funktion *Layer ein/ausschalten* in der Menüleiste und wechseln Sie die *Strukturansicht*. Rippe 1 hat schon auf Nr. 31 Platz gefunden und wir wollen jetzt den Layer 30 als „Überlayer" definieren, unterhalb von dem alle anderen Rippen angeordnet sind. Klicken Sie dazu auf das weiße Layer-Symbol L vor der Zahl 31 und halten Sie ausnahmsweise einmal die Maustaste (LMT)

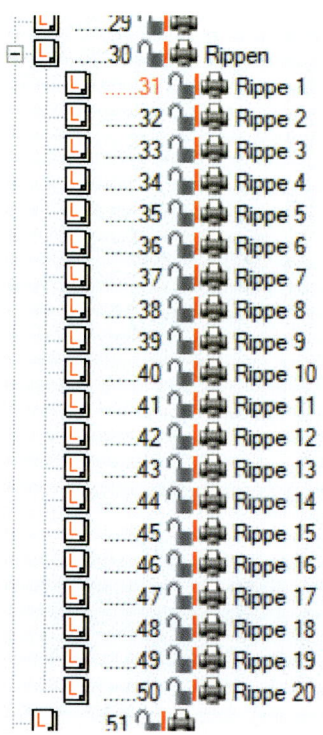

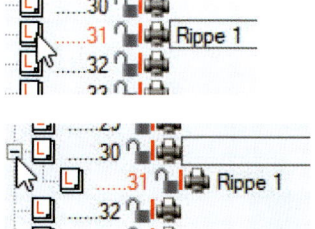

gedrückt. Indem Sie mit der gedrückten Maus auf das L vor der 30 ziehen und dort die Taste loslassen, fügt sich Layer 31 unterhalb von 30 ein. Sie erkennen das besser, wenn sie das +-Symbol in der linken Spalte anklicken. Damit ist die Nr. 30 zu einer Art Schublade geworden, in der sich alle Rippen befinden. Verfahren Sie gleich mit den folgenden Layern, bis Sie Platz für alle 20 Rippen des Flügels geschaffen haben. Um Wege mit der Maus zu sparen ist es günstiger, die Baumstruktur während dieses Vorgangs wieder zu schließen. Die fleißigen un-

47

Bild 3.25: Zu sehen ist hier der Verschiebepunkt der Rippe 1.

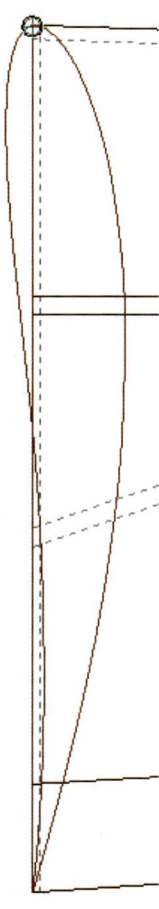

ter uns können auch noch die Beschriftung der Layer vornehmen, dann ist alles perfekt. Zugegebenermaßen ist dies schon recht aufwändig, aber die Vorteile sind nicht von der Hand zu weisen. Letztlich muss jeder aber für sich einen passenden (Mittel-) Weg finden. Der Vorteil in der späteren Nutzung der Struktur ist nun, dass mit einem Klick auf die Zahl 30 (Kapitelüberschrift) alle darunterliegenden Einträge mit ausgewählt, hier blind geschaltet werden, während jede Zeile für sich einzeln geschaltet werden kann. Wir werden dies später auch noch für unsere Arbeiten nutzen.

Machen wir jetzt weiter mit der eigentlichen Rippenkonstruktion. Dazu starten Sie im Edit-Menü die *Verschieben*-Funktion, um die Rippe an Ihren Platz zu bringen. Wir hatten diesen Befehl schon kennengelernt, daher lasse ich Sie einfach suchen. Die Auswahl der Elemente erfolgt wieder durch das Aufziehen eines Rechtecks, die Rippe wird rosa eingefärbt. Eine RMT beendet die Selektion und Sie werden nach einem Bezugspunkt gefragt. Schalten Sie auf die Fangoption *Endpunkt* (Hotkey e) um und greifen Sie die Elemente am linken Ende der Sehne wie in Bild 3.25 zu erkennen ist. Augenblicklich hängen die beiden Polylines am Cursor und Sie werden aufgefordert, einen Zielpunkt zu bestimmen. Ungünstig nur, dass die Rippe waagrecht ausgerichtet ist und wir sie besser senkrecht am Haken hätten. Werfen Sie kurz einen Blick in die Statuszeile der Software. Dort finden Sie eine ganze Reihe neuer Funktionen und wir konzentrieren uns vorerst auf die Information, die uns ein +/- Symbol und eine Winkelanzeige anbietet. In der fluent-Oberfläche weicht die Optik leicht ab, die Funktion ist aber exakt die gleiche. Der linke Wert stellt eine Schrittweite für eine Drehung dar, während auf der rechten Seite der Winkel angezeigt wird, um den gedreht wurde. Mit den Pfeiltasten rechts und links auf Ihrer Tastatur können Sie nun die Schrittweite in 1°-Schritten erhöhen oder verkleinern. Die Tasten hoch und runter führen dann eine Drehung exakt in dieser Taktung aus. Mit einer 15°-Vorgabe benötigen Sie sechs Schritte, um die Rippe an der Maus senkrecht zu stellen.

Bild 3.26: Die Rippe 1 an ihrer Position.

Jetzt können Sie den Endpunkt der linken Linie der Anschlussrippe anfahren, um das Objekt mit einer LMT zu platzieren. Solange in der Attributzeile keine Einstellungen vorgenommen wurden, sondern dort in jedem Feld das Rautensymbol ### zu sehen ist, laufen Sie keine Gefahr, die Layer-Zugehörigkeit oder die Farbe der Elemente zu verändern. Jetzt können wir in die Detailplanung der Anschlussrippe gehen. Sollte uns die Plandarstellung zwischendurch stören, dann können wir Sie einfach ausblenden.

Der Condor-Flügel soll eine Verkastung (D-Box) in Form eines senkrechten Steges zwischen den Holmgurten bekommen. Dieser wird wieder in 1,8-mm-Sperrholz ausgeführt und später im Detail konstruiert. Jetzt benötigen wir diese Information, um die Bohrungen für die Flügelsteckung zu setzen. Daran anschließend folgen noch die Ausschnitte für die Holme und die Nasenleiste. Zoomen Sie dazu diesen Bereich in die Bildschirmmitte.

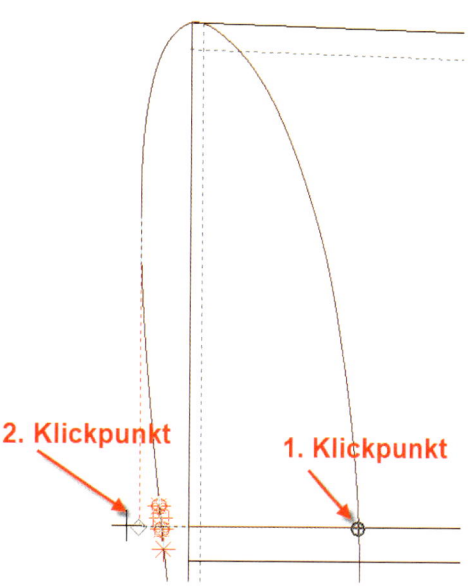

Während wir an diesem Bauteil arbeiten, sollten wir uns auch an seinen Attributen orientieren. Im Moment wissen wir noch, wie dieses erstellt wurde, andernfalls sollten Sie die Funktion *Attribute übernehmen* kennen, die per Mausklick die Einstellungen in der Attributleiste oben von einem angewählten Element übernimmt.

Mit der einfachen Linienfunktion zeichnen Sie jetzt die Lage des Hauptholmes ein. Die Auswahl *Konstruktionspunkte* (Hotkey Shift-k) erspart Ihnen bei den nächsten Schritten lästiges Umschalten der Fangfunktion. Starten Sie am *Schnittpunkt* rechts und lassen Sie die Linie über die linke Begrenzung der Rippe hinaus zeigen, während Sie auf die exakt waagrechte Ausrichtung achten. Hilfreich hierbei sind die Vorschläge, die Ihnen die Software macht, wenn Sie kurz auf einem Schnittpunkt oder Endpunkt der Konstruktion innehalten. Es wäre auch möglich, die Linie direkt am rechten Rand enden zu lassen, jedoch ist dies aufgrund der vielen kleinen Linienstücke der Polyline etwas schwer zu platzieren. Bauen Sie zuerst noch die zweite Linie für den Holmausschnitt auf dem gleichen Weg, bevor wir die kleinen Überstände mit *Aufbrechen automatisch* (Hotkey y) wegknipsen. Jetzt liegen mehrere Elemente in Ihrer Zeichnung aufeinander, was sonst immer vermieden werden sollte. Doch wir haben ordentlich mit Layern gearbeitet und können jetzt den Lohn unserer Bemühungen einholen. Mittels *Layer ein/ausschalten* öffnet sich erneut das Fenster und ein Klick auf die Zahl *31* lässt die Schaltfläche ergrauen als Zeichen für die „Vernebelung", d.h. Unsichtbarkeit dieses Teilbereichs. Doch

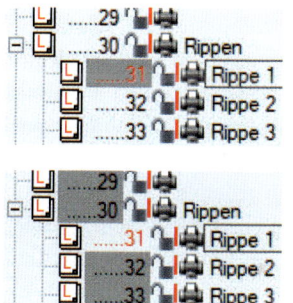

gerade das wollen wir nicht, sondern im Gegenteil nur die Wurzelrippe sehen. Für eine schnelle Umschaltung gibt es unten im Menü die *Alle*-Taste, die die Schaltsituation der Einträge invertiert. Jetzt ein Klick auf OK und Sie sehen nur noch die Rippe mit den gerade eingebauten Konstruktionslinien.

Der Steg, der zwischen den Hauptholmen eingesetzt werden soll, hat eine Breite von 1,8 mm und soll wie ein Rechen in die Rippen eingesetzt werden. Damit erhält man durch die Verzahnung optimale Festigkeit und außerdem lassen sich die Teile unseres Baukastens einfach fügen und ohne großen Aufwand zu einem Flügel zusammensetzen. Rippen und Steg werden also jeweils zur Hälfte eingefräst. Konstruktiv gehen Sie folgendermaßen vor: Sie benötigen zwei Parallelen zu unseren zuletzt gezeichneten Linien. Dazu starten Sie die Parallel-Funktion im *Linien-Menü* und geben die Werte 1,6 und 3,4 [mm], getrennt von einem Leerzeichen ein. Mit Enter wird bestätigt und Sie werden beobachten, das beim Annähern an die Steglinie gleich zwei neue Linien entstehen. Diese sind das Grundgerüst für den Ausschnitt des Steges. Nachdem gleich noch die Aussparungen für die Kiefernleisten erzeugt werden, müssen die beiden Steglinien nicht „verputzt" werden. Bei genauem Hinsehen (Zoomen) werden Sie nämlich sehen, dass die Elemente nicht bis an die Außenkontur der Rippe reichen. Ggfs. wäre einfaches Trimmen hier das passende Werkzeug. Dieser Schritt ist aber wie gesagt nicht zwingend notwendig. Wenn sich die Werte für eine Eingabe wie in unserem Beispiel so einfach bestimmen lassen kann man sie direkt eingeben. Was aber, wenn die Zahlen weniger überschaubar sind? MegaNC/MegaCAD erlaubt es Ihnen, in jedem Eingabefeld auch das Programm rechnen zu lassen. Probieren Sie es einfach an dieser Stelle aus und tippen Sie statt 1,6 [mm] in die Eingabezeile 2,5-1,8/2 (Holmmitte abzüglich der halben Dicke des Steges) und nach dem Leerzeichen 2,5+1,8/2 ein. Die Software berechnet die Werte unter Berücksichtigung von Klammern und der Punkt-vor-Strich-Regel.

EXTRAMELDUNG!

In allen Eingabefeldern, in denen Werte für Längen, Abstände, Durchmesser oder ähnliches eingetragen werden können, bietet MegaNC/MegaCAD eine leistungsfähige Taschenrechnerfunktion an. In manchen Fällen ist es sogar besser, die Software rechnen zu lassen, um die maximale Genauigkeit zu erhalten. Bei der manuellen Eingabe würde man für 10/3 nur 3,333 tippen, während die Software mit 16 Stellen arbeitet und so Rundungsfehler vermeidet.

Die Tiefe des Ausschnitts für den Steg zeichnen Sie ganz einfach mit der Funktion *Linie frei* ein, indem Sie den *Mittelpunkt* auf der Linie fangen und von dort aus zur zweiten Linie ziehen. Unterbrechen Sie den Linienzug mit der RMT, um gleich die Tiefe des Ausschnitts für die Kiefernleisten zu planen. Zwei Möglichkeiten bieten sich dabei an. Einerseits kann der Holmquerschnitt parallel zur Außenkontur ausgerichtet werden, was Nachteile bei der Verklebung des Steges hat, andererseits kann der Holm waagrecht ausgerichtet wer-

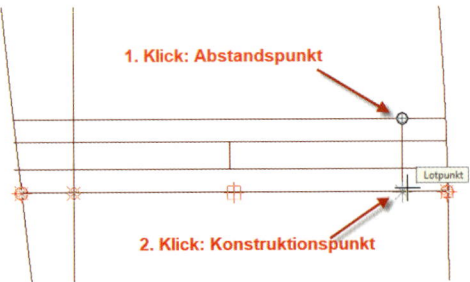

den, was zur Folge hat, dass auf der Oberseite mit einem Balsastreifen aufgefüttert werden muss, der später eingeschliffen wird. Wir entscheiden uns für die zweite Methode und fangen einen Punkt, der 3 mm vom Linienende entfernt ist. Mit *Abstand fangen* ist die passende Methode für den Linienanfang, während diese für den zweiten Klick nicht mehr passt. Dagegen kann mit den Konstruktionspunkten der *Lotpunkt* auf der zweiten Linie gefangen werden. Es ist darauf zu achten, dass am kürzeren Ende begonnen wird, um ausreichend Platz für die 3×5-mm-Leiste zu bekommen. Verfahren Sie auf die gleiche Weise mit den Ausschnitten in Größe 2×5 mm an der Stelle des Hilfsholmes. Ihre Konstruktion müsste inzwischen so aussehen, wie in Bild 3.27 dargestellt.

Nun machen wir uns Gedanken zur Lagerung der Flügel in der Mechanik für die Flügelsteuerung. In den Rumpf sollen zwei relativ große Hebel eingebaut werden, die Lagerung und Antrieb übernehmen. Die Drehlagerung soll auf einem Carbon-Stab mit 8 mm Durchmesser erfolgen, der in CFK-Rohre mit 8 ×10 mm greift. Im Flügel müssen wir demnach Bohrungen mit 10 mm-Durchmesser vorsehen, die das Carbon-Rohr aufnehmen. Die Einbauposition richtet sich nach den Vorgaben der Mechanik. Um eine möglichst gute Krafteinleitung zu erreichen, wird das Rohr so platziert, dass es in der praktischen Ausführung mit 2-Komponenten-Klebstoff am Holm-Steg angebunden werden kann.

Erstmals müssen Sie sich dazu im *Kreis-Menü* umsehen. Sie kommen dorthin, in dem Sie mit der RMT ins Hauptmenü wechseln, um von dort aus, die Schublade mit den Kreisen zu öffnen. Auch dort erwartet uns eine ganze Reihe von Werkzeugen, die Ihnen die Konstruktion von Kreisen erleichtern sollen. Für unsere Aufgabenstellung nehmen Sie am besten die Funktion *Mittelpunkt – Durchmesser*. Die Wertabfrage unten in der Statusleiste gilt dem Kreisdurchmesser, den Sie mit 10 [mm], gefolgt von einem Enter eingeben. Es folgt die Frage nach der Lage des Mittelpunktes. Dieser liegt exakt 5 mm (halber Durchmesser) vor dem Steg. Schalten Sie nun den *Konstruktionsfang* ein, um sich vom Programm bei der Punktfestlegung helfen zu lassen. Wenn Sie mit dem Mauscursor kurz über dem Halbierungspunkt der Steglinie stehenbleiben, erscheinen zwei rot-gepunktete Linien. Diese stehen exakt senkrecht bzw. in Richtung der Ausgangslinie und dienen als Vorschlag, den gewünschten Punkt

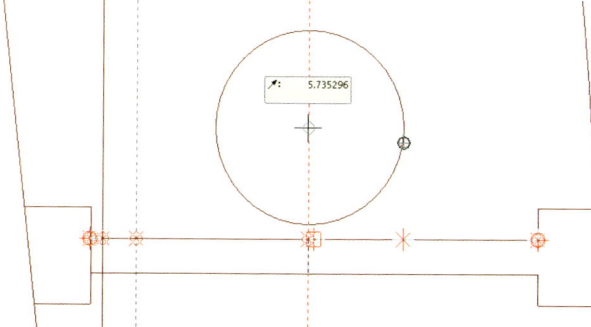

Bild 3.27: Der sichtbare Fortschritt in der Konstruktion der Wurzelrippe.

in einer dieser bevorzugten Richtungen zu setzen. Bewegen Sie den Mauscursor nun auf einem dieser Vorschläge entlang, ist auch an der Anzeige der Koordinaten zu erkennen, dass die Software in diesen Betriebsmodus umgeschaltet hat. Statt der Angaben in x- und y-Richtung erscheint nur noch der Wert des Abstands zum Ausgangspunkt. Sie können jetzt nach kurzem Innehalten des Mauscursors in das Feld klicken, um den Wert auf 5 zu ändern. Dies erfordert eventuell ein wenig Übung, daher hier noch die Beschreibung einer anderen Vorgehensweise. Sie hatten schon die Methode kennengelernt, einfach einen neuen Wert in das Koordinatenfeld unten rechts einzutippen. In diesem Fall ist das erste Eingabefeld aber die Größe des Durchmessers, d.h. Sie müssten jetzt zuerst 10 bestätigen und dann mit der Tab-Taste in das Abstandfeld wechseln, um dort die gewünschte Distanz von 5 festzulegen. Damit ist jetzt die Bohrung für das Rohr gesetzt und wir lassen die Kreisfunktion geöffnet, um die zweite Bohrung mit D = 4 [mm] im Abstand von 70 [mm] zu definieren. Tippen Sie daher jetzt einfach: 4 – Tab – 0 – Tab – -70 – Enter. Augenblicklich erscheint der neue Kreis zwischen den Holmausschnitten des Hilfsholms.

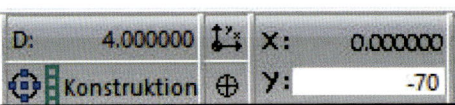

Der nächste Schritt ist die Konstruktion des Ausschnitts für die Nasenleiste. Wir wollen später die Beplankung aus 0,4-mm-Sperrholz in einem Zug um die Flügelnase leimen und brauchen daher keine dicke Vierkantleiste zum Verschleifen, sondern lediglich eine Abstützung gegen das Einfallen der Torsionsnase. Hier bietet es sich an, eine schmale Sperrholzleiste vorzusehen, die Einfräsungen im Rippenabstand bekommt, die auch hier wieder als Rechen die Lage der Rippen

fixiert. Für die Rippen heißt das, dass nur 1,8 mm breite Ausschnitte einzuplanen sind.

Im Linien-Menü finden Sie in der unteren Hälfte Funktionen, die vordefinierte Formen anbieten. In der fluent-Oberfläche ist „Formen" ein eigener Menüpunkt im Reiter Konstruktion. Jede dieser Geometrien, die Sie dort aufrufen können, ist eine parametrisierte Polyline, die auch später noch beliebig über Werteeingabe modifiziert werden kann.

Wählen Sie die Funktion *Rechteck* aus und geben Sie die Werte *1,8* und *10* [mm] für Länge und Breite ein. Der Ausschnitt soll später zwar nur 5 mm tief sein, Sie werden im Folgenden sehen, warum das Rechteck zuerst größer gezeichnet wird. Mit einem Klick auf OK verschwindet das Eingabefenster und ein Rechteck in der angegebenen Größe hängt an der Maus. Wenn Sie die Statuszeile unten beobachten werden Sie sehen, dass hier eine neue Schaltfläche angezeigt wird. Beim Annähern mit der Maus wird Ihnen der Text „Bezugspunkt" als Kurzhilfe angezeigt. In der Regel werden diese Optionsicons in der Statuszeile nicht mit der Maus angeklickt, sondern die Funktion wird durch den dazugehörigen Hotkey ausgelöst. Dieser ist die *Leertaste* auf der Tastatur und gilt auch für diese Zusatz-Optionen bei anderen Funktionen. Drücken Sie also

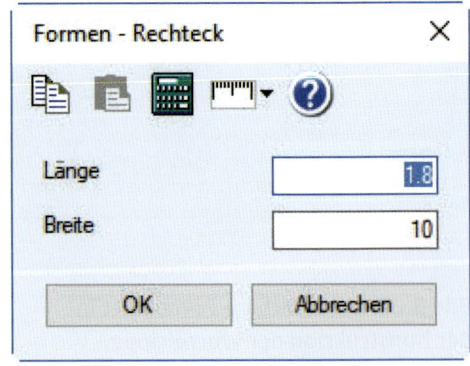

Bild 3.28: Der Zwischenstand der Rippenkonstruktion.

die Leertaste, wird Ihnen ein Umgreifen auf andere Bezugspunkte des Rechtecks ermöglicht. Abhängig von eventuell vorhergehenden Arbeitsschritten kann es sein, dass das Rechteck nicht wie gewünscht am Mittelpunkt, sondern an einem der acht anderen Punkte am Cursor angehängt ist. Mit dem Erscheinen der kleinen roten Griffpunkte haben Sie die Wahl, das Objekt in der Mitte zu greifen, um es dann auf dem gewünschten Punkt abzusetzen. Der Zielpunkt ist der *Endpunkt* (Hotkey e) der Profilsehne, exakt dort setzen Sie die Form mit einem Klick auf die LMT ab. Damit stehen die Linien zwar über die Profilnase hinaus, das macht dann aber das anschließende Nachbearbeiten einfacher. Jetzt fehlt nur noch ein wenig Feintuning mit *Aufbrechen automatisch* (Hotkey y), um die überflüssigen Linien zu entfernen

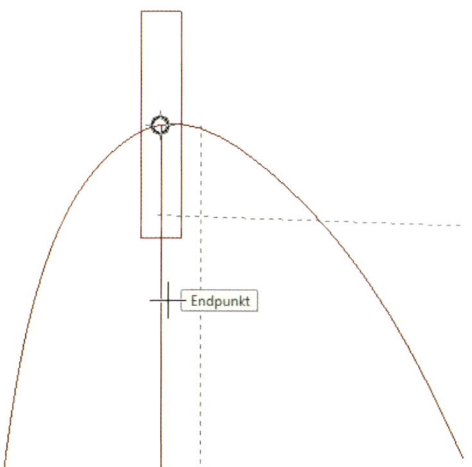

> **EXTRAMELDUNG!**
>
> Das Symbol, das im obigen Bild in der Mitte der Rippe sichtbar ist, bezeichnet die aktuelle Position des Nullpunktes. Dieser wandert mit jedem Klick an die Mausposition. Vorausgesetzt es wird im Relativmodus gearbeitet, ersichtlich an dem kleinen Symbol in der Statuszeile.
>
>

und die Wurzelrippe ist beinahe schon vollendet. Verändern Sie noch nicht die Außenkontur, weil wir diese noch nutzen wollen, um die anderen Rippen darzustellen. Den aktuellen Stand sehen Sie – um 90° gedreht – in Bild 3.28.

Kurz bevor wir das Bauteil gleich vollenden, bereiten wir die Grundlage für die Arbeit an den weiteren Rippen, indem die Funktion *Verschieben/Kopieren* noch einmal zum Einsatz kommt. Sie finden diese wieder im Edit-Menü, bzw. im Reiter Bearbeiten der fluent-Oberfläche. Diese Funktion lässt bekanntlich offen, ob nur verschoben oder auch kopiert werden soll. In dem abschließenden Eingabefeld können wir aber noch entscheiden, ob die Elementattribute erhalten bleiben oder bewusst beeinflusst werden sollen. Wählen Sie dazu in der Attributleiste vorsorglich schon einmal den Layer 32 aus.

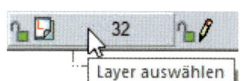

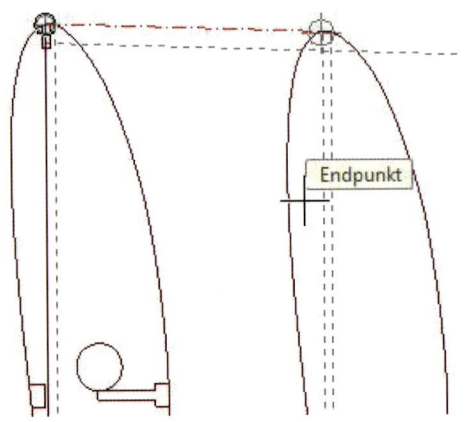

Das Element, nach dem gefragt wird, ist die noch erhaltene Außenkontur der ersten Rippe. Nach dem Rechtsklick zur Beendigung der Elementauswahl wird die Frage nach dem Bezugspunkt mit dem *Endpunkt* der Sehne beantwortet. Zielpunkt ist wieder ein *Endpunkt*, dieses Mal aber an Rippe 2. Beim Anfahren dieser Linie mit der Maus springt die Rippe in die gewünschte Position. Die LMT bestätigt dies und im darauf erscheinenden Menü deaktivieren Sie das Kontrollkästchen *Originalattribute beibehalten*, um die neue Rippe bewusst

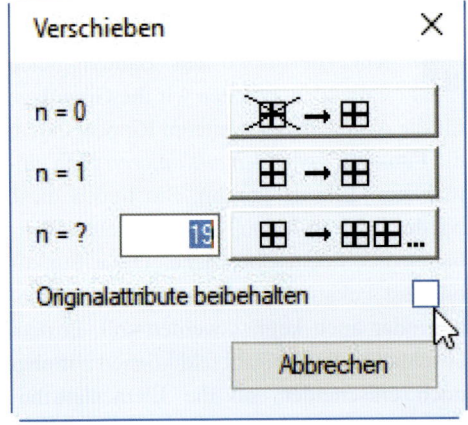

auf Layer 32 abzulegen. Der Mausklick auf die mittlere Auswahl n = 1 (eine Kopie erstellen) beendet die Funktion. Erschrecken Sie nicht, wenn jetzt die Elemente plötzlich

nicht mehr sichtbar sind. Sie werden als aufmerksamer CAD-Konstrukteur bereits beim Auswählen des Layer 32 bemerkt haben, dass die folgenden Layer auf unsichtbar geschaltet waren. Das bedeutet nicht, dass diese nicht genutzt werden können, sondern lediglich, dass dort abgelegte Elemente nicht angezeigt werden. Genau dies ist hier eingetreten. Nachdem das Arbeiten hier in dieser Weise keinen Sinn ergibt, können Sie das auch bei der laufenden Funktion korrigieren. Fahren Sie dazu einfach mit der Rippendarstellung an der Maus in die obere Menüleiste und aktivieren Sie *Layer ein/ausschalten*, um dort mit einem Mausklick auf die Zahl 30 das ganze Rippenkapitel sichtbar zu machen. Zurück mit *OK* und Sie werden sehen, dass nun die zweite Rippe schon am richtigen Platz sitzt. So können Sie weiter verfahren, indem Sie vor jedem weiteren Absetzen der Elemente die Layer-Nummer um eins erhöhen. Am einfachsten geht dies, wenn Sie die Funktion *Layer +* aus der oberen Menüleiste nutzen, die mit jedem Mausklick (oder mit dem Hotkey Strg + l) den vorgewählten Layer um eins erhöht.

Wem nun das ständige Anklicken der Auswahl n = 1 zu mühsam ist, der kann auch gerne die Funktion beenden und auf das reine *Verschieben* umschalten, das diesen Zwischenschritt erspart. Mit dem einmaligen Setzen der Wahl für den Erhalt bzw. die mögliche Veränderung der Attribute wird dies auch ohne das Abfragefenster übernommen. Schnell sind alle weiteren Rippen platziert und Sie haben in Ihrem entstehenden Plan die Freiheit, über die Layer-Steuerung genau das auf den Bildschirm zu bekommen, welches Sie für die weiteren Arbeiten benötigen.

Die Rippen ab Nr. 2 sind natürlich noch zu groß und wir sollten dies schleunigst korrigieren. Ich habe Ihnen jetzt eine Funktion vorenthalten, die neben dem Kopieren auch eine Größenanpassung möglich gemacht hätte, wollte Sie aber in diesem Schritt nicht mit zu viel Information belasten. Wir werden diesen Funktionsbereich später noch besprechen. Neben der Funktion Skalieren, die über einen Faktor arbeitet, gibt es noch eine zweite Möglichkeit, die Größe von Objekten anzupassen.

Wieder im Edit-Menü klicken Sie auf das Icon *Skalieren mit Maus*. Um eine gute Übersicht zu haben lohnt es sich, den Bereich um Rippe 2 Bildschirm füllend heranzuzoomen. Dies kann durch Drehen am Mausrad oder durch die Funktion *Direktzoom* (Hotkey w) erfolgen. Wie bei allen diesen Edit-Funktionen wird nach dem Element bzw. den Elementen gefragt, die bearbeitet werden sollen. Ein Klick auf die Außenkontur von Rippe 2 lässt diese rosa aufleuchten, weitere Elemente werden nicht benötigt, daher folgt RMT. Der nun angefragte Bezugspunkt ist der *Endpunkt* der Sehne vorn. Mit Basispunkt ist die Stelle gemeint, an der die Veränderung angreifen soll. Wählen Sie dazu wieder mit der Fangoption Endpunkt die Endleiste. Mit diesem Klick der LMT wird das Element „gummi-artig" und Sie werden nach dem Zielpunkt gefragt. Dieser ist der Endpunkt der Rippendarstellung im Plan, also die gewünschte Länge. In Bild 3.29 wird

dies an Rippe 5 dargestellt, um die Situation besser beschreiben zu können. Auf die gleiche Weise wird nun Rippe für Rippe in ihre eigentliche Größe gebracht. Das Kontrollfenster zeigt die berechneten Werte der Skalierung an und gibt Ihnen die Chance, das Häkchen für die Beibehaltung der Originalattribute wieder zu setzen.

Dabei kommt der Gedanke auf, ob es nicht besser wäre, das Innenleben der Rippen gleich mitzuskalieren, um sich die mehrfache Konstruktion von Ausschnitten für die Holme oder die Nasenleiste zu ersparen. Diesem Ansinnen muss leider eine Absage erteilt werden, da das Skalieren sich ja auf alle ausgewählten Elemente bezieht. Die Holmausschnitte würden damit bis zur Endrippe hin immer kleiner, was in den meisten Fällen nicht erwünscht ist.

Bild 3.29: Skaliert wird mit der Computer-Maus.

Bild 3.30: Die Flügel mit skalierten Rippen.

Ihre Konstruktion sollte jetzt der Darstellung in Bild 3.30 entsprechen. Ein Blick in die *Layer-Verwaltung* zeigt auch, dass alle Nummern von 31 bis 50 besetzt sind – zu erkennen an der Rotfärbung der Zahlen. In der Dia-Ansicht, die über den Reiter *Ansicht* zu erreichen ist, sehen Sie die Geometrien auf die einzelnen Fenster verteilt. Damit sieht Ihr Bildschirm schon etwas mehr, wie ein Plan aus und Sie haben die Grundlage vorbereitet, sich mit einzelnen Rippen noch im Detail zu beschäftigen. Dazu gehört neben dem Einsetzen der Ausschnitte für Holme und Nasenleiste auch noch die Konstruktion von Aussparungen zur Erleichterung des Tragwerkes an Stellen ausreichender Festigkeit. Hätte der Tragflügel auch noch Querruder oder Landeklappen, dann könnte gleich die Lage der Servobretter definiert und deren Einbindung in die Struktur konstruiert werden.

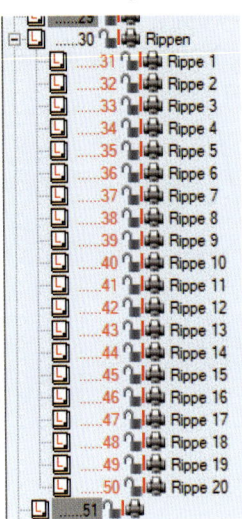

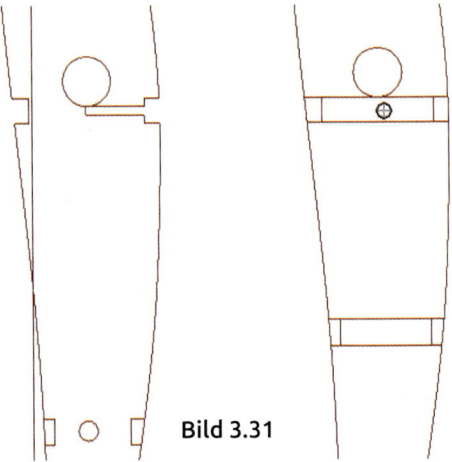

Bild 3.31

Um an Rippe 2 weiterzuarbeiten, sollten Sie unbedingt darauf achten, mit den dort vorgesehenen Attributen weiterzuarbeiten. Am einfachsten geht das, über die Funktion *Attribute übernehmen*, die Sie direkt rechts neben den Farbfeldern in der Attributleiste finden. Nach dem Start dieses Werkzeuges klicken Sie die Außenkontur der Rippe 2 an und sehen oben am Bildschirm, dass sich alle Eigenschaften dieses Elementes oben eingetragen haben, um mit diesen Vorgaben neue Elemente zu erzeugen. Beginnen Sie nun, die Details an Rippe 2 zu konstruieren, wie wir das schon an der Wurzel gemacht haben. Natürlich dürfen auch hier wieder mehrere Elemente übereinander liegen – Sie können sie ja über die Layerschaltung beliebig wieder einzeln sichtbar machen. Die bereits bekannte *Linie frei* kommt erneut zur Anwendung, beim Definieren des hinteren Holmes kann aber auch die *Lotrechte Linie* hilfreich sein, damit da nicht auf einen exakt waagrechten oder senkrechten Verlauf geachtet werden muss. Nach wenigen Klicks sieht das Ergebnis schon so wie in Bild 3.31 aus, bei dem die Layer 1 und 3 ausgeblendet sind. Für den Holmeinschnitt schauen wir uns noch eine andere Konstruktionsmethode an.

Wählen Sie dazu im *Linien-Menü* (Reiter Formen in der fluent-Oberfläche) nochmals die Form *Rechteck* aus. Mit einer Länge von 20 und einer Breite von 1,8 [mm] liegt das Objekt gleich in der passenden Ausrichtung. Über die Leertaste an der Tastatur kann gegebenenfalls noch auf den Mittelpunkt des Rechtecks umgegriffen werden. Das Längenmaß ist in diesem Fall nur ein Schätzwert, den wir gleich korrigieren werden. Der Absetzpunkt ist der *Mittelpunkt* des oberen Holmausschnitts. Natürlich kann hier auch mit der Methode *Konstruktionspunkte* gearbeitet werden, hier sind es dann Halbierungspunkte, die angezeigt werden. In manchen Situationen ist dieser halbautomatische Punktfang aber auch zu „nervös" und gerade in der Lernphase fällt es leichter, einzelne Wunschpunkte konkret anzusprechen. Ist das Rechteck platziert, sollte die Funktion mit der RMT abgebrochen werden, damit für den nächsten erforderlichen Schritt kein Werkzeug aktiv ist. In dieser Situation kann ein Zeichnungselement einfach angeklickt werden (drag&drop), um dieses

zu markieren. In diesem Fall erkennen wir, dass es sich bei dem Rechteck um eine Polyline handelt – wir hatten dies bereits bei der Außengeometrie der Rippe kennengelernt. Neben dem Kontextmenü fallen die weißen Griffpunkte auf, an denen die Geometrie entsprechend ihrem inneren Aufbau modifiziert werden kann. An der Mitte der Stirnseite mit der LMT geklickt wird die Form beweglich und Sie werden nach dem gewünschten Absetzpunkt gefragt. Beachten Sie, dass die Grundform des Rechtecks erhalten bleibt.

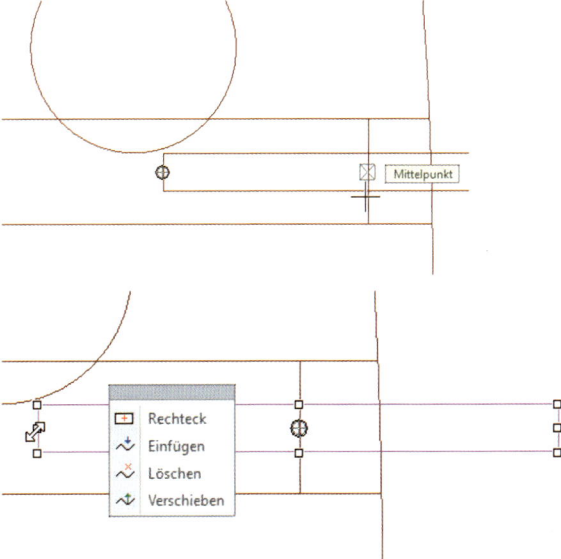

Der Zielpunkt, um die Tiefe des Ausschnitts bis zur Mitte zwischen den Holmen festzulegen, ist die halbe Strecke zwischen den Punkten 1 und 2 in Bild 3.32. Diese entspricht nicht der Mitte der gesamten Linie, sondern nur dem Abschnitt zwischen diesen beiden Punkten. Die passende Fangoption ist

Fangen zwischen 2 Schnittpunkten, das von jedem Teilstück eines Elements die jeweilige Mitte anbietet. Mit diesem Zielpunkt erhält die Ausfräsung exakt die richtige Tiefe. Auch die zweite Rippe bekommt exakt 70 mm hinter (in unserer Darstellung unter) der Bohrung für die Flügel-

Bild: Die Rippe 2 entsteht.

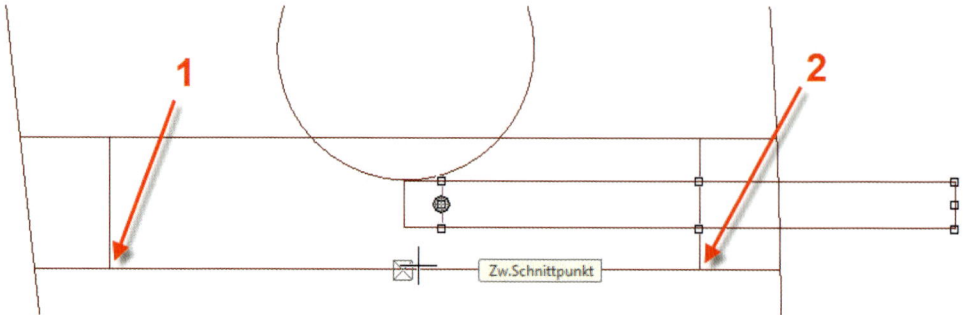

Bild 3.32: Fangen zwischen 2 Schnittpunkten.

lagerung einen 4-mm-Kreis eingezeichnet, der das Messingrohr für den Antrieb aufnehmen wird. Abschließend kann wieder mit Aufbrechen automatisch oder Trimmen-Befehlen Ordnung gemacht werden. Beachten Sie dabei, dass beim Freistellen der Holmausschnitte auch kleinste Überstände der Außenkontur des Profils entfernt werden müssen, sonst warten unschöne Überraschungen auf Sie, sobald Sie die Daten in Fräsprogramme umsetzen wollen.

Nachdem die Rippen vollständig aus Sperrholz gefertigt werden sollen und wir gleichzeitig das Gewicht im Auge behalten müssen, empfiehlt es sich, die Rippen mit Erleichterungsbohrungen auszustatten. Die Wurzelrippe bleibt aus Festigkeitsgründen davon verschont. Wie diese Ausschnitte im Detail aussehen, bleibt der künstlerischen Freiheit und auch dem Fleiß des Konstrukteurs überlassen. Die nachfolgenden Schritte sind auch wieder nur ein Vorschlag für eine mögliche Vorgehensweise. Mit *Stift 10* ist in 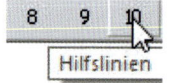 MegaNC eine Kombination von Attributen (Layer 63, rosa, gestrichelt)

voreingestellt, die für die Erschaffung von Hilfslinien vorgesehen ist. Damit werden wir jetzt mal kreativ und ziehen uns mit *Linie frei* zwei begrenzende Linien über den Nasenbereich der Rippen. Innerhalb dieser Grenzen sollen die Aussparungen entstehen. Um eine parallele Kontur erzeugen zu können benötigen wir eine Polyline, zu der die neue Geometrie mit gleichem Abstand berechnet werden kann. Diese Hilfs-Polyline legen Sie mit Stift 10 als Hilfslinie an, um sie später auf einfache Weise wieder löschen zu können. Um einen besseren Kontrast zu den bestehenden Linienelementen zu erhalten können Sie zu der Auswahl von Stift 10 auch noch eine kräftige Farbe beispielsweise Dunkelblau anklicken, dann fällt es leichter das Geschehen auf dem Bildschirm zu verfolgen.

Das passende Werkzeug für den nächsten Schritt ist *Polyline zusammenstellen* in der Reihe der Linienfunktionen. Die Auswahl der Elemente, die zu einer Polyline zusammengestellt werden sollen, erreichen Sie am einfachsten mit der Option *Fläche*, die in der Regel bereits voreingestellt ist. Damit genügt es, in eine geschlossene Fläche zu klicken, um deren Umrandung als neue Polyline entstehen zu lassen. Die Auswahl lässt sogar noch zu, weitere Flächen hinzuzuziehen. Das ist in diesem Fall aber nicht gewünscht und ein

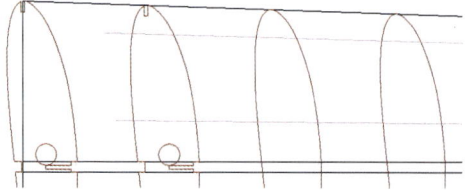

der Position des Mauscursors ab. Ist das gewünschte Ergebnis sichtbar kann dieses mit einem Mausklick bestätigt werden.

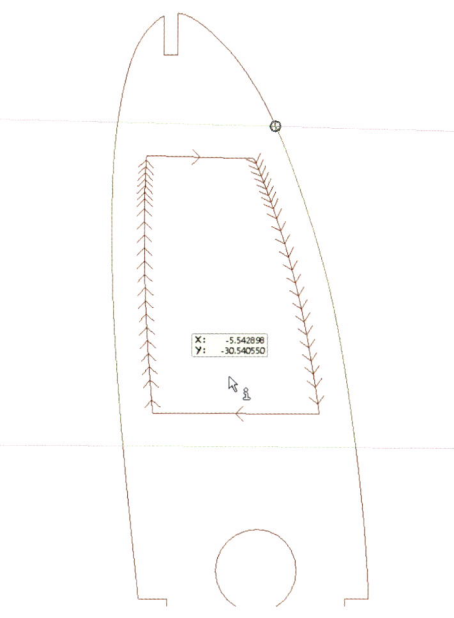

Rechtsklick der Maus beendet die Auswahl, die mit der Einfärbung der gefundenen Elemente in roter Farbe dargestellt wird. Sie werden diese Auswahlfunktion auch noch bei anderen Funktionen (z.B. Schraffieren) antreffen und schätzen lernen. Zurück ins Menü geht es wie immer mit einem Rechtsklick und wir stürzen uns gleich auf die nächste Funktion für die Erstellung der Aussparung. *Paralleles Profil* heißt die Zauberformel, die uns ein Eingabefeld öffnet, in dem wir den Abstand mit einem Wert von 4 [mm] festlegen. Diese Breite soll als tragende Struktur der Rippe erhalten bleiben. Die weiteren Einstelloptionen spielen für den nächsten Arbeitsschritt keine wesentliche Rolle und können wie im Bild dargestellt übernommen werden. Das Schaltfeld *OK* bringt Sie in die Auswahl der Polyline, die Sie an einer Stelle anklicken sollten, die eindeutig ist. Empfehlenswert ist hier eine der beiden Geraden, da Sie hier nicht versehentlich die Polyline der Profilaußenkontur erwischen. Sie sollten immer darauf bedacht sein und Ihre Klickweise dementsprechend ausführen, dass es für das CAD-System zu einer eindeutigen Auswahl der Elemente kommt. Bevor die Funktion jetzt aber zur Ausführung kommt (LMT), wäre es noch empfehlenswert, die Attribute über das bereits bekannte *Attribute übernehmen* der Rippe 2 anzupassen. Ein Rechtsklick teilt der Software mit, dass die Auswahl beendet ist und augenblicklich erscheint eine Parallelkontur am Bildschirm. Ob diese außerhalb oder innerhalb Ihrer Ausgangs-Polyline liegt hängt von

Noch sind die Ecken in der Konstruktion scharfkantig und würden in der praktischen Ausführung nur durch den Radius des Fräswerkzeuges abgerundet. Da wir in der Regel recht kleine Fräser mit Durchmessern von 1-2 mm einsetzen ist es anzuraten, hier noch eine Verrundung CAD-seitig vorzunehmen. Die Polyline besteht ja aus sehr vielen kleinen Linien- oder Bogenstücken. Diese Tatsache steht einem direkten Anwenden der Rundungsfunktion im Wege. Stattdessen brechen wir die *Polyline auf* – das Gegenteil von der oben kennengelernten Funktion. Nach dem Start dieser Funktion und dem Anklicken mit der LMT zerfällt die Innenkontur in eine hohe Anzahl von kleinen Elementen. Sie haben Recht, wenn Sie jetzt einwenden, dass wir das auch mit der Option Einzelelemente im Dialogfeld der Parallelkontur erreicht hätten. Für die Entschärfung der Ecken gibt es eine

 Funktion Abrunden, die einen definierten Radius einfügt und bei Bedarf die betroffenen Elemente gleich passend zurücktrimmt. Natürlich ist dieses Werkzeug unter den Edit-Funktionen zu finden, liegt aber auch direkt auf der 2D-Bedienoberfläche, da es zu den wichtigsten und damit am häufigsten genutzten Werkzeugen gehört. Mit dem Start des *Abrundens* werden Sie nach dem gewünschten Radius gefragt und ob die Elemente bis auf den Radius tangential zurückgetrimmt werden sollen. Ein Wert von 3 [mm] scheint angemessen und im unteren Bereich des Menüs sollten beide Haken gesetzt sein. Damit steht einer Anwahl der Elemente nichts mehr im Wege. Zur Erinnerung verweise ich wieder einmal darauf, in der Statusleiste mitzulesen, was mit der linken (L) oder rechten (R) Maustaste im Augenblick zu erreichen ist. Wählen Sie als 1. Element zuerst die Gerade an, um dann mit dem zweiten Klick an die Parallelkontur heranzufahren.

Eine Vorabdarstellung des Radius hilft Ihnen, diesen zu platzieren. Übrig bleibt ein kurzes Linienstück, das nicht mehr mit der eigentlichen Kontur verbunden ist und das Sie anschließend weglöschen können. Arbeiten Sie dabei bitte sehr sorgfältig, um keine kurzen Reststücke in der Konstruktion zurückzulassen, die Ihnen bei der weiteren Nutzung der Daten später Schwierigkeiten machen werden. Das Heranzoomen des jeweiligen Arbeitsbereichs ist hier anzuraten. Die weiteren Ecken, bzw. auch die anderen Rippen können Sie in gleicher Weise bearbeiten, bis Sie mit dem Ergebnis Ihrer Bemühungen zufrieden sind. Im hinteren Bereich der Rippen ist es ratsam, mit einer weiteren Hilfslinie die Größe der Aussparungen zu teilen, um genügend Druckstabilität zu behalten.

Die Erklärung hier führt die einzelnen Schritte der Bearbeitung und die Wahl der Attribute einzeln an einem Beispiel aus. Für Ihre Übungen, bzw. für die Praxis ist es natürlich sinnvoller, immer gleich mehrere Schritte mit einer Funktion auszuführen, um das ständige Umschalten zu minimieren. Sie werden sich auf die Dauer sicherlich eine Arbeitsweise angewöhnen, die solche Arbeiten schnell von der Hand gehen lassen. Im Vergleich mit expliziten Programmen zur Flügelkonstruktion erscheinen diese einzelnen Schritte der Konstruktion jetzt vielleicht aufwändig. Vergessen Sie aber nicht, dass Sie hier ein offenes CAD-System in Händen halten, mit dem Sie in Ihrer Gestaltung völlig frei sind, während Sie beim parametrischen Flügelprogramm immer in den Grenzen der vorgesehenen Möglichkeiten arbeiten müs-

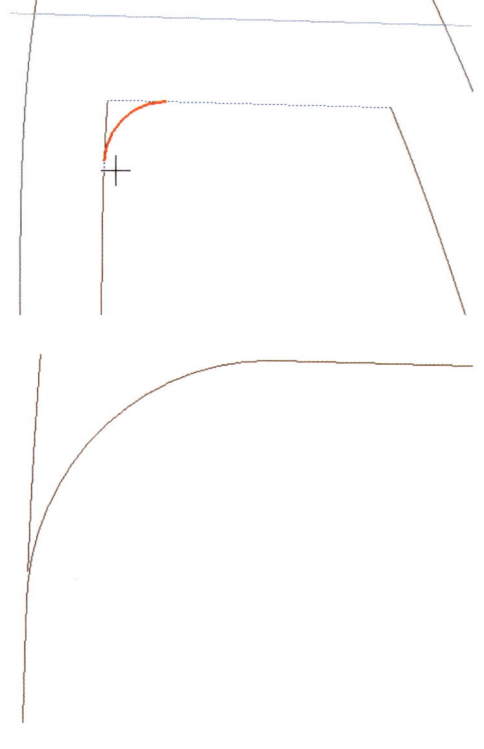

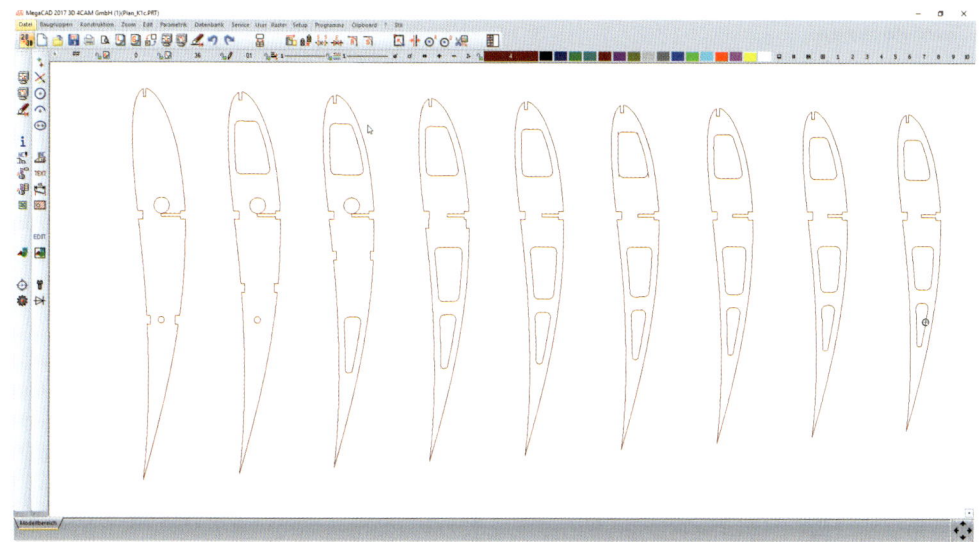

Bild 3.33: Der momentane Zwischenstand unserer Bemühungen.

sen. Beide haben ihre Vor- und Nachteile und – ganz wichtig – beide muss man erst einmal bedienen können! Zu erwähnen ist auch noch, dass die große Version von MegaCAD eine ganze Reihe von Funktionen mehr anbietet, die das Arbeiten an einigen Stellen deutlich bequemer und schneller macht.

Wenn Sie Ihre Konstruktion später auch CNC-unterstützt fertigen wollen, werden Sie die einzelnen Rippen noch mehrmals „angreifen" müssen, beispielsweise zum Duplizieren. Sie wollen eine rechte und eine linke Flügelhälfte bauen und brauchen daher jedes Teil zweimal. Für die Fräsvorbereitung müssen die Rippen auf einer Platte angeordnet werden, um möglichst gute Materialausnutzung zu erhalten. Aber auch für die Definition der Fräsbearbeitung sind die einzelnen Konturen per Mausklick auszuwählen. Daher wäre es vorteilhaft, wenn jede Rippe nicht wie im Moment aus einer größeren Anzahl von Einzelelementen besteht, sondern zu einem Teil zusammengefasst wäre. Eine zweite wichtige Voraussetzung für ein erfolgreiches Weiterverarbeiten der Konstruktion ist der korrekte Aufbau der Konturen. Überlappende Elemente, hervorstehende Linien oder aufeinander liegende Zeichnungsteile werden Ihnen beim Fräsen erhebliche Kopfschmerzen bereiten, bzw. für Ausschuss sorgen. Daher kommt jetzt eine Funktion zur Anwendung, die die Zeichnung nach eben diesen Unsauberkeiten untersucht und nach gewissen Regeln - die Sie beeinflussen können - versucht, die Zeichnung zu bereinigen.

Die passende Funktion *Zeichnung säubern* finden Sie im *Edit-Menü*. Mit der Aktivierung erhalten Sie ein kleines Auswahlmenü, das gewisse Arbeiten für Sie übernimmt. Die Beschreibungen im oberen Teil sprechen für sich. Das Aufbrechen von Polylines ist zum Teil notwendig, um die darunter stehenden Bearbeitungen ausführen zu können. Es gibt aber auch Situationen, in denen man ganz bewusst die Elemente, die als Polylines in der Zeichnung angelegt sind dem Zugriff der Säuberungsaktion entziehen möchte. Im unteren Teil können Sie Einfluss darauf nehmen, welche Attribute

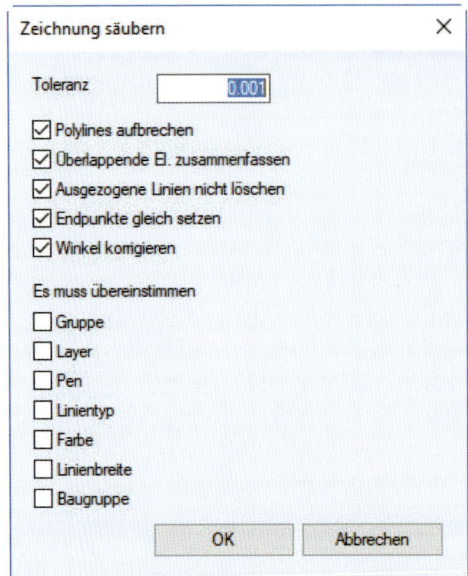

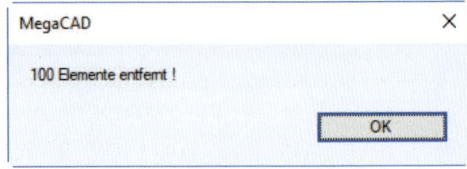

übereinstimmen müssen, um beispielsweise aus zwei sich überdeckenden Elementen eines zu machen. Im oben abgebildeten Menü sind die Weichen für einen harten Zugriff gestellt. Die Vereinfachungsmaßnahmen werden hier durchgeführt, gleichgültig mit welchen Eigenschaften ein Element ausgestattet ist. Es wird dabei sichergestellt, dass immer das größte der behandelten Elemente erhalten bleibt und für das Ergebnis die Attribute (Farbe, Layer, Strichstärke, usw.) vorgibt. Dies unter Berücksichtigung der evtl. gewählten Option *Ausgezogene Element nicht löschen*. Die Angabe eines Toleranzwertes wirkt sich auf die Aggressivität der Funktion aus. Sollten Sie hier erst bei Werten im Millimeter-Bereich Auswirkungen in der Zeichnung erhalten, dann sollten Sie Ihre Arbeitsweise überdenken! Eine Einstellung von 0,01 oder kleiner ist ein üblicher und sinnvoller Wert. Als Ergebnis der Aktion erhalten Sie eine Kontrollmeldung über die Anzahl der Elemente, die die Software für Sie zusammengefasst oder gelöscht hat. Ein Blick, bzw. Klick auf die Rippen zeigt Ihnen, dass die Polylines wirklich aufgelöst wurden.

Demnach waren wir vorher schon weiter mit unseren Bemühungen könnte man meinen. Genau aus diesem Grund schließt sich jetzt ein weiterer Arbeitsschritt an.

Im Kapitel Linien finden Sie die Funktion *Polyline zusammenstellen*, die es erlaubt, aus einzelnen Linien oder Kreisbögen eine zusammenhängende Kontur zu machen. Bevor wir jede einzelne Rippe mit diesem Werkzeug angehen, holen wir uns jeweils wieder deren Eigenschaften mit *Attribute übernehmen* (Attributleiste rechts der Farben) als Vorwahl der Eigenschaften für den nächsten Arbeitsschritt. Damit bleibt die vorher mühsam aufgebaute Ordnung erhalten. Genau genommen hätten wir von Anfang an auf jede Art von Attributzuweisung verzichten können, weil beim Zusammenstellen einer neuen Polyline wieder die Einstellungen gelten, die oben angewählt sind. Andererseits hätten wir auf die Möglichkeit des Ein- oder Ausblendens von Zeichnungsteilen bis hier verzichten müssen.

Bevor Sie mit der LMT ins Innere der Kontur klicken, vergewissern Sie sich, dass die Auswahlmethode *Fläche* angewählt ist. Der Mausklick darf auch außerhalb der Geometrie erfolgen, solange Sie genügend Abstand zur nächsten Rippe einhalten. Die Planzeichnung auf Layer 1 und 3 muss natürlich unsichtbar sein, sonst würde der Flächenalgorithmus sich eine andere Geometrie suchen. Auch zu nahe an die beiden Kreise sollten Sie nicht klicken, da sonst diese zur Polyline umgewandelt werden. Solange die Elemente rot eingefärbt sind, wartet

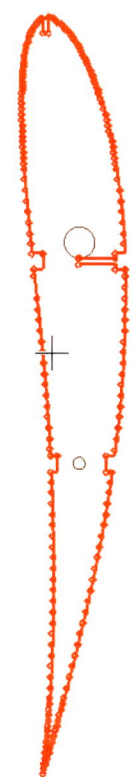

die Software auf weitere Flächen, die dann auch dem neuen Element hinzugefügt werden. Für Sie bedeutet dies einen Rechtsklick der Maus, um die Auswahl zu beenden. Damit ist dieser Schritt abgeschlossen und Rippe 1 ist zu einer Polyline geworden. Optisch erhalten Sie dazu keine Rückmeldung, wenn Sie nicht vorher beispielsweise eine andere Farbe als Attribut angewählt haben. Sie können aber nach Abbruch (RMT) der Funktion das Ergebnis durch Anklicken der Rippe überprüfen. Wiederholen Sie diesen Schritt unter Beachtung der Attribute für die weiteren Rippen. Bei den Rippen mit Aussparungen zur Erleichterung sollten Sie für Außen- und jede Innenkontur eine eigene Polyline erzeugen. Ein Rechtsklick der Maus nach jeder erfassten Geometrie trennt die Objekte voneinander. Das erleichtert später die weiteren Arbeiten am Element. Die letzte Rippe der Tragfläche versehen Sie bitte nicht mit Aussparungen, da in dieses Bauteil die Schlitze für die Verzapfung des Randbogens eingebaut werden.

Der Randbogen liegt aus unseren ersten Entwurfsarbeiten noch auf dem Layer 1 des Flügelplans. Um auch dieses Bauteil zunächst einmal isolieren zu können, sollte es auf einem eigenen Layer liegen. Dazu klicken Sie einfach die beiden Splines an, nachdem Sie alle laufenden Funktionen beendet haben (drag&drop). Sind diese markiert reicht es oben in der Attributleiste auf die *Layertaste* zu drücken und in der Strukturansicht auf die Zahl 51 zu klicken. Nach OK führen zwei Klicks mit der RMT die Operation aus und der Randbogen liegt auf dem gewünschten Layer. Nur ist er im Moment nicht mehr zu sehen, da dieser Layer im Moment unsichtbar geschalten ist. Mit *Layer ein-/ausschalten* ist es für Sie sicher inzwischen ein Leichtes, den Randbogen (51), Rippe 20 (50) und die verdeckten Kanten (3) auf den Schirm zu bringen. Zeichnen Sie sich jetzt mit den Attributen des Randbogens eine Linie auf die äußere Kante der Außenrippe und blenden Sie anschließend Layer 3 aus. Zu der neuen Linie bauen Sie sich jetzt noch ein Parallele mit Abstand 5 mm. An diesem Streifen soll der Randbogen mit Rippe 50 verklebt werden. Zusätzlich sehen wir noch drei kleine Zapfen vor, die an den angegebenen Stellen platziert werden. Jetzt fehlen nur noch die Ausschnitte in der Rippe, in die dann der Randbogen eingeklinkt wird. Aufgrund der starken Wölbung des Profils müssen wir hier etwas tricksen – eine gute Gelegenheit, neue Funktionen kennenzulernen. Schalten Sie daher Ihre Layer vollständig auf unsichtbar, ausgenommen Nr. 50. Um die Verzapfung einbauen zu können, muss ein Bogen gezeichnet werden, an dem dann die drei Aussparungen platziert werden können. Nach Anwahl, bzw. Abgreifen der Eigenschaften wechseln Sie über das Haupt- in das Bogenmenü. Dort machen Sie jetzt Bekanntschaft mit *Bogen aus drei Punkten*. Der erste Punkt liegt an der Nase, der zweite wird ca. in der Mitte des Profils gewählt. Diese beiden können Sie mit der Fangoption *Frei* anklicken, da ein zehntelgenaues Bestimmen der Punkte hier nicht erforderlich ist. Jetzt sehen Sie schon den Bogen an der Maus hängen und der dritte Punkt soll der *Endpunkt* am Auslauf des Profils sein. Mit zwei Pa-

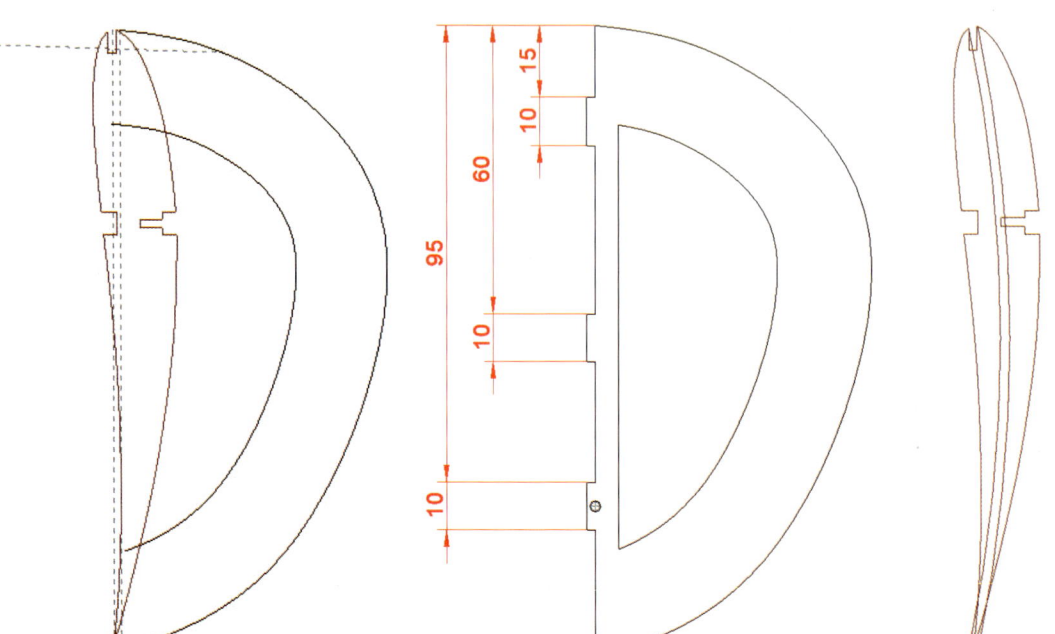

rallelen mit 1 mm Abstand (bei einer Holzdicke von 1,8 mm haben wir hier noch etwas Spiel, das Sie für das Einsetzen des gebogenen Randbogens brauchen werden) ist die Grundkonstruktion schon abgeschlossen.

Den mittleren Bogen benötigen Sie nicht mehr, daher können Sie diesen gleich wieder löschen. Jetzt fehlen nur noch die Querstriche, die die Ausschnitte später begrenzen. Wir erzeugen uns dazu eine dummy-Linie, die wir dann längs des Bogens an die passende Stelle drehen können.

Wählen Sie im *Linien-Menü* eine *Lotrechte Linie* und starten Sie diese am Mittelpunkt des Bogens. Dazu müssen Sie jetzt einen der Bögen anklicken und der Cursor (Startpunkt der Linie) springt evtl. aus dem sichtbaren Bereich des Bildschirms. Das muss Sie aber nicht weiter stören und Sie legen den zweiten Punkt etwas rechts vom rechten Bogen ab. Diese viel zu groß geratene Linie kürzen sie mit *Aufbrechen automatisch* auf den Abstand der Bögen ein.

Mit der Funktion *Rotieren* aus der Sammlung der Nachbearbeitungswerkzeuge (Edit) klicken Sie das kurze Linienstück an und beenden die Auswahl mit der RMT. Der Bezugspunkt, um den die Drehung ausgeführt werden soll, ist wieder der *Mittelpunkt* der Bögen. Augenblicklich hängt die Linie drehend an der Maus und das System erwartet von Ihnen die Eingabe des Punktes, auf den das Element gedreht werden soll. Wir wenden dazu eine bereits bekannte Fangmethode in einer kleinen Variation an. Bei *Fangen Abstand* waren bisher immer lineare Maße gefragt, bei dem Eingabefeld *Winkel* hatten Sie sicher bereits einen Bezug zu gebogenen Elementen erahnt. In der aktuellen Situation ist es jedoch eine elegante Methode, die Option *Winkel* zu deaktivieren und den Abstand als Bogenmaß auf unserem Bogen abzutragen. Die Länge der Krümmung entspricht dann exakt den Zapfen am Randbogen. Den ersten Wert *(15 mm)* geben Sie im Menü ein und klicken nach dem *OK* den Bogen nahe dem vorderen Ende an. Sie kön-

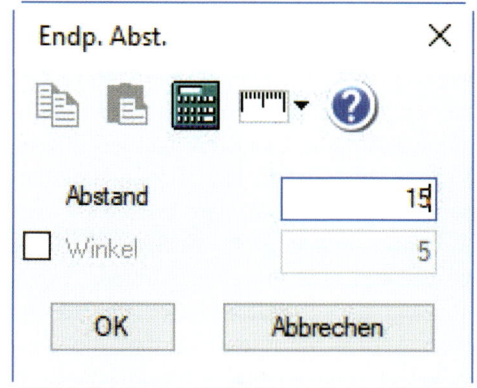

nen beobachten, dass der Querstrich sich passend ablegt und die LMT erzeugt eine Kontrollmeldung des Drehwinkels, den wir (ungesehen) bestätigen können und bei der Frage nach der gewünschten Anzahl die mittlere *Taste (1)* drücken. Sofort geht es weiter mit dem nächsten Abstand. Die Maße können Sie der kleinen Skizze oben entnehmen. Sind alle Begrenzungen gesetzt, hilft uns wieder die Funktion *Aufbrechen automatisch* für Ordnung und Übersicht zu sorgen.

EXTRAMELDUNG!

Mit der Zeit sind immer mehr Inhalte auf Ihrem virtuellen Zeichenblatt entstanden und Sie konnten sich sicherlich bereits von den Vorteilen der Layernutzung überzeugen. Um das lästige Scrollen in der Liste zu ersparen, können Sie auch in das kleine Eingabefeld unten links eine Zahl eintippen. Die Liste springt dann für Sie an die richtige Stelle.

Nach diesen etwas aufwändigeren Arbeiten wollen wir uns jetzt – quasi als kleine Erholung zwischendurch – wieder mit einfacheren Dingen beschäftigen. Schalten Sie dafür alle Rippen unsichtbar. Ein Klick auf die Nummer 30 der Layer in der Listenansicht ist hierfür ausreichend und machen Sie dafür wieder die Planzeichnung auf Layer 1 und 3 am Bildschirm sichtbar. Unsere Entspannungsübung besteht aus einem ersten Kontakt mit den Funktionen zum Beschriften einer Zeichnung. Im Hauptmenü finden Sie dazu den Schalter, um die Schublade mit den *Textfunktionen* zu öffnen. Oben rechts finden Sie das Icon für Textzeile eingeben. Ein Mausklick öffnet ein kleines Dialogfeld, in dem Sie jetzt den Text ‚Sp 1,8' eintippen. Der grüne Ha-

ken schließt das Eingabefeld und Ihr erster Text hängt an der Maus und wartet auf einen Punkt, an dem er abgesetzt werden soll. Wir sollten nicht vergessen, allen Texten, die jetzt folgen werden, passende Attribute zuzuordnen. *Stift 6* kombiniert die blaue Farbe mit dem Layer 6. So herrscht gleich wieder Ordnung! Die Buchstaben erscheinen jetzt allerdings etwas klein. Wenn Sie (in der klassischen Bedienoberfläche) die Statuszeile am unteren Bildschirmrand beobachten sehen Sie dort zwei

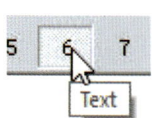

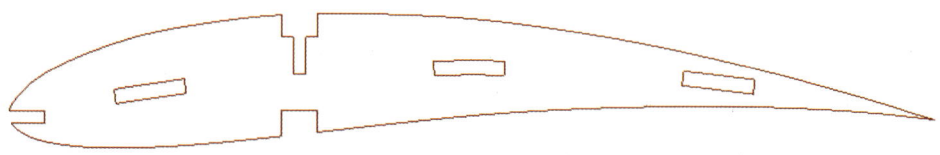

Bild 3.34: Die fertige Außenrippe des Modells.

neue Schaltflächen, von denen eine durch ein kleines, rotes Dreieck markiert ist. Kommen Sie mit der Maus in die Nähe, dann folgt dieses Dreieck Ihrem Mauscursor. Das Icon, das markiert ist, kann über den Hotkey *Leertaste* an der Tastatur gedrückt werden. Natürlich geht's auch indem man mit der Maus die Funktion auslöst, aber eleganter ist eben die ‚heiße Taste'. Die linke Schaltfläche ist für uns interessant und es erscheint ein Eingabefenster, um den an der Maus hängenden Text zu formatieren. Für die Texthöhe geben Sie bitte den Wert von 5 [mm] ein.

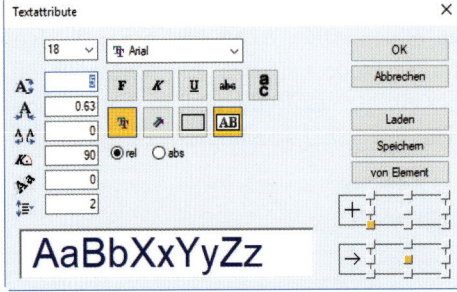

Wenn der Wahlschalter auf rel(ativ) steht bleibt das Schriftbild dabei erhalten, weil die anderen Formatierungen (Breite, Zeilenabstand) sich prozentual darauf beziehen (Breite: 0.63 = 63 % der Höhe). Zusätzlich lassen sich noch Schriftart und Charakteristika wählen, wie Sie das von anderen Windows-Programmen kennen. Mit *OK* kehren Sie zurück in die Zeichenfläche und sehen Ihren Text in der Größe verändert. In der fluent-Oberfläche ist die Maske für die Textattribute direkt eingeblendet. Die Symbolik ist weitgehend die gleiche, damit werden Sie im Zweifel mit beiden Oberflächen sofort zurechtkommen.

Die Textzeile platzieren Sie jetzt in der Nähe der Wurzelrippe. Dazu ist es am besten, Sie schalten auf den Fangmodus *Frei* (Hotkey *f*), da es ja hier nicht auf irgendeine präzise Position ankommt. Ein Klick und jeder weiß, welches Material für die Rippen zum Einsatz kommen soll. Weitere erklärende Texte können folgen: K 3 × 5, Sp 0,4, 1. Rippe 3° schräg, und so weiter. Wird der Text so abgelegt, dass er andere Elemente überdeckt, dann werden Sie feststellen, dass die Textzeile auf einer kleinen Verdeckfläche liegt, die dafür sorgt, dass darunter Liegendes ausgeblendet wird und der Text lesbar bleibt. Verantwortlich hierfür ist das Icon *Box füllen* im Attributdialog. Weitere Optionen betreffen das Laden bzw. Speichern von Textstilen sowie das Abgreifen (von *Element*) von Attributen bestehender Textzeilen. Weiterhin können Sie entscheiden, wo Sie den Text an der Maus hängen haben wollen (links, rechts mittig, usw.) 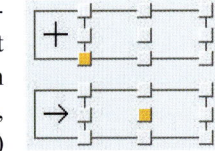 oder ob der Text beim Einfügen noch verzerrt werden soll. Von dieser Möglichkeit ist aber eher abzuraten, da Sie damit kein einheitliches Schriftbild in Ihrer Konstruktion haben werden.

Ebenso zur Funktionsgruppe der Texte gehört die nächste Funktion. *Positionsnummer mit Text* ermöglicht eine schnelle Nummerierung der Rippen. Um eine exakt gerade Aufreihung zu bekommen ist es sinnvoll eine Hilfslinie einzuzeichnen, die beispielsweise mit *Stift 10* als

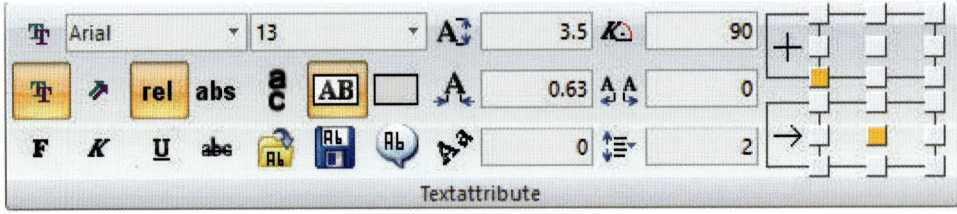

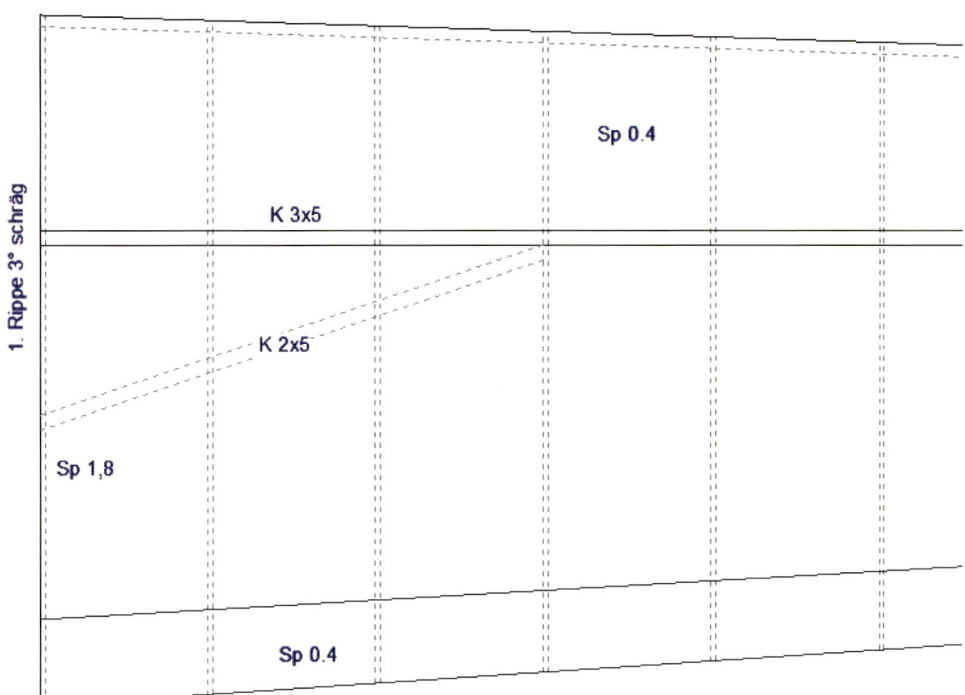

Waagrechte in einem gewissen Abstand zur Endleiste erstellt wird. Die Positionsnummer selbst lassen wir auch mit *Stift 6* entstehen. Der automatisch hochzählenden Nummerierung kann ein alphanumerischer Text vorangestellt werden. In unserem Fall entscheiden wir uns für den Buchstaben R für Rippe. Der erste Klick beschreibt den Zielpunkt, das heißt die Stelle, an der ein Hinweisstrich ansetzen soll. Wählen Sie dazu mit *Konstruktionsfang* einen Punkt auf der Hilfslinie, der die Rippenlinie darüber anlotet. Bewegen Sie jetzt die Maus von diesem Punkt weg, dann können Sie die entstehende Linie erkennen. Um die-

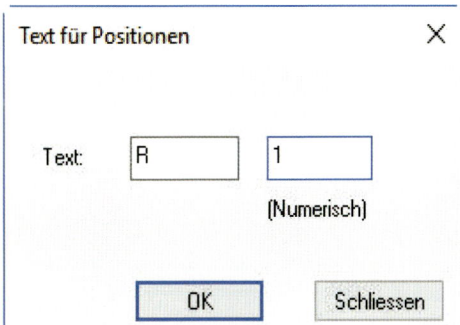

67

se nicht noch in abgeknickter Form wachsen zu lassen klicken Sie die RMT und wählen den gleichen Punkt nochmals aus, um den Text zu setzen. Das Ergebnis ist der Text R1 eingerahmt von einem Oval. Einzig die Hinweislinie stört etwas. Daher werden wir sie am Ende der Aktion entfernen.

Fahren Sie in der beschriebenen Weise fort, bis Sie bei Rippe 20 angekommen sind. Die Nummer wird mit jedem ausgeführten Hinweisschildchen automatisch um 1 erhöht. Durch Anklicken dieser Symbolik im drag&drop würden Sie erkennen, dass die Schildchen aus Texten, Linien und Bögen bestehen, die Zeiger sind dagegen Polylines (typisch für mehrgliedrige Elemente). Zusätzlich ist jedes komplette Hinweisschild als Baugruppe zusammengefasst. Mit diesem Wissen können wir die Funktion *Löschen* starten. Anstatt jetzt aus jedem einzelnen Symbol die Polyline herauszupicken, nutzen wir die Elementfilter im seitlichen Menü. Sie können erkennen, dass von Element Punkt bis zur Bitmap alle Filter geschaltet sind. Das ist auch gut so, denn damit können Sie in Standardfall jedes beliebige Element löschen. In unserer Situation drücken wir zuerst auf *ALL*. Damit werden alle Filter ausgeschaltet und Sie entscheiden sich einzig für den Zugriff auf Polylines. Damit sind alle anderen Elementtypen vor Ihrem Zugriff geschützt. Jetzt müssen Sie nur noch links oberhalb des Textes R1 ins Freie klicken und von diesem Punkt aus ein Rechteck aufziehen, indem nur die Polylines (schräge Linie im Oval) vollständig enthalten sind.

Mit diesem Trick sparen Sie sich im Endeffekt 18-mal klicken und Ihr Flügelplan sieht gleich richtig professionell aus. Sie tun sich bei diesem Schritt wieder erheblich leichter, wenn Sie von den Zoom-Funktionen aktiv Gebrauch machen.

Sollte trotzdem einmal ein Mausklick daneben gehen, dann kennen Sie ja bereits die *Undo*-Taste (Hotkey u), um einen kleinen Fehler schnell wieder auszumerzen. Wem es besser gefällt, der kann die Positionsnummern natürlich auch an einer Linie auffädeln, die parallel zur Endleiste liegt. Ich hatte Ihnen versprochen, dass ich Sie mit zunehmendem Kenntnisstand gerne dazu ermuntere, im Detail auch eigene Wege zu gehen.

Ganz korrekt ist die Darstellung allerdings noch nicht, daher gebe ich Ihnen zwei Stichpunkte, die Sie dann in Eigenregie ausbügeln können:

- ☐ Detail und Größe der Beplankung
- ☐ Daraus resultierend Sichtbarkeit von Elementen
- ☐ Fehlende Aufleimer

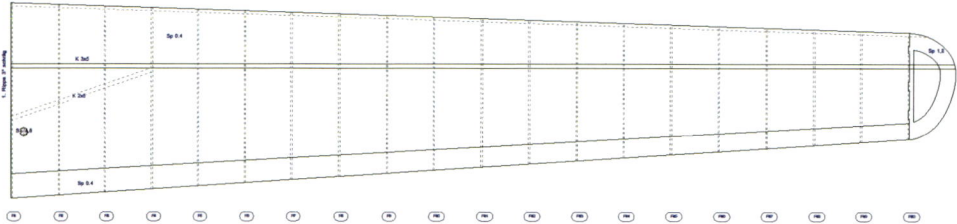

Bild 3.35: Auf diesem Plan könnte man schon bauen.

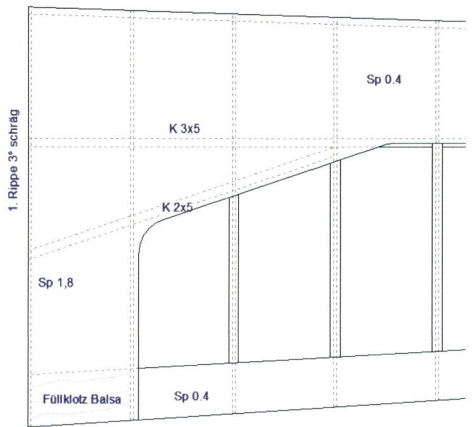

Die Beplankung, die die Torsionsnase bildet, soll im Wurzelbereich der besseren Handhabbarkeit wegen zwischen Rippe 1 und 2 über die ganze Flügeltiefe reichen. Um den Aufleimern am Holm Auflagefläche zu bieten, reicht das 0,4er-Sperrholz nur bis zur Mitte des Hauptholms, während es aus Gründen der Optik 3 mm über den Hilfsholm bzw. die Rippe 2 übersteht. Außerdem werden die Übergänge großzügig verrundet.

 Zwischen den ersten beiden Rippen wird auch noch ein Balsaklotz an der Endleiste eingesetzt, der diese gefährdete Ecke aussteifen soll. Die Darstellung erfolgt über eine *gestrichelte Linie*, die die Größe begrenzt und eine Schraffur in Holzoptik, die Sie jetzt kennenlernen werden. Wieder aus dem Hauptmenü heraus können Sie das Dialogfeld für die *Schraffur* öffnen. Eine große Anzahl von Schraffurtypen fällt sofort ins Auge und Sie suchen bitte ca. in Höhe der Hälfte des Scrollbalkens nach der Schraffur *legno4*, die eine einfache Holzstruktur darstellt. Erhöhen Sie den Faktor auf 2, um die Linien der Maserung nicht zu eng werden zu lassen und drehen Sie mit -20° das Holz parallel zur Endleiste. Ist dies geschafft, dann bringt Sie *Erstellen* zurück in die Zeichenfläche. Wählen Sie noch *Stift 5*

bei den Attributen und Sie können mit der Auswahloption *Fläche* in den dargestellten Bereich klicken. Das gefundene Gebiet wird rot umrandet, insofern die Fläche geschlossen ist und ein Klick mit der RMT (keine zusätzlichen Flächen anwählen) stellt die Schraffur dar.

Eine Bemerkung noch zu den Aufleimern. Damit deren Konstruktion nicht zu einer Klickorgie wird, sollten Sie hier noch eine weitere Funktion aus dem Edit-Bereich kennenlernen. Zeichnen Sie anfangs nur zwei parallele Linien zu einer Rippe, die in der Länge noch nicht passend sein müssen und kopieren Sie diese mehrfach an der Endleiste entlang. Mit der Funktion *Trimmen Mehrfach* sind diese schnell in der Länge angepasst. Klicken Sie dazu zuerst die begrenzende Linie (Zielkante) an. In der Statuszeile werden Sie nach dem trimmenden Element gefragt. Dieses ist die Linie der Beplankung, bis zu der die Aufleimer reichen sollen. Optisch wird Ihnen die Auswahl mit einer rosafarbenen Linie zurückgemeldet. Danach gilt es, die Aufleimer auszuwählen, die von der Aktion betroffen sein sollen. Am Mauscursor erkennen Sie die kleine schräge Linie, die Ihnen anzeigt, dass es genügt neben dem ersten Aufleimer ins Leere zu klicken, um damit eine Auswahllinie aufzuziehen. Alle von dieser Linie berührten Elemente werden in die Auswahl übernommen und in diesem Fall an die Kante herangetrimmt.

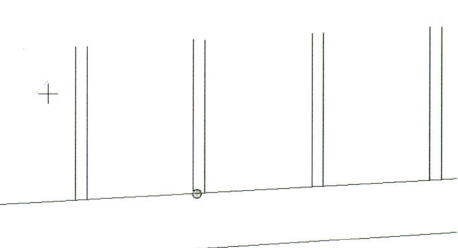

Auf die Halbspannweite bezogen müssen Sie diesen Vorgang zweimal ausführen – an der Schrägen der Beplankung am Hilfsholm und der langen Geraden bis zum Randbogen.

EXTRAMELDUNG!

Auch bei anderen Funktionen kann es vorkommen, dass der Mauscursor diese Optik bekommt. Immer dann ist es möglich, alle von der Auswahllinie getroffenen Elemente gemeinsam auszuwählen. Beim Aufbrechen automatisch ist diese Option auch sehr gut nutzbar.

Ihr Flügel wird immer perfekter. Was uns jetzt noch fehlt ist die Geometrie des Holmsteges und der Nasenleiste. Diese zu konstruieren ist der letzte Programmpunkt im Kapitel Flügel.

3.8 Bauteile zum Zusammenstecken

An der Nase und im Holmbereich der Rippen hatten wir Schlitze eingeplant, in die wir Gegenstücke einsetzen wollen, um einen einfachen Flügelaufbau zu erhalten. Jetzt gilt es, die beiden Rechen zu planen. Dazu nutzen wir wieder die Layerstruktur unserer Arbeit, um uns Übersicht zu verschaffen. Was uns am Arbeiten stört wird vernebelt und für die Vorarbeit wählen Sie *Stift 4* für Maße aus.

Im Hauptmenü finden Sie den Zugang zu den *Bemaßungsfunktionen*. Dort wollen wir uns Infos holen, die wir für die weitere Konstruktion brauchen. Trotz dem großen Angebot an Einzelfunktionen in dieser Funktionsgruppe wählen wir die quick-and-dirty-Methode, indem wir nur die Menüoberfläche öffnen. Damit ist die Software vorbereitet für die Elementbemaßung, bei der Sie einfach ein Element anklicken (LMT) und Ihnen das Programm sofort ein Maß zu diesem Element an den Cursor zaubert. Klicken Sie bei *Rippe 1* die senkrechte Holmlinie an und Sie erhalten deren Länge als korrekte Maßdarstellung angezeigt. Uns interessiert aber der Abstand zwischen den Holmen, daher fahren Sie einfach mit der Maus zu dem kurzen Linienstück am oberen Holm. Zur Vereinfachung ist wieder ein Heranzoomen mit dem Mausrad zu empfehlen.

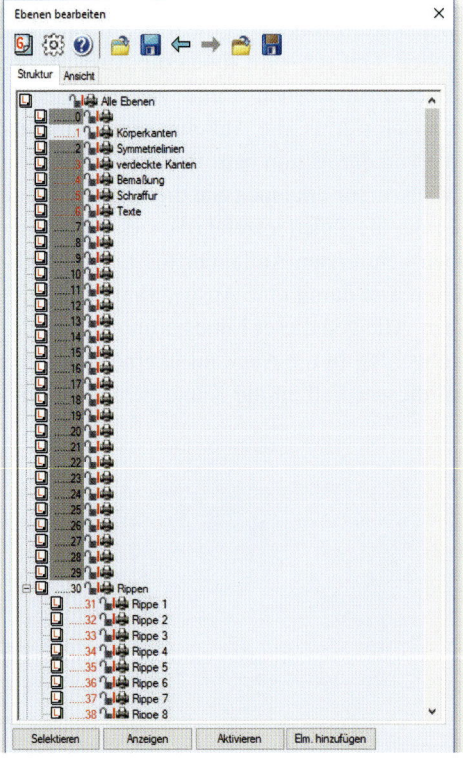

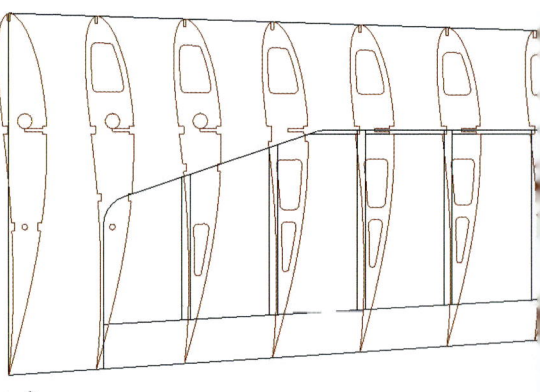

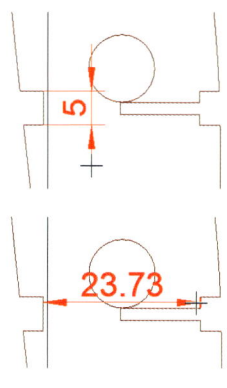

Nachdem die beiden Linien parallel sind, wechselt die Bemaßung selbstständig in ein Abstandsmaß und Sie können dies mit einem Mausklick auf dieses kurze Linienstück bestätigen. Damit hört auch das ständige Umspringen auf andere Maßvorschläge auf und Sie können jetzt das Maß in Ruhe ablegen. Die Fangmethode *Frei* ist hier wieder die beste Wahl.

Sollten Sie nach dem Mausklick das Maß nicht sehen, lohnt es sich nochmals in den *Layerdialog* zu schauen. Evtl. ist dort der für die Bemaßung vorbereitete *Layer 4* noch unsichtbar geschaltet. Wiederholen Sie bitte diesen Schritt an der Außenrippe, um den Abstand zwischen den Holmen dort einzutragen. Damit kann es losgehen mit der eigentlichen Stegkonstruktion. Wählen Sie eine schöne Farbe aus und die anderen Attribute nach Wahl. Ich mache das immer gerne so, dass ich beispielsweise auf *Stift 1* tippe und dann nur noch *Farbe und Layer* (hier 53) verändere. So passt auch gleich die Strichart und -stärke zum Rest der Zeichnung.

Eine gute Gelegenheit, Ihnen ein weiteres Werkzeug aus dem *Linienmenü* nahe zu bringen. Das parametrische Rechteck aus dem Bereich Formen hatten wir schon genutzt. Jetzt geht es um das *Rechteck* – eigentlich in der Sache das gleiche, hier jedoch ohne jeden Zusammenhang, einfach eine schnelle Methode mit zwei Klicks vier Linien zu bekommen. Schalten Sie um auf den Konstruktionsmodus und lassen Sie sich einen Punkt etwas oberhalb der Wurzelrippe mit einer rot-gestrichelten Konstruktionslinie anbieten.

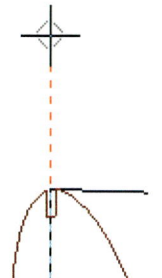

Der zweite Eckpunkt (diagonal) liegt x = 1141,8 und y = 23,73 [mm] entfernt. Das können Sie einfach als *1141,8 – Tabulator – 23,73 – Enter* eintippen.

Mit der ersten Zahl öffnet sich das Dialogfeld in der Statuszeile und die Entertaste schließt es wieder während in der Zeichenfläche das Rechteck abgeschlossen wird. Nun ist der Holm aber nicht rechteckig, sondern soll auf einen Wert von 10,08 zulaufen. Dazu beenden Sie die laufende Funktion mit der RMT und klicken die rechte Linie des Rechtecks an. Neben den Griffpunkten an den Enden und in der Mitte erscheint der Infocursor, den Sie mit der LMT bestätigen.

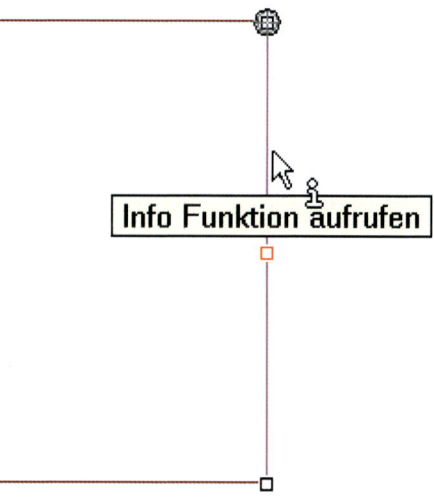

Neben Angaben zu den Koordinaten und den Attributen, die man hier auch verändern könnte, wird die Länge des Elements angezeigt. Schön zu sehen, dass die Eingaben richtig umgesetzt wurden. Überschreiben Sie den Wert jetzt durch das Wunschmaß von *10,08 [mm]*, klicken dann auf das rechte

71

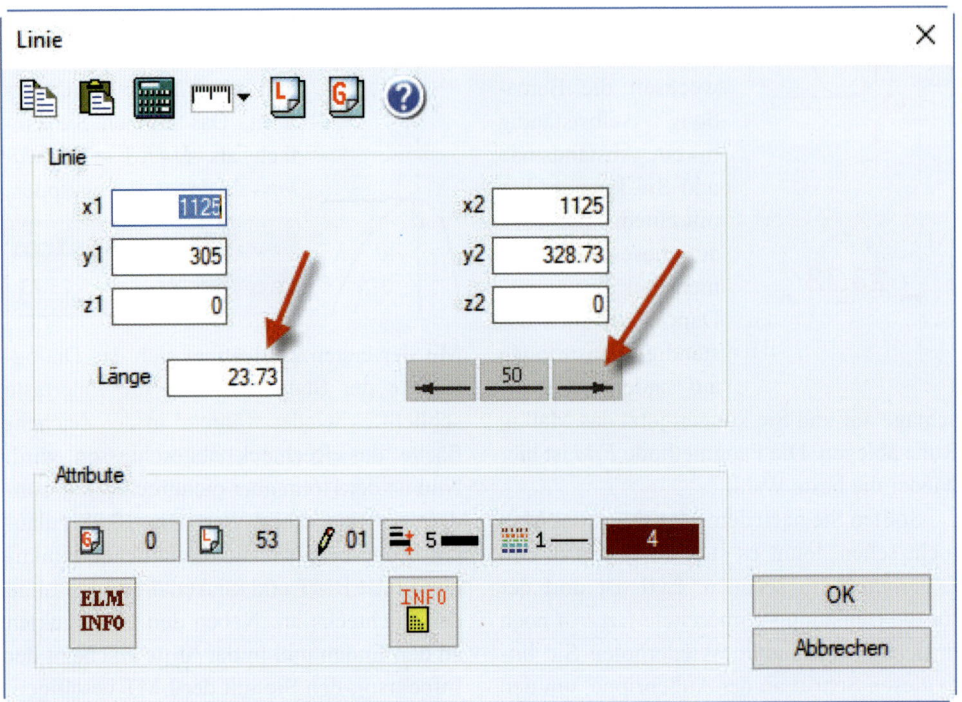

Pfeilsymbol und abschließend auf *OK*. Das Menü gibt den Blick auf Ihre Konstruktion frei und die Linie ist entsprechend Ihren Angaben kürzer geworden. Weiter geht es mit drag&drop und dem Anklicken der oberen Linie am rechten weißen Griffpunkt. Die Linie wird dadurch „gummiartig" und kann über die Fangmethode *Endpunkt* zielgenau abgelegt werden. So einfach lassen sich Elemente mit drag&drop manipulieren. Eine schnelle Methode, um ohne großen Aufwand eine Kleinigkeit in der Konstruktion zu korrigieren.

Machen wir gleich mit den *Linien* weiter und ziehen Sie eine Verbindung vom *Mittelpunkt* der linken zum *Mittelpunkt* der rechten Senkrechten. Damit definieren Sie die Tiefe der Einschnitte passend zu den Rippen. Nun fehlen noch die Rippenpositionen. Eine Parallele zur linken Seite im Abstand von 1,8 [mm] ist ein erster Schritt. Dieses Set aus zwei Linien vervielfältigen Sie danach mit dem Verschieben/Kopieren-Werkzeug 19-mal mit einem Abstand von 60 mm nach rechts (*Bezugspunkt: Endpunkt – Zielpunkt Fangen Abstand*). Das Gros der restlichen Arbeiten erledigt die Funktion *Aufbrechen Automatisch*. Hier können Sie gleich das oben beschriebene Aufbrechen längs einer Auswahllinie testen. Mit zwei Mausklicks sind alle Überstände oben entfernt. Am besten fangen Sie dabei von der rechten Seite aus an. Die anderen Linien herauszuknipsen ist dagegen wieder etwas Fleißarbeit.

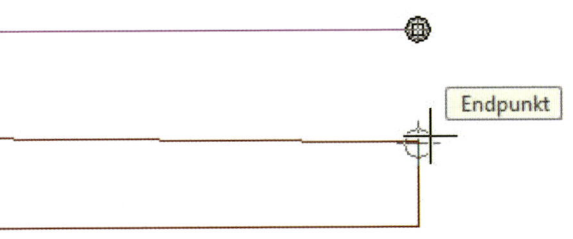

EXTRAMELDUNG!

Am roten Griffpunkt bietet die drag&drop-Methode ein Verschieben von Elementen an. Drücken Sie während des Mausklicks auf einen weißen Griffpunkt die Shift-Taste Ihres Keyboards, dann wird das betreffende Element nicht verzerrt, sondern auch verschoben. Das Halten der Strg-Taste beim Absetzen eines Zeichnungsteils dagegen bewirkt die Erzeugung einer Kopie.

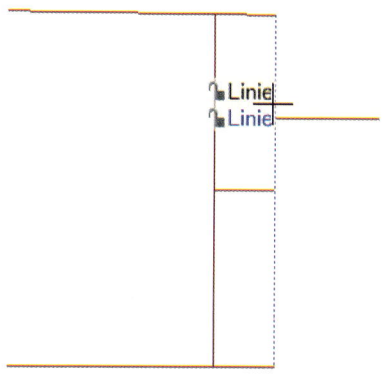

Ganz rechts können Sie beim Annähern an die Linie eine kleine Zahl 2 aufblitzen sehen. Diese soll Sie darauf hinweisen, dass hier zwei Linien im Fangbereich des Cursors liegen. In diesem Fall wissen wir auch, dass diese unerwünschte Verdoppelung vom Kopierbefehl kommt. Fahren Sie mit der Maus ein klein wenig nach links, dann wird Ihnen angezeigt, welche Linien sich hier verstecken und Sie können in Ruhe auswählen. Der laufende Befehl wird dann auf dieses Element angewandt.

Am linken Ende unseres Rechens haben wir noch nicht die Schrägstellung der ersten Rippe berücksichtigt. Während die große Mega-CAD-Version eine perfekt passende Funktion hierfür bereitstellt, müssen wir einen kleinen Umweg gehen. Rotieren wäre eine Möglichkeit, die Sie aber bereits kennen. Daher möchte ich Ihnen die Punkteingabe mit Polarkoordinaten vorstellen.

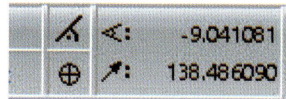

Starten Sie eine *Freie Linie* am unteren, linken Endpunkt der Geometrie und schalten dann in der Statuszeile auf *Polareingabe* um. Ein Klick auf das obere Symbol ist dafür ausreichend. Jetzt können Sie wieder Werte eintippen (*87 – Tabulator 4 – Enter*). Der Wert von 87 entspricht der Lage der Wurzelrippe bei einer V-Form von 3. Machen Sie dies zweimal und löschen dann die Ursprungslinie darunter heraus. Erinnern Sie sich noch an das doppelte *Trimmen*? Perfekt! Dann sind Sie vom Ergebnis nur noch wenige Klicks entfernt.

Für die noch fehlende Nasenleiste greifen Sie sich den nächsten Layer und beginnen mit einem *Verschieben* der Nasenlinie Ihres Planes um 150 mm. Von dieser neuen Linie ausgehend bauen Sie sich eine weitere *Kopie* im Abstand von 10 mm in y-Richtung und schließen die offenen Enden mit einer *Linie*. Wieder folgt die Mittellinie und die *Parallele* zur Wurzel mit 1,8 mm Abstand. Die neue Linie ist oben zu lang und unten zu

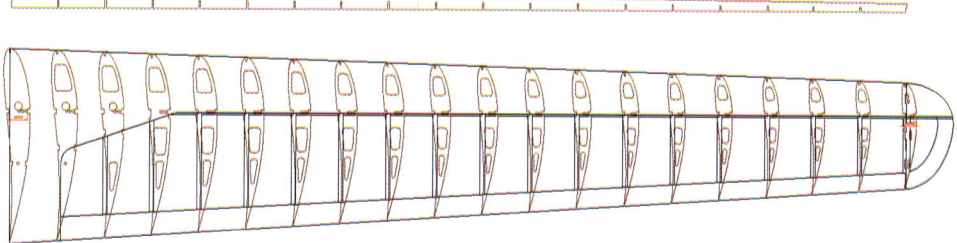

kurz, eine gute Gelegenheit *Einfaches Trimmen* wieder einmal zu üben. Danach folgt das Verschieben wie beim Steg, jedoch können hier aufgrund der schrägen Linie nicht einfach 60 mm eingegeben werden.

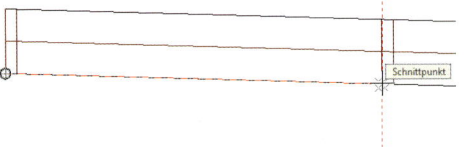

Der Konstruktionsmodus ist Ihnen aber ein hilfreicher Partner, um den korrekten Punkt zu finden. Sollte es so noch nicht klappen, dann können Sie immer noch mit neuen Linien oder Trimmbefehlen den zweiten Einschnitt erzeugen. Mehr machen wir hier auch nicht, da Sie noch eine zweite Methode kennenlernen sollen, wie man sich hier Klickarbeit sparen kann. *Brechen* Sie jetzt eine ganze Menge weg, um dann die Restbauteile 18-fach von *Endpunkt zu Endpunkt* kopieren zu können.

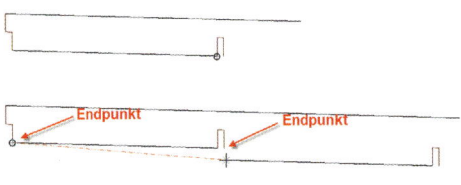

Schnell ist der Nasenrechen komplett und es empfiehlt sich noch, aus den vielen Einzellinien der beiden Bauteile jeweils eine Polyline zusammen zu erstellen. Es ist vollbracht! Sie haben alle Teile entwickelt, die zum Bau des Flügels gebraucht werden. Wie Sie diese für die CNC-Maschine aufbereiten, lernen Sie zu einem späteren Zeitpunkt.

3.9 Dateiverwaltung

Hab' ich meine Daten eigentlich schon gespeichert? Diese Frage stellt sich, wenn man eine gewisse Zeit vor dem PC verbracht hat und dabei auch produktiv war. Dieses Kapitel kommt eigentlich viel zu spät in diesem Buch und sicherlich haben Sie bereits eigene Erfahrungen mit dem Speichermanagement in MegaNC gemacht. Trotzdem sollen hier noch einige Dinge ausführlicher erklärt werden, damit Sie diese nicht selbst herausfinden müssen und vor allem damit Sie keinen Datenverlust erleiden. Wenn Sie so wie bisher einfach drauf losarbeiten werden Sie aufgefordert Ihre Werke zu speichern, sobald Sie das Programm verlassen oder eine andere Zeichnung laden. Abgelegt werden die Daten im PRT-Format und in einem Unterverzeichnis PRT in Ihrer MegaCAD-Installation. Natürlich können Sie mit den üblichen Befehlen andere Laufwerke und Pfade auswählen oder neue Verzeichnisse anlegen.

Eine Besonderheit der Software ist die Liste der Laufwerksbuchstaben am oberen Rand des Menüs, mit denen Sie schnell eine andere Festplatte auswählen können. In vielen Fällen wollen die Anwender Ihre Daten nicht im Installationsverzeichnis der Software ablegen, sondern halten für die eigenen Daten ein Daten-Verzeichnis vor. Nun wäre es zu umständlich, immer durch die Laufwerke und Pfade klicken zu müssen, wenn man eine Konstruktion laden oder speichern möchte. In der Datei megacad.ini im Hauptverzeichnis der Installation können in den ersten beiden Zeilen Voreinstellungen zum Speicherpfad gesetzt werden. An dem dort hinterlegten Ort wird dann primär nach Dateien gesucht oder diese abgelegt, solange nicht händisch nach anderen Ablageorten gesucht wurde.

Bisher haben wir nur den Umgang mit 2D-Daten gepflegt und waren dazu auch ausschließlich in der dazu passenden Oberfläche unterwegs. Wir werden im nächsten Kapitel ins Räumliche abwandern, dann können 2D- und 3D-Daten auch gemischt vorkommen. Das ist für die Software kein Problem. Beim Speichern wird jedoch darauf hingewiesen, wenn man aus der 2D-Oberfläche heraus speichert, in der Konstruktion aber auch räumliche Objekte enthalten sind.

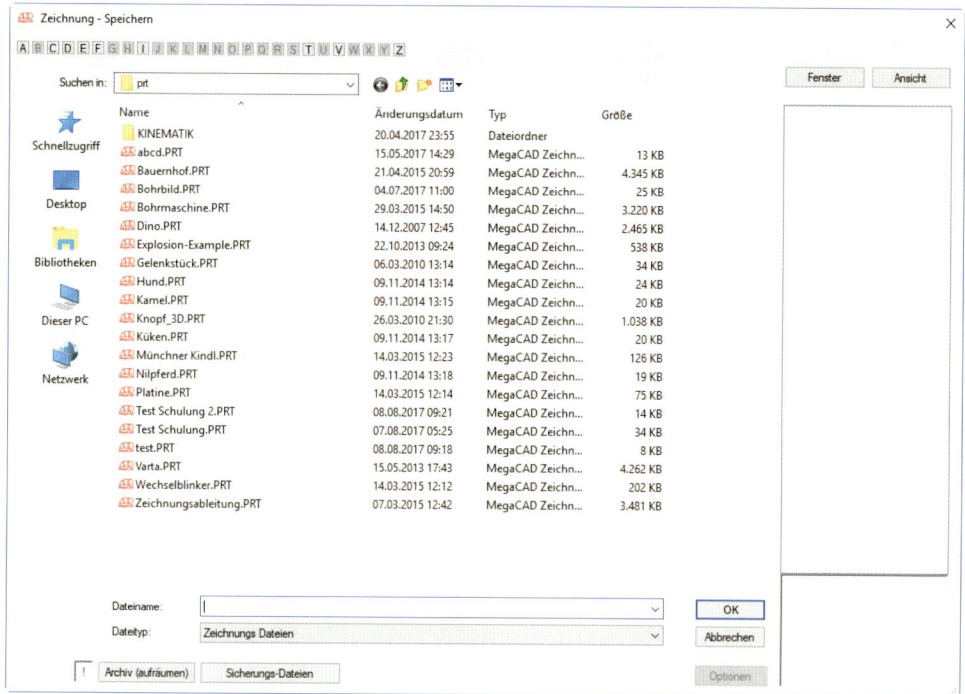

Beim ersten *Speichern* einer Datei wird automatisch nach einem Namen für die Zeichnung gefragt, während beim wiederholten Speichern die Frage eingeblendet wird, ob man den alten Stand überschreiben möchte. Sie sehen, im Prinzip alles bekannte Verfahren aus der Windows-Welt.

Solange der Anwender am System aktiv ist, wird alle 5 Minuten eine Kopie des aktuellen Standes gespeichert. Am Bildschirm bemerkt man dies bei großen Dateien eventuell an einer kleinen Verzögerung und der eingeblendeten Sanduhr am Mauszeiger. Der Speicherort dieser Sicherungskopien ist der TMP-Pfad unter MegaCAD. Die Bezeichnung der Kopie besteht aus dem Namen des Files mit einer angehängten Zahlenfolge (_001, _002, _003, usw.). Ist bislang noch kein Name vergeben, dann finden Sie dort Dateien mit dem Titel unnamed_001.prt usw. vor.

Sollten Sie also einmal einen Datenverlust haben – sei es durch einen Stromausfall oder durch das versehentliche Versäumnis zu sichern – dann können Sie einfach den Dateinamen im *Menü Laden* anwählen und dann unten auf die Schaltfläche *Sicherungs-Dateien* klicken. Angeboten werden im TMP-Verzeichnis dann in unserm Beispiel die Dateien Knopf_3D_001.prt und folgende. Diese können einfach von dort wieder geladen werden, Sie sollten nur nicht vergessen, der Datei mit *Speichern unter* wieder den alten Namen zu geben, sonst setzt sich die Sicherungsautomatik fort und es entstehen Files mit zusätzlichen _001-Hinweisen im Dateinamen (Knopf_3D_001_001.prt).

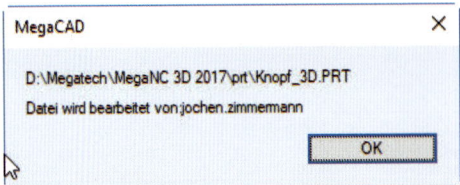

Wenn Sie eine Konstruktion an Ihrem Bildschirm laden und bearbeiten, dann wird die Datei auf der Festplatte – gleichgültig ob lokal oder im Netzwerk – mit dem Windows-Attribut schreibgeschützt versehen. Sollte es nun vorkommen, dass die Software abstürzt oder der Strom ausfällt, dann kann dieses Attribut vom System nicht mehr zurückgesetzt werden. Das hat zur Folge, dass beim erneuten Laden der Zeichnung mit einer Meldung darauf hingewiesen wird, dass diese Datei schon in Verwendung ist. Ignorieren Sie das, dann können Sie unter dem gewünschten Namen nicht mehr abspeichern und Sie laufen Gefahr, durch andere Bezeichnungen oder durch angehängt Indizes an den eigentlichen Dateinamen die Übersicht zu verlieren.

Sie können dagegen aber auch im Laden-Dialog mit einem Klick der RMT das Kontextmenü öffnen und den Haken beim *Schreibschutz* eigenhändig entfernen. Diesen finden Sie in den Eigenschaften der Datei. Danach ist die Konstruktion wieder frei für die weitere Entwicklung und kann auch wieder unter dem alten Namen gespeichert werden. Ob Sie eine Zeichnung über die Laden-Funktion aus dem laufenden Programm heraus öffnen oder sie per Doppelklick aus dem Explorer heraus starten ist gleichgültig, vorausgesetzt die Dateinamenserweiterungen sind in Windows richtig zugewiesen. Dies geschieht direkt bei der Software-Installation. In MegaNC kann immer nur eine Konstruktion geöffnet werden. Es ist aber ohne höhere Anforderungen an den PC möglich, mehrere Tasks gleichzeitig zu öffnen. Damit können auch mehrere Zeichnungen parallel bearbeitet werden und es besteht die Möglichkeit, Inhalte zu vergleichen oder Zeichnungsteile hin und her zu kopieren.

3.10 Drucken und Datenaustausch

„Wer schreibt, der bleibt" sagt ein Sprichwort, das könnte man auch modern umwidmen in „wer druckt, ..." – Klar, dass Sie das, was Sie mühevoll am Bildschirm entwickelt haben auch zu Papier bringen wollen. Manchmal sieht man in der gedruckten Zeichnung Dinge, die man am Bildschirm übersehen hat. Ganz allgemein gehört aber ein Ausdruck natürlich auch einfach dazu, um Dinge zu dokumentieren oder Planungen weiterzugeben. Bleiben wir weiterhin vorerst im 2D-Bereich, bei der klassischen Werkstattzeichnung oder dem (Bau)-Plan.

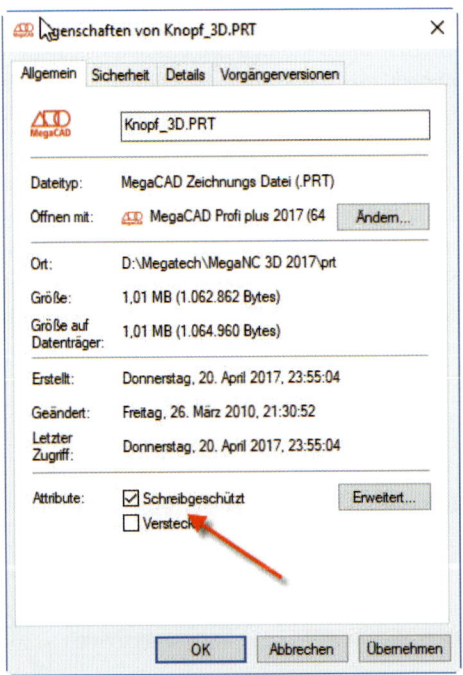

Beginnen wir mit dem einfachsten Fall, dass Sie den Inhalt Ihres Bildschirms auf das Papier bringen wollen. Am schnellsten geschieht das, indem Sie einfach auf das Icon *Drucken* in der Menüleiste tippen.

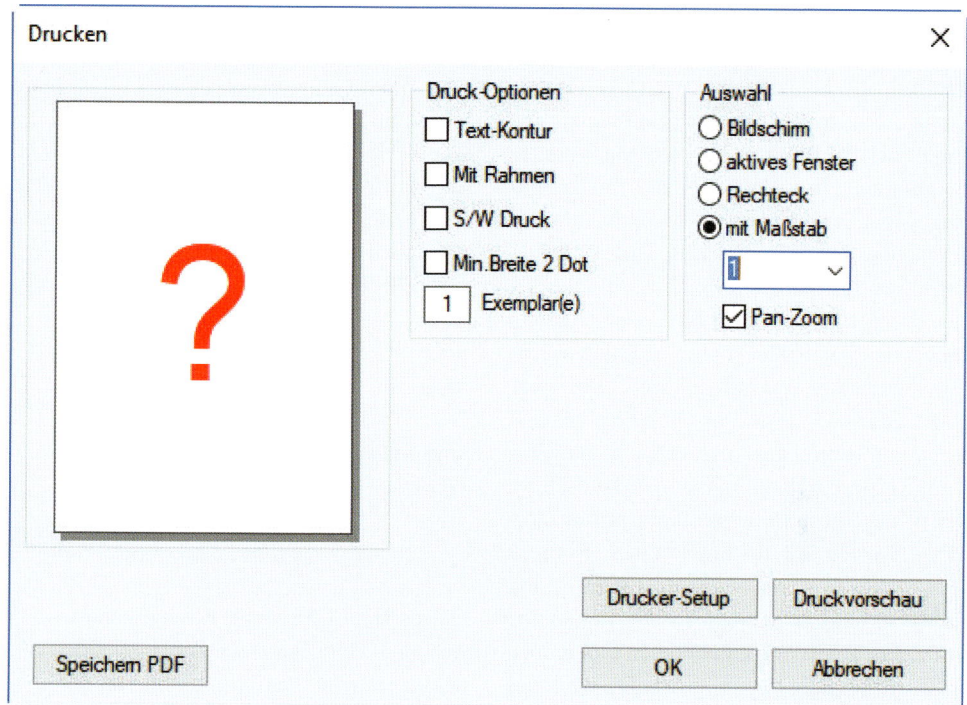

Daraufhin öffnet sich ein Dialog, der Ihnen die Chance bietet, die Ausgabeform zu definieren. Unter Drucker-Setup finden Sie das bekannte Windowsmenü zur Auswahl und Voreinstellung des Ausgabemediums. Im Hobbybereich ist die Blattgröße meist nur A4, bestenfalls steht gelegentlich im Privatbüro oder in der Werkstatt ein A3-Drucker zur Verfügung. Das muss aber kein Problem darstellen, da man auch einfach Ausdrucke zusammenstückeln kann. Wer Zugriff auf einen Plotter hat ist hier fein raus, aber auch die Ausgabe auf Geräten in der Firma oder im Plotstudio ist einfach möglich.

Auf dem eigenen Drucker sind dann direkt im Menü Details zu klären, ob Text nur als *Text-Außenkontur* oder gefüllt gedruckt werden oder ob ein *Rahmen* die Zeichnung außen einfassen soll. Wünschen Sie eine farbige Zeichnung und haben das passende Gerät dazu, dann druckt MegaNC auch in den Farben, mit denen Sie gearbeitet haben. Im Falle einer klassischen, schwarz-weißen Werkstattzeichnung sollte in jedem Fall der Haken *S/W Druck* gesetzt werden, um ein Aufrastern der Linien bei hellen Farben zu vermeiden. Auf der rechten Seite ist meist die Option *mit Maßstab* gewählt. Nur dies garantiert eine Ausgabe in Echtmaßen. Dabei kann im Auswahlmenü darunter der Maßstab festgelegt werden. Bei aktiviertem *Pan-Zoom* (das sollte die Regel sein) erscheint dann nach *OK* ein virtuelles Blatt an der Maus, das Sie über die Zeichnung legen können. Dagegen bewirkt *Bildschirm* ein Einpassen Ihrer Bildschirmdarstellung in das Blatt des Ausdrucks. Fällt Ihre Wahl auf *Rechteck*, dann kann ein Bereich durch zwei Mausklicks (1. Ecke – 2. Ecke) aufgezogen werden. Ein maßstäblicher Ausdruck ist in diesem Fall nicht zu erwarten.

Die Möglichkeit, Ihre Konstruktion als *PDF* zu speichern bietet sich an, wenn Sie Ihre Daten archivieren wollen oder auch wenn

Sie die Datei an einen Kollegen oder ein Unternehmen geben, damit diese einen Drucker damit füttern können.

Wir haben oben davon gesprochen, den Inhalt des Bildschirms auf den Ausdruck zu bekommen. Diese Aussage hat schon impliziert, dass Sie im Moment des Druckens nur das sehen, das später auch in Tinte oder Laserpulver festgehalten werden soll. Sie sehen daran, dass auch hier die Layerschaltung eine wichtige Rolle spielt. Auf den ersten Blick heißt das: was ich nicht sehe wird auch nicht gedruckt. In dieser Richtung der Betrachtung stimmt die Aussage auch. Dagegen können Sie durchaus Inhalte am Bildschirm sehen und diese trotzdem nicht mit ausdrucken. Werfen wir nochmals einen Blick in die *Layerverwaltung*. „Graue" Layer sind nicht sichtbar. Die Bemaßung auf *Layer 4* wird im abgebildeten Fall jedoch auch nicht aufs Papier gebracht, weil das kleine Druckersymbol rot ausgekreuzt ist. Vielmehr muss man zum Drucken nicht er-

wählen, weil mit diesen wenigen Schritten das Wesentliche erledigt ist. Wie andere CAD-Systeme kann MegaCAD/MegaNC auch Papierbereiche anlegen und verwalten, in denen Sie Ausdrucke vordefinieren können. Nachdem das oben beschriebene Verfahren so schnell von der Hand geht und gute Ergebnisse aufs Papier zaubert, wird die Methode der Papierbereiche relativ selten angewandt.

Die Software, von der Sie hier lesen bzw. die Sie auf Ihrem Rechner installiert haben ist aber nicht allein in der EDV-Welt. Damit stellt sich die Frage nach dem Austausch von Daten zwischen den einzelnen Systemen. Lassen Sie uns den Fall betrachten, dass Sie

Ihre Konstruktion an einen Freund weitergeben wollen, der eine andere Software einsetzt. Damit kann er unser PRT-Format nicht lesen und muss auf ein allgemein verbreitetes CAD-Austauschformat zurückgreifen, das im Prinzip alle Systeme verstehen und verarbeiten können. Unter *Datei – Speichern als* finden Sie im Dialogfeld unten das Feld *Dateityp*. Hier wählen Sie *DXF Dateien* aus.

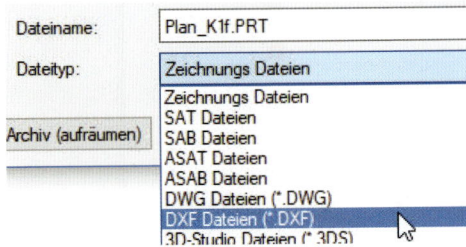

Dieses **D**ata E**X**change **F**ormat kann im 2D wie im 3D eingesetzt werden, hat jedoch seine wesentliche Bestimmung im Fall der ebenen Anwendung. Unter dem vorgeschlagenen Namen wird dann mit *OK* eine Ausgabedatei erzeugt, die Sie an andere CAD-Anwender weitergeben, damit diese Ihre Arbeit bei sich öffnen können.

Im Gegenzug können Sie DXF-Files bekommen, um Fremddaten auf Ihrem PC nutzen zu können. Mit *Datei – Laden* ist wieder unter *Dateityp* das Format zu wählen und den Import zu starten. Natürlich sehen Sie der Anlage einer E-Mail oder einer Datei auf einem USB-Stick nicht an, ob die darauf befindliche CAD-Datei (dxf) irgendwelche Spezialitäten hat, betreffend der Formatierung der Inhalte. Also müssen Sie sich zuerst einmal überraschen lassen, was bei Ihnen am Bildschirm erscheint. Sollte es vorkommen, dass Maße nicht in der passenden Formatierung erscheinen oder dass Schriften, Schraffuren oder Farben nicht wunschgemäß importiert werden bzw. nicht zu Ihrer Arbeitsumgebung passen, dann haben Sie noch die Chance, diese Dinge beim Einlesen zu beeinflussen. Im *Laden-*, wie auch im *Speichern*-Dialog finden Sie unten rechts ein Schaltfeld Optionen, das Ihnen eine Reihe von Möglichkeiten anbietet, Einfluss auf den Import oder Export von Daten zu nehmen. Es besteht sogar die komfortable Variante, sich vorgenommene Einstellungen in diesen Menüs unter Profilen anzulegen, um gewappnet zu sein, wenn vom gleichen Lieferanten immer wieder Daten eingelesen werden sollen. Für den einmaligen Import einer Konstruktion oder eines Bauteils bleibt Ihnen aber nichts anders übrig, als dieses blind zu importieren und das Einlese-Ergebnis nötigenfalls Ihren Anforderungen anzupassen. Die Funktionen zur Änderung und Korrektur sind – das haben Sie ja bereits kennengelernt – in MegaNC sehr leistungsstark.

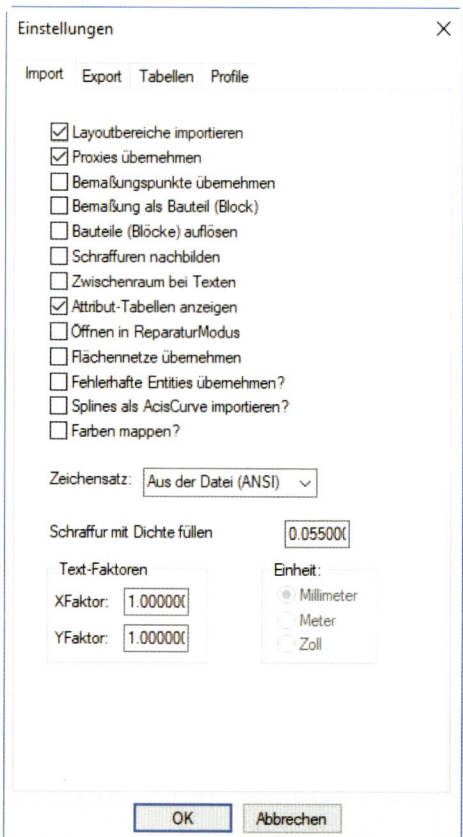

4. Konstruieren in 3D

4.1 Wer braucht schon 3D …?

… hat man früher gesagt – und früher ist noch gar nicht so lange her. Diese Frage, die heute fast komisch anmutet, stammt noch aus einer Zeit, als der Umgang mit 3D-Programmen kompliziert und teuer war, als die dafür notwendige Hardware-Ausstattung fast unerschwinglich war und als man mit den erzeugten 3D-Daten nicht einfach auf die Maschine im Keller oder der Vereinswerkstatt gehen konnte, um diese schnell mal zu fräsen. Es gab in der Nähe auch nur eine verschwindend kleine Anzahl von Betrieben, die komplexe, räumliche Objekte spanend herstellen konnten. Stellen Sie sich vor, Sie wären vor 10-15 Jahren in ein Elektrofachgeschäft gegangen und hätten nach einem 3D-Drucker gefragt. Große Augen hätten Sie angesehen und bestenfalls hätten Sie ein mitleidiges Lächeln als Antwort bekommen. Wir sprechen aber auch von Zeiten, als jeder halbwegs technisch interessierte Mensch sich nach einem Blick auf eine Werkstattzeichnung aus den drei Ansichten heraus das räumliche Modell vorstellen konnte. Vor kurzem konnte man auch noch auf eine Landkarte (heute Maps) schauen und hatte damit den Weg zum Ziel zumindest grob vor Augen, während wir – mich inbegriffen – uns heute darüber ärgern, wenn das Navi einmal eine Baustelle oder Geschwindigkeitsbegrenzung nicht aktuell auf dem Handy abbildet.

Jetzt möchte ich aber nicht abschweifen und vor allem nicht über „die guten alten Zeiten" sprechen. Den Blick nach vorne und ein Augenmerk darauf, wo wir in unserem Hobby von diesen Techniken profitieren können! Und da sind die Anwendungen vielfältig. 3D-Daten helfen uns, technische Zusammenhänge besser und schneller erfassen zu können, sei es zur Unterstützung der Vorstellung dessen, was man da auf dem Bildschirm vor sich sieht, oder auch zur Kontrolle von Dimensionen, Passgenauigkeiten, Überschneidungen oder des harmonischen Verlaufs von Flächen. Räumliche Konstruktionen können als Werkzeug dienen, Schnitte durch Objekte zu erzeugen, die dann wieder mit klassischen Methoden hergestellt und gebaut werden können. Die Datensätze können übers CAM direkt auf die Maschine geschickt werden, gleichgültig ob es dabei ums Fräsen oder Drehen geht. Hinzu kamen in den letzten Jahren die additiven Verfahren, von denen der 3D-Druck (FDM) aufgrund geringer Kosten inzwischen zu einer großen Verbreitung geführt hat. Weiter kann es gehen, wenn mit räumlichen Modellen Analysen zur Festigkeit, zum Strömungsverhalten oder zu elektrischen und thermischen Eigenschaften angestellt werden können. Und nicht zuletzt ist die Visualisierung zu nennen, die es uns ermöglicht eine Vision von Produkten in fotorealistischer Qualität zu erzeugen, obwohl noch kein Prototyp oder Handmuster verfügbar ist. Inzwischen ertappt man sich bei der Ansicht eines Bildes oder Films dabei, nicht mehr zu wissen, ob die Abbildung echt ist oder am Rechner kreiert wurde. Zu alldem brauchen wir 3D-Daten – wie viel davon und wie wichtig sie für uns sind muss jeder in den jeweiligen Sparten der beschriebenen Anwendungen für sich entscheiden.

4.2 Methodik der 3D-Konstruktion

Werfen wir einen Blick auf die Methodik der Erstellung von dreidimensionalen Körpern, so müssen wir zwischen Geometrien unterscheiden, die sich aus ebenen oder einfach gekrümmten Formen (Quader, Zylinder, etc.) bilden bzw. Bauteile, deren Oberflächen mehrfach und nicht konstant gekrümmt sind. Man spricht dabei im ersten Fall von sogenannten Regelkörpern, denen die Freiformflächen gegenüberstehen.

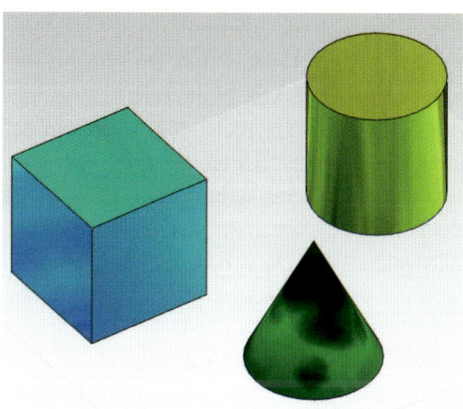

Werfen wir zunächst einen Blick auf die Regelkörper. Diese entstehen im CAD-System aus Grundkörpern, für die unmittelbar Funktionen zur Verfügung stehen. Zu nennen sind hier: Quader, Zylinder, Kegel, Kugel oder Torus. Dem stehen Prismen- oder Rotationskörper gegenüber, für die immer eine Grundkontur (2D- oder 3D-Körperkanten) die Ausgangsbasis ist. Von dieser geschlossenen Fläche ausgehend kann damit ein Körper in die Höhe gezogen werden (Prisma). Die Funktion impliziert dabei auch die Option, dieses Prisma längs seiner Aufzugsachse zu skalieren oder zu verschieben. Zugespitzte oder schiefe Prismen sind das Ergebnis. Rotationskörper dagegen entstehen, indem die Grundkontur um eine eigene oder ortsfremde Achse rotiert wird. So erstellt man Wellen, bzw. Hohlwellen. Die Rotation muss dabei nicht einen Vollkreis beschreiben, sondern lässt sich über die Wahl des Drehwinkels steuern.

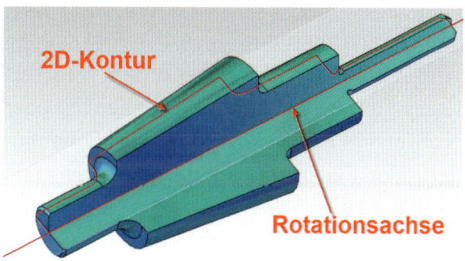

An diesen 3D-Körpern kann dann weitergearbeitet werden, indem man Sie zueinander in Beziehung setzt oder Sie durch Bearbeitungen verändert. Wir sprechen hier von Mengenlehre, d.h. ein Körper ist als die Menge aller Punkte in einem räumlichen Bereich definiert. Anders als im Schulunterricht ist dieses eher trockene Kapitel der Mathematik hier schön bunt verpackt und Sie werden sicher bald Spaß daran haben, im 3D-Raum zu konstruieren. Eine Veränderung am Objekt kann beispielsweise sein, dass ihm ein anderes Bauteil zugefügt wird. Diese Addition zweier Körper ergibt eine neues 3D-Objekt, das aber immer seine Entstehungsgeschichte kennt und diese auch dokumentiert und damit veränderbar macht. Der Begriff für solch eine Bearbeitung ist Boole'sche Operation, auch Mengentheoretische Operation (MOP) genannt. George Boole war ein englischer Mathematiker, der im 19. Jahrhundert gelebt hat und die Algebra als Grundlage dieser Berechnungen entwickelt hat. Andere Modifikationen am 3D-Bauteil können Verrundungen oder Fasen sein, die bestehende Kanten von Teilen betreffen. Auch können Schnitte an Ebenen durch Körper gelegt werden, die ihn tatsächlich in zwei Elemente teilen oder auch nur, um die erzeugte Schnittkontur als Grundlage für weiterführende Arbeiten nutzen zu können. Eine weite Welt von Möglichkeiten, der wir uns Schritt für Schritt nähern werden.

In den obigen Ausführungen war von Bauteilen, Objekten und Körpern die Rede. Dies muss jetzt noch etwas präzisiert werden. In den meisten Fällen der Anwendung wird tatsächlich mit 3D-Körpern gearbeitet, es gibt jedoch auch die Möglichkeit oder Notwendigkeit, 3D-Objekte als Drahtmodell oder Flächenmodell zu definieren. Das Drahtmodell ist dabei nur eine Anordnung von 2D-Elementen im Raum, die die Außenkanten eines Bauteils markieren und ist demnach genau genommen kein echtes 3D. Damit spielt es auch technisch keine wichtige Rolle. Beim Flächenmodell dagegen handelt es sich um konkrete 3D-Daten, die die Hülle eines Bauteils beschreiben. Hierfür gibt es durchaus Anwendungen. Gerade bei den Freiformflächen spielt diese Technik eine wichtige Rolle.

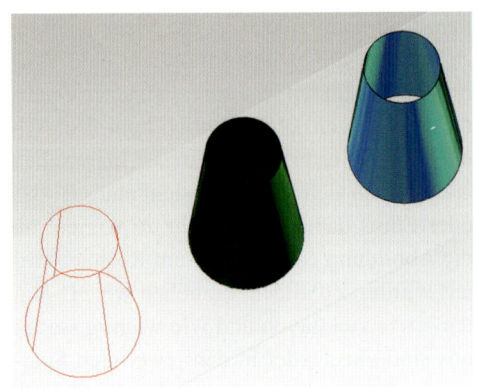

Bild 4.1: Zu sehen ist hier das Draht-, Volumen- und das Flächenmodell.

Die Unterschiede zwischen diesen Techniken sind in Bild 4.1 am Beispiel eines Kegelstumpfes dargestellt. Das rote Drahtmodell kann im Sinne einer Hilfskonstruktion nützlich sein, um daraus weitere Arbeiten im 3D-Raum auszuführen. Der grüne Kegelstumpf ist ein gefüllter Körper, was der realen Welt von ausgeführten Bauteilen am meisten entspricht. 90 Prozent der Arbeiten in der 3D-Welt nutzen daher diese Technik. Die hellblaue Hülle beschreibt wie die beiden ersten Beispiele auch die äußere Form des Bauteils, hat aber keine Boden- und Deckfläche und eine Wandstärke von Null. Das Flächenmodell wird daher am meisten genutzt, um bestehende Körper zu manipulieren. Sie werden das bei unseren Arbeiten am Condor NT kennenlernen. Neben der Art des Aufbaus der 3D-Daten – wie oben beschrieben – ist auch

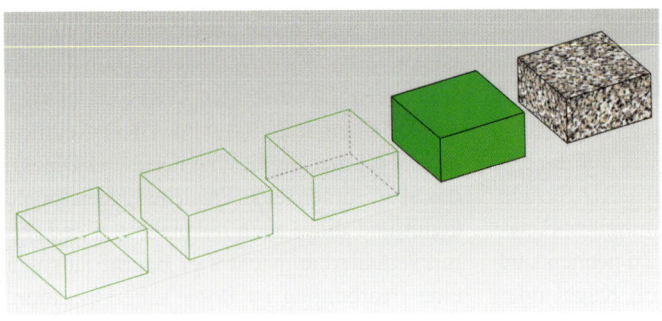

Bild 4.2: Die Darstellungsmethoden im 3D.

noch die Darstellungsweise im räumlichen Modell zu erklären. Unabhängig davon, ob es sich bei den Objekten um Volumen- oder Flächenmodelle handelt, können diese in unterschiedlicher Weise am Bildschirm angezeigt werden.

Die in Bild 4.2 aufgereihten Quader haben alle die gleiche Größe und auch identische Eigenschaften. Optisch unterscheiden sie sich jedoch gravierend. Von der Kantendarstellung ausgehend (links) verfeinert sich das Bild über die verdeckten Kanten, die hidden-lines gestrichelt zum OPGL-Shading und der Visualisierung mit Texturdaten. Die für die Optik gewählten Einstellungen lassen sich prinzipiell für die ganze Konstruktion oder auch elementbezogen wählen. Dies ist für die Übersicht während der Konstruktion genauso wichtig, wie für die Nutzung des 3D-Modells zu Anschauungszwecken bei Präsentationen.

Das Arbeiten im 3D ist gar nicht so weit vom ebenen Fall entfernt, da viele Volumenkörper ja auf 2D-Konturen basieren und auch der ganze Umgang mit den Funktionen des Systems auf der gleichen Bedienidee gründet. Diese Durchgängigkeit von 2D ins 3D und darüber hinaus auch in die CAM-Funktionen halte ich für eine sehr komfortable Methodik. Daher ist es wichtig, die grundlegende Arbeitsweise des Systems anhand des vorhergehenden Kapitels kennengelernt und ausführlich geübt zu haben. Die wichtigste Hürde, die Sie beim Sprung in die 3D-Welt nehmen müssen, ist der Umgang mit den sogenannten Arbeitsebenen. Diese kennen Sie bereits aus den bisherigen Übungen, nur gab es davon bislang nur eine und die lag immer flach auf dem Tisch, respektive auf dem Bildschirm. Der Unterschied im 3D ist nun einfach, dass diese Ebene, auf die Sie Ihre Konturen erstellen oder Körper aufsetzen irgendwo im Raum liegen kann. Dort arbeiten Sie dann aber im Wesentlichen wie bisher gewohnt.

4.3 Programm-Oberfläche im 3D

Ganz am Anfang Ihrer Arbeiten mit MegaNC hatten Sie eventuell schon einmal den Wahlschalter für die Menüumgebung betätigt, um die Menüoberfläche auf die 2D-Arbeitsweise umzustellen. Jetzt bewirkt ein erneutes Klicken mit der LMT den Wechsel zu den 3D-Funktionen. Das Bild ändert sich an zwei Stellen in der klassischen Oberfläche. Im seitlichen Hauptmenü kommen jetzt neue Schaltfelder dazu, die die Wege öffnen zur Erstellung von 3D-Bauteilen, zur Simulation, zu den Darstellungsweisen und zur Zeichnungsableitung. Auf diese Icons und die dahinter befindlichen Funktionen werden wir im weiteren Verlauf ausführlich eingehen.

In der Menüleiste oben hat sich noch mehr verändert. Spezielle 2D-Funktionen wie Verschieben, Aufbrechen, Runden, Rechteck, Parallele oder Kreis sind verschwunden, dafür kommt eine ganze Palette an Funktionen hinzu, die uns den Umgang und die Darstellungsmethoden von 3D-Bauteilen ermöglichen.

Natürlich lassen sich auch hier wieder die Oberflächen anpassen, damit Funktionen, die Sie bevorzugt einsetzen, direkt aus dem immer sichtbaren Bereich der Menüs gestartet werden können. Keine Angst vor der Fülle an Methoden! Das meiste baut wieder logisch aufeinander auf und erschließt sich dem Anwender recht zügig.

Als Fan der fluent-Oberfläche werden Sie natürlich auch hier Unterschiede feststellen, sobald der 2D/3D-Schalter gedrückt wird. Die schmale Menüleiste nimmt die gleiche Gestalt an wie in der klassischen Menü-Umgebung. Im Reiter *Startseite* erscheint nur das Symbol für das 3D-Volumen-Menü als Schnelleinstieg, während unter Konstruktion zusätzlich auch das Icon für die Flächen/3D-Kurven erscheint. Damit sind Sie erstmal mit Informationen ausgestattet, um konkret ins 3D-Geschehen einzugreifen.

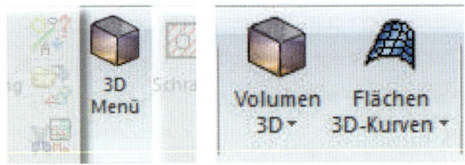

4.4 Arbeitsebenen

Der Wichtigkeit des Themas angemessen wird den Arbeitsebenen ein eigenes Kapitel gewidmet. Die Schaltflächen finden Sie in der oberen Menüleiste, da diese Funktionen im Arbeitsablauf recht häufig gebraucht werden und somit schnell zur Verfügung stehen. Die erste Schaltfläche *Arbeitsebene definieren* öffnet ein umfangreiches Menü, in dem eigentlich nur gelegentlich die Symbole oben rechts benötigt werden. Diese stellen Methoden zur Verfügung, die Arbeitsfläche in die Draufsicht, Unteransicht, Vorderansicht, usw. zu legen. Diese Hauptansichten sind systemfest und können nicht vom Anwender verändert werden. Sie sind aber recht nützlich, wenn es darum geht in einer Konstruktion wieder auf diese Grundebenen zurückgreifen zu können.

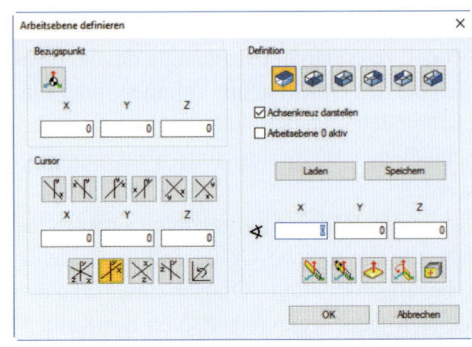

Links oben kann speziell im CAM-Bereich ein Blick auf die Koordinaten des Achsensystems hilfreich sein. Der Rest des Menüs wird dagegen selten, bis gar nicht benötigt, zumal die wichtigsten Funktionen unten rechts auch in der Menüleiste zu finden sind und sich daher der Weg über dieses Menü nicht lohnt.

Um aber jetzt auf die Technik der Arbeitsebenen eingehen zu können ist es notwendig, dass Sie ein erstes 3D-Objekt am Bildschirm haben. Richtig loslegen mit der Konstruktionsarbeit im Raum wollen wir erst später in diesem Kapitel, daher sei hier nur eine kurze Klickfolge beschrieben.

Drücken Sie in der Menüleiste auf die Schaltfläche *Isometrie*, damit Sie den Konstruktionsraum perspektivisch vor sich sehen. Dann wechseln Sie ins *Volumenhauptmenü*, um dort einen *Quader einzufügen*. Die ersten beiden Mausklicks ermöglichen es Ihnen die Grundfläche des Quaders in Form eines Rechtecks aufzuziehen. Danach beginnt der Quader in der Drahtgitterdarstellung direkt in die Höhe zu wachsen. Sie können dabei die Punkte beliebig frei platzieren, da Sie mit dem dritten LMT automatisch zu einem Eingabefenster kommen, das Ihnen ermöglicht die Größe des Objekts zu definieren. Zoomen Sie sich Ihr erstes räumliches Bauteil mit Autozoom (Hotkey *a*) Bildschirm füllend heran.

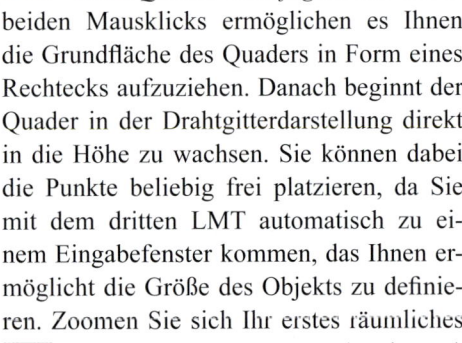

EXTRAMELDUNG!

Nehmen wir einmal an, dass Sie für die ersten Übungen im 3D eine neue Zeichnung geöffnet haben, während Sie vorher eine andere Konstruktion in Arbeit hatten. In diesem Fall wird die Layerschaltung (sichtbar/unsichtbar) in die neue Datei übernommen. Erschrecken Sie also nicht, wenn der neue Quader nicht am Bildschirm erscheinen sollte, sondern schalten Sie einfach den dafür benutzten Layer auf sichtbar.

Um die Technik der Arbeitsebenen zu verstehen, wechseln Sie jetzt kurz zurück ins *Kreismenü* und ziehen Sie mit *Mittelpunkt und Randpunkt* mittels zweier Mausklicks einen Kreis auf. Am besten Sie nutzen dazu die Fangoption *frei*. Sie können beobachten, dass dieser Kreis exakt in der Bodenfläche Ihres Quaders aufgezogen wird. Drücken Sie nochmals die *Autozoom-Taste a*, damit zum einen der Kreis komplett sichtbar wird und Sie zum anderen jetzt auch die symbolische Darstellung der Arbeitsebene als halbtransparentes Rechteck erkennen können. Dieses passt sich beim Zoomen immer der maximalen Ausdehnung Ihrer Konstruktion an. Neben dem Befehl *Autozoom* können Sie auch in der 3D-Umgebung natürlich das Mausrad drehen und damit den Zoom-Ausschnitt verändern. Die gedrückte Maustaste bewirkt jetzt allerdings nicht mehr ein paralleles Verschieben der Szene, sondern eine Drehung der Objekte. Diese Funktion ist im 3D wesentlich wichtiger als das Schieben, damit ist diese Abweichung der Bedienweise im Vergleich zum 2D mehr als gerechtfertigt. Drehen bzw. Kippen Sie mit diesen neuen Erkenntnissen die Szene vor Ihnen am Bildschirm und Sie werden noch besser erkennen, dass der Kreis in der Draufsicht liegt.

EXTRAMELDUNG!

Halten Sie doch einmal an der Tastatur die Strg-Taste gedrückt und bewegen Sie dabei die Maus bei gedrücktem Rädchen über den Bildschirm. Da haben Sie Ihr Schieben im 3D wieder!

Die nächste Funktion aus dem Angebot ist die am meisten benutzte Variante, eine Arbeitsebene zu bestimmten. Mit *Arbeitsebene – Strahl* genügt es, die Oberfläche eines Körpers mit der Maus anzufahren, um diese als Voransicht aufleuchten zu lassen. Die LMT führt dann den Befehl aus.

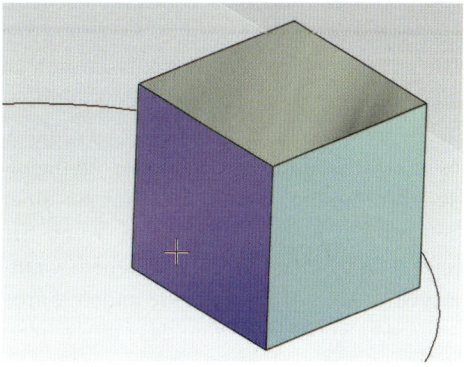

Das Ergebnis ist eine um 90° geklappte Arbeitsebene (AE), die über das kleine mitlaufende Koordinatenkreuz und auch wieder durch die transparente Fläche symbolisiert wird. Diese neue AE liegt exakt auf der Deckfläche des Quaders. Aus manchen Blickwinkeln kommt es zu einem leichten Schimmern dieser Fläche. Dies soll dem Anwender helfen, die Flächengleichheit zu erkennen. Das Achsenkreuz ist in den drei Farben grün (x), blau (y) und rot (z) dar-

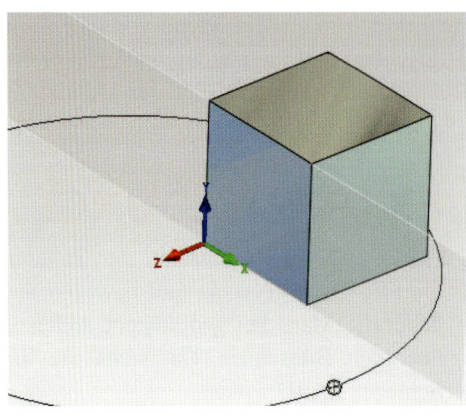

gestellt. Diese Farben finden Sie auch bei späteren Arbeiten mit anderen Ebenen (Schnittebene, Bezugsebene, usw.) wieder. Beobachten Sie durch erneutes Bestimmen der Arbeitsebene auf der gleichen Deckfläche des Quaders, dass es einen Einfluss hat, an welchem Punkt Sie den Mausklick ausführen. Die der Cursorposition am nächsten liegende Körperkante wird zur x-Achse Ihres neuen Achsensystems. Die anderen beiden Achsen müssen sich an diesem orientieren und entstehen automatisch. In vielen Fällen ist dies unwichtig, es gibt aber durchaus auch die zwingende Anforderung, die Ausrichtung an einer bestimmten Kante festzulegen. Wenn Sie jetzt wieder einen Kreis aufziehen – nutzen Sie dazu auch gerne eine andere Farbe – werden Sie beobachten, dass dieser jetzt präzise in der Vorderfläche des Quaders liegt. Für diese Übung wird es zwar nicht

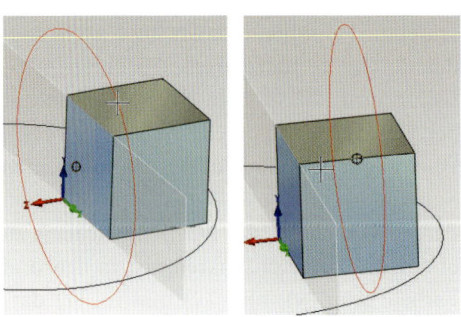

benötigt, es ist aber hier zu erwähnen, dass sich die Werte in der Koordinatenanzeige natürlich auf das aktuell gewählte Achsensystem beziehen.

Für Mittelpunkt und Randpunkt Ihrer Kreise hatten Sie ja die Fangoption frei gewählt. Damit entstanden Ihre Versuchskreise irgendwo auf der Arbeitsebene. Wandeln Sie jetzt die Übung dahingehend ab, dass Sie für die Bestimmung des Mittelpunktes des Kreises (1. Klick) den Mittelpunkt einer Kante des Quaders wählen, der nicht auf der AE liegt. Sie werden erleben, dass die Geometrie zwar an diesem Punkt angehängt ist, sich aber wieder an der aktuellen Arbeitsebene orientiert. Daran erkennen Sie, dass zu der gewählten Ebene unendlich viele Parallelebenen bestehen, die alle für die Konstruktion genutzt werden können. Entscheidend für die Lage im Raum ist der erste Klickpunkt, bzw. der Ablagepunkt eines 2D- oder 3D-Elements. Mit dieser Technik kann man sich irgendwo eine Ebene abgreifen und diese räumliche Orientierung an anderer Stelle der Konstruktion nutzen.

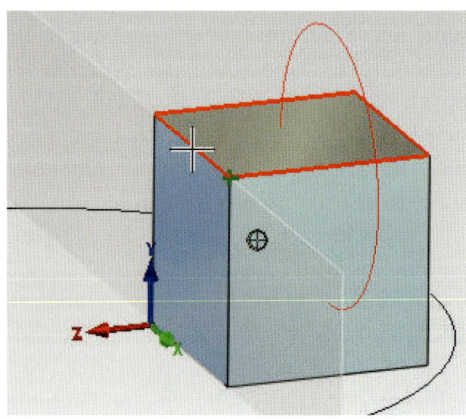

Eine zweite Methode für die Festlegung der *AE* bezieht sich auf *Elementkanten* von 3D-Objekten. Ganz ähnlich zum ersten Beispiel wird auch hier die

Oberfläche eines Bauteils zur Arbeitsebene gemacht, hier jedoch durch das Anklicken von zwei Körperkanten. Diese müssen natürlich zu einem Objekt gehören. Damit können Sie auch eine Fläche erfassen, die Sie in der augenblicklichen Blickrichtung nicht sehen können. Ist die Körperkante gekrümmt – beispielsweise die Umrandung der Deckfläche eines Zylinders – dann genügt ein Mausklick, um daraus eine Ebene bestimmen zu können. Zur Erleichterung der Arbeit werden die angefahrenen Kanten farblich hervorgehoben. Die gerade entstehende, neue Lage des Achsenkreuzes wird mit einem grünen Punktsymbol dargestellt.

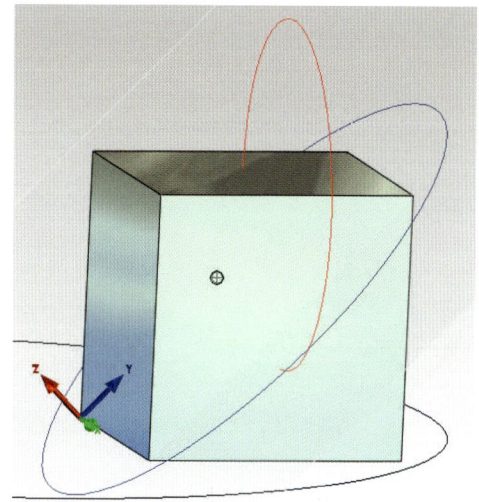

Auch die nächste Methode nutzt die Definition der x-y-Ebene für die Festlegung einer neuen AE. Mit *Arbeitsebene – 3 Punkte* benötigen Sie allerdings noch einen Mausklick mehr. Dafür haben Sie alle Freiheiten, die Ebene im Raum zu orientieren. Bei unserem Quader sind es natürlich die drei *Endpunkte*, die Sie fangen, um die Ebene diagonal durch das Objekt laufen zu lassen. Es ist dabei aber auch möglich, Punkte auf unterschiedlichen 3D-Objekten zu fangen oder 2D-Elemente für die Aktion heranzuziehen. Wichtig ist es natürlich, diese Punkte exakt zu bestimmen. Das sollte aber für Sie inzwischen kein Problem mehr sein, da doch die Methoden exakt die gleichen sind wie im ebenen Anwendungsfall. Mit dem Wechsel in die 3D-Welt kamen zwar noch einige Symbole im Menü hinzu, aber die Bedienidee im Programm setzt sich konsequent fort.

Anders als die ersten drei Methoden, bedient sich *Arbeitsebene – Normale* der Definition der z-Achse (symbolische Darstellung als rote Linie), aus der dann die eigentliche Arbeitsebene automatisch entsteht. Sie haben zwar keinen Einfluss mehr darauf, wohin die x-Achse zeigt, können aber darauf vertrauen, dass diese senkrecht (normal) auf dem z-Vektor steht, den Sie aufgezogen haben. Unser Quader dient hier zum Erstellen einer AE, deren z-Achse diagonal durch das Objekt weist. Einen Bohrer auf dieser x-y-Ebene angesetzt würde eine diagonale Bohrung von Ecke zu Ecke bewirken.

Damit müssen wir uns zum ersten Mal in diesem Zusammenhang Gedanken dazu machen, wie unser kreatives Werk gefer-

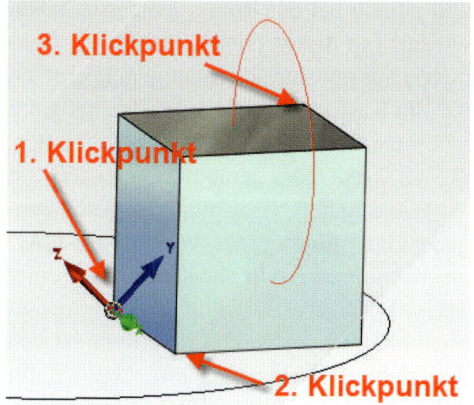

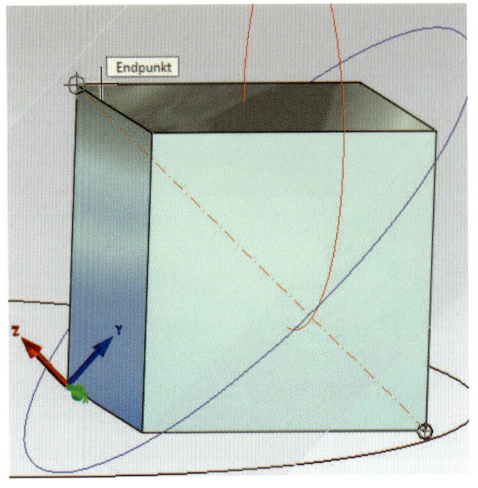 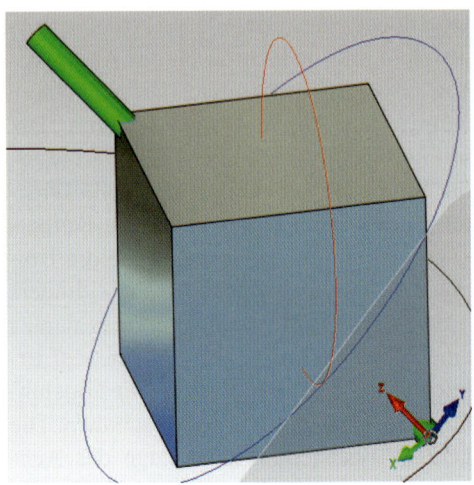

tigt werden kann. Das wird uns nicht zum letzten Mal passieren, bietet doch die 3D-Konstruktion mit wenigen Klicks Möglichkeiten, die in der Werkstatt zu einem erheblichen Aufwand führen können, bis zu der Erkenntnis, dass eine Herstellung mit klassischen Methoden unmöglich oder unbezahlbar ist.

Gelegentlich kann es vorkommen, dass die Anforderung besteht, die Lage der Arbeitsebene parallel zu verschieben. Dazu gibt es die Funktion *Bezugspunkt setzen*. Nötig wird dies, wenn beim Aufziehen einer Kontur mit der Maus plötzlich riesige Objekte entstehen. Dies kommt gerade beim Setzen von freien Punkten vor, weil diese immer auf der aktuellen Arbeitsebene liegen. Die Perspektive kann uns dann, speziell bei sehr flachen Blickwinkeln einen Streich spielen. Dies können Sie vermeiden, indem Sie die AE zwar irgendwo abgreifen, diese Ausrichtung dann aber an die Stelle versetzen, an der Sie gerade im Detail arbeiten. Sie können dies auch schon an dem kleinen Quader testen. Fangen Sie dazu einfach den Startpunkt eines neuen Kreises auf der von

der AE abgewandten Seite. Damit haben Sie bereits den Einstieg in die 3D-Welt geschafft und wir können im Folgenden auf diese Kenntnisse aufbauen und in konkreten Beispielen die Technik weiter üben.

4.5 Rumpfkonstruktion als Volumenmodell

4.5.1 Vorbereitende Arbeiten

Bevor es mit ersten 3D-Körpern für die Rumpfkonstruktion losgehen kann, müssen wir uns eine Basis schaffen. Unser Condor NT soll auf dem alten Plan aufbauen und gerade bei der Rumpfgeometrie haben wir uns mit dieser Entscheidung eine Geometrie ausgewählt, die nicht gerade einfach ist. Ein Kastenrumpf für einen Trainer wäre hier weniger anspruchsvoll, aber keine Sorge, wir werden das gemeinsam meistern!

Wie schaffen wir es nun, die geschwungene Linienführung des Vorbilds ins CAD zu bekommen? Wir bedienen uns einer Technik, die zwei ursprünglich konträre Gebiete miteinander vereint. Die Rede ist von der Welt der Vektorrechnung, wie sie für das CAD typisch ist und der Bildverarbeitung, die auf einzelnen Pixeln basiert und in Grafikprogrammen üblicherweise angewandt wird. Ohne hier auf die mathematischen Hintergründe detailliert einzugehen sei nur kurz erwähnt, dass im CAD eine einfache Linie mit deren Anfangs- und Endkoordinaten und wenigen weiteren Informationen wie Layer, Strichstärke, Farbe, etc. beschrieben wird. In einer Grafiksoftware oder einem Bildbearbeitungsprogramm ist die Linie dagegen mit einem Datensatz beschrieben, der eine Vielzahl von Punkten in einer gerasterten Fläche als schwarz oder weiß unterscheidet. Je „gerader" die Linie aussehen soll, desto feiner muss das Raster angelegt sein und desto größer wird die Datenmenge. Demgegenüber ist in der Vektorgrafik jedes Element beliebig gerade oder auch beliebig rund. Dies betrifft das datentechnische Vorhalten der Konstruktion. Am Bildschirm oder auf dem Ausdruck holen uns natürlich wieder die Nachteile der gerasterten Darstellung ein, da die Qualität der Hardware (Anzahl der Bildschirmpunkte, bzw. Druckerauflösung) endlich ist.

Zurück von der Theorie ins CAD-Geschehen heißt dies, dass wir in MegaNC eine Funktion nutzen können, mit der wir in die Vektorwelt der Konstruktionssoftware gepixelte Bilder einfügen können, um diese als Grundlage für das weitere Arbeiten zu nutzen.

Um jetzt endlich konkret zu werden schlage ich vor, dass Sie über *Datei – neu* oder das Icon *Neue Zeichnung* in der Menüleiste ein neues, leeres Blatt öffnen. Sie sehen auf dem Bildschirm zwei Achsensysteme. Eines ist ortsfest in der linken, unteren Ecke der Zeichenfläche und stellt das globale Koordinatensystem dar, während das zweite wie bereits oben geübt als Arbeitsebene dorthin gesetzt wird, wo Sie gerade arbeiten wollen. An den Farben und der Beschriftung des globalen Systems erkennen Sie, dass Ihre Blickrichtung im Moment die Vorderansicht ist. Der Flügel ist im 2D in der Draufsicht entstanden, demnach wäre diese Projektion passend für die Rumpf-Seitenansicht. Seit Version 2020 von MegaNC ist es zwar auch möglich, Bitmaps als Vorlagen auch in beliebigen Arbeitsebenen zu platzieren, für die weiteren Betrachtungen

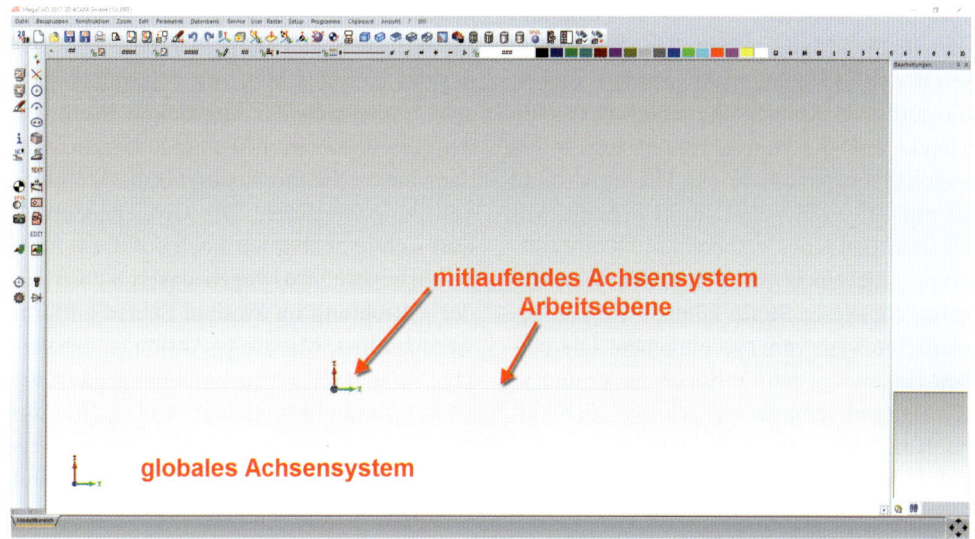

89

bleiben wir aber in der Draufsicht-Ebene. Die Ergebnisse der 3D-CAD-Konstruktion können immer noch zu einem späteren Zeitpunkt in die Vorderansicht gedreht werden, wenn das gewünscht wird. Wählen Sie also erstmal die Projektionsrichtung *Draufsicht* als die momentane Sichtweise und Sie werden beobachten, dass die Arbeitsebene damit schon passend liegt. Wir können also loslegen.

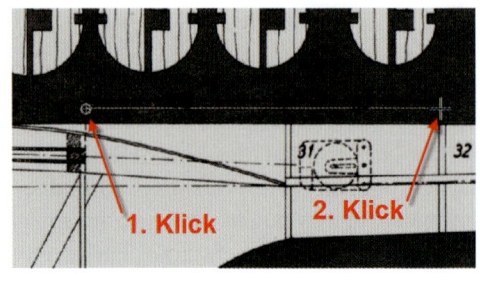

Im Hauptmenü finden Sie die Funktion *Bitmaps laden*, die Sie mit einer Bedienoberfläche empfängt, bei der hauptsächlich die Befehle Einfügen und Skalieren gebraucht werden. Beginnen Sie mit *Einfügen* und wählen Sie die Grafikdatei *scan_rumpf.jpg*. .jpg ist neben .bmp, .pcx, .tif und .png ein geeignetes Grafikformat, das MegaNC in die CAD-Zeichnung einfügen kann. Die *OK*-Taste schließt das Auswahlmenü und die Grafik hängt an der Maus. Eventuell müssen Sie etwas am Mausrad drehen, um das Bild in seiner augenblicklichen Größe am Bildschirm erkennen zu können. Der Ablagepunkt spielt am Anfang wieder keine Rolle. Mit dem Mausklick kehrt das Menü zurück und Sie wechseln auf die Schaltfläche *Skalieren*. Nachdem der alte Plan Maße enthält, kann er mit diesen in der Größe angepasst werden. Ziehen Sie mit zwei Mausklicks eine waagrechte Strecke auf, die vom 2. Hauptspant 30 bis zum Röhrenspant 32 reicht. Dieser Abstand ist mit 108 + 83 = 191 [mm] bemaßt. Mit dem zweiten Klick erscheint die Korrekturmaske, die einen völlig falschen Wert anzeigt. An dieser Stelle können Sie das gewünschte Maß von 191 eingeben. Die beiden Haken bei den Optionen zu x- und y-Richtung bleiben gesetzt, da wir noch keine Kontrolle einer möglichen Verzerrung der Grafik vorgenommen haben. Die *OK*-Taste schließt das Eingabefeld und Sie fin-

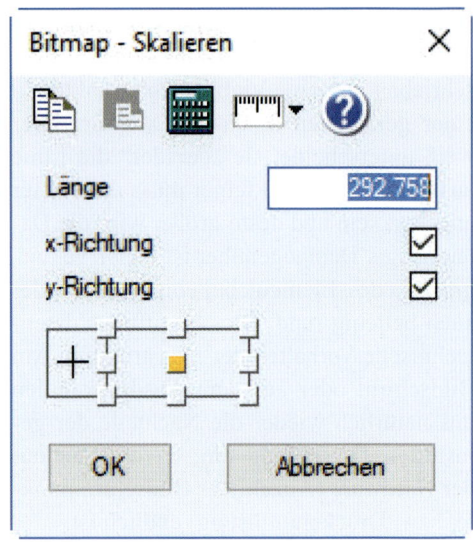

den sich in der letzten Maske wieder, während im Hintergrund die Größe der Grafik angepasst wird. Wählen Sie nochmals *Skalieren*, um in der unteren Hälfte des Planes das vertikale Maß von 140 nachzumessen. Sollte sich der angezeigte Wert von den gewünschten 140 mm unterscheiden, dann haben Sie hier nochmals die Möglichkeit, zu korrigieren. Die Größenänderung darf sich jetzt aber nur noch auf die y-Achse auswirken, weswegen das Häkchen bei der x-Richtung im zweiten Schritt entfernt werden muss. Mit dieser Aktion ist die Vorlage in unserer neuen Zeichnung quasi als Hintergrundbild abgelegt und sollte dabei auch unverzerrt sein. Sie können das am schnellsten durch einen Kreis aus drei Punkten nachprüfen.

EXTRAMELDUNG!

Es muss klar sein, dass man von einem Pixelbild als Zeichenvorlage keine Präzision im 1/100-Bereich erwarten kann. Dafür sind die Punkte, an die man mit der Maus heranfährt, schon zu groß und ungenau. Um aber eine Form, wie die des Rumpfbootes des Condor gestalterisch zu erfassen, bietet die Methode mehr als ausreichende Genauigkeit.

Dass das Original des Planes den Rumpf geteilt darstellt, ist der Größe der damaligen Veröffentlichung geschuldet. Uns ist es eine willkommene Aufgabenstellung, daraus eine durchgängige Darstellung im Maßstab 1:1 zu machen. Bei der Bauweise des Rumpfes weichen wir von der Vorlage dahingehend ab, dass wir die Form über Spanten und Längsgurte aufbauen. Dieses Gerippe soll dann mit 0,4er-Sperrholz beplankt werden. Der komplette Aufbau der Spanten wird auf Füßchen gesetzt, um durch einen möglichst langen Verbleib auf dem Baubrett einen geraden Aufbau zu garantieren. Der Leitwerksträger wird im gesamten Verbund mit aufgebaut und auch „freischwebend" beplankt. Dazu wird wieder das 0,4er-Sperrholz um die Spanten gewickelt. Um hier ausreichende Stabilität zu erhalten, werden die Spanten der Röhre auf einem Aluminium-Quadratrohr aufgefädelt.

Sie werden jetzt vielleicht schmunzeln und dem Unterfangen den Erfolg absprechen und ich muss zugeben, dass es für mich auch Versuchscharakter hatte. Letztlich hat das Ganze aber sehr gut funktioniert. Das ist es, was mich an unserem Hobby immer wieder fasziniert: Ideen umsetzen, neue Wege erproben, Misserfolge verkraften und sich über Gelungenes freuen.

Beginnen wir also mit dieser außergewöhnlichen Rumpfgeometrie, indem wir die Seitenansicht nachzeichnen, bzw. nach unserem Geschmack modifizieren. Wählen Sie dazu Stift 1 und entscheiden sich zusätzlich für die Farbe Rot, die auf dem grauen Hintergrund gut sichtbar ist. Im Linienmenü greifen Sie wieder auf die Funktion *Spline* zurück, die Sie schon beim Randbogen kennengelernt hatten. Dieses Werkzeug eignet sich bestens, um die geschwungene Form des Rumpfbootes nachzuziehen. Sollte einmal ein Punkt nicht perfekt sitzen, so ist das kein Problem. Stützpunkte können mittels drag&drop einfach wieder aufgenommen und versetzt werden. Auch das Einfügen von weiteren Stützpunkten ist vorgesehen, sobald Sie das Kontextmenü durch Anklicken der Splinelinie öffnen. Bevor Sie sich an die Darstellung der Rumpfröhre machen, sollten wir das Flügelprofil als Platzhalter einfügen, da es ja erheblichen Einfluss auf den strukturellen Aufbau des Rumpfes hat, besonders auch im Hinblick auf die Mechanik zur Flügelverwindung, die wir hier hineinforschen müssen. Wir hatten das Profil bei der Flügelkonstruktion als dxf-Datei importiert. Zu der reinen Außengeometrie kamen aber inzwischen die Holmgurte und die Bohrungen für die Mechanik hinzu, die wir für die Gestaltung des Innenlebens des Rumpfes zwingend benötigen. Also ist es hier besser, wir holen uns die Informationen aus dem Flügelplan. Nun ist es so, dass ja immer nur eine Zeichnung in MegaNC geöffnet sein kann. Folglich starten wir eine zweite Sitzung von MegaCAD. Dies kann über das Icon auf dem Desktop erfolgen oder über einen Rechtsklick auf die Taskleiste.

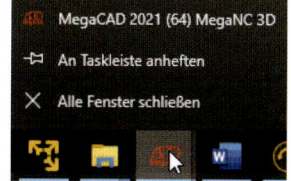

91

In dem jetzt geöffneten, zweiten Task von MegaNC *laden* Sie Ihre Flügelzeichnung und *zoomen* den Bereich der Wurzelrippe heran. Es gibt im Programm eine Funktionsgruppe mit der Bezeichnung *Clipboard*. Sie finden sie im Pulldown-Menü. Dort sind Funktionen untergebracht, die sich mit dem Handling von Daten über die Zwischenablage beschäftigen. Kopieren und Einfügen sind die Stichworte, die wir neudeutsch unter dem Begriff copy & paste kennen. Der Austausch von Daten zwischen MegaNC-Sitzungen, der die Eigenschaften der Elemente erhält ist als *Kopieren – MegaCAD* im Menü zu finden. Der Schnelligkeit wegen ist dieses Werkzeug auch über den Hotkey *Strg + c* aufzurufen. Die anderen Kopieren-Funktionen (Bild, Vektor und OLE) behandeln die Daten als Pixeldarstellung, als Vektoren ohne MegaCAD-Eigenschaften bzw. als verknüpfte Austauschdaten unter Windowsprogrammen. Starten Sie nun die Funktion und ziehen Sie einen Rahmen über die erste Rippe. Alle vollständig im Rechteck liegenden Objekte werden rosa hervorgehoben. Elemente, die nicht mitgenommen werden sollen, können Sie einfach noch einmal mit der Maus einzeln anklicken, um sie aus der Selektion herauszunehmen. Wieder beendet ein Mausklick mit der RMT die Auswahl und Sie werden aufgefordert, einen Bezugspunkt anzugeben. An diesem werden später die Elemente am Mauscursor hängen und an neuer Stelle eingefügt werden. Wählen Sie hierfür das vordere Ende der Profilsehne mit der Fangoption *Endpunkt*. Seien Sie nicht verwundert, wenn beim Kopieren nichts weiter geschieht, außer dass die Funktion mit dem Setzen des Bezugspunktes beendet ist. Wechseln Sie wieder in die Rumpfzeichnung und drücken Sie dort die Tastenkombination *Strg + v* oder die Funktion *Einfügen* aus dem Pulldown-Menü *Clipboard*. Sofort hängt das Profil am Mauscursor, aber natürlich in der gleichen Ausrichtung wie in der Ausgangszeichnung.

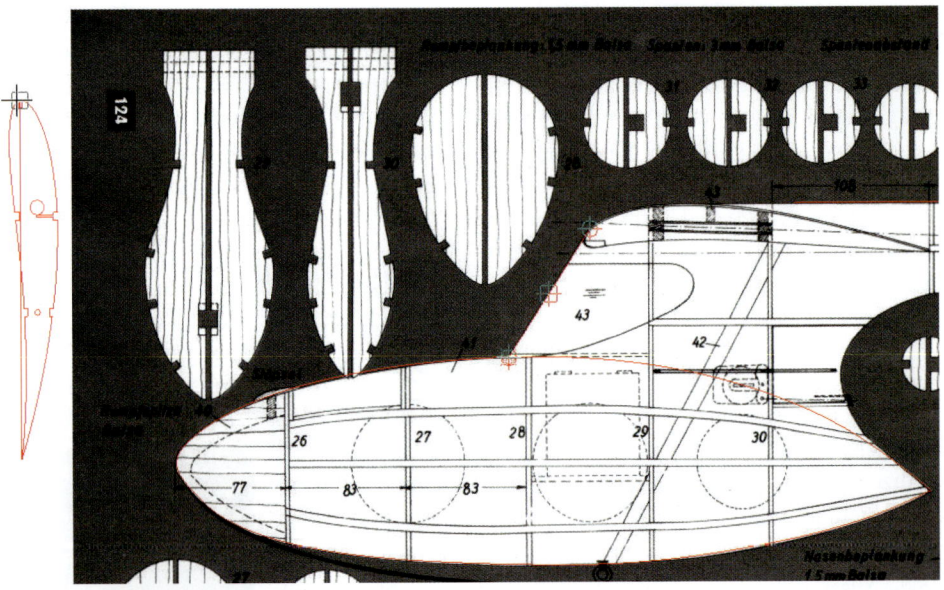

Bild 4.3: Das Profil ist bereit zum Einfügen in die Rumpfzeichnung.

 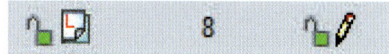

Bevor Sie jetzt das Profil in dieser Lage absetzen, werfen Sie bitte einen Blick in die Statuszeile. Hier sind neue Schaltflächen aufgetaucht und ein grüner Balken, der Angaben zu einer Schrittweite (+/-) und zu Winkeln enthält. Diese Funktionen stehen Ihnen immer zur Verfügung, wenn Zeichenelemente oder Bauteile an der Maus hängen. In der oben dargestellten Einstellung könnten jetzt die Bauteile in Schritten von 15° gedreht werden. Dies wird zum Ausrichten von Baugruppen gerne genutzt. Wir werden auf diese Technik später noch explizit eingehen. In unserem Beispiel wissen wir aber den Zielwinkel von 88°, der sich aus der Drehung um 90° abzüglich des Anstellwinkels von 2° berechnet. Diesen Wert können Sie jetzt einfach über die Tastatur eintippen. Mit der ersten eingegebenen Zahl öffnet sich das Eingabefeld und schließt sich wieder, wenn der Wert 88 [°] mit OK bestätigt wird. Sofort hängt das Profil im passenden Winkel an der Maus. Bevor Sie den Flügelschnitt jetzt an passender Stelle in die Zeichnung einfügen sollten Sie in der Attributleiste einen anderen Layer wählen, um die Inhalte später voneinander getrennt betrachten zu können. Den Ablagepunkt auf dem Pixelbild können wir nur frei Hand (Fangmethode *frei*, Hotkey *f*) wählen. Die Nase sollte vorne nicht überstehen und oben tangential in die Röhre übergehen.

Ganz korrekt ist die Darstellung jedoch hier noch nicht, da die Darstellung der Beplankung am Profil fehlt. Nachdem wir uns leider keine Kopie vom Originalprofil gesichert haben, lernen Sie jetzt ganz nebenbei eine neue Funktion kennen, die uns hier weiterhilft. Alternativ könnten Sie auch nochmals einen Import des Profils aus der dxf-Datei vornehmen. Werfen Sie kurz einen Blick in Ihre Layerstruktur (*Hotkey Shift + l*). Ideal wäre es, wenn die angefangene Rumpfdarstellung, das Profil und die Bitmap jeweils auf einem eigenen Layer liegen würden. Ich hatte Sie auf den vorangegangenen Seiten nicht explizit dazu aufgefordert, da ich Ihnen notfalls die Chance geben wollte, das nachträgliche Verändern der Attribute bei Teilen der Zeichnung noch einmal zu üben: Alle Funktionen schließen – auf Bitmap klicken (wird rosa markiert) – neuen Layer auswählen in *Attributleiste – OK – RMT*.

Mit diesem Stand der Arbeit können Sie sich die Rippe allein darstellen lassen. Wir benötigen jetzt ein pa-

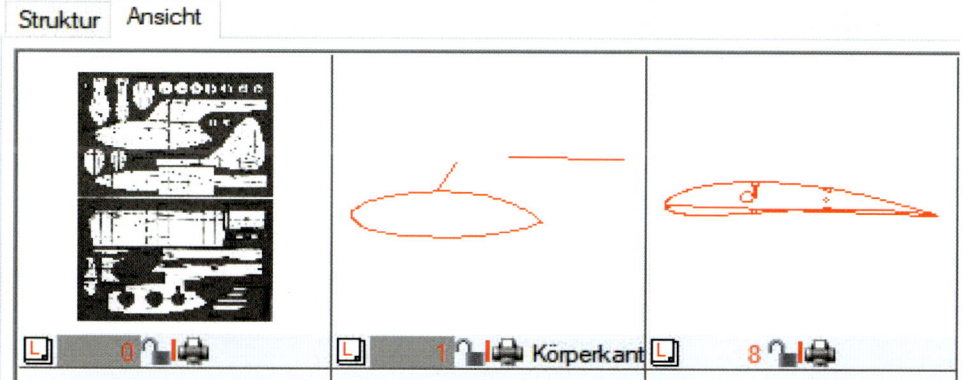

ralleles Profil im Abstand von 0,4 mm um unsere Musterrippe. Nur leider haben wir die Originalkontur schon verändert. Schließen Sie daher einfach die Holmaussparungen und die Nasenleiste mit kurzen Linien. Die Genauigkeit ist für die gewünschte Darstellung ausreichend. Die Funktion, um die gewünschte Parallelkontur zu erstellen finden Sie im Linienmenü. Ausgangspunkt für die neue Hülle ist am besten eine Polyline, weil diese am einfachsten angeklickt werden kann. Um diese zu erstellen, stört uns jetzt noch die Profilsehne. Diese über die Layer-Eigenschaft auszublenden, geht nicht, da sie auf der gleichen Ebene wie der Rest der Rippe liegt. Nochmals differenziert einen weiteren Layer zu belegen ist unnötig, wenn man die Funktion *Unsichtbarkeit* kennt. Diese Methode ist so etwas wie eine flexible Ergänzung zu den Layerschaltungen. Sie lässt den Anwender schnell mal eingreifen, ohne das große Ganze verändern zu müssen. Klicken Sie einfach auf *Einzelne unsichtbar machen* und wählen Sie danach die Profilsehne aus. Ein Rechtsklick und die Betätigung der Schließen-Taste und schon ist die Sehne temporär verschwunden. Jetzt bauen Sie sich zuerst eine Polyline aus der bestehenden Außenkontur. Im Linienmenü finden Sie dazu *Polyline zusammenstellen*. Mit der Auswahlmethode *Fläche* und dazu einer anderen Farbe klicken Sie leicht außerhalb der Rippe und werden mit einer kompletten Außenform belohnt. Zurück im Li-

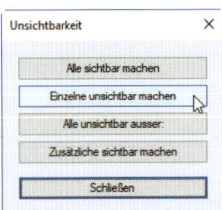

nienmenü starten Sie jetzt das Werkzeug *Paralleles Profil* und geben den Abstand von 0,4 [mm] ein. Die Funktion haben wir im 2D-Bereich bereits eingesetzt und sollte damit problemlos zum gewünschten Ergebnis führen. Vorteilhaft ist es hier, die Option *Einzelelemente* abzuwählen, um eine geschlossene Polyline als Resultat zu erhalten. Die Hilfskontur, die Sie eventuell vorab erstellt haben können Sie jetzt wieder löschen.

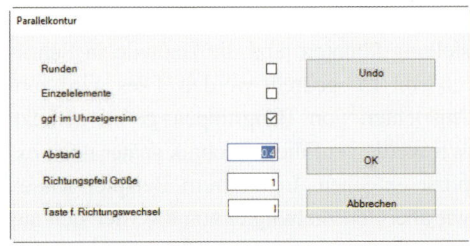

Holen Sie sich über *Layer ein/ausschalten* die Rumpfskizze und den Scan und über *Unsichtbarkeit – Alle anzeigen* die Profilsehne zurück. Überprüfen Sie nochmals die Lage des Flügels, bevor Sie mit weiteren Linien und Bögen an der Seitenansicht weiterbauen.

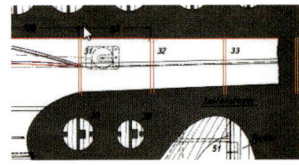

In Anbetracht der Bauweise in Sperrholz habe ich mich entschlossen, den Leitwerksträger etwas schlanker als im Original auszuführen. Um die Geometrien in diesem Bereich festzulegen, beginnen Sie mit Linien zur Definition der Lage der Spanten in der Röhre. Auf einem neuen Layer – wir wählen hier Nummer *126*, um eine ähnlich ele-

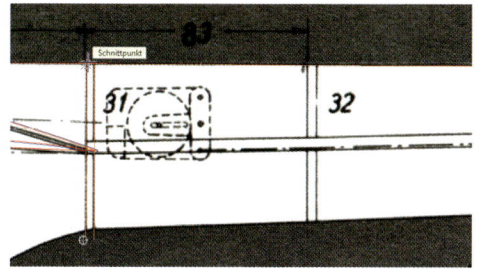

chem Abstand im Plan vorgesehen. Den Abschlussspant, der auch den Steg des Seitenleitwerks bildet, konstruieren wir zu einem späteren Zeitpunkt aus der unteren Teildarstellung. Im Augenblick werden jetzt „einsame" Linienpaare über den Scan hinaus zeigen, die Sie im nächsten Schritt für die weitere Konstruktion nutzen.

gante Struktur wie bei den Rippen zu bekommen – zeichnen wir eine senkrechte Linie an der Vorderkante des ersten Ringspantes (im alten Plan Nr. 31). Geizen Sie auch hier nicht mit Farben, die Ihnen später eventuell bei der Auswahl von Elementen hilfreich sind. Eine *parallele Linie* im Abstand von 3 [mm] symbolisiert die Lage des Spantes. Diese beiden Linien können Sie jetzt mit der Edit-Funktion *Verschieben/Kopieren* um einen x-Wert von 83 [mm] nach rechts kopieren. Beim Auswählen der Elemente müssen Sie eventuell etwas heranzoomen, um nicht versehentlich die Bitmap in die Auswahl aufzunehmen. Die abschließende Frage nach der Anzahl der neu zu kopierenden Spanten beantworten Sie bitte mit 7. So viele sind mit glei-

Die Oberkante des Leitwerksträgers legen wir als waagrechte Linie an, während die Unterseite leicht ansteigt und damit die Verjüngung der Röhre bewirkt. Damit kann schon die auf der Scanvorlage begonnene Linie durch *Trimmen einfach* bis zum letzten Spant verlängert werden. Fangen Sie für die untere *Linie* einen Punkt mit einem *Abstand* von 53 mm vom oberen Ende des ersten Spants entfernt und beenden Sie die Kontur so, dass die Röhre hinten eine Höhe von 35 mm hat. Die nun überstehenden Linienstücke entfernen Sie mit *Aufbrechen automatisch* (Hotkey *y*). Denken Sie daran, dass Sie dabei einfach eine Auswahllinie aufziehen können und alle Elemente, die von dieser getroffen werden, gekürzt werden. Jetzt fehlt nur noch die Mittellinie. Stift 2 ist dafür vorgesehen, aber natürlich können Sie auch jede andere Attributkombination einsetzen. Hauptsache, Sie nutzen die Möglichkeiten der Strukturierung aktiv. Die Mittelachse spannt sich zwischen den Mittelpunkten des ersten und letzten Spantes auf.

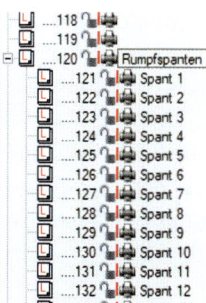

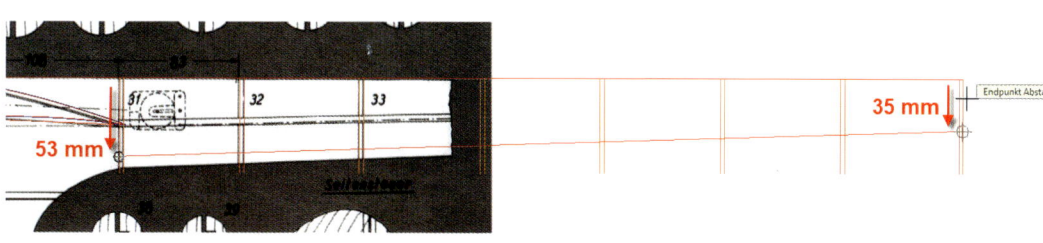

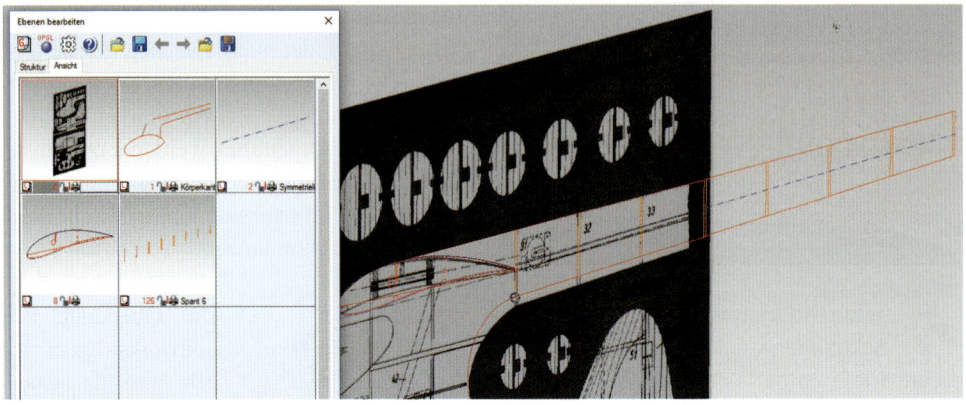

 Nach diesen Vorarbeiten verlassen wir nun endlich die Ebene und erheben uns in den Raum, indem wir im ersten Schritt Linien einzeichnen, die die Breite der Röhre darstellen. Überprüfen Sie, ob Sie schon auf die 3D-Oberfläche umgeschaltet haben und kippen Sie die Szene durch das Drücken des Mausrades bei gleichzeitiger Bewegung der Maus in die Perspektive. Das erfordert anfangs etwas Übung, aber Sie werden schnell den Dreh raushaben. Sollte Ihnen Ihrer Konstruktion einmal in eine undefinierte Lage kippen, dann können Sie einfach durch das Anwählen einer der Hauptansichten (Isometrie, Draufsicht, Vorderansicht, usw.) wieder zu einer sicheren Ausgangsbasis kommen. Den Layer, der die Scandaten beherbergt können Sie jetzt auch ausblenden.

Um jetzt die Breite der Spanten konstruieren zu können müssen Sie über das *Arbeitsebenen-Menü* eine der beiden *Seitenansichten* wählen, damit in

dieser Ausrichtung eine neue Zeichenfläche wie im 2D entsteht. Der Einfachheit halber legen Sie sich auch noch den *Bezugspunkt* der AE in die Mitte des ersten Spantes. Damit kommt es später nicht zu einem „nervösen" Verhalten beim Aufziehen von Geometrien. Mit den Attributen für Mittellinien beginnen Sie eine *Linie frei* an diesem Punkt und geben ein Maß von 53 [mm] ein. Werfen Sie dazu einen Blick auf Ihr neues Koordinatensystem, um die passende Achse (y) für die Werteingabe zu wählen. Damit wird später an dieser Stelle ein kreisrunder Spant entstehen. Es muss nur noch mit *drag&drop* die Linie am Mittelpunkt aufgenommen und auf die Mitte der Spant-Seitenansicht verschoben werden. Diese Linie verschieben wir wieder mit Edit *Verschieben/Kopieren* mit sieben neuen Exemplaren schwanzwärts. Gefangen werden kann ganz einfach der *Schnittpunkt* in der Mitte als Bezugspunkt und die nächste Spantvorderkante als Zielpunkt.

Die Verjüngung der Höhe hatten wir schon eingeplant. In der Draufsicht soll der Leitwerksausleger sich auf eine Breite von 24 mm zusammenziehen. Damit erhalten wir eine elegante Kontur, die kreisförmig beginnt und in einen ovalen Querschnitt am Leitwerk übergeht. Auch mechanisch ergibt das Sinn, da die Kräfte, die auf die Röhre wirken sicherlich von der Seite geringer sind

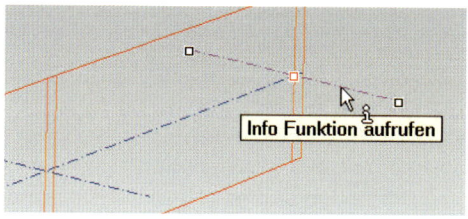
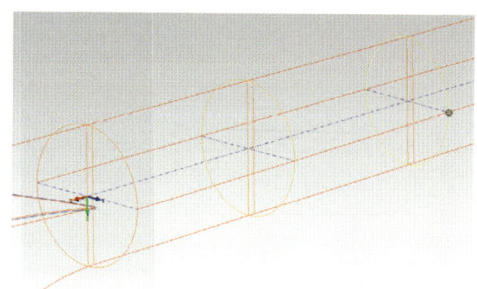

als beispielsweise die Querkräfte in Richtung der Hochachse (Landestoß, usw.). Wieder nutzen wir das *drag&drop*, um die Länge der hintersten Linie zu modifizieren. Sobald das Element angewählt ist, können Sie mit dem Info-Cursor die Eigenschaften der Linie anzeigen lassen.

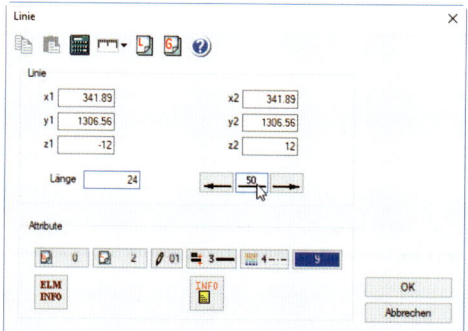

Geben Sie die Länge von 24 [mm] ein und drücken Sie dieses Mal auf die mittlere der drei Tasten. Damit wird das Element zentrisch gekürzt und Sie können im Anschluss daran die beiden Linien einziehen, die die Breite des Rumpfs von oben gesehen beschreiben. Das Abknipsen der Überstände mit *Aufbrechen automatisch* ist inzwischen schon geübte Kosmetik. Spannend wird es jetzt beim Aufziehen der Spantaußenkonturen.

 Mit Blick auf die sich ungleich verjüngende Form wählen Sie ein Werkzeug aus einer bisher nicht genutzten Abteilung. Vom Hauptmenü ausgehend finden Sie unter *Ellipsen* die Funktion *Ellipsenachsen A-B*, die mit einem Mausklick (LMT) auf den zentralen *Schnittpunkt* beginnt. In maximaler Höhe ist der Halbachsenpunkt A und bei der größten Breite der Punkt B jeweils als der Linie oder Schnittpunkt der beiden Elemente zu fangen. Achten Sie ab sofort wieder verstärkt auf die Nutzung der Layer, wir hatten uns hier schon die Nummer 126 vorgemerkt und werden die weiteren Spanten dann hochzählen. Beim Aufziehen der Ellipsen können Sie beobachten, dass das neue Element zuerst in der aktiven Arbeitsebene entsteht und erst mit dem dritten Mausklick seine richtige Lage einnimmt. Das konkrete Fangen von Punkten im Raum hat hier Vorrang vor der Ausrichtung der Arbeitsebene. Sobald Sie alle Konturen aufgezogen haben, lohnt es sich einmal einen Blick in Richtung der Seitenansicht zu werfen oder die Konstruktion in schrägem Winkel längs der Röhre zu betrachten. Obwohl noch keine einziges echtes 3D-Bauteil erstellt wurde, sieht die Sache schon ziemlich räumlich aus!

Jetzt fehlt noch die Aussparung für das Alu-Vierkantrohr, auf dem die Spanten aufgefädelt werden sollen und die Ausschnitte für Kiefernleisten mit einem Querschnitt von 3 × 3 mm. Beginnen Sie mit dem Quadrat von 10 × 10 mm, das ins Zentrum jedes Spantes eingeplant wird. Dazu ist es jetzt zwingend erforderlich, die Arbeitsebene an den Spanten auszurichten. Andernfalls erhalten Sie niemals Quadrate, die in der Ebene der Spanten liegen. Die Methode

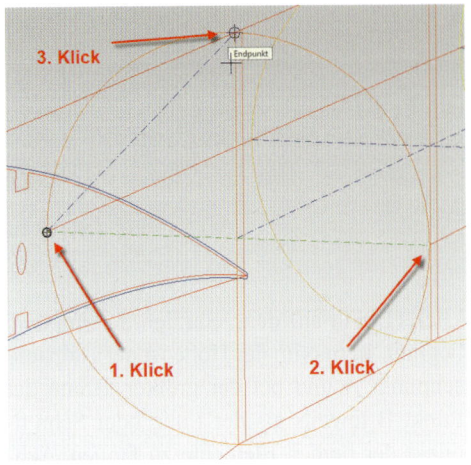

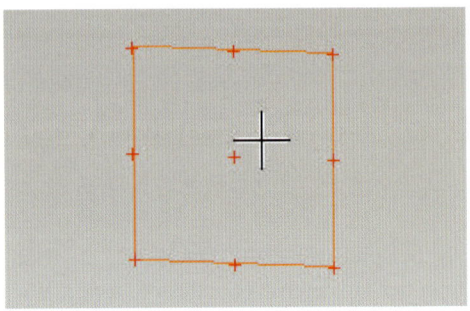

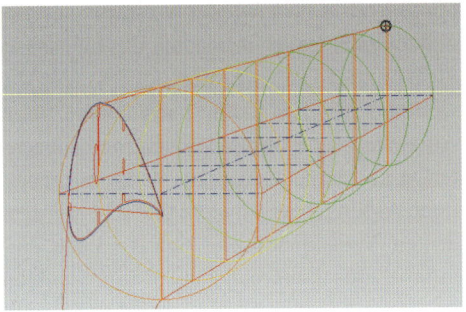

Bild 4.4: Die Rumpfröhre in schräger Projektion.

der *Arbeitsebene über 3 Punkte* bietet sich hier an. Mit *Endpunkten* als Fangmethode legen Sie mit den ersten beiden Mausklicks die x-Achse fest, der dritte Punkt spannt dann die Ebene auf. Sie können an den Farben der beiden Linien den Bezug zu x (grün) und y (blau) beobachten. Auch wenn die Punkte, die Sie zur Auswahl haben keinen rechten Winkel aufspannen, so ist das resultierende Achsenkreuz natürlich immer klassisch kartesisch (90°-Winkel zwischen den Achsen).

Im Linienhauptmenü wählen Sie im Bereich der Formen das *Rechteck*, das Sie mit Maßen von jeweils *10* [mm] ausstatten. Mit dem Schließen des Eingabefeldes hängt das gewünschte Quadrat am Cursor und fragt Sie nach dem Ablagepunkt. Sollte die Figur nicht am Mittelpunkt hängen empfiehlt es sich kurz die Leertaste am keyboard zu drücken. Wie schon an anderer Stelle kennengelernt, können Sie damit auf einfache Weise umgreifen. Der Ablagepunkt ist der *Schnittpunkt* der Mittellinien. Die Funktion können Sie jetzt mit der RMT unterbrechen, um neue Werte in das Eingabefeld zu tippen. Der Ausschnitt für die Kiefernleiste von 3 × 3 mm wird jeweils an den vier Quadranten abgesetzt. Dazu können die gleichen Arbeitsschritte wie oben genutzt werden. Eine Alternative wäre es, die Geometrie mit den Pfeiltasten an der Maus zu drehen. Rechts/links verändert die Schrittweite, auf/ab führt die Drehung aus. Eine Schrittweite von 90° beschleunigt das Drehen an der Maus ungemein.

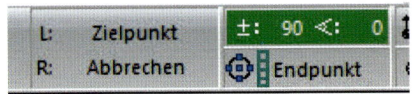

Um jetzt mit den Skizzen der Spanten weiterzuarbeiten ist es hilfreich, nur die Layer anzeigen zu lassen, die von der Aktion betroffen sind. Das schafft Überblick und hilft Ihnen Fehler zu vermeiden. In der *Layerübersicht* kommen Sie am schnellsten zum Ziel, wenn Sie in der Strukturansicht unten auf die Schaltfläche AUS drücken. Damit werden alle Ebenen blind geschaltet und es ist ein Leichtes, das Kapitel Rumpfspanten mit einem Mausklick auf die Zahl *120* wieder sichtbar zu machen. Zurück in der Arbeitsfläche können Sie durch das Drücken des Mausrades und das Bewegen der Maus eine Blickrichtung einstellen, die optische Überschneidungen der Konturen vermeidet. Die beiden Linien, die wir zur Festlegung der Spantenlage in der seitlichen Ansicht (bei uns Draufsicht, wegen der Lage des Hintergrundbildes) gezeichnet hatten stören jetzt für die Erstellung der ersten 3D-Objekte. Um es dabei leichter zu haben blenden wir sie einfach kurz aus. Wir können die Elemente nicht über Layer oder andere Attribute unterscheiden, also nehmen wir kurzerhand die Funktion *Unsichtbarkeit* und Sie lernen so gleich eine neue Variante der Auswahl von Elementen kennen. *Einzelne unsichtbar* machen ist der richtige Weg, jedoch wollen Sie sicherlich jetzt nicht jede Linie einzeln anklicken. Im seitlichen Auswahlmenü finden Sie in der rechten Spalte (in der fluent-Oberfläche ist dies in zwei getrennten Blocks zu finden) die möglichen Elementtypen aufgelistet. Hier sind bei Start der Funktion alle aktiviert (orange). Mit der Schaltfläche *ALL* können Sie mit einem Klick alle deaktivieren, um dann erneut mit der LMT nur den Zugriff auf Linien zuzulassen. Mit dieser eingeschränkten Auswahl könnten Sie jetzt Elemente einzeln anklicken, jedoch nur Linien erfassen können. Bei genauer Betrachtung dieser Filterfunktion werden Sie feststellen, dass auch der Elementtyp *Polyline* vorhanden ist und durch Ihre vorhergehende Klickfolge nicht aktiv ist. Die Einschnitte für die Kiefernleisten und das zentrale Alurohr haben Sie mit diesem Elementtyp erstellt. Daher können Sie jetzt ganz entspannt die Schaltfläche *Auswahl Bildschirm* in der linken Menüleiste drücken, ohne Gefahr zu laufen, dass andere Elemente auch verschwinden. Die von der Auswahl betroffenen Linien werden noch kurz rosa hervorgehoben, bevor sie vom Bildschirm ver-

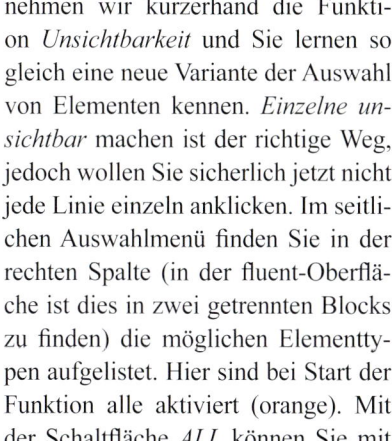

schwinden. Die Schaltsituation der Elementfilter bleibt erhalten, solange Sie die Funktion (in diesem Fall Unsichtbarkeit) geöffnet halten. Taucht das Menü später beim Einsatz der gleichen oder einer anderen Funktion wieder auf, dann sind selbstverständlich wieder alle Elementtypen im Zugriff.

4.5.2 Extrusionskörper – Prismen

Um aus den Skizzen, die Sie für die Spanten angefertigt haben, 3D-Objekte zu machen müssen Sie die Elemente nicht bereinigen, d.h. die Kreise an den vier Quadranten aufbrechen und die Überstände entfernen. Nachdem wir die Mittellinie weggeschaltet haben, stehen alle Informationen, die zum Erzeugen des Volumenkörpers notwendig sind zur Verfügung.

Wechseln Sie daher über das Hauptmenü in die Programmgruppe der *Volumenfunktionen* und starten dort das *gerade Prisma*. Holen Sie sich noch schnell die passenden Einstellungen für den Spant, indem Sie die Attribute von der Skizze abgreifen. Wieder erwartet Sie links das Auswahlmenü, hier aber eingeschränkt auf die Funktionen, die hier Sinn machen. Die *Auswahl Fläche* wird wahrscheinlich schon aktiviert sein. Sie können dies auch in der Statusleiste kontrollieren, wo Sie aufgefordert werden, mit der LMT eine Fläche zu selektieren.

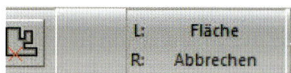

Dieser Auswahlalgorithmus sucht eine geschlossene Fläche ausgehend von dem Anklickpunkt. Wenn Sie also innerhalb des Kreises anklicken, folgt er der Kontur so lange, bis die Fläche geschlossen ist. Von dem durchgehenden Kreis und den kurzen, über-

99

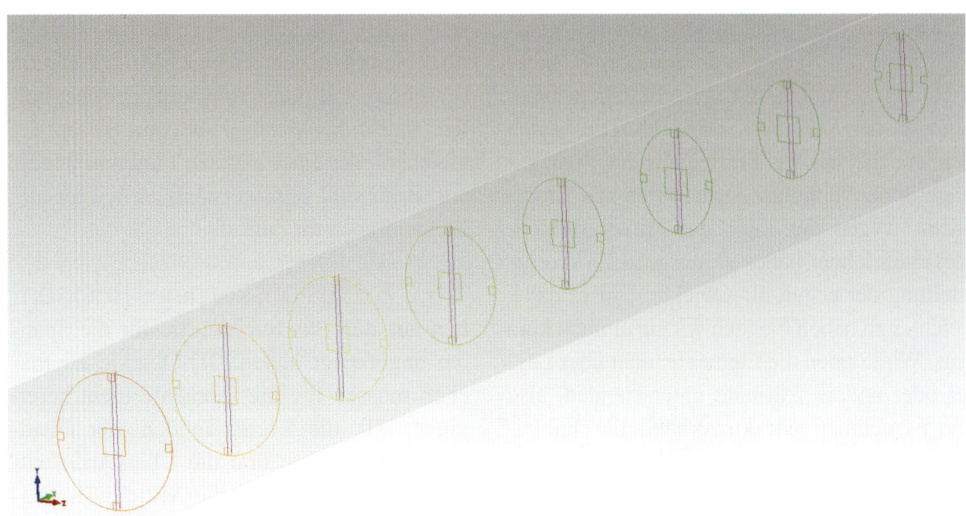

stehenden Linien außen bekommt die Funktion nichts mit. Ist die Außengeometrie erkannt, bleibt die Funktion noch geöffnet und das System erwartet die Auswahl einer weiteren Fläche. In unserem Fall ist dies die Kontur des quadratischen Ausschnitts. Auch diese wird einfach nur mit der Maus angeklickt.

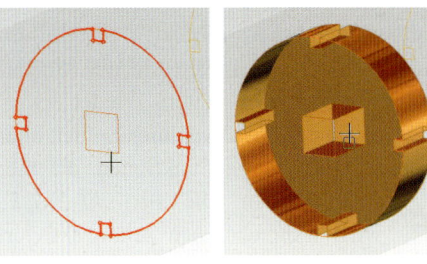

Dabei ist es in diesem Fall gleichgültig, ob Sie innen oder außen den Cursor ansetzen. Sind beide Geometrien rot hervorgehoben, dann können Sie mit der RMT die Auswahl beenden. MegaNC braucht jetzt nur noch die Information, wie dick das Bauteil werden soll. Dazu können Sie das Prisma mit der Maus aufziehen. Ein Mausklick mit der Fangoption *frei* genügt, um ein Fester erscheinen zu lassen, in dem Sie einen korrekten Wert eingeben können. An anderer Stelle können Sie auch einen konkreten Punkt an einem anderen Bauteil anklicken. Der zeichnerisch ermittelte Wert erscheint dann im Menü und kann dort bestätigt oder korrigiert wer-

EXTRAMELDUNG!

Der feature tree dokumentiert den Aufbau Ihrer 3D-Bauteile. Er befindet sich standardmäßig am linken Rand des Bildschirms und hat die Überschrift „Bearbeitungen". Über das Icon in der Menüleiste kann er an- oder abgeschaltet werden.

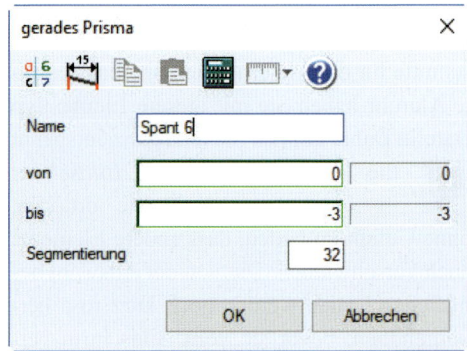

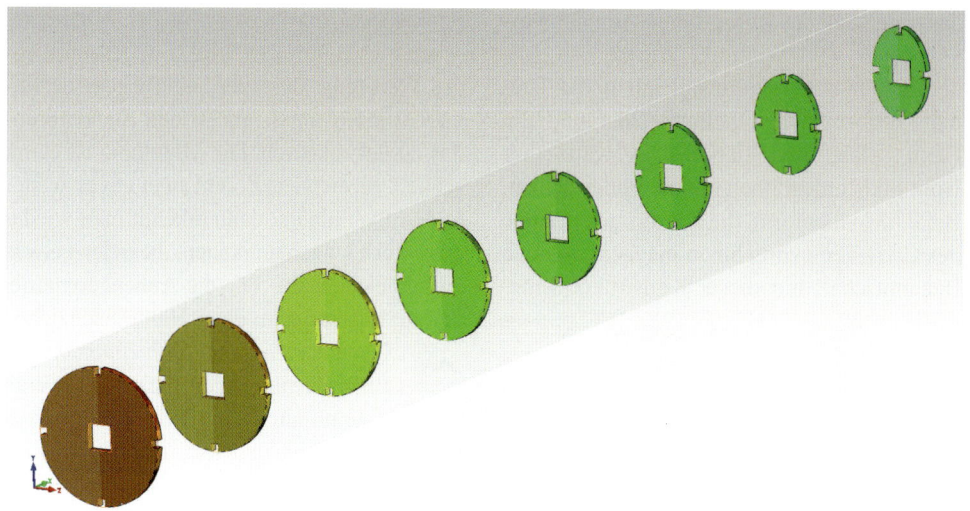

Bild 4.5: Die Spanten der Rumpfröhre.

den. Hilfreich ist es, bereits in die gewünschte Richtung aufzuziehen, da damit gleich das korrekte Vorzeichen übernommen wird. Als Spantenmaterial haben wir 3-mm-Sperrholz vorgesehen, dies ist hier einzugeben. Den Vorschlagstext „gerades Prisma" überschreiben Sie mit *Spant 6*, dann ist dieses Bauteil später im feature tree immer leicht zu identifizieren. Die OK-Taste schließt das Menü und Sie sehen Ihr erstes 3D-Bauteil vor sich. In gleicher Weise können Sie jetzt mit den restlichen Spanten vorgehen.

In Bild 4.5 ist das Ergebnis der ersten 3D-Arbeiten sichtbar. Die Kanten von 3D-Bauteilen werden in der Grundeinstellung schwarz dargestellt. Auf dem Bild sieht man jedoch ein leichtes Schimmern an der Vorderkante. Dies kommt daher, dass beim Aufziehen der Prismen die Option *Konturelemente löschen* nicht aktiv geschalten war. Daher sehen Sie hier die Kantendarstellung der Volumen überlagert von den Ausgangskonturen der 2D-Elemente. Über ein Optionsicon (Hotkey Leertaste) kann dies zum Zeitpunkt der Konturauswahl zugeschaltet werden. Nachdem dieses automatische Löschen der Kontur aber nur die Geometrie löscht, die zu dem Prisma führt, kann es vorkommen, dass dann Reste von überstehenden Elementen liegen bleiben. Daher ist es hier günstiger, wenn wir die Ausgangskonturen nachträglich löschen. Um unnötige Klickarbeit zu sparen, bemühen wir wieder das seitliche Auswahlmenü und entfernen den Filter auf 3D-Bauteile. Mit dieser Vorarbeit können Sie wieder die *Auswahl Bildschirm* anklicken oder einfach ein Rechteck über alle Bauteile aufziehen. Damit sind die vorher beobachteten Flackereffekte entfernt und die Spanten stehen perfekt da. Später werden Sie noch Bohrungen für die Bowdenzüge bekommen. Bis auf diese Kleinigkeit sind sie aber bereits fertiggestellt.

Wenden wir uns jetzt dem Rumpfvorderteil zu. Diese recht komplexe Form kann man sich aus den Darstellungen der Seitenansicht und den Spanten 1-5 (im Plan Spant 26-30) in etwa vorstellen. Um nicht gleich das ganz große Fass aufzumachen, vertrauen wir der Geometrie des Planes und gehen davon aus, dass der Strak des Rumpfbootes mit den vorgegebenen Querschnitten korrekt ist. Andernfalls müssten wir uns gleich an das Thema Freiformflächen heranmachen und die Form selbst modellieren. Das wäre aber wohl im Moment noch ein zu großer Schritt. Bei der Haubenform, die wir uns gegen Ende des CAD-Teils vornehmen machen Sie noch Bekanntschaft mit dieser Konstruktionsmethode.

 Blenden Sie also den gescannten Plan über die *Layerschaltung* wieder ein. Wieder können Sie einfach zwischendurch in die 2D-Oberfläche schalten und zoomen sie den 1. Spant (im Plan 26) groß auf den Bildschirm. Mit *Layer 121, Linienart 4* (strichpunktiert) und kräftiger, *roter* Farbwahl konstruieren Sie sich die Mittellinie.

Punkten ein Punkt exakt in der Mitte zwischen diesen ermittelt wird. Ein hervorragendes Werkzeug, das aber auch wieder deaktiviert werden muss, um in den Standardmodus zurückzukehren. Die Mittellinie ist damit schnell gezeichnet. Zoomt man etwas weiter in den Plan hinein, dann erkennt man wieder erhebliche Ungenauigkeiten, die es jetzt etwas auszugleichen gilt. Für die Außengeometrie, die wir zuerst nur in einer Hälfte nachziehen benutzen Sie die *Splinefunktion* im Linienmenü. Legen Sie die Kurve so an, dass sie möglichst gut auf der schwarzen Begrenzungslinie liegt und unten bzw. oben möglichst senkrecht auf die Mittellinie stößt. Dazu kann man den Spline auch etwas überstehen lassen, um den Endpunkt der Kontur dann mit drag&drop auf den passenden Punkt in der Mitte zurückzuziehen.

Im Plan ist der Spant zweigeteilt, da der Aufbau des Rumpfes auf einem Mittelträger erfolgte. Wir sehen aber einen einteiligen Spant vor, der für einen problemlosen Aufbau des Rumpfes später auch noch Füßchen bekommt. Es gilt also, eine Linie in die Mitte des grauen Feldes in Spantmitte zu konstruieren, die exakt senkrecht stehen muss. Wählen Sie dazu die Funktion *Lotrechte Linien* und aktivieren Sie die Fangoption *Mitte zwischen 2 Punkten* in Verbindung mit *Fangen frei*. Die Besonderheit an dieser Option ist, dass durch das aufeinander folgende Bestimmen von zwei

EXTRAMELDUNG!

Beim Einsatz der Splinefunktion ist darauf zu achten, dass die Anzahl der Punkte ein gesundes Mittelmaß einnimmt. Bei zu vielen Punkten, die man auf der Vorlage abgreift, kommt es gerne zu einem Aufschwingen der Kontur, während zu wenige die Geometrie nicht exakt wiedergeben.

Auch die Lage der Ausschnitte für die Längsstringer übernehmen wir aus dem alten Plan, nur deren Größe legen wir mit CAD-Methoden fest. Im *Linienmenü* gehen Sie wieder einmal auf die Form *Rechteck* und definieren eine Größe von 5 × 5 [mm]. Eventuell müssen Sie den Griffpunkt des Quadrates ändern, um die Geometrie in der Mitte ei-

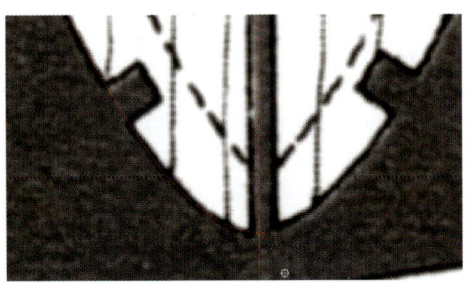

ner Kante an der Maus hängen zu haben. Sie erinnern sich, dass das mittels eines Drucks auf die *Leertaste* an der Tastatur einfach zu machen ist. Die Ausrichtung der Form an den Stellen im Plan ist mit der Fangmethode *Element* ausreichend genau. Gleiches trifft für die Drehung des Ausschnitts in 1°-Schritten (Pfeiltasten am keyboard) zu. Zoomen Sie ausreichend an das Geschehen heran und platzieren dann die Quadrate längs der Außenkontur des Spantes. Neben der Überdeckung der schrägen Kanten mit dem Bitmap ist auch das in etwa gleichmäßige Überstehen der seitlichen Kanten des Ausschnitts über die Spantkontur eine Justierhilfe. Unserer abweichenden Bauweise ist es geschuldet, dass wir auch unten und oben am Spant einen Ausschnitt für eine Längsleiste vorsehen. Um die perfekte Symmetrie zu erhalten, zeichnen Sie die Ausschnitte natürlich nur auf einer Seite.

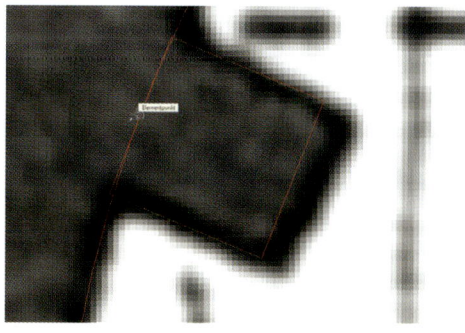

Sobald die Konturen sitzen, können Sie sich Gedanken dazu machen, wie Sie die zweite Hälfte konstruieren können. Ein Blick ins Edit-Menü zeigt Ihnen die Funktion *Spiegeln*. Sie können nach dem Mausklick auf das Icon Ihren Spline und die Ausschnitte auswählen. Beachten Sie bitte, dass die Software dazu neigt, den gescannten Plan zu selektieren. Mit einer ruhigen Maus-Hand ist das aber gut zu schaffen, andererseits könnte auch wieder das Ab-

schalten des Filters *Bitmaps EIN/AUS* Ruhe ins Geschehen bringen. Neben den genannten Konturen werden keine weiteren Elemente mehr benötigt, daher schließt die RMT die Auswahl ab und das System fragt sofort nach einem ersten Punkt auf der Spiegelachse. Mit *Fangen Endpunkt* (Hotkey e) oder dem *Elementfang* (Hotkey l) lässt sich das einfach erreichen. Wieder kommt die Abfrage, ob Sie das Original löschen wollen oder ob Sie eine Kopie der Geometrie erzeugen wollen. Auswahl 1 ist hier korrekt und einen Mausklick auf den *Schalter n = 1* später ist der Spant komplett, bis auf Aussparungen im Innenbereich, die wir später noch abhängig von den Komponenten der Fernsteuerung einbringen werden.

Um den Spant später gut handhaben zu können ist es sinnvoll, die Elemente wieder zu einer Polylinie zusammen zu fassen. Mit der *Aufbrechen*-Funktion könnte man sich jetzt daran machen, die Kontur zu bereinigen. Sie werden jedoch feststellen, dass dies bei Splines nicht unproblematisch ist. Durch das nachträgliche Ändern der Stützpunkte oder das Unterbrechen des Kurvenverlaufs kann es zu ungewünschten Effekten kommen. Besser ist hier dagegen, die Kontur von der Innenseite her abzugreifen, das erspart die Feinarbeit an den Ausschnitten und birgt nicht die Gefahr des Aufschwingens der Kontur. Sie müssen allerdings die Mittellinie kurzfristig ausblenden, um für den Auswahlalgorithmus

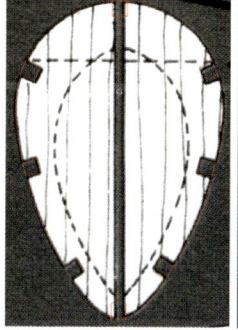
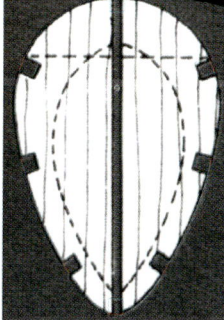

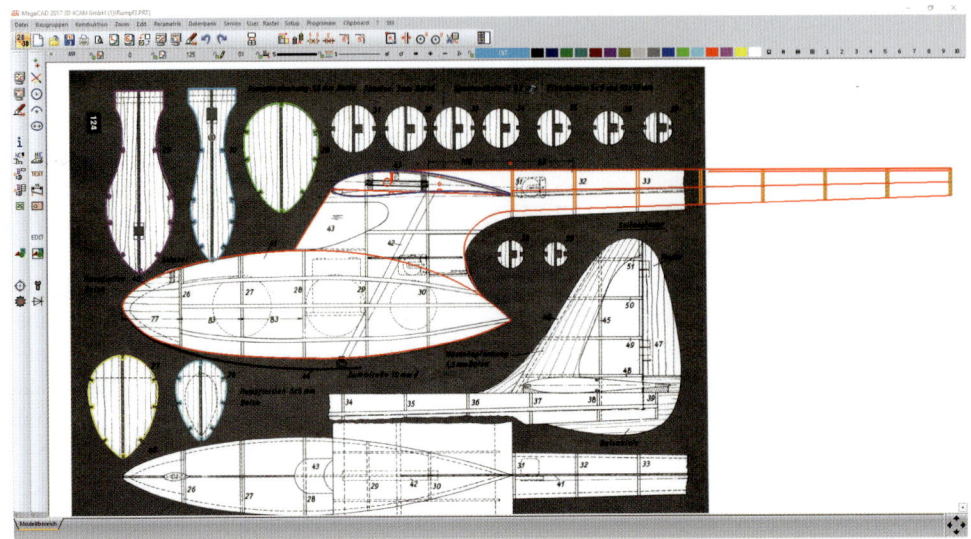

Bild 4.6: Die digitalisierten Spanten.

freie Bahn zu haben. Die Methode *Unsichtbarkeit* bietet sich hier an.

Wählen Sie eine neue Farbe, um später leichter auswählen zu können und klicken Sie mit der Funktion *Polyline zusammenstellen* an die Innenseite der Spantkontur (Auswahlmethode *Fläche*). Sehr schnell kommen Sie so ohne lästige Nacharbeit zur finalen Geometrie. Die Überreste der Konstruktion können Sie dann anhand der Farbauswahl schnell weglöschen.

Die Option *Auswahl Attribute* als Kombination aller Kriterien für die Selektion bietet hier in Verbindung mit der Einschränkung *Als Filter* eine leistungsfähige Arbeitsweise. Im Gegensatz zur OK-Schaltfläche in diesem Menü werden hier die definierten Auswahlkriterien nur innerhalb eines *Rechtecks* angewandt. Sie erkennen an Ihrem Ergebnis schnell, dass mit wenigen Handgriffen Ihre Konstruktion schon genauer ist als das Original. Dessen Asymmetrie wäre uns dabei mit bloßem Auge gar nicht aufgefallen. Mit den weiteren Spanten können Sie jetzt analog verfahren.

Dieser Arbeitsschritt ist ein schönes Beispiel dafür, wie unter Anwendung der Funktion des Nachzeichnens von gescannten Hintergrundbildern das gestalterische und das technische Element zusammenwirken müssen. Die geschwungenen Formen der Spanten lassen sich mit der Splinefunktion wunderbar nach-modellieren. Gerade bei den Querschnitten 4 und 5 (29 und 30 im Original) ist das gut demonstrierbar. Bei diesen komplexen Formen kommen auch die größten Ungenauigkeiten des Planes zum Vorschein.

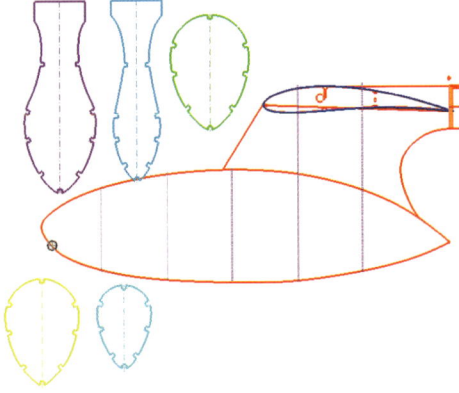

Gleichzeitig muss bei diesen beiden Spanten im oberen Bereich des Flügelanschlusses auf Maßhaltigkeit geachtet werden, indem die Rumpfbreite für die Anbringung der Anschlussrippen exakt konstruiert wird. Am Plan orientiert legen wir das Maß auf 64 mm fest. Arbeiten Sie also hier mit definierten Werten und Parallelitäten, während Sie im unteren Bereich künstlerisch kreativ sind. Details an den Spanten werden wir uns noch vornehmen, wenn sie korrekt an der für sie vorgesehenen Stelle platziert sind. Einen Zwischenstand der Arbeiten sehen Sie in Bild 4.6. Zur besseren Erkennbarkeit sind die 2D-Geometrien etwas dicker dargestellt.

EXTRAMELDUNG!

Im CAD werden alle Zeichenelemente in der Regel möglichst dünn dargestellt (1 Pixel Breite). Dies garantiert eine gute Übersicht auch bei sehr großer Informationsdichte einer Zeichnung. Trotzdem tragen die Elemente Informationen, wie dick sie später beim Ausdruck erscheinen sollen. Über die Abstufung der Strichbreite als ein Attribut wird dies festgelegt. Unter Setup-Linienbreiten können die Werte (mm) hinterlegt werden. Die Angabe der Pixel wäre dagegen die Breitendarstellung am Bildschirm, die jedoch meistens über die Option „Anzeigen" unterbunden wird. Um schon während der Konstruktion eine optische Rückmeldung über die Breite der Elemente zu erhalten, werden dicke, wichtige Linien in kräftigen Farben (rot, hellgrün, usw.) definiert, Schraffuren und ähnliches. eher in gedämpften Tönen (grau, gelb, usw.)

4.5.3 Edit-Funktionen im 3D-Raum

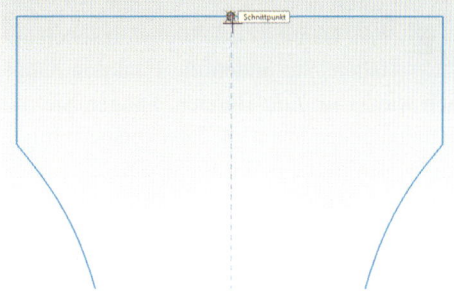

Die Elemente, die wir in der Planansicht erzeugt haben, müssen wir jetzt an die richtige Stelle verschieben. Dabei wird auch gleich eine korrekte Orientierung vorgenommen. Was noch fehlt, um diesen nächsten Schritt zu gehen sind die *senkrechten Linien* im Rumpfboot, die die Lage der Spanten festlegen. In die Spantkonturen hatten Sie ja bereits Mittellinien erstellt, daher möchte ich Ihnen den Einsatz von Hilfslinien an diesem Beispiel zeigen. Wählen Sie bitte *Stift 10* (Hilfslinien) für die nächsten Arbeiten. Diese sind normale Zeichenelemente, die jedoch auf einen dafür reservierten Layer und mit etwas abgehobener Farbe erstellt werden. Damit können diese Hilfselemente später wieder gelöscht werden. Wir benötigen später als Fangmöglichkeit die senkrechte, vordere Linie der fünf Rumpfquerschnitte, die über die Kontur der Seitenansicht leicht hinausstehen sollten, um einen einfachen Zugriff zu erhalten. Blenden Sie anschließend über die Layerschaltung die Hintergrundbilder aus. Das sieht schon ganz übersichtlich aus. Neben diesem Gedanken macht sich aber auch die Unsicherheit breit, ob die Höhe unserer Ansichten in die Grenzen hineinpasst, die

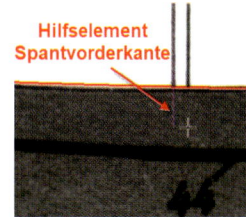

durch die Seitenansicht vorgegeben sind. Das können wir nur prüfen, in dem wir die Spanten mit ihren Mittellinien im Raum *verschieben*. Damit ist das Stichwort schon gefallen: Sie finden die Funktion natürlich wieder im *Edit*-Bereich. Fangen Sie mit dem hintersten Spant an, dann versperrt Ihnen im Weiteren nichts die Sicht. Zur Sicherheit sollten Sie noch prüfen, ob Sie eventuell noch in der 2D-Oberfläche sind.

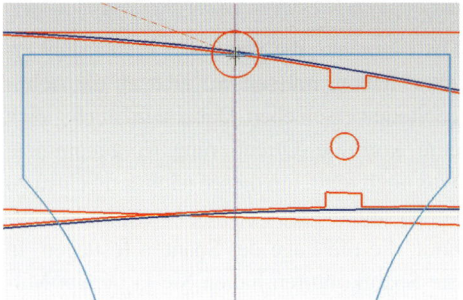

Nach Auswahl der Objekte fangen Sie die Elemente am *Schnittpunkt* der Mittellinie mit der oberen Waagrechten. Dieser Punkt ist dann an entsprechender Stelle in der Seitenansicht abzulegen. Bei der ersten „Anprobe" werden Sie jedoch erkennen, dass der Spant besser in Höhe der Flügeloberseite abzusetzen ist, da damit die Länge unten besser passt. An die Spantkontur muss daher später noch eine Rundung angesetzt werden, in die die Rumpfröhre auslaufen kann. Sie sehen, wir malen hier nicht, sondern konstruieren! Klicken Sie aber jetzt noch nicht, sondern lassen Sie uns über die gleichzeitige Drehung im Raum nachdenken. Drehen Sie dafür die ganze Szene mit *gedrücktem Mausrad* in eine Perspektive, die Ihnen die Übersicht erleichtert.

Ihnen ist vielleicht schon aufgefallen, dass am Mauscursor nicht nur die ausgewählte Kontur hängt, sondern auch ein roter Kreis. Dieser stellt die Bezugsebene Ihrer Elemente dar. Ohne weiteres Zutun ist diese automatisch die aktuelle Arbeitsebene. Zusätzlich bieten sich in der Statuszeile eine ganze Reihe von Optionen an, die den Umgang mit den Elementen an der Maus betreffen. Für uns ist in diesem Moment das Werkzeug *Positionieren Zielebene* interessant. Wenn Sie daraufklicken bzw. die Leertaste drücken (nur wenn das rote Dreieck darauf zeigt) öffnet sich ein Dialog, der Ihnen Möglichkeiten anbietet, eine Ebene als Zielebene zu definieren. Sie kennen die Icons bereits aus einem anderen Zusammenhang. Die Möglichkeiten der Definition einer Ebene sind bei den Arbeitsebenen exakt die gleichen und Sie werden diese Methoden auch noch in anderem Zusammenhang wieder antreffen (Definition von Projektionsebenen, Schnittebenen, usw.). Im Menü ändert sich jeweils nur die Überschrift. In unserer Definition ist es die *YZ-Ebene* (Seitenansicht), in die der Spant wandern soll. Nehmen Sie sich ggfs. die Darstellung des globalen Achsensystems zur Orientierung.

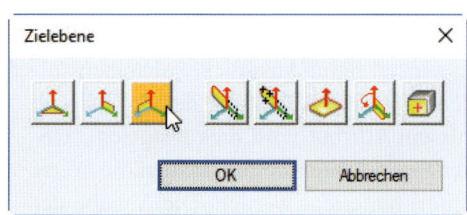

Nach dem *OK* finden Sie Ihren Spant schon gekippt vor, nur kann es sein, dass die Lage im Raum von Ihren Vorstellungen abweicht. Dies hängt jeweils davon ab, wie die Achsensysteme orientiert sind. MegaCAD/MegaNC nimmt schlicht eine Synchronisierung der Achsen vor und so kann es passieren, dass die Bezugsebene (x-y) um 90° zur Zielebene und deren x- und y-Richtungen gekippt waren. Dass muss einen „alten Hasen" wie Sie jetzt nicht aus dem Konzept bringen. Erinnern Sie sich noch an das Vorgehen zum Drehen von Elementen, die an der Maus hängen?

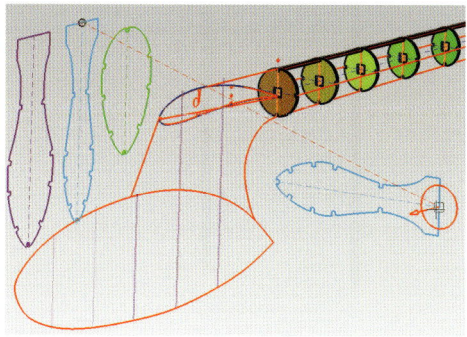

In der Statusleiste finden Sie die Winkelangaben für die Schrittweite und eine ausgeführte Drehung. Mit einer Schrittweite von 30° (*Pfeiltaste rechts*) ist eine Ausrichtung der Kontur mit mehrmaligem Drücken der Taste *Pfeil nach oben* bzw. *nach unten* vorzunehmen. Die endgültige Ablage der Kontur erfolgt dann mit der Fangoption *Schnittpunkt* an der Rippenoberkante des symbolisch dargestellten Flügelprofils. An diesem und dem nächsten Spant werden wir zu einem späteren Zeitpunkt auch noch die Anbindung der beiden Anschlussrippen vorsehen und vor allem die Mechanik für die Flügelsteuerung integrieren. Diese Arbeitsschritte stellen wir bewusst zurück, damit wir noch ein schönes Beispiel zur Verfügung haben, um die Änderungsfunktionen im 3D kennenzulernen.

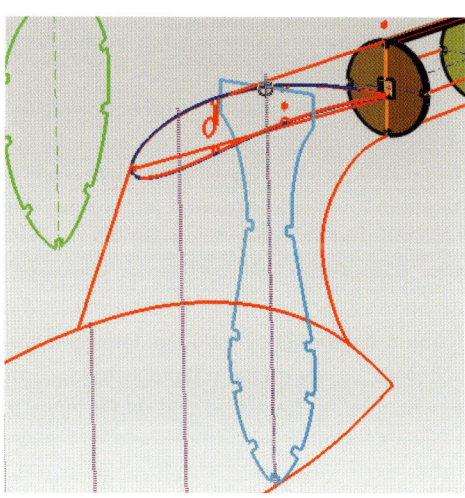

EXTRAMELDUNG!

In den Menüs für die Layer- und Gruppensteuerung bzw. -auswahl können Sie ja zwischen der Listendarstellung und der Diavorschau wechseln. Diese kleinen Bildchen können Sie mit der Maus anklicken, um einen Layer oder Gruppe zu aktivieren. Ein erneuter Klick auf das gleiche Fensterchen zoomt den Inhalt in maximaler Größe heran, bzw. stellt den Inhalt exakt an der Position der Gesamtzeichnung dar, an der er tatsächlich platziert ist. Probieren Sie es aus.

Jetzt geben Sie dem Spant mit der Funktion *Gerades Prisma* eine Dicke von 4 mm. Stück für Stück wächst so das Rumpf-Innenleben vor Ihnen als Belohnung für die Anstrengungen. Mit den Spanten 1-4 verfahren Sie auf die gleiche Weise. Bei den vorderen Querschnitten müssen Sie beim Festlegen des Bezugspunktes mit der Fangmethode *Konstruktionspunkte* arbeiten und den Punkt in Höhe des Ausschnitts der Kiefernleiste anloten lassen. Wir hatten uns am Anfang dieses Arbeitsschrittes Hilfslinien in unserer Konstruktion abgelegt, die wir jetzt wieder entfernen können. Nutzen Sie dazu die Funktion *Löschen* mit der Auswahlmethode *Layer* im seitlichen

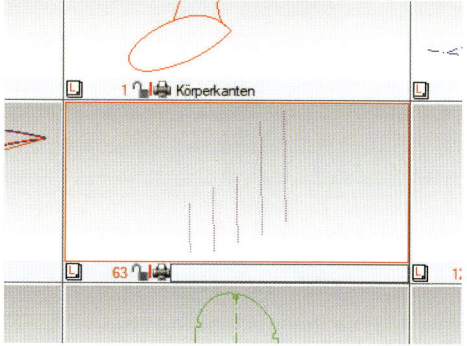

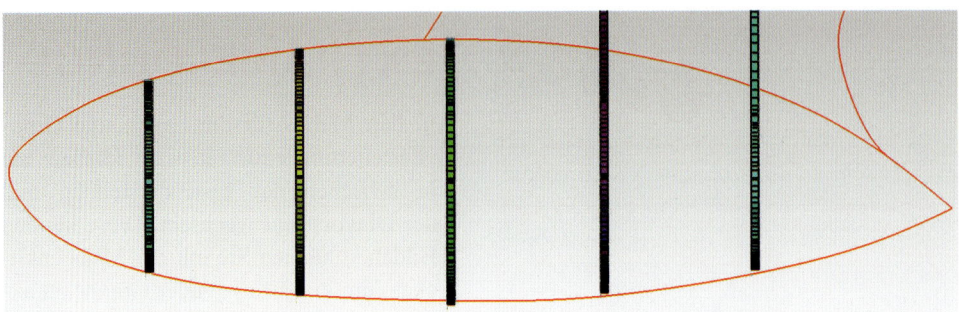

Hilfsmenü (bzw. oben in der fluent-Oberfläche). In der Listenansicht (Struktur) scrollen Sie bis zum Layer 63 und klicken dort auf die Zahl, woraufhin sich das Layer-Symbol vorn rot färbt. Bevorzugen Sie die Darstellung als Dia-Vorschau (Ansicht), dann erkennen Sie direkt die Anordnung der Hilfslinien im Ansichtsfenster. Die Auswahl durch das Anklicken der Layernummer ist natürlich in beiden Optiken die gleiche. Das OK-Feld führt dann den Befehl aus.

Sie haben vielleicht versucht, die Prismen aufzuziehen, indem Sie mit der Auswahlmethode *Fläche* innerhalb der Spantgeometrie geklickt haben. Der Erfolg wird damit leider nicht auf Ihrer Seite gewesen sein, da die Mittellinie hier eine unerwünschte Abgrenzung darstellt, die Sie zuerst ausblenden müssten. Die Alternative ist wieder das Anklicken der Kontur an der Außenseite. Eine Unterscheidung von Mittellinie und Außenform ist über Layer nicht möglich, sodass nur die Methode der *Unsichtbarkeit – Einzelne unsichtbar machen* in Frage kommt. Zur schnellen Selektion wäre wieder *Auswahl Attribute* zu nennen, um über die Eigenschaft Mittellinie (*Stift 4*) und *Als Filter* den Auswahlbereich einzuschränken. Bild 4.7 zeigt eine Perspektive des augenblicklichen Standes der Konstruktion von schräg vorne. Sie erkennen meine Schwäche für Farben. Diese „Regenbogentechnik" hilft mir während der Konstruktion den Überblick zu behalten. Vielleicht geht es Ihnen ähnlich. Für eine seriöse Darstellung kann man jederzeit mit wenigen Klicks zu einer anderen Farbgebung kommen.

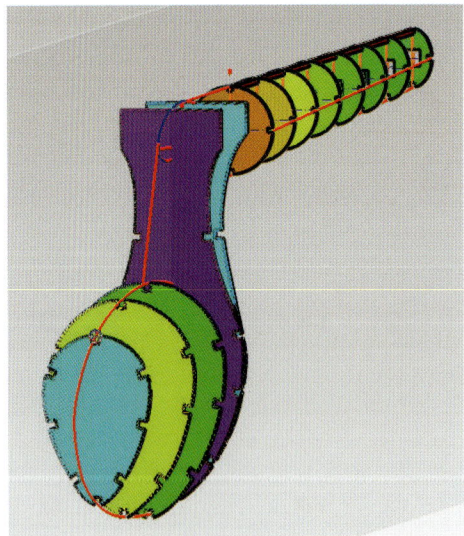

Bild 4.7: Die Rumpfspanten aufgereiht.

Wenn Sie mit diesem Ergebnis jetzt die Ansicht wechseln, um den Rumpf von der Seite zu sehen (in unserer Arbeitsweise im Moment die Vorderansicht – wir werden das bei Gelegenheit ändern) werden Sie feststellen, dass sich die an der oberen Kurve angesetzten Spanten unten nicht perfekt an die Kontur halten. Dies ist dem Umstand geschuldet, dass wir einem handgestrakten, alten Bauplan gefolgt sind und damit gewisse Ungenauigkeiten in Kauf genommen haben.

Gerade Spant 3 hält sich nicht so richtig an die Regeln und die Nummer 4 und 5 machen sich dagegen etwas klein. Nachdem unser Kapitel Edit-Funktionen im 3D-Raum heißt, wollen wir uns der Sache annehmen. Dabei können Sie kennenlernen, dass die Werkzeuge zur Modifikation von bestehenden Elementen auch im 3D anwendbar sind. Wir beschränken uns hier der Einfachheit halber auf die Höhe des Spants und werden anschließend die Breite gesondert überprüfen.

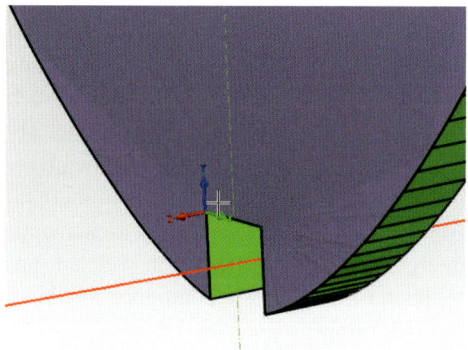

Um herauszufinden, um welches Maß die Geometrie verkleinert werden muss, legen Sie die Arbeitsebene auf die Vorderseite von Spant 3. Dabei ist es hilfreich, den Mausklick für das Festlegen der *AE über Sichtstrahl* knapp über der Oberkante des unteren Ausschnitts für die Kiefernleiste zu machen. Damit stellen Sie sicher, dass die Achsen parallel zu unseren Hauptachsen liegen. Dementsprechend arbeiten die Bemaßungsfunktionen wie gewohnt. Diese benötigen wir jetzt, um das Ist- und das Sollmaß zu ermitteln. Liegt Ihr Achsensytem wie in Bild 4.8 zu sehen, dann benötigen Sie eine *vertikale Bemaßung*, die Sie im *Bemaßungshauptmenü* finden. Das Maß von der Unterkante bis zum oberen Ausschnitt (Istmaß) legen Sie sich ab, um dann noch das Sollmaß vom unteren Spline bis zum identischen oberen Punkt zu ermitteln. Die Differenz in meinem Beispiel be-

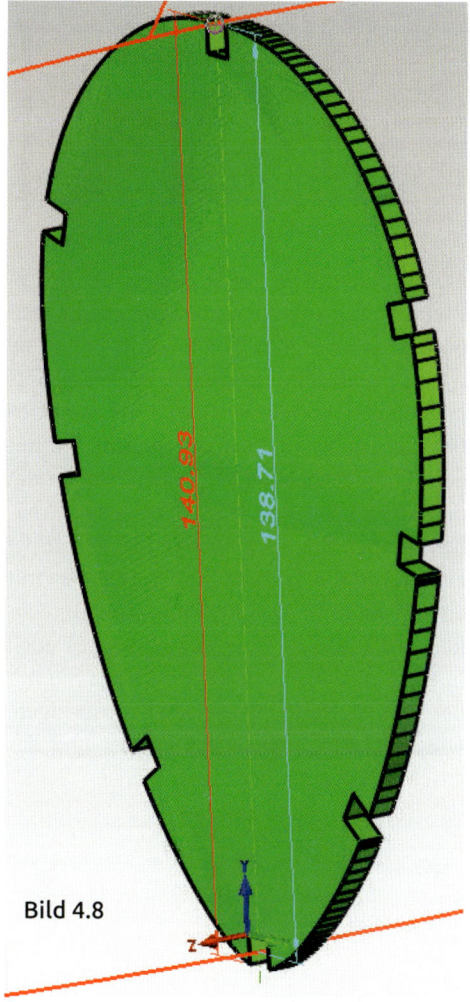

Bild 4.8

trägt immerhin 2 mm – zu viel, um es später in der Praxis wegzuschleifen. Jetzt kommt die Skalierenfunktion ins Spiel, die – wie wir gleich beobachten werden – schnell anzuwenden ist, aber einen gravierenden Nachteil hat. Im Edit-Menü gestartet will diese von Ihnen wissen, um welches Element es sich handelt. Spant 3 leuchtet kurz rosa auf, bevor nach dem Rechtsklick nach dem Bezugspunkt gefragt wird. Dieser ist der *Schnittpunkt* der Mittellinie mit dem oberen Spline. Nun erfolgt die Abfrage nach dem Skalierungsfaktor. Die Höhe,

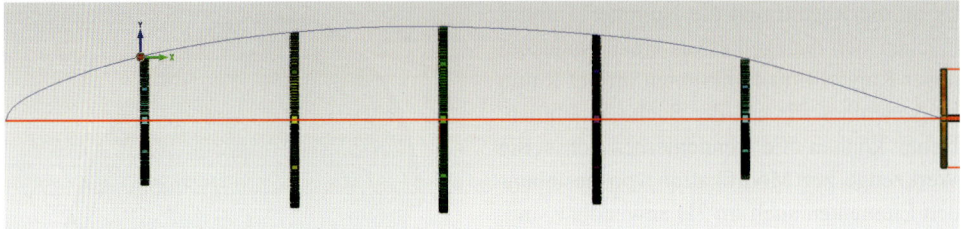

die wir verändern wollen, entspricht der y-Richtung im Achsensystem. Für uns kommt nur das inhomogene Skalieren in Frage, da wir ja die Breite und die Dicke des Spants unverändert lassen wollen. Den y-Faktor für die Größenveränderung geben wir mit dem Quotienten aus den beiden Maßen an, die wir uns auf den Bildschirm gesetzt haben. Tippen Sie also einfach *132,71/140,93* ein. Durch die größere Zahl geteilt bewirkt einen Faktor <1. Das Ergebnis Ihrer Berechnung ist 0,984247. Sie bekommen es auch in der Eingabezeile angezeigt, wenn Sie mit der Tabulatortaste ins nächste Feld springen. Die *OK*-Taste schließt das Fenster und das anschließende Drücken des obersten Schalters (n = 0) lässt den Spant schrumpfen.

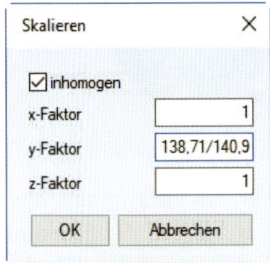

Ein Kontrollblick von der Seite zeigt uns, dass der Verlauf aus dieser Ansicht jetzt schon erheblich besser ist. Wie sieht es nun von oben aus? Wechseln Sie dazu die Blickrichtung und Sie bekommen zumindest einen vagen Eindruck vom Verlauf. Genauer geht es, wenn Sie sich auch aus dieser Sicht einen Spline zur Kontrolle einzeichnen. Dazu ist es notwendig, auch die Arbeitsebene entsprechend zu wechseln. In dieser zeichnet es

sich dann wieder, wie auf dem Papier und Sie können die äußeren Punkte der Spante mit Fangen frei anklicken, um zu beobachten, wie sich die Kurve anschmiegt.

Das sieht recht harmonisch aus. Sorgen müssten wir uns machen, wenn der Spline hier aufschwingen würde. Das würde auch dem Sperrholz später eindeutig zu viel abverlangen. Sie sehen, wir behalten die „Baubarkeit" unserer Konstruktion immer im Auge. Bevor wir aber jetzt hier weiter optimieren, will ich Ihnen zeigen, welchen unschönen Effekt dieses inhomogene Skalieren mit sich bringt.

4.5.4 Der feature tree

Werfen wir gemeinsam einen Blick in den feature tree, den wir bisher nur kurz erwähnt hatten, ohne jedoch auf die zentrale Stellung dieser Einrichtung explizit einzugehen. Es ist ein Eigenschaften-Baum, der die Geschichte Ihrer 3D-Konstruktion dokumentiert. Sie finden ihn am rechten Bildschirmrand. Falls er dort nicht sichtbar sein sollte, lässt er sich leicht mit einer Schaltfläche in der Menüleiste oben ein- oder ausblenden. Sollten dort noch die Menüs für ‚Baugruppen einfügen' und/oder ‚Bearbeitung einfügen' aktiv sein, dann können Sie diese guten Gewissens ausblenden. Das macht die Sache übersichtlicher.

Sie finden dort bereits eine ganze Reihe von Einträgen, die – insofern Sie diszipliniert gearbeitet haben – mit verständlichen Texten auf die einzelnen Bauteile verweisen. In mei-

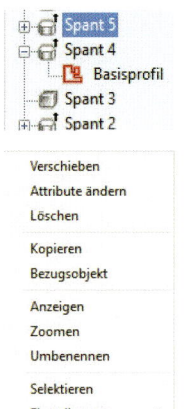

nem Tree fällt auf, dass es an einer Stelle (gerades Prisma) mit der Disziplin nicht so weit her war. Das ist in diesem Beispiel nicht weiter tragisch, aber stellen Sie sich vor, es gäbe nur diese „geraden Prismen". Mit der Übersicht und der Einfachheit, sich in der eigenen Konstruktion zurecht zu finden wäre es dann schnell vorbei. Natürlich können wir die Einträge auch editieren, falls einmal ein Fehler unterlaufen ist oder sich Dinge inhaltlich geändert haben. Die Reihenfolge der Bauteile im Tree entspricht der Abfolge der Entstehung. Wenn Sie jetzt einfach testweise einzelne features mit der Maus markieren werden Sie sehen, dass diese im Konstruktionsbereich hervorgehoben werden. Hier im Baum greifen auch die bekannten Bedienfolgen, die Sie aus dem Windows-Explorer kennen. Markieren Sie den Ausreißer „gerades Prisma" und drücken dann die rechte Maustaste. Das hier erscheinende Kontextmenü bietet Ihnen eine Vielzahl von Optionen, was Sie mit dem markierten Objekt machen können. Beginnen wir mit Umbenennen, das den Text in den Editiermodus bringt. Taufen Sie das Prisma auf den Namen Spant 5 und alle Ihre bisherigen 3D-Geschöpfe stehen auch namentlich in Reih' und Glied.

Weiterhin fällt auf, dass Spant 3 als einziger nicht mit einem + -Symbol ausgestattet ist. Wie zu erwarten, öffnet das Zeichen durch einen Mausklick die darunterliegende Baumstruktur. Sie werden sehen, dass alle am Bildschirm sichtbaren Elemente aus einem Basisprofil entstanden sind. Das ist die Eigenschaft (feature) des Bauteils, das hier in seiner Entstehung dokumentiert ist. Nur für Spant 3 trifft dies nicht zu. Ein Rechtsklick auf diesen Eintrag bringt dann auch zutage, dass hier der Bezug zur Historie verloren ging. Zu erkennen ist das an dem fehlenden Eintrag Editieren. Das bedeutet, dass dieses Bauteil vergessen hat, wie es entstanden ist und daher eine einfache Veränderung des features nicht möglich ist. Sie vermuten richtig, dass dies auf unsere Skalieren-Aktion zurückzuführen ist. Durch das inhomogene Verändern der Größe ist es zu diesem Verlust gekommen. Dies muss nicht unbedingt ein Problem sein, da es noch genügend andere Wege gibt, mit diesem Objekt sinnvoll weiter konstruieren zu können. Man muss im Einzelfall entscheiden, ob man solch einen Verlust gegebenenfalls auch bewusst in Kauf nehmen möchte.

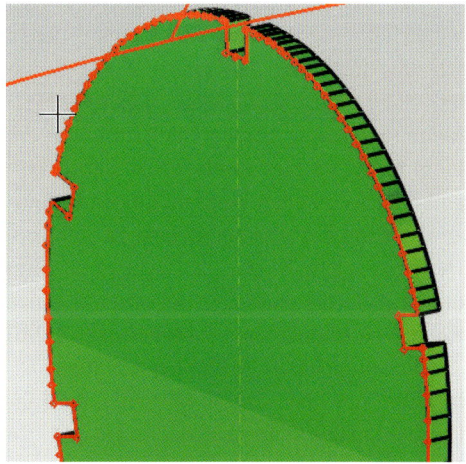

Um jetzt Spant 3 wieder Leben einzuhauchen, zeige ich Ihnen, wie Sie dieses einfach aufgebaute Objekt wieder erneuern können. Starten Sie dazu die Funktion *Polyline zusammenstellen* im *Linienmenü* und wählen Sie aufbauend auf den Attributen des 3. Spants (*Attribute übernehmen*) eine markante Farbe. Damit klicken Sie die Kontur des Spantes von außen an und bekommen dafür eine neue Polylinie, die Sie für die Erstellung eines neuen Bauteils als gerades Prisma (namentlich Spant 3) nutzen.

Eine kleine Erweiterung Ihres Kenntnisstandes sei an dieser Stelle gleich noch mit eingebracht. Im Moment der Anwahl der Prismenkontur erscheint in der Statuszei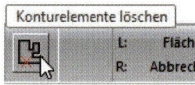le ein Optionsicon, das es Ihnen erlaubt, die *Konturelemente zu löschen*. Gemeint ist damit, dass im Moment der Entstehung des Volumenkörpers die dafür ausgewählte Skizze (2D-Kontur) gelöscht wird. Dazu muss das Icon angeklickt werden (hotkey: Leertaste). Es erinnert an seinen aktuellen Schaltzustand durch eine orangefarbene Hervorhebung der Schaltfläche. Ein Seitenblick in den feature tree zeigt Ihnen die Rückkehr von Spant 3 als letzten Eintrag in der Liste.

Der feature tree bietet aber noch viel weiterführende Möglichkeiten, von denen wir uns jetzt eine am Beispiel der Spanten 4 und 5 ansehen wollen. Neben der Tatsache, dass diese beiden Bauteile unten ein klein wenig zu kurz sind, sollen sie im Flügelbereich verändert werden, um die Anbindung der Anschlussrippe zu integrieren. Ein Blick ins *Layermenü* zeigt uns, dass sich inzwischen schon eine ganze Reihe von Ebenen angesammelt haben. Mit der Schaltfläche *AUS* können Sie alle ausblenden, um dann durch explizites Anwählen von Layer 8 (Rippendarstellung) und 124 (Spant 4) diese exklusiv anzuzeigen. Das schafft Übersicht – auch im seitlichen tree. Die Anzeige dort folgt den Layereinstellun-

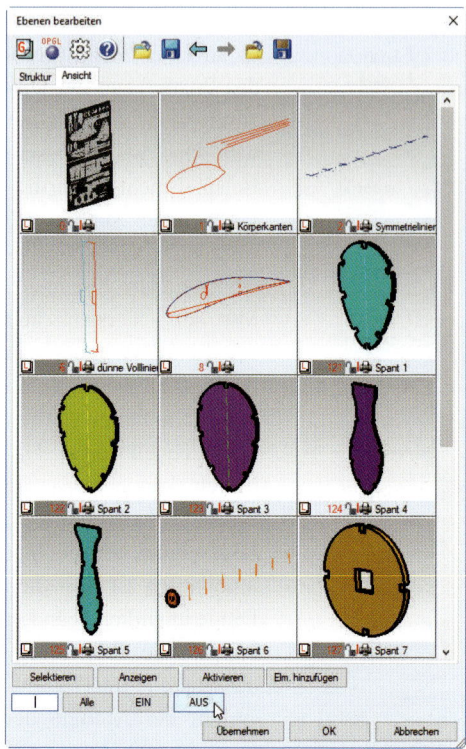

gen. Klicken Sie nun mit der RMT auf den Spant 4, dann ist es ein Leichtes mit der Option *Profil editieren* die bereits gelöschte Entstehungskontur des Bauteils zurückzuerhalten. Machen Sie es sich leicht und wählen eine kräftige, kontrastreiche Farbe. Im Menü können Sie erkennen, dass auch alle anderen Attribute noch zu definieren sind. Den Layer gleich auf Nummer 124 zu setzen ist sinnvoll, da anschließend dann gleich auf diesem weitergearbeitet wird. Zusätzliche Attribute zu wählen ist aber in der Regel nicht notwendig, da die Kontur ja nur vorübergehend

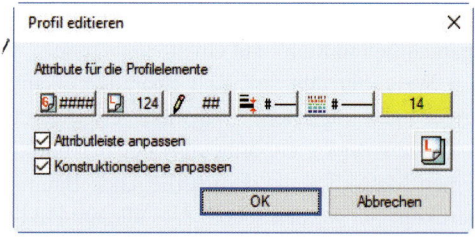

für die gewünschten Änderungen am Schirm bleiben soll. Dagegen kann die Anwahl der beiden Optionen *Attributleiste anpassen* und *Konstruktionsebene anpassen* hilfreich sein, um gleich für die folgenden Arbeitsschritte gerüstet zu sein. Mit dem Schließen des Fensters (*OK*) liegt die Kontur gelb leuchtend auf dem Spant und das Schimmern auf der Spantoberfläche deutet auf die Arbeitsebene hin, die vom System exakt in diese Fläche gelegt wurde. Oben in der Attributleiste sind die gewünschten Einstellungen bereits für Sie definiert.

Drehen Sie jetzt Ihre Konstruktion etwas mit gedrückter mittlerer Maustaste. Sollte es passieren, dass die Bauteile dabei aus dem Bildschirm auswandern, dann können Sie dies verhindern, indem Sie beim Drehen gleichzeitig die Shift-Taste gedrückt halten. Um die Drehung dauerhaft um einen bestimmten Punkt auszuführen können Sie diesen Drehanker auch mit *Drehen Bezugspunkt* festlegen. Sie werden beobachten, dass die Länge der Gerade oben am Spant, an der die Rippen angesetzt werden soll, für das von uns gewählte Profil zu kurz ist. Damit sind wir wieder beim Thema Konstruktion und eben nicht nur beim Abzeichnen! Die benötigte Länge holen wir uns an der symbolischen Flügeldarstellung in der Mittelebene. Dazu zeichnen Sie eine Linie zwischen die Schnittpunkte der inneren Flügelkontur mit der Mittellinie ein. Diese Länge benötigen wir nun außen am Spant. Zusätzlich wollen wir die Linie gleich um 3° kippen, um die gewünschte V-Form von insgesamt 6° am Flügel zu erreichen. Nutzen Sie dazu die Kopieren-Funktion im *Edit-Menü*. Sobald die Maus in die Nähe der Linie kommt erscheint eine kleine Zahl 3 am Cursor.

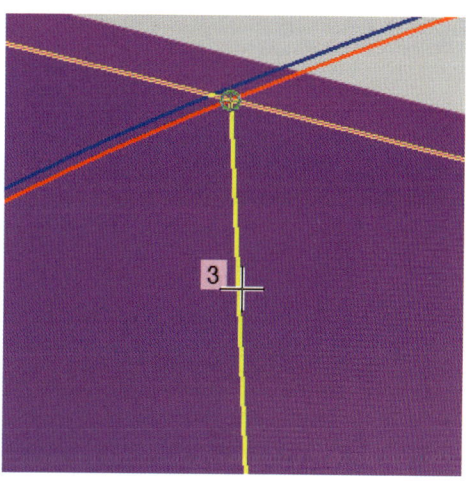

Die Software teilt Ihnen damit mit, dass im Umkreis der Pfeilspitze drei Elemente erfasst werden. Fahren Sie in dieser Situation mit der Maus leicht nach links, dann wird eine Auswahl eingeblendet, die Ihnen hilft, das korrekte Element zu selektieren. Während Sie über die drei hier vorgeschlagenen Bauteile fahren, wird es im Hintergrund rosa hervorgehoben. Ein Klick auf einen der Einträge nimmt die Auswahl vor.

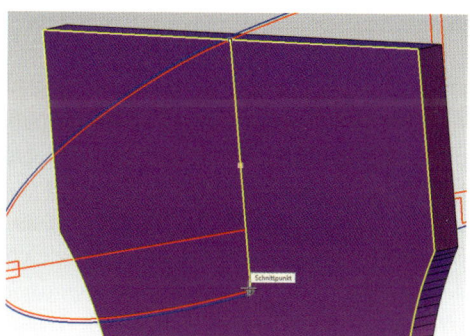

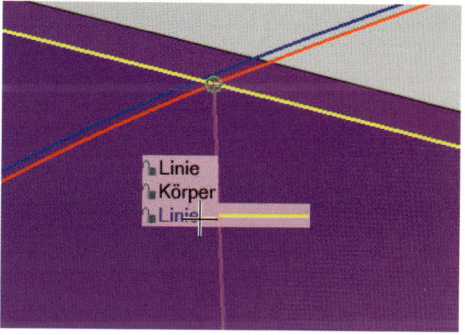

113

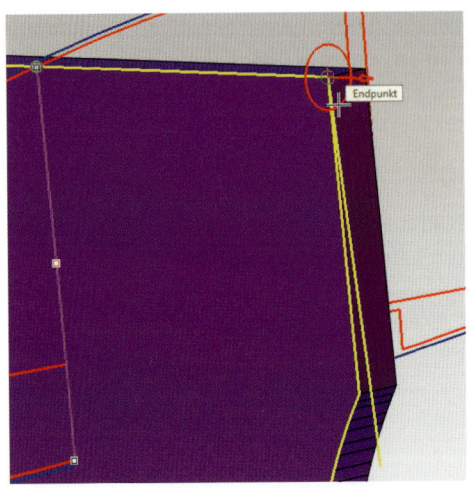

Danach geht es wie gewohnt weiter, indem der Bezugspunkt abgefragt wird. Der obere *Endpunkt* bietet sich hier an. Damit hängt die Linie am Cursor. In diesem Moment erscheint in der Statusleiste wieder die Reihe von Optionsicons und die online-Drehfunktion, die Sie bitte mit den Pfeiltasten *links/rechts* auf eine Schrittweite von 1° einstellen und dann eine Drehung von 3° ausführen (drei Mal klicken). Das funktioniert nur, weil wir die Arbeitsebene genau in der passenden Lage haben. Die Platzierung erfolgt dann auf dem Endpunkt der äußeren Senkrechten. Damit wird eine Kopie der Linie erzeugt und ein weiteres Exemplar bleibt an der Maus hängen, um ein weiteres Duplikat zu erstellen. Dieses benötigen Sie auch auf der anderen Spantseite. Natürlich wäre jetzt ein zurückdrehen um insgesamt 6° möglich, lassen Sie uns aber die Gelegenheit nutzen, eine neue Funktion kennenzulernen. In der Reihe der immer noch sichtbaren Optionsicons am unteren Bildschirmrand befindet sich auch *Spiegeln senkrecht*, das wiederum nur einsetzbar ist, weil die AE korrekt gewählt ist. Wenn Sie sich dem Icon nähern, wird der rote Markierungspfeil (in der fluent-Oberfläche die rote Umrandung) dorthin verschoben. Das Symbol kann direkt hier ge-

klickt werden, jedoch ist die Linie in diesem Moment außerhalb des Bildschirms. Damit erleben Sie nicht die Wirkung der Funktion. Für besser halte ich es daher, nur die Markierung anzubringen und dann mit der Maus in die Zeichenfläche zu gehen. Das Spiegeln führen Sie dann mit dem hotkey *Leertaste* aus. Das gilt für alle unten erscheinenden Werkzeuge, sobald sie mit dem roten Pfeil markiert sind. Das Verschieben des Pfeils können Sie auch mit der Tabulator-Taste vornehmen, damit sparen Sie sich einen weiteren Verfahrweg der Maus. Ich gebe zu, dass das nicht gleich am ersten Tag so eingesetzt werden muss, weise aber gerne darauf hin, wo im Programm Potential steckt, schnell und effektiv zu arbeiten.

An der Länge der Linien, das heißt an der dort tatsächlich vorliegenden Profildicke, erkennen Sie, dass wir mit den bisherigen Arbeiten kräftig daneben lagen. Am besten zu sehen ist das, wenn Sie die Blickrichtung anpassen und frontal auf den Spant blicken. Eine der Hauptprojektionsrichtungen wäre hier anwendbar, jedoch liegt neben diesen eine interessante, weil flexiblere Methode. *Ansicht – Arbeitsebene* hilft in vielen Situationen mit einem einzigen Mausklick exakt senkrecht auf die AE zu blicken.

Jetzt gilt es, eine Verbindung von der Profilunterseite zur Spantkontur herzustellen. Im *Bogenmenü* finden Sie dazu eine gestalterische Arbeitsmethode, die einen *Kreisbogen über 3 Punkte* erstellt. Punkt 1 ist das untere Linienende (*Endpunkt*), Punkt 2 legen Sie mit der Fangmethode *Element* so auf die Spantkrümmung, dass sich ein möglichst tangentialer Übergang bildet, der mit dem 3. Punkt (Fangen *frei*) bestätigt wird. Der Bogen darf dabei gerne überstehen. Sie können ihn gleich anschließend mit *Aufbrechen automatisch* (Hotkey *y*) wegknipsen. Nach dem Been-

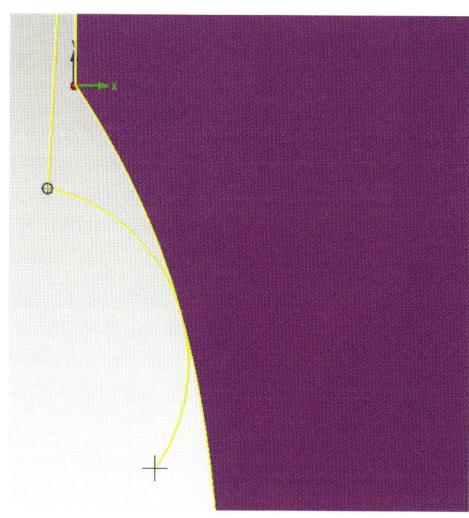

den der Bogenfunktion können Sie das Objekt per *drag&drop* markieren und am oberen Ende mit gedrückter Shift-Taste aufnehmen. Sobald das Element am Cursor hängt kommen wieder die Optionen in der Statusleiste hinzu und Sie spiegeln den Bogen einfach auf die andere Seite. Das Ablegen erfolgt über Fangen *Endpunkt* mit gedrückter *Strg*-Taste. Diese bewirkt das Erzeugen einer Kopie des Elements. Jetzt haben Sie bereits eine neue Geometrie für den Spant kreiert. Doch, bevor Sie diese als Basiskontur für das neue 3D-Objekt nutzen, machen wir noch eine weitere Veränderung.

Ich empfinde es immer als sehr angenehm, wenn man aus der CAD-Konstruktion heraus die wichtigen Dinge so fixiert, dass man beim Bau keinen Fehler mehr machen kann. Zu diesem Zeitpunkt der Arbeit betrifft dies die EWD. Die CNC-Technik macht es uns einfach Frästeile so zu erstellen, dass sie wie ein Puzzle zusammengefügt werden können. Das ermöglicht einen schnellen und sicheren Aufbau der Struktur. Wir sehen also am Spant 4 einen Zapfen vor, auf den später die Anschlussrippe aufgesteckt werden kann. Die Rippe soll aus einem 4-mm-Sperrholz gefertigt werden, also sehen wir einen Zapfen von 4 × 10 mm vor. Dieser muss natürlich auch um 3° geneigt liegen. Bei der vorliegenden Arbeitsebene könnten wir das mit Parallelen und Lotlinien konstruieren. Lassen Sie uns aber lieber einen anderen Weg gehen, bei dem Sie gleich wieder etwas Neues erfahren und üben können.

Die 2D- und 3D-Elemente orientieren sich immer am gewählten Achsensystem. Um beispielsweise ein Rechteck als fertige

Form für unsere Aufgabenstellung nutzen zu können, müssen wir die AE der Schrägen anpassen. Solange wir noch keinen 3D-Körper mit dieser schrägen Ausrichtung haben können wir dies mit *Arbeitsebene – 3 Punkte* bewerkstelligen. Die ersten beiden Mausklicks definieren die x-Achse, der 3. Punkt richtet dann die Ebene aus.

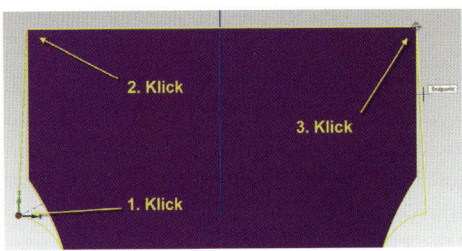

Im *Linienmenü* starten Sie jetzt die Form *Rechteck* mit den Werten *10 × 4 [mm]*. Sie können beobachten, dass die Figur sich gleich an der Schrägen ausrichtet. Mit der Leertaste können sie umgreifen, um die Mitte der langen Kante auf dem *Mittelpunkt* der Anschlusskante zu platzieren.

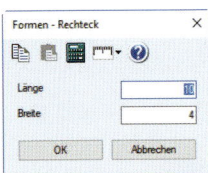

Bisher haben wir alle Funktionen immer nacheinander ausgeführt. MegaCAD/MegaNC bietet aber auch die Möglichkeit, Befehle zu schachteln. Das ist hier eine gute Gelegenheit, dies einmal auszuprobieren. Nach Ablage der Zapfenkontur links hängt – wie Sie das ja schon gewohnt sind – eine weitere Form am Cursor. Fahren Sie einfach mit diesem Anhängsel hoch in die Menüleiste und starten Sie zusätzlich nochmals die *Arbeitsebenenbestimmung über 3 Punkte*.

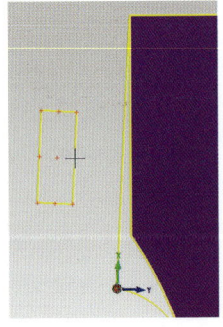

Das Rechteck wird inzwischen einfach am Bildschirm geparkt. Sind die beiden Achsen x und y (grün und blau) wieder definiert, dann erwacht die Form wieder und bietet sich gleich zur Ablage an. Wie zu erwarten hat es die Neigung der rechten Linien angenommen. Mit dem Absetzen des zweiten Zapfens sind unsere Modifikationen an der aus dem feature tree editierten Kontur vorerst abgeschlossen. Jetzt gilt es noch, den Volumenkörper anzupassen.

Im feature tree sind der Spant 4 und seine Basiskontur zu sehen. In beiden zugehörigen Kontextmenüs finden Sie den Befehl *Profil ersetzen*. Der *Flächenfang* ist schon voreingestellt und damit können sie knapp außerhalb der neuen Kontur klicken, um dem System mitzuteilen, dass dies die neue Ausgangsgeometrie ist. Als Rückmeldung wird Ihnen die ermittelte Kontur wieder rot hervorgehoben dargestellt. Sie kennen das schon aus anderen Funktionen. Nach dem Rechtsklick stellt sich Spant 4 angepasst dar. Die 2D-Konturen können Sie der besseren Übersicht wegen jetzt unbeschwert entfernen. Sie wissen ja, dass diese zu jedem Zeitpunkt wieder hervorzuholen sind. Zu einem späteren

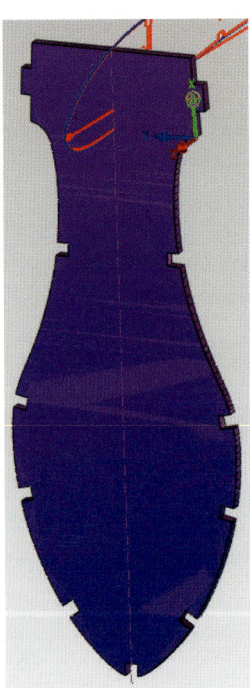

Zeitpunkt werden wir dem Spant noch Ausschnitte zur Erleichterung und zur Integration der Fernsteuerkomponenten zufügen, wenden uns aber zunächst den Anschlussrippen zu.

4.5.5 Ausrichten von Körpern

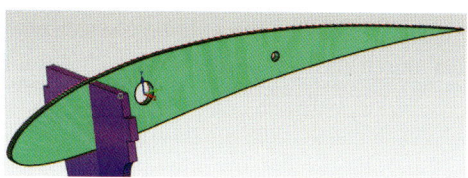

Ausgangspunkt ist die innere Kontur der Rippe, das heißt die Geometrie, die den Abzug der 0,4 mm dicken Beplankung berücksichtigt. Die zu konstruierende Anschlussrippe sollte aber außer den beiden Bohrungen für die Steckung keine Ausschnitte aufweisen. Holen Sie sich daher die Attribute der Kontur und schließen Sie die Öffnungen (Nasenleiste, Holme) mit kleinen Linienstücken. Zur besseren Handhabung ist das Ausblenden der Außenkontur und der Sehne über die Unsichtbarkeit zu empfehlen. Mit einem neuen Layer und einer schönen Farbe ausgerüstet ziehen Sie jetzt das Profil mit einer Dicke von 4 mm auf (*gerades Prisma* von 0 bis 4 [mm]). Nach dem ersten Mausklick leicht außerhalb der Profilkontur folgen dieses Mal zwei weitere innerhalb der beiden Kreise, um die „Inseln", das heißt die Ausschnitte im Körper zu berücksichtigen. Natürlich liegt unser Objekt noch an der falschen Stelle, aber gerade das wird in diesem Kapitel das Thema sein.

Um die ersten Schritte zum Ausrichten von Körpern im Raum zu machen, sollten Sie die Arbeitsebene auf die Rippe legen. Gerade Kanten für eine vernünftige Ausrichtung der Achsen sind bei diesem Objekt Mangelware. Da bietet es sich an, mit dem Sichtstrahl in die Nähe des Kreisausschnittes zu klicken. Aufgrund der getroffenen Flächen ist die Ebene schnell definiert, die Achsen springen durch die gekrümmte Kontur des Kreises auf dessen Mittelpunkt und gleichen sich soweit möglich dem globalen System an. Ideal für unsere nächsten Übungen.

Starten Sie die *Verschieben*-Funktion und wählen Sie als Bezugspunkt den oberen *Schnittpunkt* der Rippengeometrie mit der Mittellinie des Spants. Von diesem Punkt wissen wir, wo er nach der Transformation zu liegen kommen soll. Senken Sie den Blick und freuen Sie sich über die vielen Möglichkeiten, die die Statuszeile für Sie bereithält.

Die Bezugsebene, in der das Element an der Maus gelagert ist, haben wir durch das Setzen der Arbeitsebene bereits definiert. Zu erkennen ist das an dem roten Kreis, der am Mauscursor die Ebene symbolisiert, die für die Rippe im Augenblick die x-y-Ausrichtung darstellt. Natürlich könnte bei Bedarf auch diese Bezugsebene in diesem Augenblick angepasst werden. Das nächste Icon definiert die Zielebene. Mit dieser Funktion wollen wir uns beschäftigen, um die Rippen in die korrekte Position zu bringen. Ist das Icon mit dem roten Pfeil markiert, dann genügt es, die *Leertaste* zu drücken, um den Ablauf zu starten. Es kommt ein Menü zum Vorschein, das Symbole anbietet, die Sie bereits aus anderem Zusammenhang kennen. Es handelt sich um die Bestimmung von Ebenen, für die die Software mehrere Methoden zur Verfügung stellt. Wir wissen, wohin die Rippe versetzt werden soll, und können an dieser Stelle die räumliche Lage einer Fläche abgreifen, um das Kippen der Rippe auszulösen.

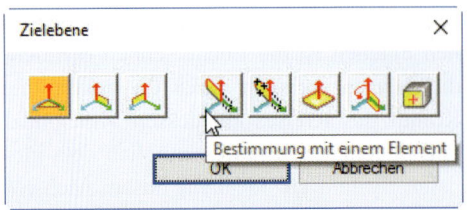

Über *Elementkanten* bestimmen Sie eine Ebene im Raum. Die Software wird dann die x- und y-Achsen von Bezugs- und Zielebene in Deckung bringen und damit das Bauteil nach Ihren Wünschen ausrichten.

Im vorliegenden Fall wählen Sie die untere Kante zuerst aus. Die Kante wird „gehighlightet", das kleine grüne Kreuz zeigt Ihnen den Startpunkt der gedachten x-Achse. Für den zweiten Klick berühren Sie die senkrechte Kante und bekommen die kleine Fläche als Ebene angezeigt. Das wiederkehrende Menü schließen Sie mit *OK* und schon hängt die Rippe in passender Schräglage an der Maus. Das Absetzen auf dem oberen Endpunkt ist dann kaum noch erwähnenswert.

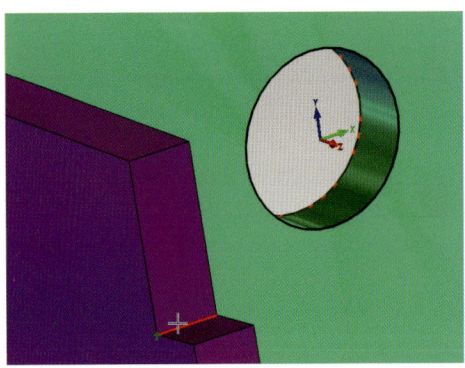

Dass Sie sauber gearbeitet haben, erkennen Sie daran, dass der Spant exakt durch die Rippe durchscheint. Die Fläche, die von zwei Körpern berührt wird, schimmert immer leicht in changierenden Farben. Das darf natürlich nicht so bleiben, doch bevor wir uns um dieses Thema kümmern, erfahren Sie noch mehr über die Methoden der Platzierung von Körpern im 3D-Raum. Wir brauchen ja noch eine zweite Rippe auf der rechten Seite. Einfach mit Kopieren die Rippe aufgreifen und mit der gleichen Methode wie oben gegenüber auszurichten funktioniert nicht, da die Bezugsebene beim Kopieren nicht automatisch in der Bauteiloberfläche liegen würde.

Den passenden Bezug holen Sie sich wieder durch das Setzen der Arbeitsebene auf die schräg liegende Rippe (über Sichtstrahl in der Nähe der großen Bohrung geklickt). Dann folgt wieder die Funktion *Kopieren* und den *Bezugspunkt* können Sie an der oberen Kante des Spantes abgreifen (*Endpunkt*). Im Unterschied zum obigen Beispiel lernen Sie jetzt eine andere Methode der Festlegung der Zielebene kennen. Diese ist ohne Anleitung nur schwer zu erfassen, darum gehen wir in kleinen Schritten vor. Sobald die Rippe an der Maus hängt, finden Sie unten wieder die Optionsicons. Neben dem gerade eingeübten Positionieren Zielebene sehen Sie das Icon *Positionieren Ein/Aus*. Dieses wird orange hinterlegt, sobald es mit der Maus oder dem Hotkey *Leertaste* (bei passend positioniertem Markierungspfeil) aktiviert wird. Drehen Sie jetzt die Szene mit der gedrückten mittleren Maustaste, um den rechten Spantbereich sehen zu können.

Wenn die Software jetzt feststellt, dass die Maus über einer Bauteiloberfläche Ihrer Konstruktion schwebt, dann wird sie augenblicklich Ihr Bezugsachsensystem, mit dem der betroffenen Fläche in Deckung bringen. Damit ist ein Kippen in eine beliebige Lage sehr einfach möglich. Gleichzeitig muss auch zugegeben werden, dass das System plötzlich sehr nervös erscheint, da bei jedem Verlassen einer Fläche und dem erneuten Auffinden einer anderen Oberfläche sofort eine komplexe Neuausrichtung erfolgt. Bleiben Sie daher vorerst einmal auf der kleinen

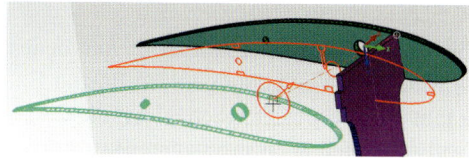

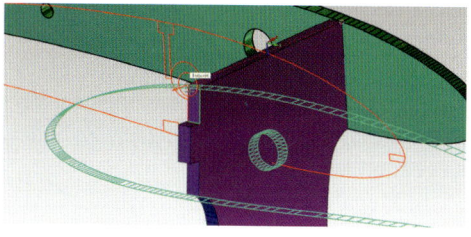

Bild 4.9: Ein interaktives Positionieren im Raum.

Fläche oberhalb des Zapfens. Sie können beobachten, dass die Neuausrichtung, das heißt das Aufeinanderlegen von x auf x und y auf y der beiden Achsensystem (Bezug und Ziel) von der Art und Weise beeinflusst wird, über welche Körperkante Sie die Maus über die Fläche führen. Dies hängt maßgeblich vom festgelegten Bezugssystem ab. In meinem Beispiel liegt die Rippe prinzipiell passend im Raum (dabei um 3° gekippt), wenn ich die Zielfläche von oben über die schmale Kante „betrete". In Bild 4.9 ist zu erkennen, dass sie jedoch noch in die falsche Richtung zeigt.

Dies muss Sie nicht weiter bedrücken, da wir mit den anderen Schaltflächen unten noch eine ganze Menge bewirken können. Am linken Ende der Icon-Reihe sind drei Spiegelfunktionen. In der passenden Ebene liegen wir bereits, es fehlt nur noch ein *Spiegeln senkrecht*, um die Rippe in die korrekte Lage zu bekommen. Die Markierung mit dem roten Dreieck können Sie wieder durch das Annähern mit der Maus oder mit der Tabulatortaste, bzw. Shift + Tabulatortaste vornehmen. Jetzt spätestens werden Sie merken, dass der Einsatz von Hotkeys und das Auslösen dieser Werkzeuge mit der Leertaste sehr geschickt ist.

Sollten Sie mit der Methode des automatischen Ausrichtens nicht sofort klarkommen, dann ist das nicht verwunderlich. Testen Sie trotzdem dieses Werkzeug ausführlich und Sie werden sehen, dass es wieder einmal reine Übungssache ist, den Umgang damit zu beherrschen. Ich kann Ihnen aber besten Gewissens versichern, dass es sich lohnt, Elemente auf diese schnelle Arbeitsweise im Raum neu zu orientieren.

Gerade die hohe Flexibilität des automatischen Positionierens ist Hilfe und Last zugleich. Nur ein kleines Verrücken des Mauscursors kann zu einer völlig neuen Lage der Rippe führen. Werfen wir daher noch einmal einen Blick an den unteren Bildschirmrand. Die zweite Schaltfläche von rechts ist das *Positionieren Festhalten*. Um dieses zu nutzen, sollten Sie in dieser Situation mit der *Tabulatortaste* die rote Markierung vorpositionieren und in dem Moment, in dem die Rippe richtig liegt, die Situation mit der Leertaste einfrieren. Sie erkennen das Verhalten auch an der sich verändernden Symbolik am Bildschirm. Die Markierung der gerade noch rot hervorgehobenen Fläche wird ausgeblendet und die Szene verharrt in Ruhe. So können Sie ganz entspannt die Rippe über den *Endpunkt* absetzen. Mit Spant 5 können Sie jetzt genauso verfahren. Lassen Sie jedoch bei diesem die beiden Zapfen weg, das wir bei diesem Spant Platz für die Flügelmechanik vorsehen müssen.

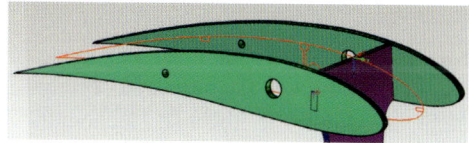

An dieser Stelle unserer Übungen kann es sinnvoll sein, sich zwischendurch von unserem Übungsbeispiel abzuwenden und diese Technik zuerst einmal an einfacheren Objekten zu üben (siehe Bild 4.10). Hierfür können Sie einfach einen weiteren Task von MegaNC öffnen und sich dort eine kleine Beispielumgebung aufbauen. Testen Sie in Ruhe die einzelnen Möglichkeiten und Sie werden sich schnell mit dieser eleganten Arbeitsweise anfreunden.

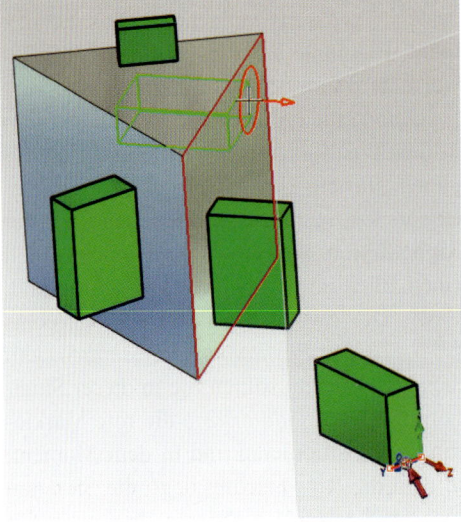

Bild 4.10: Hier ein einfaches Beispiel zur Einübung der Funktion.

EXTRAMELDUNG!

Die Optionsicons beim Verschieben von Bauteilen bieten noch eine ganze Reihe weiterer Möglichkeiten. Es kann hier skaliert oder in drei Ebenen gespiegelt werden. Für einen neuen Bezugspunkt kann „umgegriffen" werden und es stehen Methoden zur Ausrichtung zur Verfügung. Das automatische Positionieren erfolgt nicht nur durch die Technik Fläche-auf-Fläche, sondern auch durch das lotrechte Ausrichten über den z-Vektor.

4.5.6 Basiskörper

Neben den Extrusionskörpern, von denen wir bisher nur mit dem geraden Prisma Bekanntschaft gemacht haben, bietet die CAD-Software auch noch sogenannte Basiskörper an. Diese sind dadurch gekennzeichnet, dass keine 2D-Kontur erforderlich ist, sondern das Volumenmodell durch mehrere Mausklicks direkt entsteht. Die wichtigsten Vertreter dieser Spezies sind Quader, Zylinder, Kegel und Kugel.

In MegaNC, das ja im Bereich der CAD-Funktionen nur einen Teil des Umfangs von MegaCAD umfasst, stehen diese Funktionen seit Version 2020 in sehr ähnlicher Form auch zur Verfügung. Ziehen Sie mit drei Mausklicks in einer perspektivischen Ansicht einen Quader mit den Kantenmaßen 10 × 10 × 10 [mm] auf. Mit dem Entstehen des Volumenkörpers erscheint das Eingabefeld, in dem Sie die Dimensionen gegebenenfalls korrigieren können. Sie sehen, dass Sie hier frei modellieren können, um abschließend den Objekten die korrekte Größe zu geben.

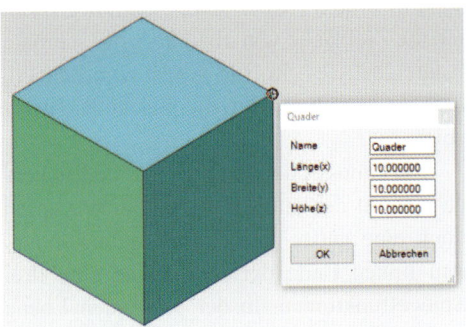

Wird der Quader markiert – mit der Maus anklicken, wenn keine Funktion aktiv ist – erscheinen wie gewohnt Griffpunkte, zusätzlich ein Textfeld „Information" und ein roter Pfeil. Dessen Positionierung und Funktion ist davon abhängig, wo mit der Maus geklickt wurde. Die Griffpunkte arbeiten wie im 2D, das heißt Sie können das Element an

klick bestätigt, dann wird das Maß in einem kleinen Eingabefenster dargestellt und Sie haben die Möglichkeit, einen neuen Wert einzugeben. Über das Pfeilsymbol links können Sie auch das größere Dialogfeld öffnen. Die Größe des Objekts bezieht sich hierbei immer auf den Punkt, von dem die Maße ausgehen.

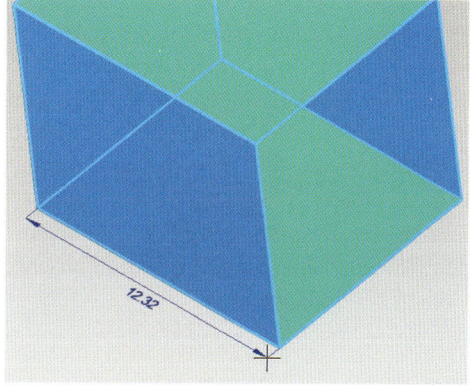

diesen Punkten aufnehmen und an anderer Stelle wieder absetzen. Verharren Sie dagegen mit der Maus kurz auf dem Objekt (nicht in der Nähe der Griffpunkte), dann erscheint das Symbol eines kleinen Hämmerchens. Wird in diesem Moment nochmals die LMT gedrückt, dann blendet die Software Maßpfeile und -texte ein, die Sie auffordern, das Objekt zu verändern. In der Nähe der Texte verändert sich der Cursor zu einem kleinen Stift. Wird diese Eingriffsoption per Maus-

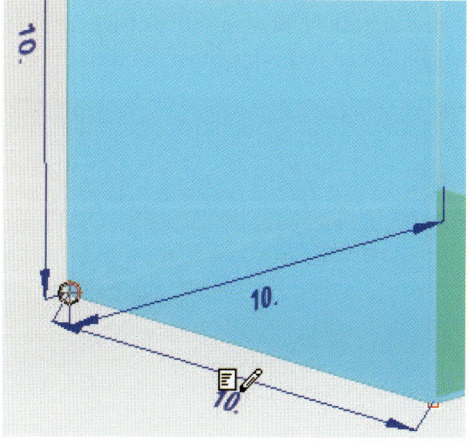

Kommt die Maus dagegen in die Nähe eines der Pfeile, dann mutiert der Cursor zu einem Pfeilsymbol und Sie können direkt am Objekt „zupfen". Die Maßangabe läuft dabei zeitgleich mit und Sie können – beispielsweise mit der Fangoption *Raster* – während des Ziehens beobachten, wie sich die Größe des Bauteils verändert. Andererseits stehen in diesem Moment auch alle Fangoptionen im seitlichen Menü zur Verfügung, um die neue Bauteillänge an einem anderen Objekt zu orientieren.

Wenden wir uns an dieser Stelle nochmals dem feature tree zu, der jetzt einen neuen Eintrag „Quader" aufweist. Mit einem *Rechtsklick* auf diese Zeile öffnet sich das Kontextmenü und Sie sollten die Option *Editieren* testen. Das hier erscheinende Dialogfeld zeigt Ihnen jetzt alle drei Maße des Quaders in einer Oberfläche an und Sie können Ihre vorhergehende Aktion des *Freien Modellierens* an den Werten erkennen, bzw. mit der Angabe von neuen Maßen das Bau-

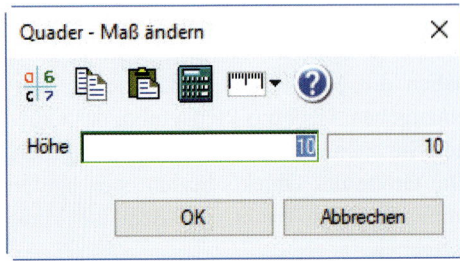

teil auf diese Weise verändern. Auch das Namensfeld ist hier editierbar, wie Sie das auch schon von Ihren Übungen mit den Prismen her kennen. Sobald Sie mit *OK* das Menü schließen, werden die Werte gespeichert und das 3D-Objekt in seiner Größe angepasst. Lassen Sie uns mit diesen Vorüberlegungen jedoch wieder zur Konstruktion unseres Condor NT zurückkehren.

EXTRAMELDUNG!

Die grün umrandeten Felder im Dialogfeld für Volumenkörper und die doppelte Darstellung der Werte weist auf die Option hin, dass Sie statt der Eingabe eines festen Maßes auch eine Variable oder Variablen-Definition (z.B. Lä = 10) eintragen könnten. Damit stehen Möglichkeiten des variablen-gesteuerten Veränderns von Objekten zur Verfügung.

Beim Spant 5 stehen noch kleine Veränderungen an, die analog zu Nummer 4 vorgenommen werden können. Eine Kleinigkeit müssen Sie jedoch hier beachten, wenn Sie die seitliche Schräge von 3° einplanen. Durch die gekrümmte Form der Rippe wandert der Anhängepunkt der gekippten Linie mit nach unten und Sie würden sich eine kleine Ungenauigkeit einbauen, die Ihnen später Kopfzerbrechen macht. Um die Rippe an beiden Spanten präzise aufliegen zu lassen, muss der hintere Spant etwas breiter werden, weil die Schräge tiefer ansetzt. Sie können das bewerkstelligen, indem Sie nach dem Drehen der Linie einen weiteren Arbeitsschritt vollziehen. Legen Sie dazu die Arbeitsebene auf die Schräge an Spant 4. Die schräge Linie am hinteren Spant muss nun auf exakt der gleichen Ebene liegen. Andernfalls bauen Sie hier einen kleinen Spalt ein. Hängen Sie also die hellblaue Linie am oberen Endpunkt an die Maus (drag&drop oder Verschieben) und aktivieren Sie dann die Funktion *Fangen auf Arbeitsebene*. Diese Option bewirkt, dass Sie an beliebiger Stelle einen Punkt fangen können, dieser aber lotrecht auf die Arbeitsebene projiziert wird. Zoomen Sie jetzt an die betreffende Stelle und Sie werden erkennen, dass zwischen dem Punkt, den Sie gerade als *Endpunkt* fangen und dem Ergebnis eine kleine Lücke klafft. Damit verschieben Sie die Anschlusskante präzise auf die Fläche, an der später die Rippe angeklebt werden soll. Sobald dies auf beiden Seiten so korrigiert ist, können Sie die

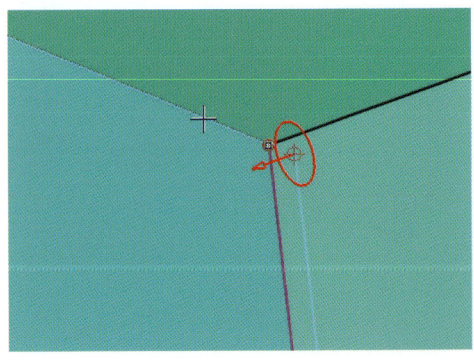

Kontur mit *Trimm*-Befehlen wieder schließen. Auch die anderen Anpassungen an der Spantkontur (Heranziehen des unteren Bogens und eine kleine Ausbuchtung oben als Auslauf für die Rumpfröhre) müssen abgeschlossen sein, bevor Sie den Spantkörper über *Profil ersetzen*, im feature tree modifizieren. Bedenken Sie bitte, dass die gerade kennengelernte Funktion Fangen auf Arbeitsebene eine von diesen Optionen ist, die man wieder händisch deaktivieren muss! Für die Verzapfung können wir aber nicht die gleiche Lösung wie an Spant 4 vorsehen, da hier später der Anlenkhebel der Flügelsteuerung Platz benötigt. Daher sehen wir zwei kleine Zapfen oben und unten am Spant vor, die in die Rippe eingreifen und so eine eindeutige und stabile Ausrichtung des Bauteils garantieren.

Richten Sie sich über Layer und die Unsichtbarkeitsfunktion Ihre Baustelle so ein, damit Sie für diese Aufgabenstellung alles Wichtige gut erkennen können. Den Übungsquader können Sie *löschen*, um danach gleich nochmals die Funktion *Quader* aufzurufen. An der oberen linken Ecke setzen Sie den Startpunkt des Quaders, um ihn dann mit zwei weiteren Klicks aufzuziehen. Ob Sie dabei über die

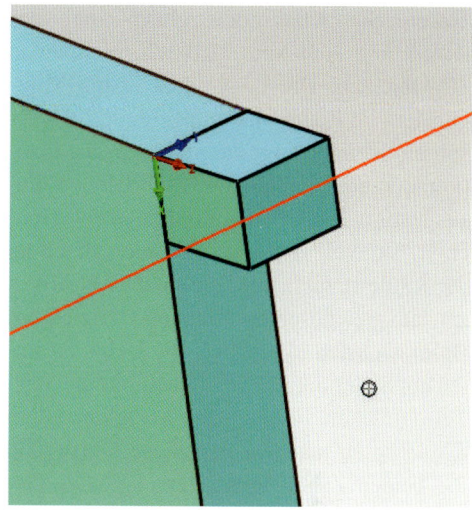

Fangmethode *Element* gleich die Breite exakt festlegen oder über Fangen Frei nur die grobe Geometrie vorgeben ist gleichgültig, da Sie ja die Werte im Eingabefeld anpassen können. Ich habe mir angewöhnt, zumindest die Aufzugsrichtung korrekt zu wählen, da mir dann die Vorzeichen bereits richtig angezeigt werden. Wenn Sie gleich die hintere Kante des Spants anwählen, dann zeigt Ihnen die Größenangabe im Menü später einen Wert von 4 [mm] an. Die Angabe in z-Richtung muss zwangsläufig auch 4 [mm] erhalten, da die Rippe diese Dicke hat. Nur das dritte Maß ist konstruktiv festzulegen. Um genügend Ausschlag für den Querruderhebel zu bekommen, planen Sie eine Höhe des Zapfens von 3 mm ein. Sind die Angaben korrekt, dann schließen Sie mit OK das Menü.

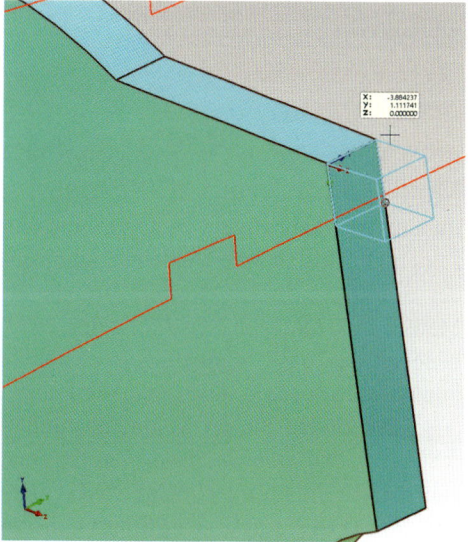

EXTRAMELDUNG!

Unter Setup – Einstellungen kann man übrigens in der Abteilung 3D-Parameter die Größe der dargestellten Maßtexte beim drag&drop beeinflussen. Die proportionale Texthöhe bezieht sich dabei auf den Bildschirmausschnitt.

Testen Sie jetzt doch gleich mal das *drag&drop* zum Verschieben/Kopieren von 3D-Objekten. Die Lage Ihres ersten Mini-Quaders im Raum bleibt unverändert. Daher sollten Sie unbedingt das automatische Positionieren ausschalten, sonst wird Ihnen dieses feature das Arbeiten unnötig schwer machen. Sinnvoll ist es, den Quader gleich an der Kante anzuklicken, die später das Absetzen am gewünschten Zielpunkt erleichtert. Beim nächsten Mausklick am Zielpunkt unten am Spant müssen Sie unbedingt die *Strg-Taste* drücken, um aus dem Verschieben ein *Kopieren* zu machen. Auf diese Weise sind die beiden Zähne schnell erzeugt. Die Gegenstücke auf der rechten Spantseite entstehen, wenn Sie die *Spiegelnfunktion* im Edit-Menü auf die gleiche Weise wie im 2D einsetzen. Dazu muss das Blatt, das heißt die *Arbeitsebene* genau auf dem Spant liegen und zwei *Elementpunkte* auf der Mittellinie des Bauteils dienen als Spiegelachse.

Dem aufmerksamen Anwender wird sofort auffallen, dass die kleinen Zapfen an Spant 5 offensichtlich noch nicht Teil des Hauptteils geworden sind. Zu erkennen ist das an den trennenden Linien, die bei Spant 4 nicht vorliegen (siehe Bild 4.11). Für die CAD-Software besteht bislang noch kein Zusammenhang zwischen den einzelnen Objekten, die wir sofort als thematisch zusammenhängend deuten. Auch ein Blick in den feature tree zeigt uns, dass es einerseits den Spant 5 gibt und weiter unten einfach vier Quader aufgeführt sind. Nach dem nächsten Arbeitsschritt wird sich dies grundlegend verändern und wird werden nochmals einen Blick in unser „seitliches Geschichtsbuch" werfen.

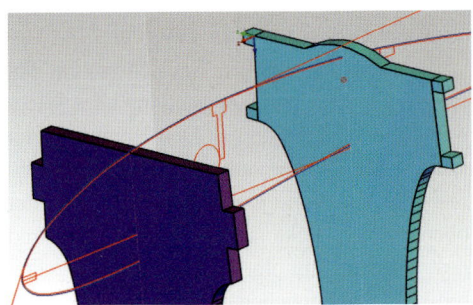

Bild 4.11: Spant 5 (hellblau) mit sichtbaren Anhängseln.

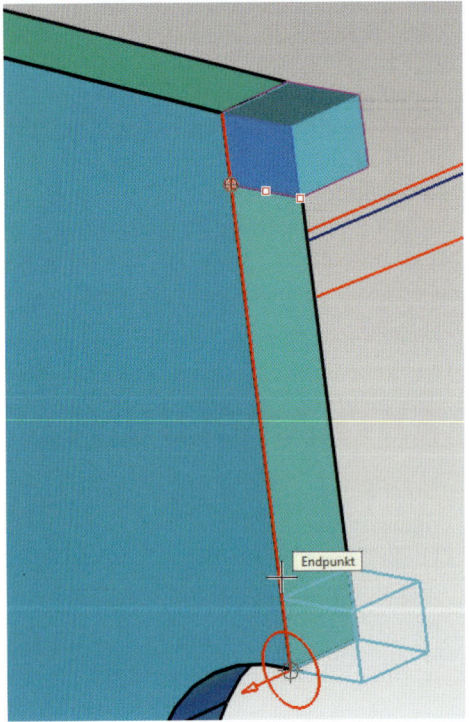

4.5.7 Boole'sche Operationen – Modifikationen am 3D-Körper

Im nächsten Schritt geht es darum, die einzelnen Objekte in eine Beziehung zueinander zu bringen. In der Mengenlehre, die als Mathematik hinter diesen Methoden steht, bedeutet das, dass zu einem Körper andere hinzuaddiert werden. Die passende Funktion finden Sie im Volumenhauptmenü. Die *Summe zweier Körper* fragt zuerst nach einem oder mehreren Elementen, die das *Werkstück* (siehe Statuszeile un-

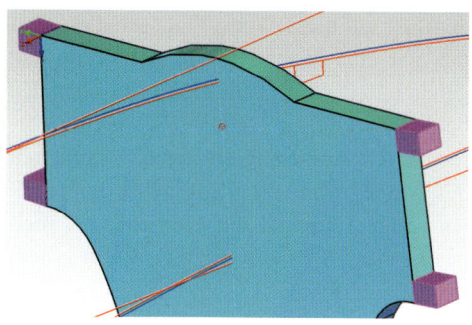

EXTRAMELDUNG!

Theoretisch wäre es gleichgültig, ob Sie den Spant oder einen der Quader als das führende Objekt wählen und die anderen hinzuaddieren. Das Ergebnis wäre gleich. Für die Lesbarkeit im tree und das Verständnis der Konstruktion sollten Sie aber auf eine gewisse Logik des Aufbaus achten.

ten links) darstellen. Mit der LMT können Sie also Objekte wählen. In unserem Beispiel ist das nur der Spant. Ein Rechtsklick schaltet um in die Frage nach den *Werkzeugen*. Wieder werden so lange Elemente angeklickt, bis alle notwendigen Bauteile in der Auswahl rosa erscheinen. Werfen Sie zur Sicherheit noch einen Blick in die Statuszeile. Dort finden Sie neben den Hilfen für die Belegung der beiden Maustasten eine Schaltfläche, mit der Sie entscheiden können, ob die Werkzeuge nach Gebrauch (Addition) entfernt werden sollen oder zusätzlich als Einzelelemente erhalten bleiben. Solange das Icon hinterleuchtet ist, werden die *MOP-Werkzeuge* gelöscht. Die RMT beendet die Addition, das Ergebnis sehen Sie als durchgängigen Körper. Die Linien oben weisen auf den Knick in der Kontur hin, der durch die Neigung der Rippen entstanden ist. Ein Kontrollblick in den feature tree zeigt die erwartete Veränderung. Das führende Objekt ist der Spant, an den durch Summation vier Quader angehängt wurden. Die Auflistung zeigt, dass keine Information verloren geht. Jedes Einzelteil ist weiterhin über den tree zu identifizieren und auch zu verändern.

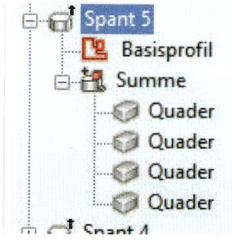

Sobald Sie die beiden Rippen wieder einblenden, werden Sie wie schon bei Spant 4 feststellen, dass hier Dinge sichtbar sind, die im wahren Leben so nicht funktionieren. Im Bereich der Zapfen der beiden Spante ist Material von beiden Bauteilen an der gleichen Stelle! In der Realität nicht zu schaffen, daher müssen wir reagieren. Das Gegenteil von addieren ist in der Mathematik subtrahieren. Das machen wir jetzt mit unserer Konstruktion. Die *Differenz zweier Körper* finden Sie gleich eine Taste tiefer im Menü. Wieder will MegaNC von Ihnen wissen, was das Werkstück ist. Jetzt können Sie in einem Arbeitsgang beide Rippen selektieren, bevor die RMT Sie zu den Werkzeugen bringt. Doch Vorsicht!! Wir hatten im vorhergehenden Befehl darauf geachtet, dass die Option *MOP-Werkzeuge löschen* aktiv ist. Diese Einstellung würde uns zwar die Ausschnitte in die Rippen bringen, jedoch wären die beiden Spante damit aus der Konstruktion entfernt. Das ist nicht im Sinne des Erfinders und folglich *deaktivieren* Sie das Optionsicon mit der *Leertaste*. Danach können Spant 4 und 5 angeklickt werden und ein weiterer Rechtsklick bringt Ihnen das Ergebnis. Die Kanten der Objekte sind jetzt eindeutig und an den Stellen, wo man sie auch erwartet. Die schimmernden Oberflächen, die die Durchdringung von Körpern symbolisiert haben, sind verschwunden.

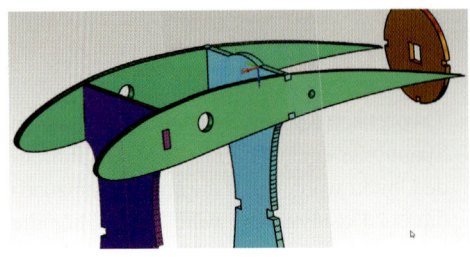

Die Rippen sind sauber eingehängt, aber für die Mechanik der Flügelsteuerung ist weiterhin noch kein Platz vorgesehen. Hierfür können wir den letzten Schritt zur Übung noch einmal anwenden und die Kenntnisse darauf aufbauend noch erweitern. Separieren Sie dazu Ihren Spant 5 und legen sich die AE auf die Spant-Stirnseite, um von hier aus einen *Quader* als späteren Abzugskörper in die Geometrie hinein aufzuziehen. Dem Hebel,

dem wir auf diese Weise Platz schaffen gönnen wir eine Nische von 6 mm Breite und geben ihm die komplette Höhe zwischen den beiden Zapfen, um durch den maximal erreichbaren Ausschlag eine gute Wendigkeit des Modells um die Längsachse zu erhalten. Zum Zeitpunkt der Konstruktion meines Condor NT hatte ich hier schon erhebliche Bauchschmerzen, da mir bis dato keine Erfahrungswerte in diesem Bereich vorlagen. Die Erfahrung hat aber gezeigt, dass der Ansatz korrekt war. Länge und Höhe des Quaders können Sie mit den Werten 4 und 6 [mm] eintippen, die Breite greifen Sie mit dem Endpunktfang im Modell ab.

Nun habe ich gelernt, dass bei Bauteilen, die Kräfte übertragen sollen scharfe Kanten zu vermeiden sind. Dieses Konstruktionsprinzip ist für Sie eine gute Gelegenheit, die Rundungsfunktion im 3D kennen zu lernen. Im Volumenhauptmenü finden Sie dazu das passende Symbol. Hier gehen wir den Weg, den Quader zu runden, um ihn dann vom Spant zu subtrahieren. Natürlich wäre es auch möglich, die Subtraktion zuerst durchzuführen und dann die entstehenden Innenecken mit einer Füllung (Rundung) zu versehen. In einem Fall wird Material abgetragen, während im anderen Material hinzugefügt wird. Anders als im 2D werden beim räumlichen Arbeiten nicht die beiden Linien ausgewählt, zwischen die die Rundung eingefügt werden soll, sondern es muss die zu verrundende Kante(n) direkt selektiert werden.

Ein Problem bei der Umsetzung dieser Vorgehensweise ist, dass Sie im Augenblick diese Kante nicht sehen können, da sie im Körper des Spantes steckt. Den kleinen Quader exklusiv sichtbar zu machen könnte ein Weg sein. Eine andere Möglichkeit ist das Abschalten der schattierten Darstellung über die OPGL-Funktion. Sie finden die Schaltfläche oben in

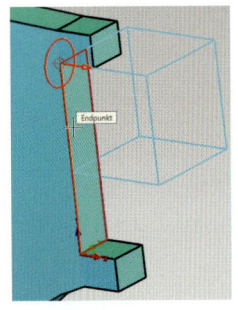
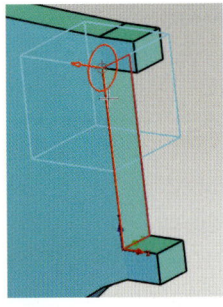
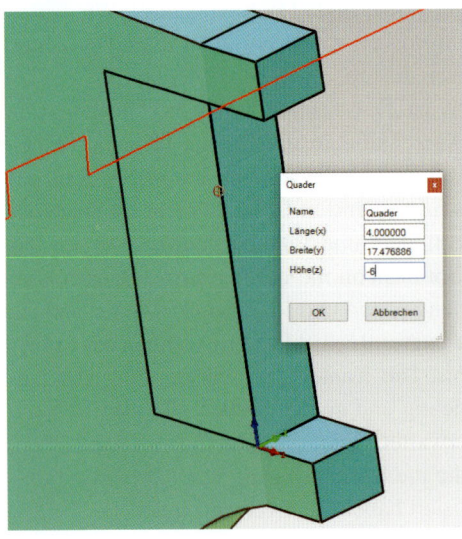

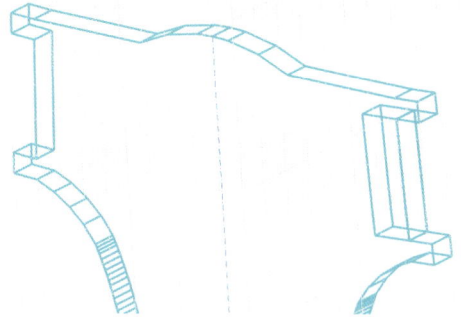 der Menüleiste, rechts von vier anderen Icons aus diesem Themengebiet, die wir in diesem Zusammenhang gleich mitbetrachten wollen. Mit dem Abschalten der *OPGL-Darstellung* wird Ihr Modell als Drahtdarstellung am Bildschirm erscheinen.

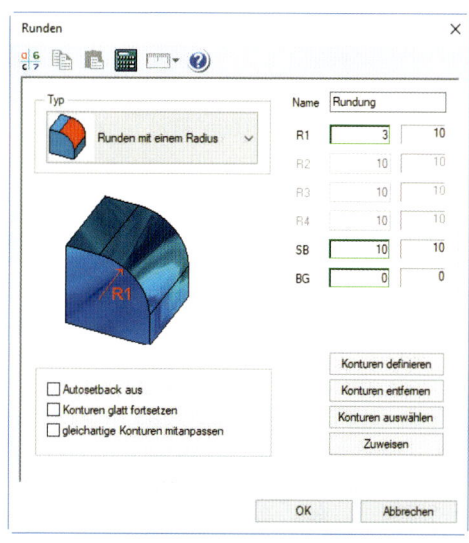

In dieser Situation können Sie das Aussehen über die genannten Schalter verändern. Zuerst sind alle Kanten sichtbar (*Drahtprojektion komplett*), das wird für die weiteren Arbeitsschritte in diesem Fall der beste Weg sein. Es stellt aber eine unreale Ansicht dar und kann sehr schnell unübersichtlich werden, wenn viele Bauteile am Bildschirm angezeigt werden. *Hiddenline Flächenkanten* dagegen blendet die Körperkanten aus, die in Wahrheit auch nicht zu sehen sind. Allein die Facettierung von Kreisen stört noch etwas den realen Eindruck, kann aber in manchen Fällen hilfreich für die Konstruktion sein. Das nächste Icon (*Hiddenline komplett*) entfernt diese Facetten. Dies ist an der Kreiskontur oben erkennbar. Für technische Illustrationen oder auch für den Fortgang der Konstruktion kann der letzte der Reihe (*Hiddenline verdeckt*) genutzt werden. Dabei werden nicht sichtbare Kanten grau und gestrichelt dargestellt.

Kommen wir damit zurück zum Verrunden der Kanten. Mit dem Start der Funktion öffnet ein umfangreiches Menü, in dem wir *Runden mit einem Radius* und einen Wert R1 = 3 [mm] wählen. Die anderen, im Moment gegrauten Eingabefelder beziehen sich auf weitere Rundungsoptionen, die auch komplexe Bearbeitungen von Kanten zulassen. Mit *Konturen definieren* verlassen Sie die Oberfläche zwischenzeitlich, um dem System mitzuteilen, welche Kanten verrundet werden sollen. Mit einem Blick in die Statuszeile erfahren Sie, dass mit der Frage nach *1. Kante* und danach *letzte Kante* ein Konturzug ausgewählt werden kann, der Ihnen mühsames Anklicken von mehreren Einzelteilen eines Konturzuges erspart. In unserem Beispiel müssen Sie die beiden Kanten des kleinen Quaders jeweils zweimal selektieren, da jede für sich die erste und auch

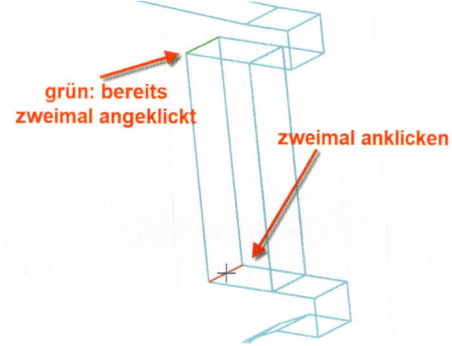

127

letzte Kante darstellt. Zur Kontrolle werden die ausgewählten Kanten grün hervorgehoben. Sie erkennen das, sobald Sie die Maus von der Kontur entfernen. Wie immer beendet eine *RMT* die Auswahl und Sie erhalten in der Eingabemaske zusätzlich die Rückmeldung über die Anzahl der aktiven Konturen, hier zwei. Mit *OK* wird im Hintergrund die Aktion durchgeführt und das Menü erscheint erneut für mögliche weitere Arbeiten mit diesem Werkzeug. Ein Mausklick auf *Abbrechen* beendet die Funktion und Sie erkennen den modifizierten Quader. Auch im feature tree wird Ihre Arbeit natürlich protokolliert.

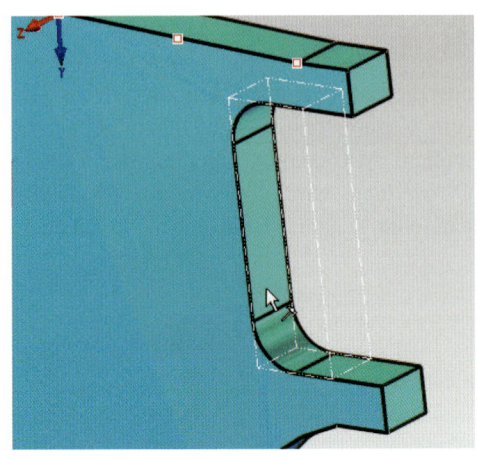

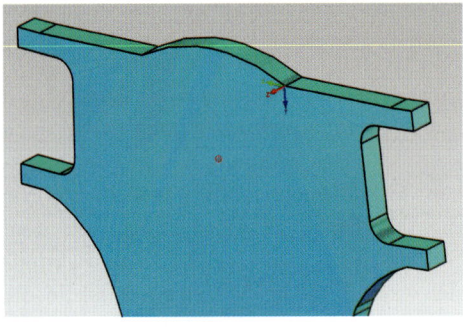

Kontrollieren Sie kurz Ihre Arbeitsebene und spiegeln Sie dann den Abzugskörper Quader auf die rechte Spantseite. Das Subtrahieren kann jetzt noch einmal geübt werden: Funktionsstart – Spant anklicken – RMT – die beiden Quader anklicken – RMT. Die seitliche Baumstruktur wächst mit und zeigt nun die beiden Quader als Objekte der Differenz an. Darunter liegen dann noch die Rundungen, die den Quadern zugefügt wurden. Und alle diese Einträge können auch zu einem beliebigen späteren Zeitpunkt für Veränderungen der Lage oder Größe genutzt werden.

Testen wir aber noch einmal das direkte Zugreifen auf das Modell, indem wir den Spant per *drag&drop* mit der Maus markieren. Sie können beobachten, dass abhängig von der Stelle, die Sie mit der Maus überstreichen andere features hervorgehoben werden. Probieren Sie es einfach einmal mit dem Quader aus, der zuerst nur gestrichelt dargestellt und per Mausklick wieder aktiv in die Bearbeitung zurückgeholt wird. Ziehen Sie am Maßpfeil der Breite von 6 mm „spanteinwärts" und bestätigen einen beliebigen Punkt. Schon während der Mausbewegung erkennen Sie das Wachsen der Geometrie und mit der Bestätigung der neuen Größe und einem Rechtsklick erscheint das Ergebnis. Auch die Rundungen folgen der Veränderung und bleiben an Ihrer Kante bestehen. Ebenso gut könnten Sie den Radius

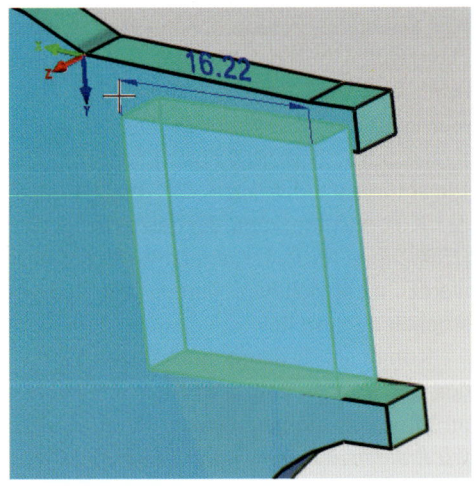

selbst markieren und diesen mit einer Mausbewegung oder durch die Eingabe eines neuen Wertes modifizieren. Sie müssen sich um Ihre Konstruktion bei solchen kleinen Tests keine Sorgen machen, solange Sie die Undo-Taste (hotkey u) im Blick haben.

Spant 4 hält noch ein weiteres Betätigungsfeld für uns bereit. Für die Anbindung der Rumpfröhre müssen die Ausschnitte für die Längsstringer (Kiefernleiste 3 × 3 mm) ins Sperrholz eingebracht werden. Dazu müssen Sie sich die Leisten im 3D konstruieren und eine Länge vorsehen, die bis in den Spant hineinreicht. Zuerst kommt Ihnen dabei vielleicht in *Gerades Prisma* in den Sinn. Um dieses am letzten Spant anzusetzen und bis zum Spant 4 nach vorn zu ziehen, benötigen Sie eine Basiskontur. Dazu können Sie einfach die Körperkanten des 3D-Objekts nutzen. Nur leider ist diese Kontur nicht geschlossen, sodass die Methode des Flächenfangs hier leider nicht anwendbar ist. Hinzu kommt, dass durch die Rundung des Spants die nutzbaren, senkrechten Kanten nicht exakt das Maß von 3 mm haben.

Sie zur Auswahl *Polyline*. Wieder ist eine Darstellung als Drahtmodell eine Methode, die Ihnen lästiges Drehen der Szene erspart. Ihre Aufgabe ist es jetzt, die *Polyline* aus einzelnen Punkten zusammen zu setzen. Starten Sie mit dem Fang *Endpunkt* unten an der Kante mit den beiden Eckpunkten. Die Höhe ist zu kurz, das haben Sie oben bereits gesehen, also bauen Sie sich die Echtkontur mit einem *Abstandspunkt* von 3 [mm]. Gleiches gilt auch auf der anderen Seite des Ausschnitts, bevor Sie zum Abschluss wieder den Endpunkt unten erfassen. Ein Rechtsklick zeigt Ihnen die ermittelte Kontur rot an und es entspricht Ihrer Konstruktionsidee, dass die Geometrie oben leicht übersteht. Ein weiterer Rechtsklick und das Prisma wächst mit der Bewegung der Maus. Noch wäre es nicht zu spät, einen passenden *Layer* und weitere *Attribute* auszuwählen, falls Sie dies nicht bereits im Vorfeld erledigt haben. Endpunkt der Kiefernleiste ist die Vorderkante von Spant 4. Sie können hierfür einfach einen *Endpunkt* auf dessen Kontur fangen. Werfen Sie kurz

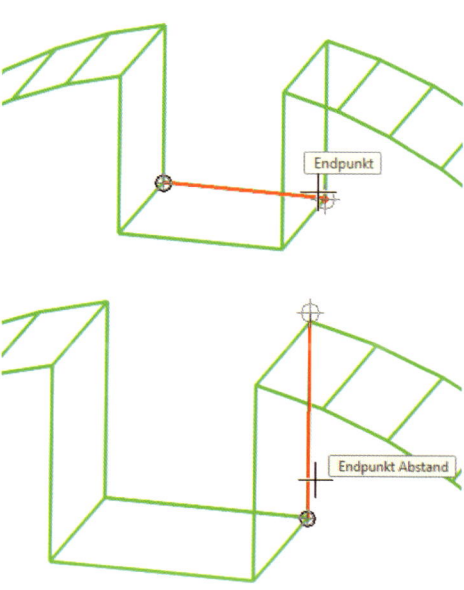

Da bleibt nur, eine Hilfskontur mit 3 × 3 mm einzuzeichnen oder eine Variante der Bestimmung einer Basiskontur kennenzulernen. Wir entscheiden uns für die zweite Variante und starten die Funktion Gerades Prisma die Sie auch gleich nach dem Basisprofil fragt. Oberhalb des Ihnen schon bekannten Flächenfangs kommen

einen Blick entlang Ihrer neuen Leiste. In allen Spanten sitzt das Prisma augenscheinlich korrekt in der dafür vorgesehenen Nut. Nur ganz vorn an Spant 5 sollten Sie mit einer *Differenz zweier Körper* nacharbeiten. Dafür haben wir schließlich die Leiste gebaut. Bei dieser Aktion sollte Option *MOP-Werkzeug löschen* wieder deaktiviert sein, sonst bekommen Sie zwar den Spant bearbeitet, aber die Leiste (Werkzeug) verschwindet.

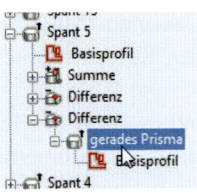

Sollte Ihnen dieses kleine Malheur trotzdem passiert sein, so ist das kein Grund zum Verzweifeln. Schauen Sie kurz im feature tree bei Spant 5 nach. Dort werden Sie das verlorene Bauteil wiederfinden und mit einem Rechtsklick kommen Sie an die Option *Kopieren* heran, die aus der Differenz heraus ein neues Bauteil entstehen lässt.

Wenn Sie nun die gleiche Technik an der Unterseite der Rumpfröhre einsetzen, werden Sie Schiffbruch erleiden. In Bild 4.12 ist erkennbar, dass das Prisma der unteren Leiste senkrecht aus der Fläche des hinteren Spants herauswächst. Bei einer konischen Rumpfröhre, deren Oberkante gerade ist, die Unterseite aber geneigt ist, ist das *Gerade Prisma* oben anwendbar, unten aber ungeeignet. Man müsste in einer passend geneigten Arbeitsebene eine neue Kontur erstellen, um diese dann senkrecht zur AE prismatisch aufzuziehen.

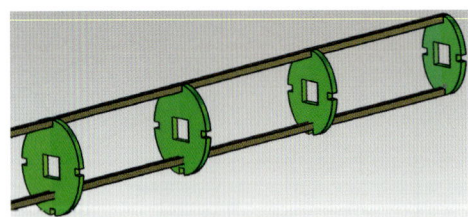

Bild 4.12: Die geraden Prismen als Längsstringer.

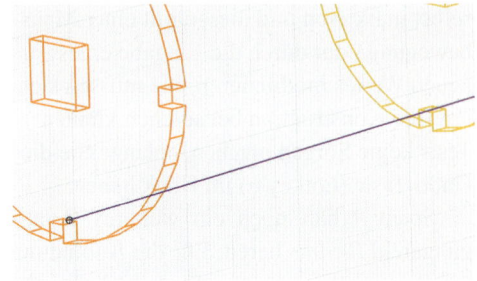

Der andere Lösungsweg führt Sie zu einer neuen, leistungsfähigen Funktion hin und ist daher unsere erste Wahl. Bevor es losgeht, müssen Sie sich aber eine Linie einzeichnen, die die Ausschnitte des vordersten und letzten Spants der Röhre verbindet. Eigentlich müsste die Linie bis zum Spant 5 reichen, doch dort haben wir keine Fangmöglichkeit. Erinnern Sie sich an das *einfache Trimmen* aus den 2D-Übungen? Diese Funktion lässt sich auch in der gemischten Umgebung von 2D- und 3D-Elementen anwenden. Das *zu trimmende Element* ist die Linie und die Begrenzung (*trimmendes Element*) wird aus der Körperoberfläche gebildet, die beim Anfah-

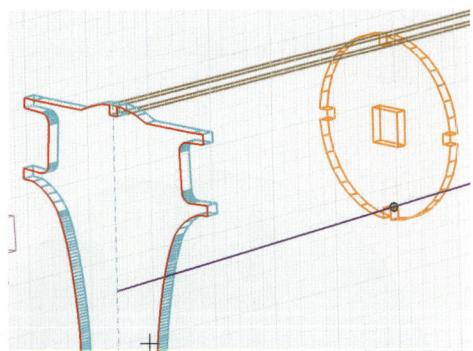

ren mit der Maus rot umrahmt wird.

Das waren schon die notwendigen Vorarbeiten und Sie können die Funktion *Sweep Körper* im Volumenhauptmenü starten. Zuerst definieren Sie wieder mit der Polyline-Methode die Basiskontur von 3×3 mm. Nach den notwendigen Rechtsklicks geht es

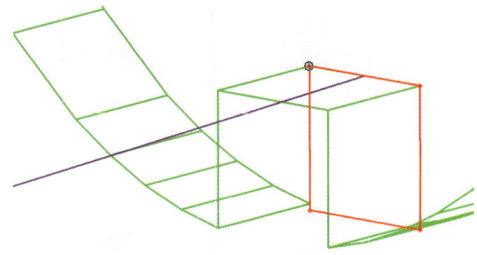

jedoch in diesem Fall nicht gleich los mit dem Wachsen des Bauteils in Z-Richtung. Wichtig ist beim Sweep Körper ein *Bezugspunkt*, der in der Statusleiste eingefordert wird. Nehmen Sie sinnvollerweise den *Endpunkt* Ihrer Sweepkontur, die dem Profil den Weg zeigen soll. Danach müssen Sie nur noch sagen, welches Element diese Sweepkontur sein soll. Werfen Sie einen Blick ins seitliche (bei fluent: obere) Menü und aktivieren Sie die *Auswahl einzeln*. Meist ist hier die Flächenauswahl voreingestellt und mit dem ersten Klick würde das System nach einer geschlossenen Fläche suchen. Dies kann hier nicht gewünscht sein. Dagegen wählen Sie die Sweepkontur (das heißt, die Linie, die Sie gerade gezeichnet hatten) aus, bevor Sie mit der RMT eine Voransicht Ihrer neuesten Schöpfung erhalten. Gleichzeitig erscheint das umfangreiche Menü, das Ihnen noch einige Möglichkeiten anbietet, dem Sweepkörper noch spezielle geometrische Eigenschaften mit auf den Weg zu geben. All das benötigen Sie aber zu diesem Zeitpunkt noch nicht und

Sie können mit *OK* die Oberfläche schließen. Mit dem Verlauf der Leiste längs den Spant-Aussparungen können Sie zufrieden sein, jedoch erscheint der Sweepkörper etwas zu kurz geraten, da er sich auf der Oberfläche des Spant 4 unsauber darstellt. Bei genauerer Überlegung war das aber nicht anders zu erwarten, da die Stirnfläche des Körpers senkrecht zum Sweepprofil steht. Wir müssen also um der Präzision willen die Leiste verlängern Machen Sie dazu den Spant unsichtbar. Es wäre ein Leichtes, die Linie etwas zu verlängern und dem Körper über den feature tree ein neues Sweepprofil zuzuweisen. Schneller geht es in diesem Fall jedoch über das freie Modellieren mit „pick&edit". Klicken Sie einfach mit der Maus auf die geshadete Stirnfläche. Als Antwort erhalten Sie einen Pfeil, den Sie mit der Maus greifen können, um die Fläche einfach herauszuziehen. Am eingeblendeten Maß können Sie sich orientieren, um in etwa die gewünschte Verlängerung zu erhalten. Sobald Sie einen Punkt mit der LMT

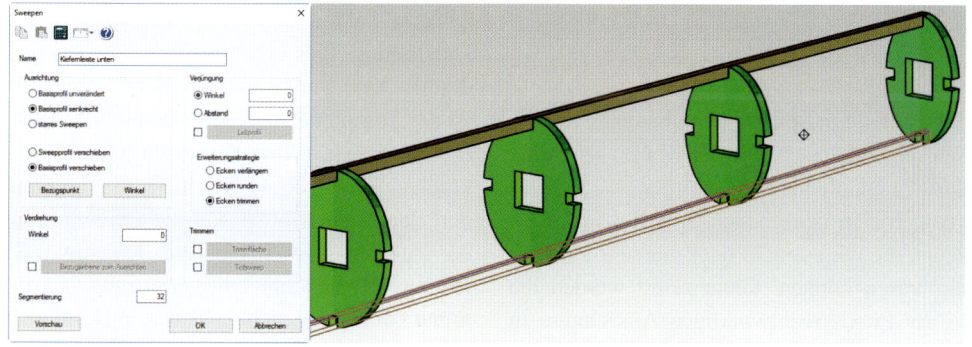

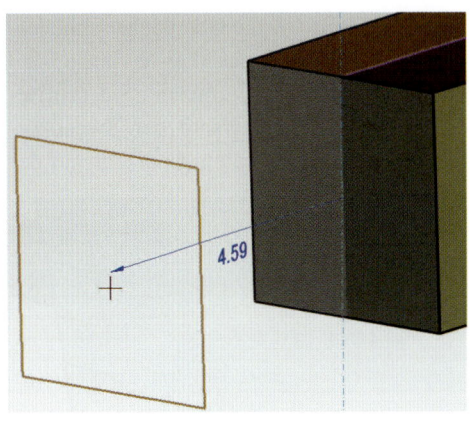

anklicken, hilft Ihnen aber das Menü Fläche ziehen in jedem Fall zusätzlich mit der Möglichkeit ein exaktes Maß einzugeben. Die *OK*-Taste schließt den Vorgang ab. Die Leiste ist gewachsen und sollte jetzt bequem den Spant durchstoßen. Über das Unsichtbarkeitsmenü holen Sie sich den Spant zurück auf den Bildschirm und führen die noch fehlende Subtraktion durch. Wenn jetzt die Kiefernleiste ein kleines Stück übersteht, wird dies von der tatsächlichen Bauausführung nicht allzu weit entfernt sein. Den gleichen Weg gehen Sie, um die Aussparung mit 10 × 10 mm zum Auffädeln und Ausrichten

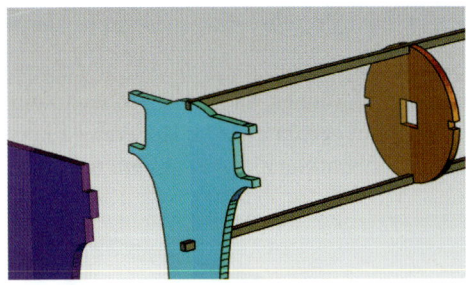

der Bauteile in Spant 5 einzubauen.

Wir müssen uns darüber im Klaren sein, dass der schräglaufende Sweepkörper eine Schnittgeometrie in den ebenen Sperrholzteilen erzeugt, die wir so nicht oder nur sehr aufwändig fräsen können. Gleichzeitig werden die in der Praxis rechtwinkligen Ausschnitte in den Röhrenspanten dafür sorgen, dass sich die Frästeile senkrecht zum Alurohr ausrichten wollen, was wiederum nicht dem Plan entspricht. Wir sprechen hier aber von sehr geringen Abweichungen und für diese Fälle werden wir die passenden Werkzeuge (notfalls die Feile) zur Verfügung haben, um kleine Anpassungen durchzuführen. Die Alternative wäre 5-achsig zu fräsen, aber das will und kann sicherlich in diesem Zusammenhang niemand.

4.5.8 Dreidimensionale Baugruppen und weitere 3D-Funktionen

Der Vorrat an zusätzlichen Funktionen in der 3D-Welt ist noch lange nicht erschöpft und es zeichnet sich schon ab, dass natürlich nicht jedes Detail der Software hier erklärt werden kann. Es geht darum, Ihnen anhand typischer Werkzeuge die Arbeitsweise zu erklären. Der Rest ist dann das Übertragen der Bedienidee von einer Funktion zur nächsten und schließlich wird nur Üben und Anwenden des Gelernten zum Erfolg führen. Im 2D haben wir das Thema Baugruppen nur kurz angesprochen. Jetzt wollen wir gleich eine Baugruppe aus 2D- und 3D-Elementen nutzen, um für die nächsten Schritte vorbereitet zu sein. Danach werden Sie auch selbst eine eigene Baugruppe erzeugen.

Im Download-Bereich finden Sie eine Datei mit dem Namen Heckbaugruppe.mac. Unter dieser Dateiendung (*.mac) werden Baugruppen als Symbole, Fertig- oder Bibliotheksteile abgespeichert. In der Praxis kann das eine Schraube sein oder die symbolische Darstellung eines Lichtschalters. Die Anwendungen sind vielfältig. In unserem Beispiel ist das komplette Heckteil zusammengefasst, das Sie gleich in Ihre Konstruktion einfügen können. Damit sehen Sie, dass die Technik der Baugruppen auch für die Organisation der Zusammenarbeit mehrerer Konstrukteure sinnvoll sein kann. Über *Baugruppe – Einfügen* können Sie sich das Paket abholen und

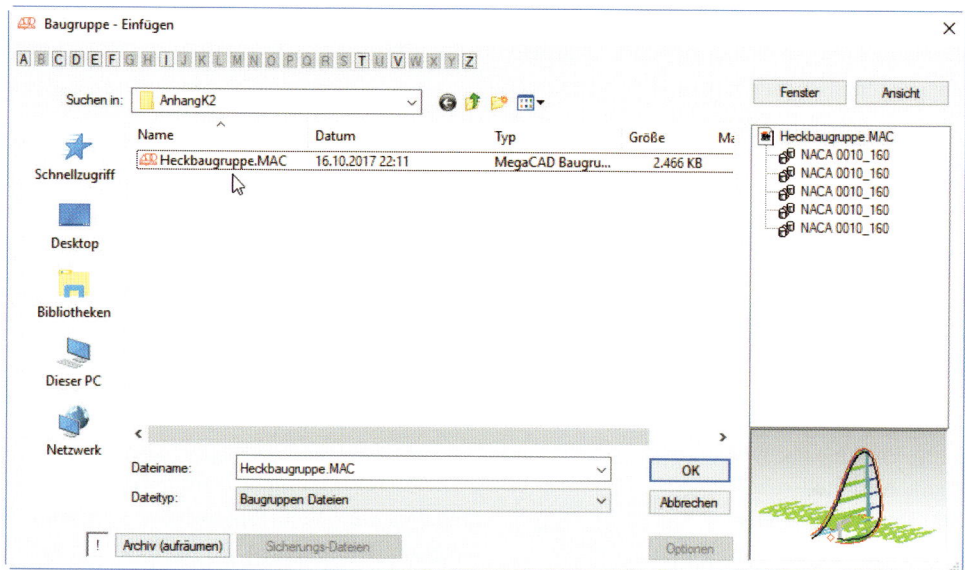

bekommen mit dem *OK* das Dialogfeld für die Details des Einfüge-Vorgangs.

Im vorliegenden Beispiel ist für die Nutzung des Hecks nichts zu verändern. Das Menü lässt aber wie man sieht einige Optionen für Größe, Platzierung, Anzahl und Ausrichtung zu. Mit einem weiteren *OK* hängen die Daten an der Maus. Der Einfüge-Punkt wurde bei der Anlage der Baugruppe explizit vergeben. Dies ist auch eine Besonderheit der Baugruppen, deren Daten einen konkreten Bezug zu dem Einfüge-Punkt haben müssen. In unserem Beispiel ist es der Schnittpunkt der Symmetrielinien des vorletzten Spantes.

EXTRAMELDUNG!

Sollte es vorkommen, dass ein Kreuzungspunkt von 2D-Elementen nicht über die Fangmethode *Schnittpunkt* zu bestimmen ist, dann kann eventuell die Methode *Schnittpunkt 1/2* helfen, den Punkt zu finden. Wenn dies auch nicht zum Erfolg führt, dann treffen sich die Elemente tatsächlich nicht.

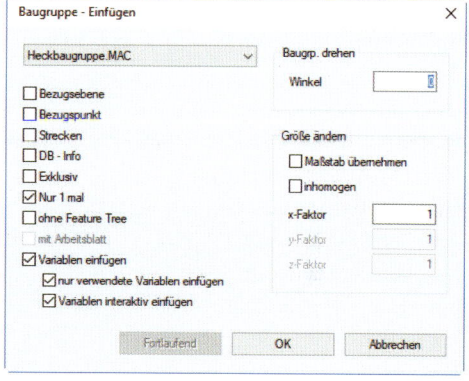

Achten Sie beim Absetzen darauf, dass in der Attributleiste nichts ausgewählt ist, sonst werden die neuen Elemente an der Maus mit diesen Eigenschaften in Ihre Konstruktion importiert. Im Zweifel drücken Sie auf das Icon *Standardattribute*, dann bleiben Farben, Layerzugehörigkeit etc. erhalten. Die Elemente der eingefügten Heckpartie sind auf Layern im Bereich 150-190 konstruiert und kommen dann auch dort in Ihrer Zeichnung an. Gegebenenfalls muss vorab oder auch nachträglich die Layerstruktur angepasst werden, um das Seitenleitwerk (SLW) oder Höhenleitwerk (HLW) als Ganzes schalten zu können. Im Seitenleitwerk ist hier auch schon die Mechanik für das Pendelhöhenruder eingeplant. Wenn Sie jetzt Elemente der Heckbaugruppe anklicken – beispielsweise um den roten Platzhalter unsichtbar zu schalten – werden Sie immer darauf hingewiesen, dass das gewählte Bauteil zur Baugruppe gehört. Dies ist in den meisten Fällen auch so gewollt, da damit auch größere, zusammenhängende Bereiche als Ganzes gehandhabt werden können. Andererseits kann es auch stören, wenn immer noch mit einem zweiten Mausklick entschieden werden muss, ob die laufende Aktion die ganze Baugruppe oder das Einzelteil betreffen soll. Im Pulldown-Menü finden Sie unter *Datenbank – DB-Info (Baugruppen)* ein Bedienfeld, das Ihnen den Aufbau Ihrer Baugruppenstruktur zeigt und Werkzeuge zur Verfügung stellt, die Baugruppen zu verwalten. Um den Baugruppenzusammenhalt der Leitwerksteile aufzulösen, klicken Sie den Eintrag an und wählen dann die Schaltfläche *Elm. entfernen*. Alle Teile, die zur Baugruppe gehören beginnen jetzt zu blinken und Sie fahren mit einem Klick der LMT fort, um danach im seitlichen Hilfsmenü die *Auswahl Bild-*

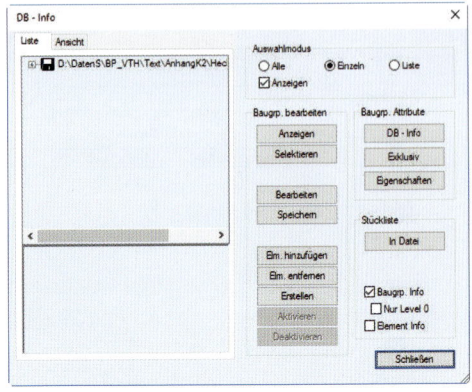

schirm zu treffen, gefolgt von einem Rechtsklick. Die Baugruppe wird aufgelöst und es bleiben im Menü fünf weitere Baugruppen zurück. Diese hätten wir vorher auch schon entdecken können, wenn wir das Plus-Symbol vor der Heckbaugruppe in der Listenansicht geöffnet hätten. Es handelt sich um die importierten 2D-Konturen der SLW-Rippen aus dem Profilgenerator. Nach eigenem Gutdünken kann mit Ihnen weiter verfahren werden.

Jetzt haben Sie etwas zur Baugruppentechnik gelernt und gleichzeitig haben wir uns die Voraussetzungen geschaffen, die bereits bekannte Funktion Sweepkörper in einer neuen Variante anzuwenden. Für die Verlegung der Bowdenzüge für das Höhen- und das Seitenruder müssen wir einen geschwungenen Verlauf in unseren Rumpf hineinforschen. Platz für die Rudermaschinen haben wir zwischen Spant 1 und 2. Servos mit 12 g sollten von der Beanspruchung herausreichen und finden in diesem Bereich ausreichend Platz. Eine weitere Vorgabe ist der Wunsch, die Bowdenzüge weit außen an der Rumpfwand verlaufen zu lassen, um mit der Mechanik des Flügelantriebes nicht in Konflikt zu geraten. Dass es hierbei mit dem Übergang in den hoch angesetzten und schlanken Heckträger eng werden kann, werden wir gleich gemeinsam erleben.

Ein geeignetes Werkzeug für den Entwurf der Verlegung finden Sie im *Volumenhauptmenü* mit der Funktion *Kurven-Interpolation*. Geschwungene Elemente kennen Sie bereits aus den 2D-Übungen. Hier waren es die Splines, die es ermöglichten, organische Formen zu entwerfen. Nur sind diese Geometrien allein für den ebenen Fall vorgesehen. Die oben angesprochene Funktion ist nun das räumliche Pendant und wird auch als 3D-Spline bezeichnet. Wichtig bei der Anwendung ist es, die Arbeitsebene immer im Gepäck zu haben. Beginnen wir am Rumpfende mit dem Anschluss an den HLW-Hebel. Legen Sie sich eine Arbeitsebene auf den Rumpfspant vor dem Anlenkungshebel. Der Anlenkungsdraht für den HLW-Hebel soll geradlinig austreten, mit dieser Vorgabe ist der erste Fixpunkt des Bowdenzugs schnell gefunden. Mit einer kräftigen Farbe und einem eigenen Layer (hier 145) starten Sie die Funktion *Kurven-Interpolation*. Wie schon beim 2D-Spline werden einzelne Punkte abgesetzt, durch die dann eine räumliche Kurve gelegt wird.

Fangen Sie den Mittelpunkt der Bohrung des Hebels, während Sie die Option *Fangen auf Arbeitsebene* aktiviert haben. Der räumliche Punkt, den Sie damit erhalten, ist damit nicht die Stelle des Mauscursors, sondern dieser wird lotrecht auf die Arbeitsebene projiziert. Weiter geht es in Richtung Rumpfspitze. Wenn wir einen Punkt (Endpunkt, Mittelpunkt, usw.) auf einem der nächsten Spanten direkt fangen könnten, wäre dies einfach. Beim Arbeiten mit freien Punkten muss jedoch die Arbeitsebene jeweils auf dem Spant neu gesetzt werden, auf dem ein Durchstoßpunkt für den Bowdenzug definiert werden soll. Sie werden erkennen, dass zu viele Punkte, die Sie frei absetzen zu einer Kontur führen, die sich eventuell aufschwingt, während zu wenige Punkte ggfs. versuchen „abzukürzen". Die Funktion stellt uns hier aber praktikable Werkzeuge zur Verfügung, um hier zielorientiert zu modellieren. Überspringen Sie jetzt zwei Spanten und setzen Sie die AE neu, um gleich darauf den zweiten Punkt des 3D-Splines anzuklicken. Nachdem wir erst mit den weiteren Klicks beobachten können, wie wir vorn die Biegung ins Rumpfboot meistern, ist das freie Fangen die einfachste Methode. Es dürfte ratsam sein, den Bowdenzug etwas nach oben wandern zu lassen, um dann mit einem großen Radius nach unten weg zu tauchen. Auf dem zweiten Spant der Röhre legen wir wieder eine Arbeitsebene und den dritten Stützpunkt ab.

Es folgen noch weitere Punkte auf den Spanten, die wir am Weg nach vorne durchkreuzen müssen. Sie können die Kontur nach Belieben an bestimmte Punkte zwingen, laufen dabei aber Gefahr, dass der Spline Sie mit engen Radien und Richtungswechseln bestraft. Probieren Sie es einfach aus.

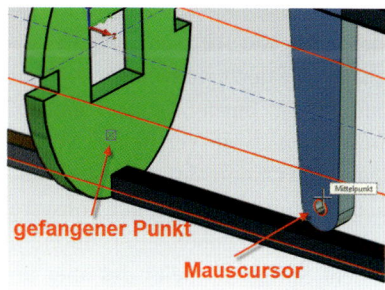
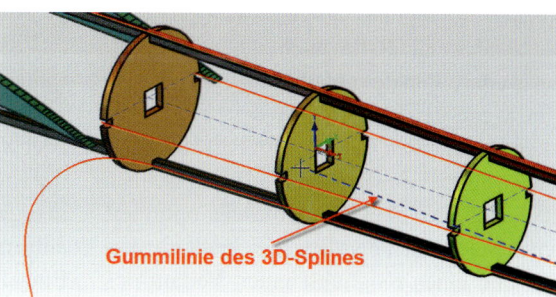

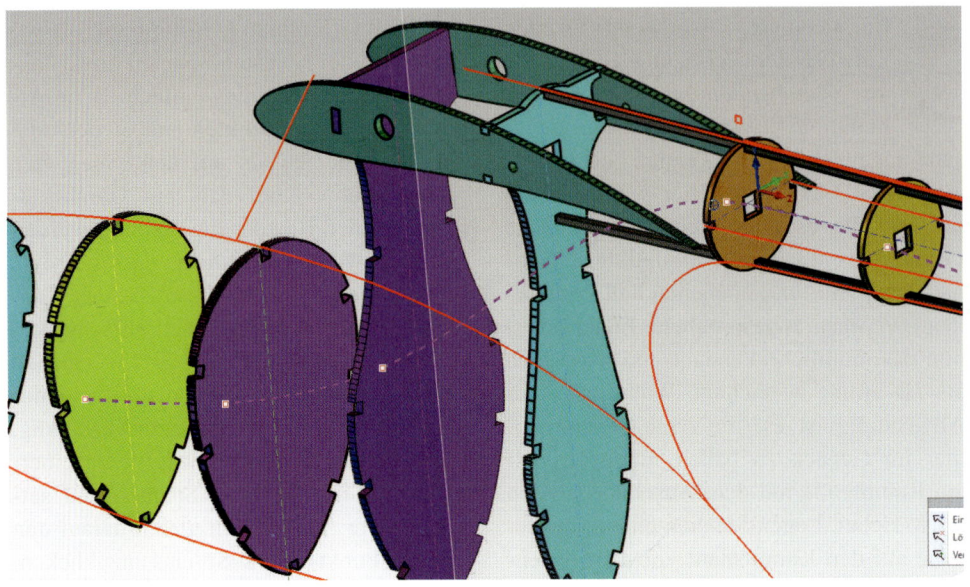

Bild 4.13: Der 3D-Spline schlängelt sich durch den Rumpf.

Das vorläufige Ergebnis könnte wie in Bild 4.13 aussehen. Jetzt gilt es den Entwurf zu begutachten. Drehen Sie die Szene mit gedrückter, mittlerer Maustaste und prüfen Sie optisch, ob der Verlauf harmonisch ist. Bei genauer Betrachtung ist festzustellen, dass der Spline in Höhe des letzten Spantes des Rumpfbootes eine Abkürzung aus dem Rumpf herauslegt. Hier besteht also dringender Handlungsbedarf. Mit drag&drop kann die Kontur wieder aktiviert werden und Sie sehen Ihre bisherigen Stützstellen als Griffpunkte. Wieder ist es wichtig, die Arbeitsebene für anstehende Korrekturen passend zu platzieren. Das mit dem Aktivieren des Splines aufgeblendete Menü lässt es auch zu, weitere Punkte einzufügen, wenn der Spline sonst nicht zu bändigen ist. In jedem Fall ist es gut, zuerst einmal ein Ergebnis auf den Schirm zu bekommen, bevor an diesem optimiert wird. Sie werden den Bogen schnell raushaben und einen möglichst guten Verlauf des Bowdenzugs erhalten. Um Ihnen den weiteren Umgang mit diesem neuen Zeichnungsobjekt zu zeigen, werden wir jetzt die Funktion *Sweepkörper* anwenden, die ja erst den eigentlichen Verlauf des Röhrchens darstellt und zum Bohren der Spanten genutzt wird. Die Sweepkontur ist natürlich der gerade geschaffene Spline, was noch fehlt ist die Basiskontur, die wir in Form eines *Kreises* mit 3 mm Durchmesser an eine beliebige Stelle zeichnen. Mit dem Start der Funktion kommt die Frage nach dem Querschnitt. Fangen Sie den Kreis als *einzelnes Element* oder *Fläche*. Den Vorschlag des Bezugspunktes in der Mitte der Kontur können Sie mit der RMT quittieren. Für die Auswahl der *Sweepkontur*, die jetzt angegeben werden muss, steht Ihnen *Auswahl einzeln* oder *Auswahl Kanten* zur Verfügung. Vorteil der Kanten ist die Option, dass Sie wieder einen ganzen Konturverlauf von der Software aufsammeln lassen können. Bei unserem Einzelelement Spline 3D heißt das aber im

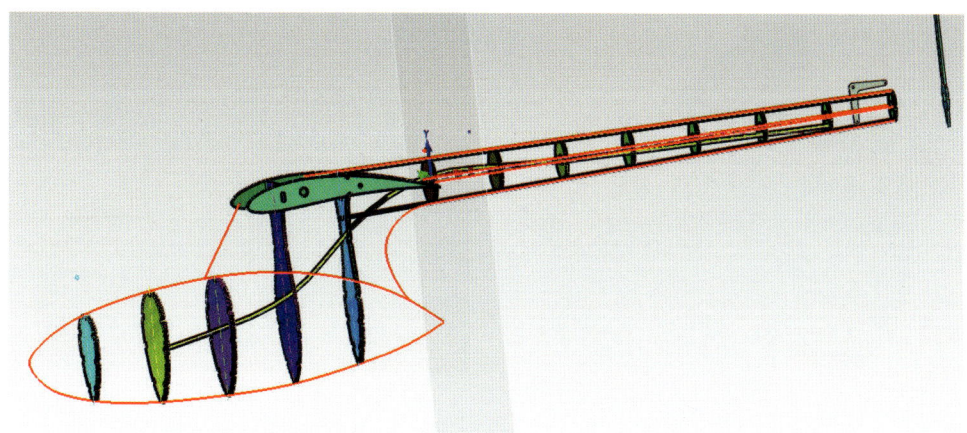

Gegenzug, dass dieser gleichzeitig die erste und letzte Kante ist – also zweimal anzuklicken ist. Wie Sie dies beim Sweepkörper bereits kennengelernt haben, erscheint nach der Auswahl der „Perlenschnur" das Dialogfeld, das noch Optionen für die Generierung des Körpers anbietet. In unserem Fall reicht es hier, einfach mit *OK* zu bestätigen und in Ihrem Modell wird aus der Voransicht des Bowdenzuges der eigentliche Körper gebildet. Mit diesem ist es noch leichter zu erkennen, ob die Rohrverlegung in Hinsicht harmonischem Verlauf und Kollisionsvermeidung geglückt ist. Ohne die weiteren Details zu kennen, wo die Flügelmechanik Bauraum einfordert, kann dieser Arbeitsschritt jedoch erst einmal als Übung verstanden werden. Einen realen Nutzen bekommen wir jedoch sofort: wir erkennen, dass es sinnvoll sein wird, die Servos schräg in den Rumpf einzubauen. Auch wenn die finale Lage der Bowdenzugbohrungen noch nicht abgehakt werden kann, hilft uns der momentane Konstruktionsstand beim Design der Servobretter.

Spannend ist zunächst einmal der Inhalt der Servobretter, nämlich die Rudermaschinen selbst. Für Höhen- und Seitenruder habe ich für den Condor NT 12-g-Servos eingeplant. Ich setze hier gerne die Produkte von D-Power ein, die ein gutes Preis-Leistungsverhältnis bieten. Die analoge Ausführung reicht hier vollkommen aus, allerdings wähle ich gerne die Variante mit Metallgetriebe und Kugellagern. Zu einem vernünftigen Preis bekommt man beispielsweise mit dem AS-215BB MG ausreichend Leistung für die anstehende Aufgabe und eine gute Qualität. Doch jeder hat hier seine eigenen Vorlieben und es ist durchaus vernünftig, nicht in jedem Flieger andere Komponenten zu haben. Sobald ich damit aber wiederkehrende Bauteile habe, klingelt bei mir die CAD-Glocke mit dem Hinweis Baugruppen. So könnte es ein nächster Schritt sein, dass jeder sein Lieblingsservo in der 12-g-Klasse als Baugruppe erstellt. Wenn man sich das schon so konkret vornimmt, ist es am besten, wenn man nach dem Speichern der Zeichnung (oder in einem neuen Task) eine *Neue Baugruppe* startet. Mit der Schieblehre bewaffnet und mit dem favorisierten Servo auf dem Tisch kann es losgehen. Wir sprechen nicht davon, das Innenleben des Servos nachzukonstruieren, sondern von der Erfassung des Bauraumes und ggfs. des nutzbaren Weges über den passenden Servohebel.

Wie Sie die Konstruktion angehen, ist eigentlich gleichgültig. Allein der Gedanke, wie die Objekte nachträglich verändert werden können – beispielsweise, um weite-

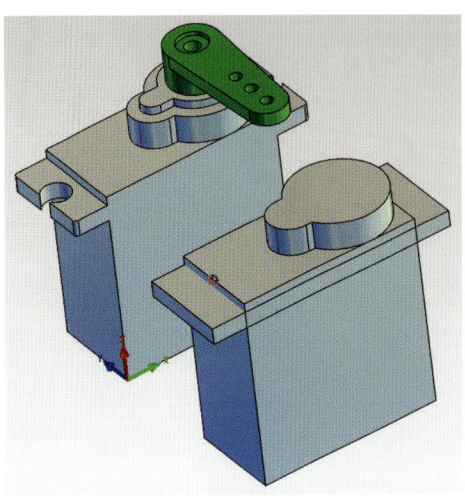

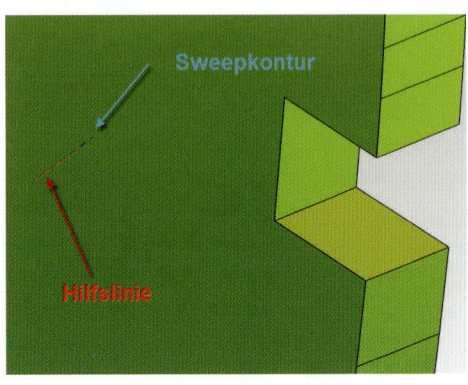

Bild 4.14: Die Entstehung eines Servos.

re Baugruppen ähnlicher Bauform aus dieser erzeugen zu können – ist bei der Wahl der Werkzeuge zu berücksichtigen. In Bild 4.14 sieht man die fertige Baugruppe und im Vordergrund einen Zwischenschritt des Aufbaus. Hier wurden Quader und gerade Prismen eingesetzt, um die Bauteilgeometrie zu erfassen. Auf eine Verrundung der Kanten, wie sie für Spritzgussteile typisch ist oder die Darstellung der beiden Gehäuseteile wurde bewusst verzichtet, da es in diesem Anwendungsfall ausreicht, den Bauraum und den Anlenkpunkt für den Bowdenzug zu bestimmen. Als Bezugspunkt der Baugruppe wählt man sinnvollerweise die Mitte der Befestigungsbohrung an der unteren Auflagefläche (Pulldown-Menü, *Baugruppe – Bezugspunkt*) und als Bezugsebene (Pulldown-Menü, *Baugruppe – Bezugsebene*) kann über zwei Körperkanten (Bestimmung mit einem Element) die Auflagefläche des Servos auf dem Servobrett definiert werden.

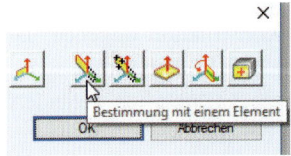

Um eine leichtgängige Anlenkung der Ruder zu bekommen, sollte der Steuerdraht des Bowdenzuges im Winkel des Endstücks des Rohres austreten. Diesen gilt es jetzt konstruktiv zu ermitteln. Da in diesem Bereich des Rumpfes keine geraden Bezugslinien vorhanden sind, müssen Sie sich zuerst etwas Überblick verschaffen. Machen Sie den Bowdenzug unsichtbar. Damit sollte die Sehne des Sweepkörpers, längs der das Bauteil erstellt wurde wieder sichtbar werden. Falls Sie diese Hilfskontur bereits gelöscht haben, können Sie sie jederzeit wieder über den *feature tree* (Rechtsklick auf den Sweepkörpereintrag) mit der Funktion *Profil editieren* auf den Bildschirm holen. Die folgende Hilfskonstruktion beginnen Sie, indem Sie ein kurzes Linienstück vom Endpunkt der Sweepkontur zu einem Elementpunkt längs dieser Geometrie einzeichnen. Dieses Linienstück hat nun recht genau den Tangentenwinkel am Rohrende. Um die richtige Winkellage des Servobrettes zu bestimmen, muss diese Linie so verlängert werden, dass Sie genau von dem einen zum anderen Spant reicht. Sie nutzen dazu ganz einfach die Edit-Funktion *Trimmen einfach*, die Sie aus dem 2D-Bereich bereits kennen. Beginnen Sie mit dem vorderen Spant, an den die Linie getrimmt wird. Die Auswahl des richtigen

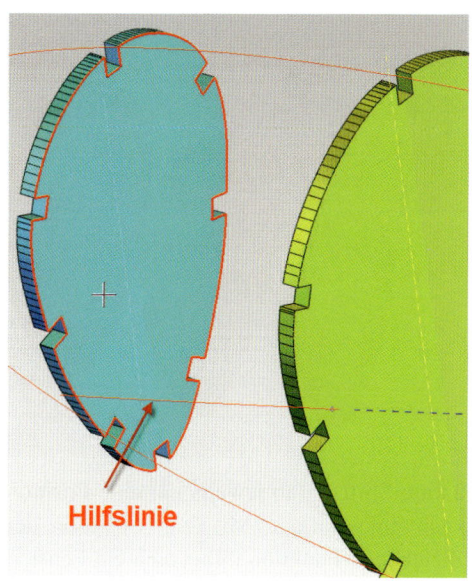

Hilfslinie

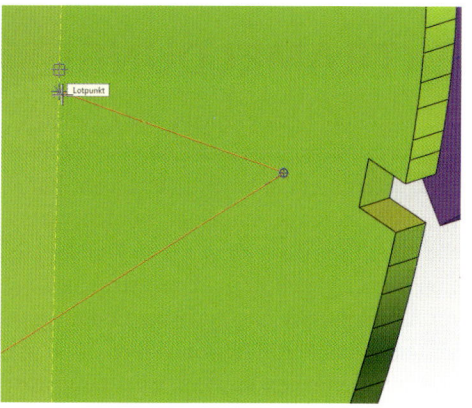

Elementes wird Ihnen durch die farbliche Hervorhebung in rosa erleichtert. Die LMT wählt das Element aus und Sie können mit dem zweiten Mausklick nun die gewünschte Grenze definieren. Drehen Sie dazu die Szene mit gedrücktem Mausrad, um den vorderen Spant von der Rückseite her zu sehen. Das System erwartet mit dem zweiten Mausklick die Angabe der Grenzgeometrie. Sobald Sie mit der Maus über die Oberfläche des vorderen Spantes fahren, wird dessen Kontur rot hervorgehoben und die Hilfslinie exakt bis zu dieser Fläche getrimmt. Eine LMT bestätigt die Auswahl und beendet die Funktion. Machen Sie anschließend den gleichen Schritt noch einmal mit dem anderen Ende der Linie, um sicherzustellen, dass diese auf der Vorderseite des Spantes endet. Natürlich kann es dabei vorkommen, dass – abhängig von der Verlegung Ihres Bowdenzuges – Ihre Hilfslinie den vorderen Spant nicht trifft, sondern aufgrund der Verjüngung der Rumpfgeometrie daran vorbei zeigt. Dies ist aber für die Bestimmung der Ebene nicht problematisch. Mit den beiden Endpunkten der Linie können wir aber noch keine Ebene aufspannen. Dazu ist noch ein dritter Punkt notwendig. Diesen erhalten Sie konstruktiv, indem Sie nochmals eine *freie Linie* beginnen, die vom hinteren Endpunkt der ersten Hilfslinie lotrecht auf die Spant-Mittellinie zeigt. Nutzen Sie dazu die Fangmodi *Endpunkt* und *Konstruktionspunkte*. Damit ist unser Unterfangen der Erstellung eine Ebene auch optisch leicht erkennbar.

Damit ist alles vorbereitet, um unsere vorher erstellte *Baugruppe* des Servos *einzufügen*. Im Pulldown-Menü *Baugruppen* finden Sie dazu die passende Schaltfläche. Nach Auswahl der entsprechenden Datei hängt Ihr Servo an der Maus. Sollte es jetzt in einer anderen Farbe erscheinen, als Sie es zuvor angelegt hatten, dann liegt das daran, dass in Ihrer Attributleiste noch Werte aus dem vorhergehenden Schritt angewählt sind, die jetzt der Baugruppe aufgezwungen werden. Sie unterbinden dies durch die Anwahl der Standardattribute. Im Gegenzug können Sie durch die bewusste Wahl eines Attributes (beispielsweise. eines Layers) die Einordnung Ihres Servos in die Datenstruktur der aktuellen Konstruktion erzwingen.

EXTRAMELDUNG!

Selbst erstellte Baugruppen, die sich nach und nach zu einer kleinen Zubehör-Bibliothek ansammeln, können betr. Layer, Farbe, usw. gleich so angelegt werden, dass Sie beim Einsatz in einer neuen Konstruktion immer gleich in die Datenstruktur Ihrer Arbeit passen. Ein gewisses Ordnungssystem erleichtert Ihnen auch hier – wie in anderen Bereichen des Lebens – langfristig die Arbeit.

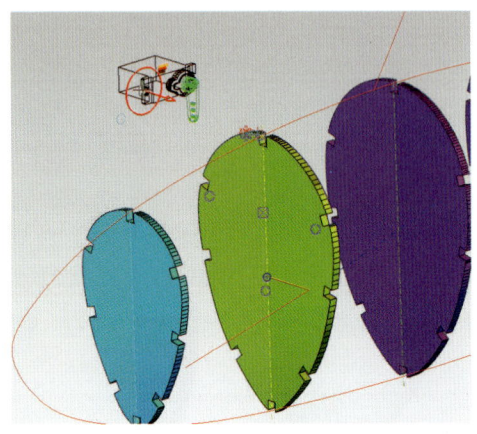

Das Servo liegt allerdings jetzt noch in einer vollkommen falschen Lage im Raum. Dies rührt daher, dass MegaNC natürlich noch nicht wissen kann, wie das Bauteil eingefügt werden soll. Sie erkennen aber, dass es an exakt dem Punkt am Cursor hängt, den Sie beim Erstellen der Baugruppe als Bezugspunkt angegeben haben. Der rote Kreis mit dem Pfeil in z-Richtung symbolisiert die vordefinierte Bezugsebene. Beginnen wir also damit, diese für die korrekte Ausrichtung zu nutzen, indem wir sie mit einer Zielebene in Deckung bringen. In der Statusleiste am unteren Bildschirmrand finden Sie wieder die Optionsicons, die Ihnen die Manipulation von Elementen ermöglichen, die aktuell an der Maus hängen. Im Vergleich zur 2D-Umgebung sind hier einige neue Werkzeuge hinzugekommen. Für Ihren nächsten Arbeitsschritt nutzen Sie *Positionieren Zielebene*. Sie können das Icon unten direkt mit der Maus anklicken oder den Hotkey Leertaste nutzen. Dieser gilt universell für alle Optionsicons in der Statusleiste. Geschaltet wird immer die Funktion, die mit dem roten Pfeilsymbol markiert ist. Vielleicht erinnern Sie sich noch, dass der rote Pfeil mit der Tabulator-Taste nach rechts zu verschieben ist, bzw. mit der Tastenkombination Shift + Tab jeweils um eine Position nach links springt. Mit dem Auslösen der Zielebenen-Funktion öffnet sich ein Fenster, das die bereits bekannten Symboliken für die Definition von Ebenen enthält. Um die vorbereitete Hilfskonstruktion zu nutzen, setzen Sie die Methode *Bestimmung mit 3 Punkten* ein. Das System fragt Sie nach dem Ausblenden des Menüs nach einem *Bezugspunkt*. Beantworten Sie dies mit dem Anklicken des vorderen *Endpunkts* der langen Linie. Wenn Sie den Mauscursor bewegen, erkennen Sie eine grün gestrichelte Linie, die die zukünftige x-Achse Ihrer Zielebene darstellt. Der zweite Mausklick erfolgt dann am hinteren Ende der Linie. Die Orientierung der x-Achse ist damit abgeschlossen und eine blaue Symbolik führt Sie weiter zur Festlegung der y-Achse und damit zur Definition der Zielebene. Wieder ist es ein *Endpunkt*, der Ihnen bei der Arbeit hilft, indem Sie das Ende der kurzen Linie anklicken. Das Menü erscheint nochmals und Sie können den Vorgang mit

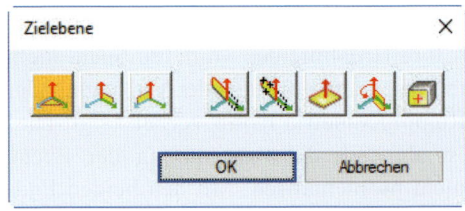

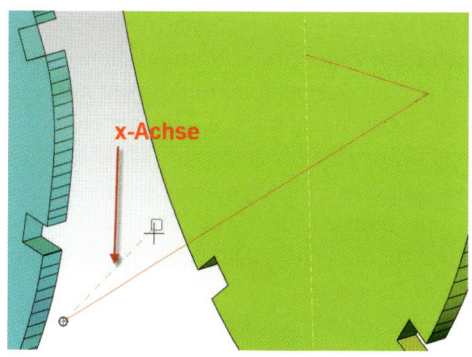
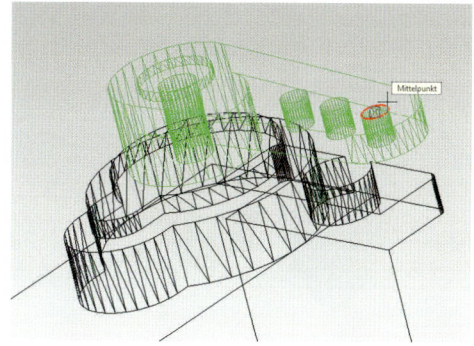

einem OK abschließen. Sofort erscheint Ihr Servo in der korrekten räumlichen Ausrichtung im Blickfeld. Es könnte noch passieren, dass aufgrund der Orientierung der Achsen von Bezugs- und Zielebene eine Drehung um 90° notwendig wird. Werfen Sie dazu wieder einen Blick auf die Statuszeile. Dort entdecken Sie die bekannte Funktionalität des Drehens von Objekten am Mauscursor. Mit den Pfeiltasten an Ihrer Tastatur können auch hier im 3D eine Schrittweite einstellen (*Pfeil auf – ab*) und die gewünschte Drehung mit den *Links/Rechts-Pfeilen* ausführen. Sie erkennen, dass auch die 3D-Baugruppe sich so ganz einfach auf der Zielebene gleitend ausrichten lässt. Dieser Schritt wäre also geschafft!

Die Linie, die Sie soeben zum Ausrichten genutzt haben, ist ja die Verlängerung des Bowdenzuges, das heißt auf diesem müsste eigentlich der Einhängepunkt des Servohebels liegen. Das schaffen Sie natürlich nicht,

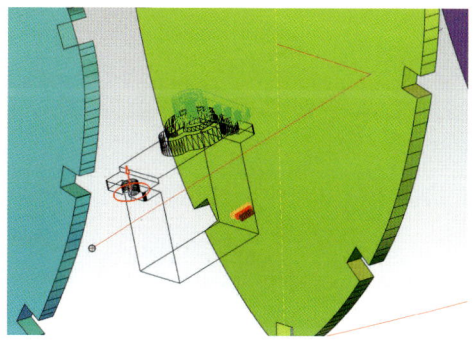

solange der Bezugspunkt am Chassis der Rudermaschine hängt. Werfen Sie daher nochmals einen Blick in die Statusleiste am unteren Bildschirmrand. Unter den Optionsicons finden Sie die Schaltfläche *Bezugspunkt*, die Sie mit der *Tabulator-Taste* anfahren. Sobald das rote Dreieck auf diesem Icon liegt, können Sie mit der *Leertaste* die Funktion starten. Die Szene wird kurz „eingefroren" und Sie können in aller Ruhe den Mittelpunkt der Bohrung am Servohebel als neuen *Bezugspunkt* auswählen. Im nächsten Moment hängt das Servo für die vorliegende Aufgabe passend am Cursor und Sie können einen Punkt auf der Linie fangen. Mit einem *Abstandspunkt* von 25 mm scheint eine gute Lage gefunden zu sein, die einerseits sicherstellt, dass das Servo passend im Rumpf liegt und nicht zu nahe an die Außenschale kommt, andererseits genügend Platz für Anlenkung und Servoweg vorhanden ist. Nachdem wir uns mit der Freiformfläche der Außenhaut des Rumpfes noch nicht beschäftigt haben, fehlt uns natürlich dieses Mittel der Kontrolle einer Kollision. Damit bleibt uns im Moment nur, die Konstruktion am Bildschirm zu drehen, um einen Eindruck von der Einbausituation des Servos zu bekommen. Als einfaches Hilfsmittel kann man sich einen Bogen über drei Punkte einzeichnen, der die Kante des Längsstringers markiert, wie dies in Bild 4.15 zu erkennen ist. Damit kann man schon ganz gut er-

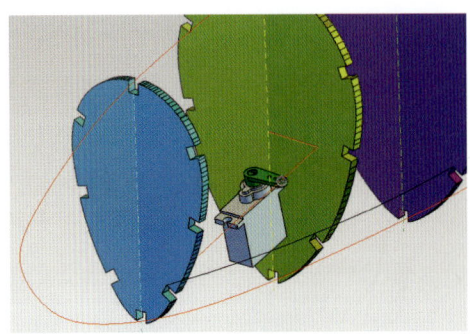

Bild 4.15: Die Kontrolle der Einbausituation.

kennen, wie nahe sich Servo und 4-Kantleiste des Stringers kommen. Auch die Draufsicht kann aufschlussreich sein, da hier der Abstand des Servos zur Mittellinie erkennbar wird. Auf das Servobrett muss ja schließlich noch eine zweite Rudermaschine passen. Sollte Ihr erster Versuch noch nicht perfekt sitzen, dann kann ja auch ganz einfach am 3D-Spline des Bowdenzugs gezupft werden, um der ganzen Konstruktion einen etwas anderen Verlauf zu geben.

Zwischendurch könnten Sie schon einmal zur Übung den Bowdenzug in seiner realen Größe einbringen. Die Geometrie benötigen wir ja, um die Position der Bohrungen in den Spanten zu finden. Die Stichworte hier sind: *Kreis* mit D = 3 mm, *Sweepkörper*, Fangen der Sweepkontur als *Einzelelement* oder über *Auswahl Kanten*.

Die Durchdringung der Spanten ergibt natürlich keine zylindrische Bohrung, die wir später auf der 3-Achs-Maschine fräsen können. Wir nutzen daher nur die Lage der Bohrung und werden die aus der Konstruktion erhaltenen schiefen Ellipsen durch Kreise von 3,5-4 mm ersetzen, um in der Bauphase etwas Spiel für die schräge Durchführung des Rohres zu haben.

Nun schwebt das Servo noch frei im Raum – geben wir ihm also Halt in einem Sperrholzplättchen! Schritt 1 ist die Festlegung einer neuen Arbeitsebene an der Auflagefläche der Rudermaschine. Unter Beibehaltung der Blickrichtung kann eine neue AE festgelegt werden, indem zwei Kanten der gewünschten Fläche mit *Arbeitsebene – Element* angeklickt werden. Die erste gewählte Körperkante wird die x-Achse, das kleine grüne Punktsymbol stellt dabei den späteren Ausgangspunkt des Koordinatensystems dar. Beginnen Sie beispielsweise mit dem Ausschnitt, der im Servobrett für das Einsetzen der Rudermaschine vorgesehen wird. Als Fangpunkte bieten sich die Außenkanten des Bauteils an. Lassen Sie gleich 1 mm Luft in Längsrichtung, um etwas Spiel für das Einschieben in den Ausschnitt zu erhalten. Lassen Sie ansonsten Ihrer Kreativität freien Lauf. Das Brett kann die volle Breite der Spanten einnehmen, allerdings haben wir hier noch Unsicherheiten bezüglich

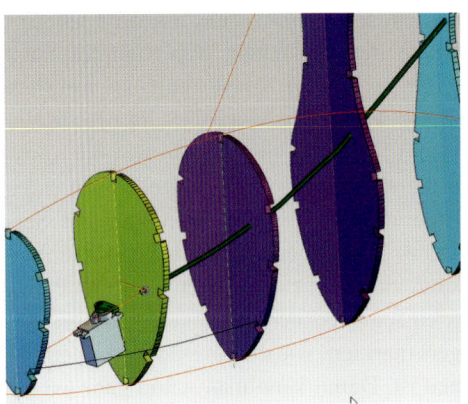

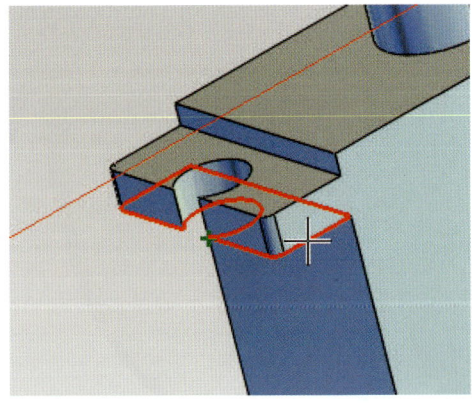

des Verlaufs der geschwungenen Rumpfkontur. Ausreichend ist aber auch ein geometrischer Aufbau aus geraden Randkonturen. Der Ausschnitt auf der zweiten Seite entsteht durch einfaches Spiegeln, das in der aktuellen AE wie im 2D anzuwenden ist.

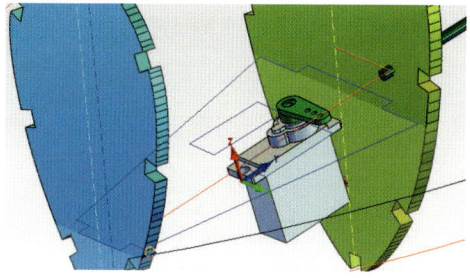

Es können in der Skizze auch gleich Zapfen vorgesehen werden, die in Nuten in den Spanten greifen, um einen stabilen Verband der Baugruppe zu bekommen. Dies natürlich wieder mit dem Wissen, dass das schräge Eintauchen des Zapfens in den Spant mit unseren Mitteln nicht gefräst werden kann. Etwas Handarbeit macht die Teile aber schnell passend. Wenige Klicks später ist das Servobrett bereits virtuelle Realität.

Eine Methode für das Ausklinken des Spantes möchte ich hier noch vorstellen. Der schräge Winkel, in dem das Servobrett in den Spant eintaucht, bewirkt geometrisch einen Hinterschnitt. Da bleibt uns nur, die Aussparung im Spant so groß vorzusehen, dass das Brettchen eingesetzt und verklebt werden kann, auch wenn dann nicht die perfekte Klebefläche entsteht. Um die notwendige Ausschnittsgröße zu ermitteln, legen Sie sich die Arbeitsebene auf die Spant-Rückseite.

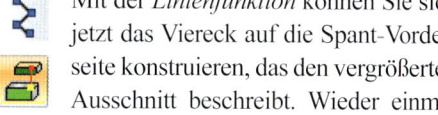

Mit der *Linienfunktion* können Sie sich jetzt das Viereck auf die Spant-Vorderseite konstruieren, das den vergrößerten Ausschnitt beschreibt. Wieder einmal nutzen Sie die Option *Fangen auf Arbeitsebene*, um das Rechteck auf die Fläche zu projizieren.

Um die im OPGL verdeckten Ecken des Servobretts anklicken zu können, ohne gleich Elemente auszublenden oder die Szene drehen zu müssen, kann nebenbei auf die Drahtprojektion umgeschaltet werden.

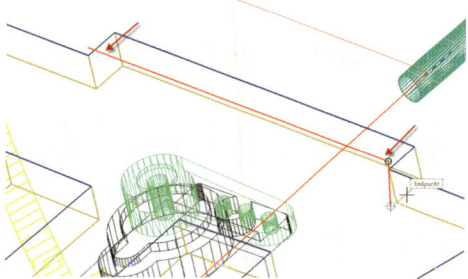

Ist das Rechteck fertig, kann daraus ein Prisma erzeugt werden, das vom Spant subtrahiert wird. Wem das so nicht gefällt, der kann natürlich auch eine kleinere Nut erstellen und diese dann mit der Feile auf die notwendige Schräge aufweiten. Bereinigt um einige 2D-Hilfskonturen sieht das Ergebnis dann so aus wie in Bild 4.16 dargestellt.

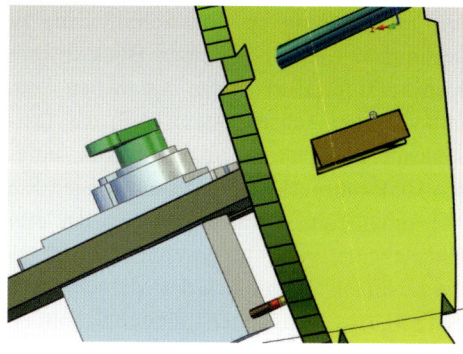

Bild 4.16: Der Ausschnitt für das Servobrett.

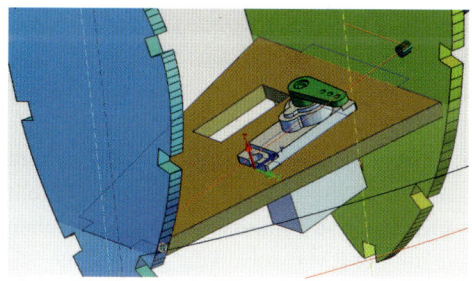

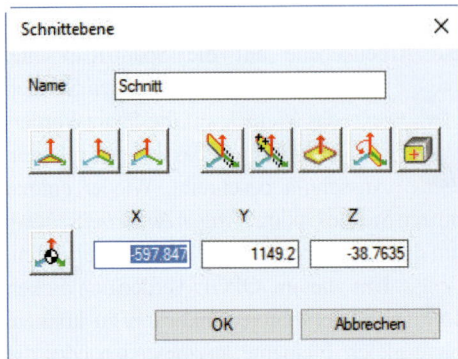

Bleiben wir gleich bei diesem Spant. Um an das Rumpfinnere zu gelangen, müssen wir einen Deckel vorsehen. Damit wird es notwendig, den Spant in zwei Teile zu zerschneiden. Die obere Hälfte wird formgebend für den Rumpfzugang sein. Damit können wir gleich eine neue Funktion kennenlernen. Im *Volumenhauptmenü* finden Sie die Funktion *Schnitt an Ebene*, die es ermöglicht 3D-Objekte an einer beliebig im Raum liegenden Ebene zu trennen. Nach dem Start der Funktion werden Sie nach Elementen gefragt, die von der Operation betroffen sein sollen. In unserem Beispiel ist dies nur der zweite Spant, die Auswahl beenden Sie wie gewohnt mit einem Rechtsklick. Damit erscheint ein Menü, in dem die Schnittebene festgelegt werden kann. Neben den drei Hauptebenen finden Sie hier die bekannten Methoden zur Definition einer Ebene, nur hier mit der Aufgabe, eine Schnittebene zu bestimmen. Werfen Sie einen Blick in Ihre Konstruktion. Dort finden Sie neben dem mitlaufenden Achsensystem (AE) das feststehende Achsenkreuz in der linken, unteren Bildschirmecke. An diesem können Sie sich orientieren, wenn es um eine der drei Hauptebenen geht. In unserem Fall ist es die *x-z-Ebene*, in der sich das Messer bewegen soll. Ausschlaggebend für den Schnitt ist aber auch die Lage des *Bezugspunktes*. Die Schaltfläche hierfür finden Sie links neben den Koordinaten im Fenster. Natürlich stehen hier alle uns bekannten Fangmethoden zur Verfügung. Der obere Eckpunkt des Ausschnitts (*Endpunkt*) für die Längsstringer ist geeignet, um eine ausreichend große Öffnung zu erhalten und gleichzeitig die offene Rumpfstruktur gleich mit der Kiefernleiste zu versteifen. Mit dem Mausklick kommt das Menü zurück für etwaige Korrekturen oder zur Bestätigung der Eingaben mit *OK*. Sofort wird eine Hälfte des Bauteils hervorgehoben. Sollte dies per Mausklick bestätigt werden, würde dieser Teil erhalten, während die andere Hälfte gelöscht wird. Für den Deckel benötigen wir aber beide Teile und können dies durch einfaches Klicken mit der LMT bewirken. Die linke Taste wird immer wieder gedrückt, während am Bildschirm die vier Optionen (untere Hälfte – kein Schnitt – obere Hälfte – beide Hälften) dargestellt werden. Diese Endlosschleife unterbrechen Sie mit der RMT, sobald die gewünschte Variante angezeigt wird. An der Form ändert sich natürlich nichts, nur eine Linie deutet darauf hin, dass die Geometrie aus zwei Teilen besteht. Das Markieren des Deckels mit der Maus (drag&drop) lässt auch den ganzen Spant sichtbar werden, da ja die Information der Entstehung noch im Bauteil gespeichert ist. Im feature tree können Sie das auch nachverfolgen. Jedes eigenständige Bauteil kann durch eine eigene Farbe und alle weiteren Attribute definiert sein, also ist es ein Leichtes, die obere Hälfte des Spants per Mausklick umzufärben.

4.5.9 Konstruktionsmethoden am 3D-Bauteil

Lassen Sie uns diesen Spant noch etwas genauer betrachten und Arbeitsmethoden üben, die das nahtlose Ineinandergreifen von 2D- und 3D-Techniken aufzeigen.

Das Bauteil hat mit dem Einbringen der Bohrung für den Bowdenzug und der Nut für das Servobrett seine funktionale Geometrie definiert und kann jetzt noch mit Erleichterungsausschnitten versehen werden. Das Ding soll ja irgendwann auch einmal fliegen! Dazu nutzen wir die Unsichtbarkeitsfunktion, um die für die folgenden Schritte notwendigen Elemente allein am Schirm sichtbar zu haben. Um nicht einzelne Zeichenelemente und Bauteile einzeln anwählen zu müssen, bringen Sie Ihre Konstruktion in die Ansicht von der Seite (Draufsicht). Mit der Funktion *Alle unsichtbar ausser* kann ganz einfach ein Rechteck um den betreffenden Spant aufgezogen werden, in dem dann alle benötigten Teile enthalten sind. Zurück in die Perspektive gilt es noch, die Arbeitsebene auf die Spant-Vorderseite zu legen. Mit dem Schnitt in der Waagrechten ist dies jetzt wieder sehr einfach mit *Arbeitsebene Strahl* möglich, da hier wieder eine gerade Kante vorliegt, die parallel zu den Hauptebenen liegt. Ein Klick auf die Taste *Ansicht – Arbeitsebene* zeigt Ihnen dann das zu bearbeitende Objekt in Frontalansicht. Mit dem Rechteck unten und der Bohrung für den Bowdenzug sind die Verbotszonen sichtbar, alle anderen Flächen können jetzt mit Ausschnitten versehen werden. Eine Restmaterialstärke außen von 10 mm scheint ausreichend und mit dieser Überlegung starten Sie die Funktion

145

Parallele Linie im Linienmenü. Sobald sich die Maus der Außenkontur nähert, werden kleine Bogenstücke auf die Fläche projiziert. Aufgrund der aus Splines erstellten Spant-Geometrie ergibt sich keine geschlossene Kurve, sondern nur eine abschnittsweise Erstellung von Parallelen. Das ist aber weiter nicht schlimm, da die Einschnitte für die Kiefernleisten in jedem Fall störend wären und korrigiert werden müssten. Anders sieht es bei dem Rechteck des Servobretts aus, das sich parallel unter dem Ausschnitt erzeugen lässt. Für die untere Aussparung (Durchführung der Servokabel, usw.) bauen Sie sich drei kleine Stützkonturen, deren Endpunkte Sie für einen *Bogen über drei Punkte* nutzen. Diese Kontur lässt sich anschließend über die Mittellinie spiegeln, um einen symmetrischen Aufschnitt zu erhalten. Die finale Geometrie erhalten Sie durch das Abrunden (Radius = 4 mm) der drei Teile zu einer geschlossenen Kontur. Aus Gründen der Zeichnungshygiene empfiehlt es sich, die kleinen Stützkonturen gleich zu löschen, damit später beim Aufziehen eines Prismas keine Unklarheiten entstehen können. Analog verfahren Sie bei den beiden oberen Ausschnitten im Spant und im Deckel, wobei aufgrund der vorliegenden Geometrien das Maß des Abstands der Parallelen und der Radien jeweils angepasst werden muss. Das Ganze ist grafisch gut zu beobachten und Sie werden aufgrund Ihrer modellfliegerischen Erfahrungen ein Gefühl dafür haben, wo Sie wieviel Material stehen lassen müssen, um ausreichend Festigkeit im Bauteil zu haben. Damit sind alle Vorbereitungen getroffen, um aus den 2D-Skizzen Volumenkörper zu machen, die abschließend vom bestehenden Spant subtrahiert werden. Dazu ist es sinnvoll, das Modell wieder in die Perspektive zu drehen und über *Unsichtbarkeit* die Mittellinie auszublenden. Damit hat die Flächenauswahl beim Einsatz der Funktion *Gerades Prisma* freie Bahn, die Umrandung zu erkennen. Es ist möglich, aus den beiden unteren Konturen ein Prisma zu erstellen, indem einfach beide Flächen nacheinander angewählt werden, bevor mit der RMT die

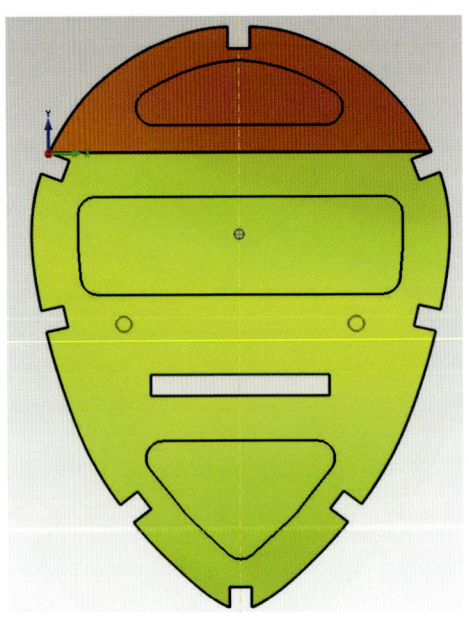
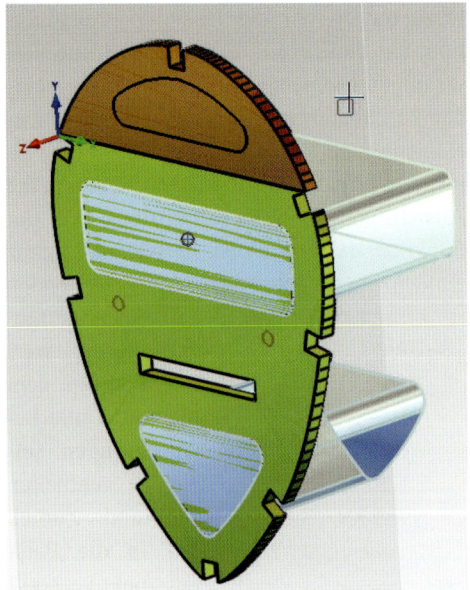

Auswahl unterbrochen wird und die Prismen bereits am Mauscursor hängend dargestellt werden. Die Tiefe muss mindestens die Dicke des Spants betragen, kann aber auch beliebig größer ausfallen. Wenn Sie später den feature tree betrachten werden Sie erkennen, dass nur ein Eintrag als Differenzkörper vermerkt ist. Dies kann die Übersichtlichkeit in der Historie verbessern. Auf gleiche Weise verfahren Sie mit der Aussparung im oberen Spantteil (Deckel). Damit sind alle Weichen gestellt, um dem Bauteil die endgültige Geometrie zu geben. Starten Sie die Funktion *Differenz zweier Körper* und führen Sie Boole'sche Operation in zwei Schritten für Spant und Deckel getrennt aus. In der Perspektive ist gut zu erkennen, dass die Außenkontur des Bauteils aus einer Vielzahl von Bogenstücken besteht, während die Aussparungen aufgrund des Skizzenaufbaus aus größeren Bogenstücken nicht die ausgeprägte Facettendarstellung zeigen.

Gerne möchte ich hier noch auf ein weiteres feature von MegaNC hinweisen, welches Ihnen die Arbeit vereinfachen und beschleunigen wird. Während das Prisma des Abzugskörpers aufgezogen wird, können Sie alternativ zur oben beschriebenen Arbeitsweise in zwei Schritten bei den Optionsicons die Schaltfläche *Summe zweier Körper* aktivieren. Diese Option prüft, ob der neu entstehende Körper sich an ein bestehendes Element anschmiegt oder dieser durchkreuzt. Im ersten Fall würde aus den beiden beteiligten Objekten sofort eine Summe gebildet, im zweiten Fall jedoch der neue Körper vom bestehenden 3D-Bauteil subtrahiert. Eine tolle Sache, da sie sich damit den Arbeitsschritt der Differenzbildung sparen. Allerdings wirft die Konstruktionssonne auch einen Schatten aufs Geschehen, indem man die Aktivierung dieser Funktion gerne vergisst und sich später über eine wundersame Eigendynamik des Programms wundert. Behalten Sie also immer den unteren, rechten Teil des Bildschirms im Auge!

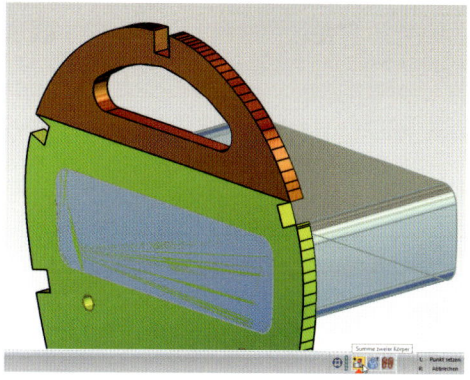

4.5.10 Details der Konstruktion

Wir haben in diesem Buch noch einige Themen zu behandeln, damit Sie einen umfassenden Einblick in die Geheimnisse von CAD und CAM bekommen. Daher können wir die vielen kleinen Baustellen, die die bisherigen Arbeiten zu einer fertigen Rumpfkonstruktion machen nicht einzeln beschreiben. Mit den bisherigen Übungen werden Sie sicher in der Lage sein, die weiterführenden Schritte eigenständig anzupacken, bzw. das Gelernte auf Ihr eigenes Projekt zu übertragen.

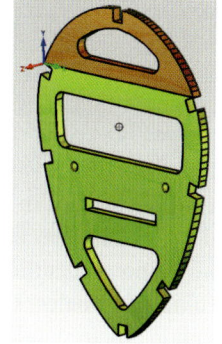

Trotzdem will ich es nicht versäumen, Ihnen noch ein paar weitere Details der Konstruktion zu zeigen. Sie können dies auch als Anregung und Vorlage für weitere Übungen ansehen.

Da wäre zum einen die Hebelkonstruktion für die Steuerung der Flügelanstellung (-verwindung ist es ja an und für sich keine) als Querruderersatz. Wie schon in der Einleitung beschrieben war es ein Versuch, den

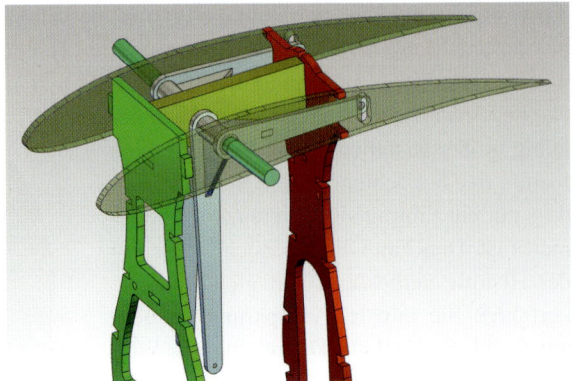

Condor NT damit auszustatten und nach vielen Flügen mit dem Modell kann ich feststellen, dass der Entwurf und die Konstruktion bestens funktionieren. Hier ist die konstruktive Ausführung im Vordergrund. Die Anforderung war es, einen Umlenkhebel zu bauen, der die aus dem Rumpfboot kommende Bewegung des Servo-Gestänges in eine variable Anstellung der beiden Flügelhälften umsetzt. Gleichzeitig muss die Flügellagerung in dieser Konstruktion realisiert werden. Kern der Mechanik ist ein Carbon-Stab mit einem Durchmesser von 8 mm, der das Biegemoment des Flügels aufnimmt. Dieser muss die V-Form des Tragwerks von 6° aufweisen. Dazu wurde ein normaler Stab in der Mitte angesägt, eingekerbt und im passenden Winkel wieder verklebt. Die Trennstelle wurde danach mit einer ordentlichen Lage UD-Gewebe (unidirektionales CFK-Gewebe) verstärkt und in einem stabilen Mittelsteg aus 8-mm-Flugzeugsperrholz gelagert, der sich zwischen den beiden Rumpfspanten abstützt. Außen findet der Carbon-Stab in den Anschlussrippen zum Flügel ein Gegenlager.

Erschwert wurde die Angelegenheit dadurch, dass aufgrund der Einschnürung des Rumpfpylons ein einteiliger Hebel nicht möglich war. Ein seitlicher Versatz von circa 20 mm musste vorgesehen werden, um die Hebel kollisionsfrei in die untere Rumpfhälfte zu bringen, während gleichzeitig oben der Mitnehmer so nahe wie möglich an die Anschlussrippe zu bringen war. Auf dem freien Stück des Carbon-Rohres wurde ein Alurohr gelagert, das zwei CFK-Frästeile mit 3 mm Dicke ver-

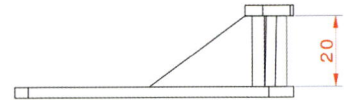
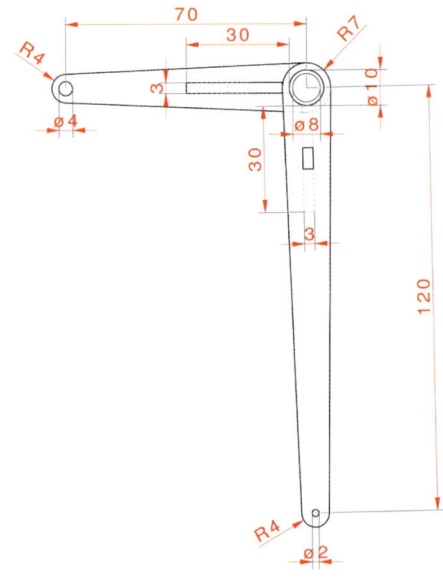

bindet. Um das Torsionsmoment nicht allein über die Verklebung aus einer dicken Wulst 5-min-Epoxi zu übertragen, wurden noch zwei dreieckige Stege aus dem gleichen Material eingesetzt. Die Bewegung überträgt an der hinteren Bohrung ein Bolzen aus Federstahl, der in eine Messingscheibe hartgelötet wurde, die wiederum mit dem CFK-Hebel verklebt wurde. Nach anfänglicher Vorsicht im Flugbetrieb hat diese Mechanik inzwischen auch Flüge außerhalb des Schongangs überstanden. Die oben dargestellte Werkstattzeichnung zeigt die CFK-Alu-Konstruktion als Vorlage zum Nachbau.

Um den Rumpf gerade aufbauen zu können empfehle ich, die Spanten unten, um Füße zu ergänzen, die auf einem Sperrholzrechen aufgefädelt werden. Füße und Rechen greifen stabil ineinander und werden längs einer Mittellinie auf dem Baubrett fixiert. Das schafft genügend Stabilität, um den kompletten Bau von Rumpfboot und Leitwerksträger zu bewerkstelligen. Auch der Einbau der Flügelmechanik und das Ausrichten der Leitwerke finden noch in dieser Aufbauphase statt. Erst danach wird der Rumpf von der integrierten Helling getrennt, indem einfach die Füße mit der Puksäge abgesägt werden.

Bei der Formgebung der Füße sind Ihnen alle künstlerischen Freiheiten überlassen. Ich achte immer darauf, dass das Unterteil der Füße bei allen Spanten identisch

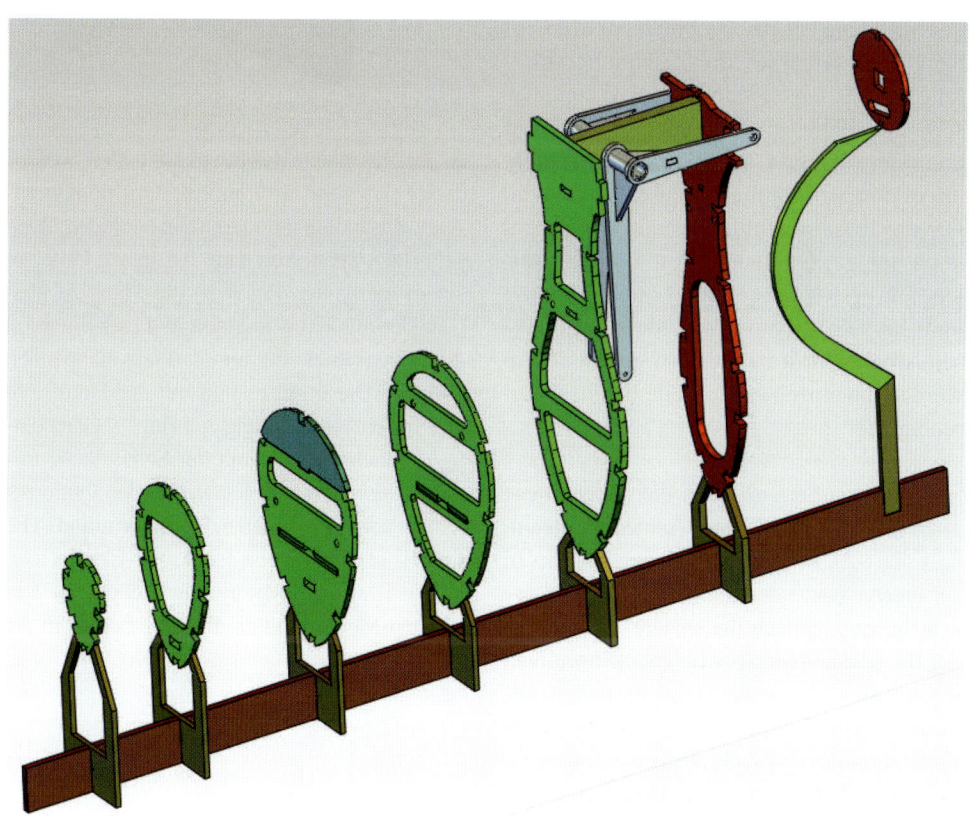

Bild 4.17: Das Rumpfgerüst auf Helling (Rechen).

ist – das bringt Vorteile beim Ausrichten. Die sich anschließenden Schrägen münden dort in die Spantkontur, wo sie beim Einsetzen der Gurte am wenigsten stören und dabei die Rumpfform noch möglichst gut zugänglich lassen. In Bild 4.17 sind die Füße der besseren Erkennbarkeit wegen in einer eigenen Farbe dargestellt. In Wirklichkeit ist Spant und Fuß immer ein Teil.

4.5.11 Zeichnungsableitung – aus 3D mach 2D

Im Verlauf der Konstruktion sind unterschiedliche 3D-Körper in allen erdenklichen räumlichen Lagen entstanden. Diese gilt es jetzt, für die CNC-Bearbeitung aufzubereiten, das heißt. zumindest so im Raum zu orientieren, wie es der Frässituation auf der Maschine entspricht. Im ersten Moment denkt man dabei an die Zeichnungsableitung von MegaNC, jedoch erweist sich diese hauptsächlich darin stark ein Bauteil in allen notwendigen Ansichten darzustellen, um es dort vollständig bemaßen zu können. Für die Fräsvorbereitung benötigen wir jedoch nur die Draufsicht von allen Bauteilen, am besten dabei nach Materialqualität und -stärke sortiert. Eine Automatik für diesen Arbeitsschritt ist nicht vorgesehen, also werden die einzelnen Bauteile händisch zurechtgelegt.

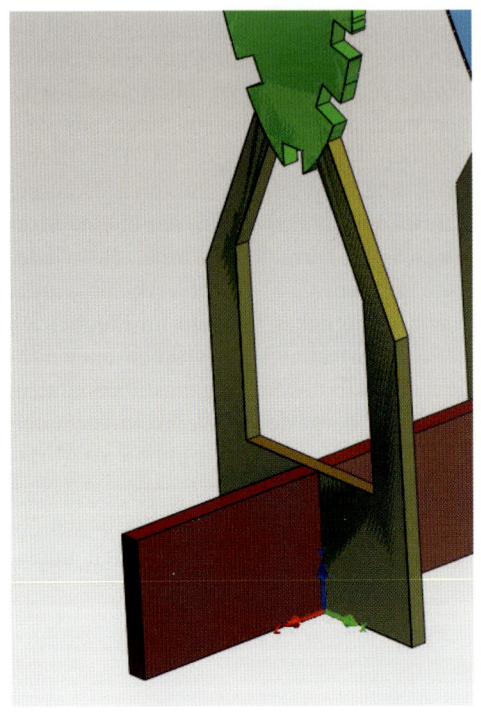

Legen Sie sich dazu die Arbeitsebene auf den ersten Spant. Achten Sie darauf, dass die x-Achse des neuen Bezugsystems in der unteren Kante des Fußes liegt. Damit können Sie ganz einfach die spätere Ausrichtung der Bauteile auf der Sperrholzplatte beeinflussen, um die Richtung der Holzmaserung zu berücksichtigen. Hilfreich ist es, sich in der Draufsicht (absolutes Achsensystem) der Konstruktion eine waagerechte Linie zu ziehen, um an dieser die einzelnen Bauteile aufzufädeln. Mit drag&drop können Sie jetzt den ersten Spant an der Unterkante des Fußes anklicken, worauf dieser sich rosa färbt und die Griffpunkte anzeigt. Zusätzlich markieren Sie noch den dazugehörigen Spant, um dann das ganze Paket an einem markanten Punkt an die Maus zu hängen. Der rote Kreis markiert in dieser Situation die Bezugsebene der an der Maus hängenden Objekte. Diese gilt es nun mit der Draufsicht des Systems in Deckung zu bringen. Ganz einfach geht das mit der Schaltfläche *Positionieren Zielebene* bei den Optionsicons am unteren Bildschirmrand. Die schnellste Methode ist es, die x-y-Ebene (Icon links) zu wählen. Mit dem Schließen des Zielebenen-Menüs sind die Bauteile bereits in die

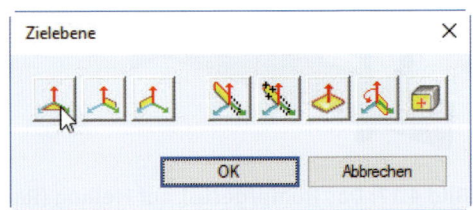

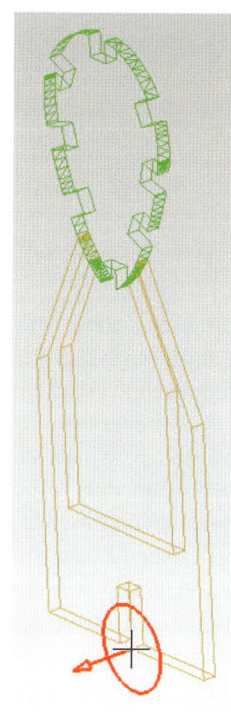

korrekte Ebene gekippt und können mit der Fangmethode Element auf der oben beschriebenen Linie abgelegt werden. Mit dieser Klickfolge sind schnell alle Bauteile sauber angeordnet. Sie behalten dabei die Übersicht über die Zuordnung zu Material, Sperrholzdicke und Orientierung der Maserung.

Soweit erst einmal dazu, wie Sie Ihre Daten gleich so aufbereiten, dass die passende Lage für die Weiterbearbeitung auf der Maschine einnehmen. Damit sind es aber noch keine Fräsdaten. Für die 2 ½-D-Bearbeitung, die für die Erstellung von ebenen Bauteilen typisch ist würden uns die Daten im 2D-Format ausreichen. Durch einfaches Abspeichern ins 2D – was ja im Menü Datei vorgesehen ist – ist es aber nicht getan, da dann alle Körperkanten auf Höhe 0 abgelegt werden. Doppelte bzw. mehrfach vorhandene Linien bescheren uns damit unnötigen Datenwirrwarr. Aus diesem Grund werfen wir an dieser Stelle einen Blick in das Werkzeug *Zeichnungsableitung*. Diese steht in MegaNC gegenüber der Vollversion MegaCAD in etwas abgespeckter Ausführung zur Verfügung.

Eine für Sie vorbereitete Datei Zeichnungsableitung.prt, die Sie im Unterordner .\prt finden, soll Ihnen helfen, diesen Schritt zurück ins 2D möglichst einfach zu gestalten. Sie enthält die Grundlagen für die Erstellung von 2D-Werkstattzeichnungen aus 3D-Geometrien. Sichern Sie Ihre Konstruktion und starten Sie einen zweiten Task der Software, indem Sie entweder über den Desktop das Programmicon erneut aufrufen oder mit einem Rechtsklick auf MegaNC in der Taskleiste eine weitere Sitzung eröffnen. In dieser *laden* Sie die Datei Zeichnungsableitung.prt. Es erscheint eine leere Arbeitsfläche, in die Sie jetzt die gewünschten Bauteile aus Task 1 kopieren. Wechseln Sie dazu zurück in Ihre Konstruktion und drücken Sie die Tastenkombination *Strg + c* für das *Kopieren* von Inhalten in die Zwischenablage. Diese Funktion kennen Sie aus allen anderen Windows-Programmen. Im Unterschied zu diesen müssen Sie allerdings nicht bereits vorab Bauteile markieren. In MegaNC erfolgt die Auswahl erst nach dem Start der Funktion. Dies hat den Vorteil, dass Ihnen damit alle Optionen zur Selektion von Elementen zur Verfügung stehen. Sie hatten dies bereits an anderer Stelle kennengelernt. Neben

der geometrischen Auswahl (einzeln, Rechteck, Polyline, usw.) können die Elementattribute (Farbe, Layern, usw.) zur Differenzierung genutzt werden. Dazu kommen noch die Elementfilter in der rechten Spalte des Menüs. Am besten ist es, durch Aufziehen eines Rechtecks die gewünschten Bauteile „einzupacken" und die Auswahl mit der RMT abzuschließen. Wichtig ist abschließend noch die Angabe eines *Bezugspunktes*.

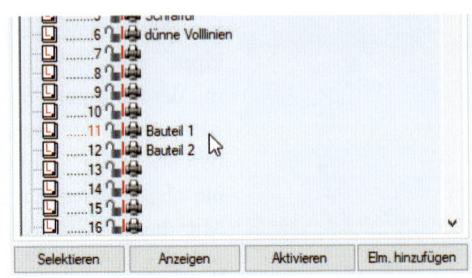

Über die Taskleiste oder die Windwos-Tastenkombination *Alt + Tab* kehren Sie zurück in die Zeichnungsableitung und fügen dort die Elemente auf Layer 11 ein. Dies geschieht mit *Strg + V* beziehungsweise *Clip-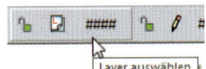board – Einfügen* im Pulldownmenü, nachdem Sie unter *Layer auswählen* am oberen Bildschirmrand den Layer 11 für diese Aktion aktiviert haben. Ein Blick in die Layerstruktur zeigt Ihnen, dass wir bereits mit einer entsprechenden Namensgebung Vorbereitungen für Sie getroffen haben. Diese können Sie selbstverständlich nach Belieben anpassen. Das Ablegen der an der Maus hängenden Elemente erfolgt wieder mit einem Klick der LMT. Noch hat sich nichts Bedeutendes getan, jedoch verrät Ihnen ein Blick in die Statusleiste, dass diese Vorlagendatei mehr enthält, als Ihnen bisher bekannt ist. Neben dem Modellbereich sind am unteren Bildschirmrand Karteireiter von elf Zeichnungsableitungen zu finden. Wir haben die Datei dahingehend vorbereitet, dass in der Ableitung Bauteil 1 die Inhalte von Layer 11, in Bauteil 2 Elemente auf Layer 12 usw. abgebildet werden. In der Zeichnung Ansichten sind letztlich die vollständigen Inhalte der Layer 11 bis 20 dokumentiert. Um nun zu erkennen, was es im Detail mit der Zeichnungsableitung auf sich hat wechseln Sie per Mausklick doch einfach in die Ableitung Bauteil 1.

Hier ist vorerst nichts weiter zu sehen als die stirnseitige Ansicht Ihrer vier Spanten.

EXTRAMELDUNG!

Die Projektionen, die in der Vorlagezeichnung für die Ableitungen automatisch angezeigt werden, sind fest hinterlegt. Was beim Wechseln in die 2D-Zeichnung sichtbar wird hängt davon ab, wie die 3D-Modelle im Raum liegen. Die Projektionen beziehen sich dabei immer auf eine Parallelität zum absoluten Achsensystem. Daher kommt auch die Forderung, die Bauteile auf einer der Hauptebenen abzulegen.

Vielleicht sind Sie jetzt enttäuscht über das magere Ergebnis. Sie werden aber bereits nach wenigen Mausklicks ein Erfolgserlebnis haben. Klicken Sie einfach mit *drag&drop* (wenn keine Funktion geöffnet ist) eine der Ansichten an und Sie erkennen, dass die Ableitung in einer Baugruppe zusammengefasst ist.

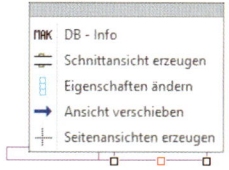

Ein weiterer Klick auf *Vorderansicht. V2D* öffnet ein Dialogfeld, in dem Sie die Option *Seitenansicht erzeugen* anwählen. Es erscheint eine rot-gestrichelte Linie, die Sie langsam nach unten wegziehen. Augenblicklich erhalten Sie die 4 Spanten in der richtigen Ansicht an der Maus hängen. Mit etwas Abstand zur Ausgangsdarstellung können Sie diese nun absetzen. Doch damit nicht genug. Durch das Führen des Mauscursors in die anderen Richtungen und Diagonalen erhalten Sie die passenden Projektionen, wie Sie das von einer korrekten 3-Seitenansicht kennen.

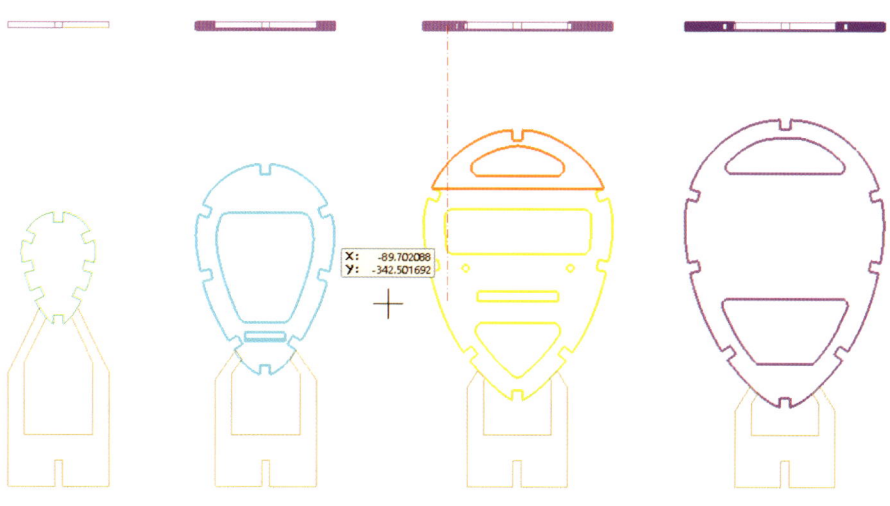

Neben dem Erzeugen von zusätzlichen Ansichten dient das Menü am Mauscursor bei drag&drop auch der Definition von Schnitten durch das Bauteil oder der Veränderung der Darstellungsform. Hier steckt viel Technik dahinter, die – wie man sieht – mit wenigen Klicks zu wichtigen Ergebnissen führt. Mit diesen kann jetzt direkt auch ins CAM gegangen werden. Davon im nächsten Kapitel mehr. Ich möchte noch darauf hinweisen, dass Sie es vermeiden sollten, durch Speichern der Datei im 3D-Modus die Vorlagenzeichnung zu überschreiben. Verwenden Sie daher immer *Speichern unter* und machen Sie sich sicherheitshalber eine Kopie der Vorlage.

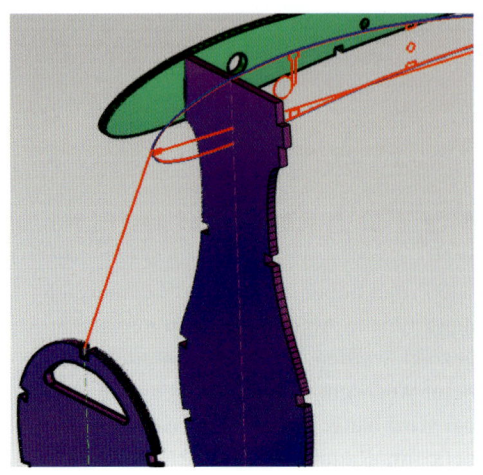

4.5.12 Modellierung von Freiformflächen

Alle bisher ausgeführten 3D-Objekte basierten auf dem Datenmodell des Volumenkörpers. Im letzten Kapitel dieses Abschnitts wollen wir noch einen Blick auf die Modellierung von Freiformflächen werfen und damit Grundkenntnisse in diesem High-end-Bereich des 3D-Schaffens erlangen. Ganz bewusst nutze ich den Begriff Grundkenntnisse, da wir im Rahmen dieser Abhandlung nur ganz leicht an der Schale dieser harten Nuss kratzen können. Es soll aber zumindest ausreichen, dass wir uns Daten erzeugen, die wir später auch für die dreidimensionale Bearbeitung auf der CNC-Maschine nutzen können.

Ein schönes Einstiegs- und Übungsbeispiel ist die Modellierung der Haube unseres Condor NT, die sich aerodynamisch am Übergang vom Rumpfboot in den Flügelpylon einpassen soll. Geplant ist es, die Haube direkt hinter dem Rumpfdeckel beginnen und bis zum nächsten Spant reichen zu lassen. Dabei muss sie sich an der Geometrie der Rumpfaußenkontur und zwei waagrechten Hilfsspanten anpassen.

Schalten Sie sich die notwendigen Layer sichtbar, um anhand der vorliegenden Geometrien einige Hilfselemente zu konstruieren, die für die Modellierung der Haube notwendig sind. Wie immer ist darauf zu achten, dass die „Baustelle" gut einsehbar ist, das heißt dass eventuell für die Arbeit nicht notwendige Elemente ausgeblendet werden. Gerade in der Lernphase ist es wichtig, dass Sie es sich so einfach und übersichtlich wie möglich machen, um sich auf das Wesentliche konzentrieren zu können. Die Vorderkante der Haube (Rumpfaußenkontur) verbindet den vierten Spant mit der Nase des Flügels. Vom Ansatzpunkt der Linie am Spant muss jetzt eine waagrechte Linie auf den hinteren Spant gezogen werden. Starten Sie also die *Linienfunktion* und holen Sie sich mit *Attribute übernehmen* in der Leiste über der Zeichenfläche die Einstellungen für Farbe, Strichart, Layer, etc. von der Vorderkante. Beginnend am unteren Endpunkt der *Linie* kann eine Waagrechte auf den Spant konstruiert werden in dem einfach ein beliebiger Wert für die Länge des Elements in die passende Richtung eingegeben wird und die Linie danach über *Trimmen einfach* gegen die Fläche

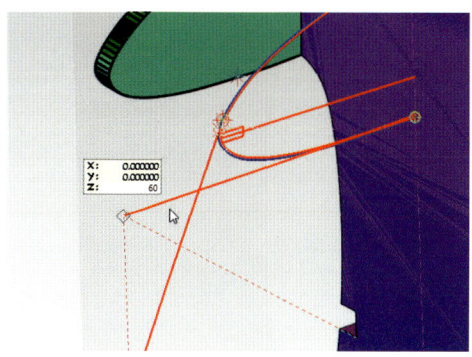

des Spants getrimmt wird. Für eine bessere Methode halte ich es, die *Arbeitsebene* zwischendurch auf den Spant zu legen und mit der Option *Fangen auf Arbeitsebene* (das Symbol leuchtet, wenn die Funktion aktiviert ist) den Zielpunkt lotrecht auf die Fläche zu werfen. Oben soll die Haube bis an die Unterkante des Flügels reichen. Da die korrekte Stelle an der Vorderseite nicht festzulegen ist, beginnen wir am Schnittpunkt der Spant-Mittellinie mit dem 2D-Flügelprofil. Durch *Wertangabe* in z-Richtung wird die Hilfskontur nach vorn über die Vorderkante hinaus gezeichnet und danach mit *Aufbrechen automatisch* beschnitten. Jetzt fehlen nur noch die beiden Querlinien auf dem Spant, um die Breite der Haube festzulegen, dann kann es schon mit der eigentlichen Formgebung der Klarsichtkanzel beginnen. Hierfür bietet sich die lotrechte Linie an, die freihändig von dem *Schnittpunkt* in Spantmitte beginnend aufgezogen wird. Eine exakte Länge können Sie an der geschwungenen Außenkontur des Spantes

nicht abgreifen, demnach hilft hier wieder nur das abschließende Trimmen. Diese Linie wird unten und oben benötigt, um die korrekte Breite an der Rückseite zu erhalten. Was noch fehlt, ist die waagrechte Kontur, die den Übergang zur Außenhülle des Rumpfbootes darstellt. Lassen Sie uns untersuchen, wie sich eine Ellipsenform an dieser Stelle macht. Diesen Elementtyp haben wir bisher noch nicht genutzt, er müsste sich aber recht harmonisch in die Form des Rumpfes einfügen.

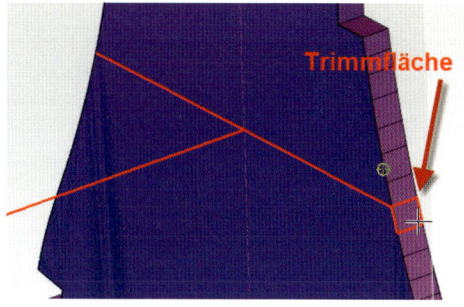

Im Ellipsenhauptmenü ist es die Funktion *Ellipsenbogen A-B*, die sich für die beschriebene Aufgabe eignet. Der Mittelpunkt der Ellipse ist der Schnittpunkt hinten in Spantmitte. Die beiden Halbachsen können Sie an den Endpunkten der Hilfslinien fangen. Zuerst wird eine Vollellipse dargestellt, die anschließend noch mit zwei weiteren Mausklicks einen Anfangs- und Endpunkt erhält. Die Entscheidung, wo der jeweilige Punkt ist, können Sie aufgrund des Verhaltens der Voransicht treffen.

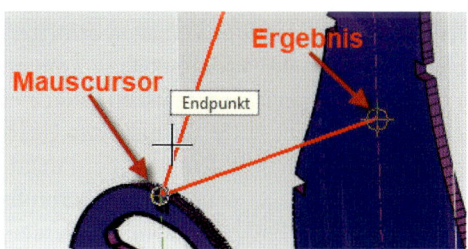

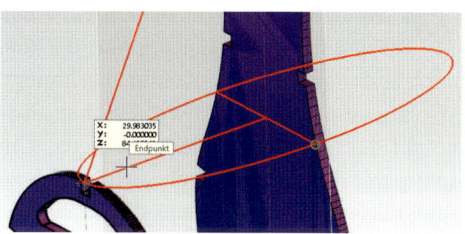

EXTRAMELDUNG!

Den sparsamen Umgang mit Ellipsen kann man auch damit begründen, dass diese Geometrien im CAM-Bereich nicht direkt für die Fräsbearbeitung herangezogen werden können. Um sie mit Technologieparametern zu versehen, muss eine Ellipse zuerst in eine Polyline umgewandelt werden. Damit ist sie dann einzusetzen, wie jedes andere Element.

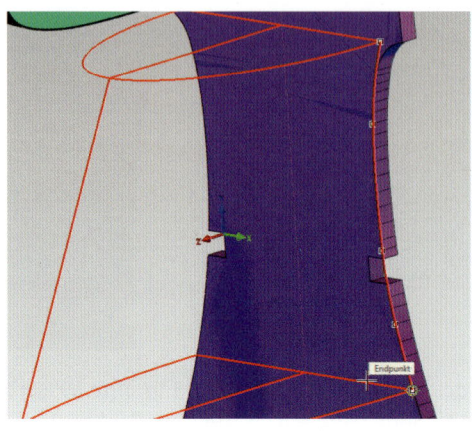

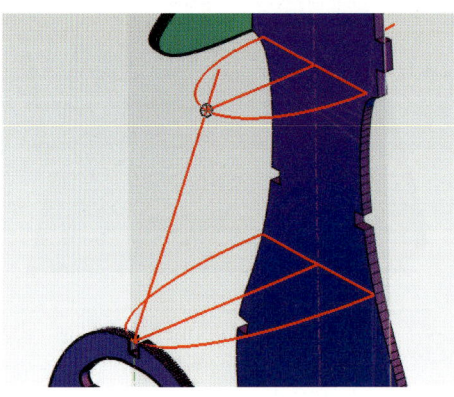

Sind beide Ellipsen gezeichnet kann man sich die spätere Form der Haube schon recht gut vorstellen. Was noch fehlt ist die hintere, äußere Begrenzung der Haube links und rechts, die sich an der Spantform orientiert. Unglücklicherweise ist die Kontur gerade an dieser Stelle durch eine Aussparung für die Kiefernleiste gestört, sodass wir auch hier etwas nachhelfen müssen. Die Kontur könnte fast durch einen Kreisbogen erfasst werden – das kann mit einem *Bogen über 3 Punkte* einfach testen. Trotzdem entscheiden wir uns hier für einen *Spline*, der sich noch besser an die Spant-Kontur anschmiegt. Wichtig ist es dabei, vorher die Arbeitsebene auf die Spant-Vorderseite zu legen. Um später mit der Freiformfläche erfolgreich zu sein, müssen Sie genauestens darauf achten, dass die Endpunkte der einzelnen Konturen, die später als Stütz-Geometrien für die Fläche dienen, exakt übereinstimmen. Beginnen Sie also den Spline mit der Fangoption *Endpunkt* auf der oberen Halbellipse und wandern über mehrere (nicht zu viele) Kantenpunkte der Außenkontur des Spantes bis zur unteren Ellipse. Die rechte Begrenzung wird durch einfaches *Spiegeln* erzeugt. Bei der momentan aktiven Arbeitsebene funktioniert dies genau wie in der 2D-Umgebung. Damit sind alle Rand- und Stützkurven erstellt und Sie können sich an Ihre erste Freiformfläche heranwagen. Um mit dem Erzeugen der Form auch gleich den Eindruck einer Cockpithaube zu bekommen, wählen Sie als Farbe hellblau und auch die Vorwahl eines eigenen Layers für die Haube entspricht dem guten Stil einer strukturierten Konstruktion. Die Flächenfunktionen finden Sie im *Volumenhauptmenü* und dort wählen Sie das Werkzeug *Fläche Profilnetz* aus. Bei dieser Funktion muss die Klickreihenfolge exakt eingehalten werden, damit es zu einem erfolgreichen Erstellen der Freiformfläche kommt. Die Anweisungen in der Statuszeile sind hier eine willkommene Hilfe, um nicht den Überblick zu verlieren. Mit dem Start der Funktion sollen Querprofile definiert werden.

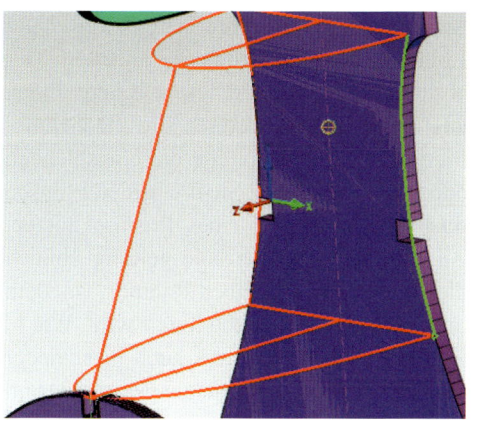

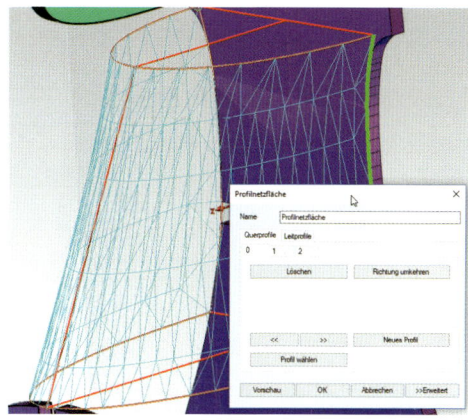

Die Statuszeile informiert Sie mit den Begriffen „erstes Querprofil" und später „nächstes Querprofil". In Ihrer Konstruktion sind das Geometrien, die nicht geschlossen sind. Aus diesem Grund muss bei der Elementauswahl im seitlichen Menü auf *Auswahl einzeln* geklickt werden, um damit den ersten Spline zu selektieren. Das Element färbt sich grün und die CAD-Software lässt es Ihnen offen (L: Element), weitere Teilstücke anzuklicken. In diesem Fall ist das nicht notwendig, da das Querprofil nur aus dem einen Spline besteht. Konsequenterweise beenden Sie diese Teilauswahl mit der RMT. Gleich geht es mit dem nächsten Querprofil weiter. Der Vorgang wiederholt sich am Spline auf der rechten Rumpfseite. Wieder kommt die Frage nach dem nächsten Querprofil. Zu diesem Zeitpunkt haben Sie aber bereits alle angewählt und Sie beenden die Querprofil-Auswahl mit der RMT. Sofort interessiert sich die Software für die sogenannten Leitprofile. Das erste Leitprofil ist die obere Ellipse – wieder nur ein Klick auf die LMT und gleich die Auswahl mit der RMT beenden. Dies setzt sich unten fort und wieder ist es nur ein Element, das dieses Leitprofil beschreibt. Die Frage nach dem nächsten Leitprofil können Sie nur noch mit einem Klick auf die RMT beantworten (weitere Leitprofile sind ja keine vorhanden) und augenblicklich zeigt sich das Resultat im Hintergrund. Das auftauchende Menü gibt Ihnen nochmals Gelegenheit, die einzelnen Stützprofile anzusehen oder zu modifizieren. Ein Klick auf die OK-Taste schließt dagegen das Menü und die Fläche zeigt sich in ihrer geschwungenen Form. Ein Blick in den feature tree verrät Ihnen, dass auch diese Geometrie über die dokumentierte Entstehungsgeschichte beliebig veränderbar ist.

Sofort kommt hier der Wunsch auf, die Fläche transparent zu machen, um dem Eindruck einer Haubenform gerecht zu werden. Auch diese gestalterische Möglichkeit ermöglicht Ihnen MegaNC. Wechseln Sie dazu über das Hauptmenü in das Menü Betrachter (OPGL), in der fluent-Oberfläche finden Sie die Funktion unter *Darstellung*. In diesem Untermenü finden Sie alle Funktionen, die die Optik Ihres Modells beeinflus-

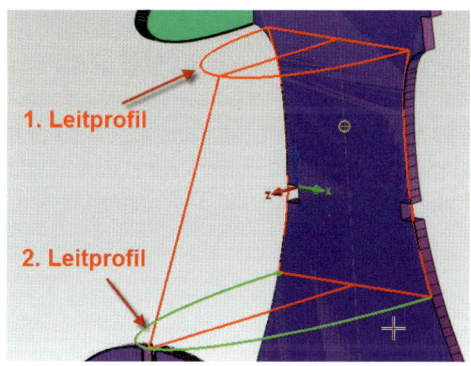

157

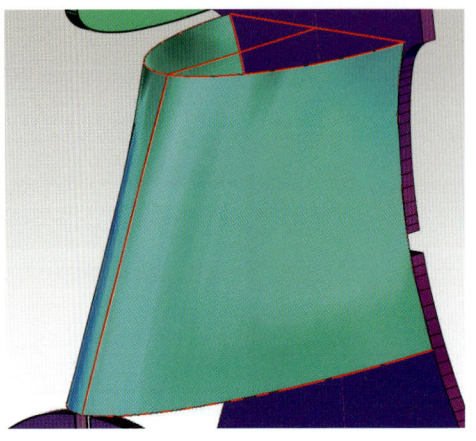

sen. Grundsätzlich lässt sich hier die Darstellung beeinflussen, indem zwischen Drahtgitterprojektion oder geshadeten Oberflächen gewechselt werden kann. Hinzu kommen noch Möglichkeiten der Belegung der Oberflächen mit Texturen, Glanz- oder Spiegeleffekten. Diese müssen zur Sichtbarmachung zum Teil über die Raytracing-Funktion berechnet werden.

Um eine einfache Transparenz auf die Haube zu legen, genügt es, im OPGL-Menü die Funktion *OPGL-Modus zuweisen* zu starten. Diese öffnet eine kleine Oberfläche, deren Schieberegler für Transparenz Sie auf einen Wert von circa 60-70 % schieben. Die hier getroffene Einstellung können

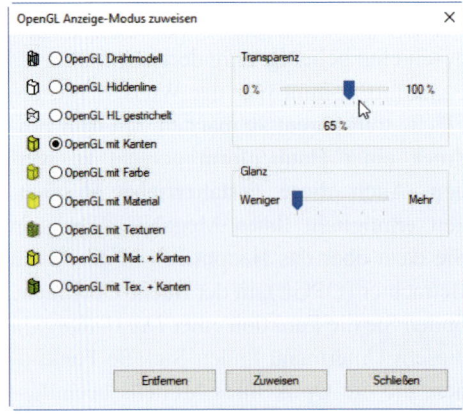

Sie anschließend über die Taste *Zuweisen* per LMT der Hauben-Geometrie anheften. Der abschließende Rechtsklick offeriert Ihnen das Ergebnis. Noch stören die 2D-Geometrien die Optik. Bevor Sie diese ausblenden oder löschen, können Sie die beiden Ellipsen noch zur Erstellung eines Prismas nutzen. Aus 3-mm-Pappelsperrholz gefertigt, bilden diese später den Hauben-Rahmen, an dem die tiefgezogene Scheibe fixiert wird. Wie in Bild 4.18 erkennbar muss auch hier wieder ein Kompromiss aus perfekter Geometrie und Fertigungsmöglichkeit gefunden werden. Im Klartext: der Hauben-Rahmen wird mit geraden Kanten gefräst und abschließend der Schräge der Haube angepasst.

Damit haben wir im CAD-Teil schon eine ganze Menge besprochen. Sie wollen mehr? Dann hilft nur das Anwenden des Erlernten. Das geschieht am besten an eigenen, konkre-

EXTRAMELDUNG!

An dieser Stelle muss erwähnt werden, dass MegaNC nicht den Anspruch hat, Konstruktionen in photo-realistischer Qualität zu zeigen. Es lassen sich ansprechende Darstellungen erzielen, die die Konstruktion optisch aufgefrischt präsentieren. Für weitergehende Ansprüche können die Konstruktionsdaten in Renderern wie beispielsweise keyshot genutzt werden.

ten Beispielen. Ich wünsche Ihnen viel Erfolg. Hier im Text sind wir mit den Übungen zur Konstruktion am Ende angelangt und kümmern uns im nächsten Kapitel darum, die Bauteile auch Wirklichkeit werden zu lassen.

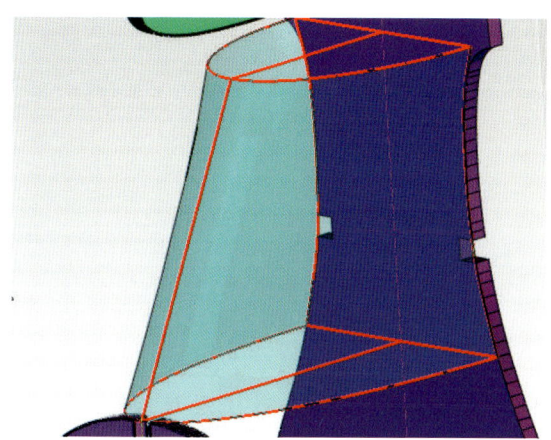

Bild 4.18: Die Freiformfläche Haube.

5. CNC-Technik – vom PC auf die Maschine

5.1 Nach CAD kommt CAM

Jetzt haben Sie sich ausführlich mit der Konstruktion beschäftigt und haben unterschiedlichste Herangehensweisen im CAD kennengelernt. Das Projekt ist im Rahmen dieser Ausführungen zwar nicht zu einem wirklichen Abschluss gekommen, aber ich hoffe, dass Sie inzwischen einen guten Überblick und ausreichend Übung haben, den Condor NT in Eigenregie weiterzuentwickeln, oder ein eigenes Projekt zu starten. Daher wollen wir den nächsten Schritt in Angriff nehmen, um das virtuell Erschaffene auch zu einer praktischen Ausführung zu bringen. Computer **A**ided **M**anufacturing (CAM) ist hierfür das geeignete Werkzeug, Ihre Kreativität in eine maschinen-verständliche Sprache zu übersetzen.

Mit MegaNC bleiben Sie dabei in der gewohnten Oberfläche der Programmbedienung. Die erlernten Praktiken des Umgangs mit den Zeichenelementen sind eine wichtige Hilfe, beispielsweise um die Bauteile für den Fräsvorgang zu separieren. Die bekannten Werkzeuge, wie das Schalten von Layern, die Unsichtbarkeit oder auch das Verschieben von Elementen innerhalb einer Konstruktion oder ihr Herauskopieren in eine explizite Fräsdatei helfen, die Übersicht und Eindeutigkeit bei der Arbeit zu bewahren.

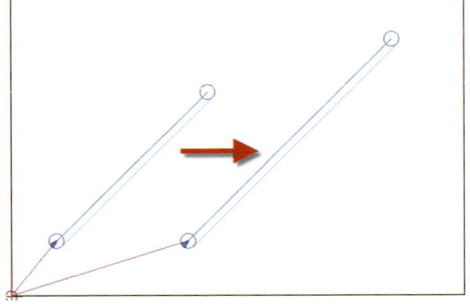

Um die Arbeitsweise der integrierten CAD/CAM-Lösung MegaNC zu verstehen, muss die Technik erklärt werden, wie die Bearbeitungsstrategien in die CAD-Zeichnung (*.prt) eingebunden werden. Das CAD-System bietet die Möglichkeit an jedes Element Informationen anzuhängen, die später für beliebige weiterführende Zwecke genutzt werden können. Oft sind dies Datenbankeinträge, die für eine Stücklistenerstellung die Einzelpositionen darstellen. Im Falle von MegaNC werden den zu bearbeitenden Elementen (Punkt, Linie, Kreis, Texte, usw.) Informationen angehängt, die die Fräsbearbeitung mit allen gesetzten Parametern beschreiben. Dies beginnt mit einem Bearbeitungstyp (Bohren, Kontur, Tasche, usw.) und setzt sich mit einer Bezeichnung, dem gewählten Werkzeug, mit Werten für Vorschub und Drehzahl, für die Bearbeitungstiefe, die Zustellung, die Radien-Korrektur usw., fort. Damit ist es in MegaNC möglich, durch Veränderung der CAD-Geometrie gleichzeitig die CAM-Bearbeitung zu modifizieren. Wird einem Element ein größerer Längenwert zugewiesen, dann wird entlang dieses Elements auch „weiter" gefräst. Ebenso folgt die Frässtrategie dem Element, wenn es verschoben, gedreht oder gespiegelt wird. Betrifft eine Bearbeitung mehrere einzelne Zeichenelemente (beispielsweise die einzelnen Randkonturen einer Tasche), dann wird über eine interne ID ein Zusammenhang zwischen diesen Objekten hergestellt, die eine gemeinsame Bearbeitung ermöglicht. So ist es möglich, beispielsweise die vier Einzellinien eines Rechtecks mit einer gemeinsamen Frässtrategie zu beaufschlagen. Ist dies eine Taschenbearbeitung, die ja eine geschlossene Geometrie benötigt, um die Fräsbahnen zu berechnen, dann muss die Außenkontur und auch mögliche Innenkonturen (Inseln) jeweils lückenlos aneinandergefügt sein. Die CAM-Algorithmen verwalten die Elemente im Zusammenhang und überprüfen diese und weitere Bedingungen. Sollte einer zu fräsenden Kontur ein weiteres Element – beispielsweise eine Abrundung – hinzugefügt werden, dann hat dieser Bogen natürlich vorerst keine Information darüber, mit welchen Infos seine Nachbarelemente ausgestattet sind. Durch einfaches Übertragen der Eigenschaften kann der „Neuling" dann aber in den Verband aufgenommen werden und erfährt die gleiche Fräsbearbeitung wie seine Nachbarn. Das klingt jetzt alles recht theoretisch. Keine Sorge, wir werden das an Beispielen gemeinsam erarbeiten!

Der eigenen Konstruktion mitteilen, welche Teile wie bearbeitet werden sollen, ist natürlich nur der erste Schritt. Die CAM-Software muss sich auch noch darum kümmern, dies in eine Sprache zu übersetzen, die die Maschine Ihrer Wahl versteht. Präziser ausgedrückt ist es nicht die Maschine, sondern die CNC-Steuerung, mit der schließlich aus Ideen Bauteile und Späne werden. Diese versteht eine Sprache, die üblicherweise als Maschinencode oder G-Code bezeichnet wird. Obwohl dieser in der DIN 66025 genormt ist, weichen die meisten Hersteller von Steuerungen etwas von der Original-Definition ab, um eigene Merkmale und Möglichkeiten in ihrem Produkt zu verwirklichen. An dieser Stelle tritt jetzt der sogenannte Postprozessor ins Licht, um die erforderlichen Befehle in dem Dialekt auszugeben, der von der CNC-Steuerung akzeptiert wird. Weitere Details zu Sprachumfang und -aufbau werden wir in einem späteren Kapitel genauer besprechen.

5.2 CAM-Funktionen im 2D

5.2.1 Menüstruktur und Bedienweise

Zugang zu den CAM-Funktionen erhalten Sie über das *MegaNC-Icon* im Hauptmenü. Wenn dieses betätigt wird, öffnet sich ein neues Menü, das alle Werkzeuge anbietet, die Sie zum Definieren der Bearbeitung benötigen. Wieder ist in der klassischen Oberfläche die Anordnung der Funktionen am Bildschirmrand in zwei Spalten platziert, während die Werkzeuge sich in der fluent-Oberfläche in einem Kasten oben im Bildschirm anbieten. Wir werden uns im ersten Fall von oben nach unten durch das Menü arbeiten, während die logische Abfolge der Befehle sich in der ribbon bar (so heißt der Menübalken oben) tendenziell von links nach rechts darstellt. Auch in diesem Themenbereich werden wir nicht jede einzelne Funktion im Detail besprechen können, sondern es gilt, Ihnen einen vertieften Einblick in die Arbeitsweise zu vermitteln. Damit können weitere, verwandte Befehle einfach in Eigenregie erforscht werden.

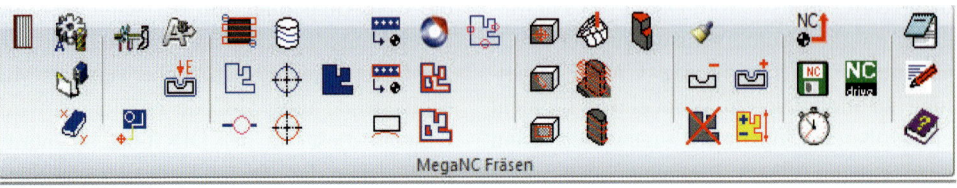
MegaNC Fräsen

Das Menü gliedert sich in folgende drei Bereiche:
- Grundeinstellungen und Arbeitsvorbereitung
- Bearbeitungsfunktionen
- Erzeugung, Weiterleitung und Verwaltung von Maschinencode, Simulation

Die Bedienweise im CAM folgt dem bewährten Rezept von linker und rechter Maustaste, die wie im CAD-Teil der Software ins Programm hineinführen, etwas auswählen oder bestätigen (LMT) oder Sie wieder aus dem Programm herausbringen, Funktionen unterbrechen oder beenden (RMT). Wie bei den konstruktiven Funktionen wird auch hier zuerst die Funktion ausgewählt, bevor im zweiten Schritt von der Software erfragt wird, für wen diese Aktion gelten soll.

5.2.2 Vorbereitende Arbeiten

Wenn wir etwas fräsen wollen, dann müssen einige Dinge vorher geklärt sein:
- Was soll gefräst werden?
- Welche Maschine kommt zum Einsatz?
- Wie groß ist das Rohmaterial?
- Welche Werkzeuge stehen zur Verfügung?

Das erste Thema haben wir auf all den Seiten ausführlich erklärt, die Sie gelesen haben, bevor Sie zu dieser Frage kamen. Im Detail bleibt natürlich noch zu klären, wie mit den CAD-Daten umgegangen werden kann, die ja zum Teil auch Elemente enthalten, die mit dem Fräsvorgang nichts zu tun haben, wie z. B. Mittellinien, Bemaßungen, etc.. Sind die Konstruktionsdaten nicht mit MegaNC erstellt, dann können sie natürlich auch über den dxf- oder dwg-Import ins Programm kommen. In jedem Fall können Sie direkt mit dem weiterarbeiten, was Sie vor sich am Bildschirm haben.

Wir beginnen im Menü nicht ganz oben (bzw. links), sondern behandeln die ersten beiden Icons etwas weiter unten nochmals genauer. Auf die zweite Frage müssen wir ausführlicher eingehen. Um aus den Geometrien die passenden Befehle für die CNC-Steuerung zu machen, muss die Maschine, genauer gesagt der Steuerungstyp, angegeben werden. Unter *Maschineneinstellungen* wird dies und weitere Details abgefragt. In der Menüoberfläche bekommt die Maschine einen Namen, unter dem sie immer wieder aufgerufen werden kann. Die zweite Zeile fragt nach dem *Postprozessor*. Für unsere Maschine, die mit der Steuerung NCdrive XT arbeitet, wählen wir hier DIN, das heißt einen Sprachumfang der Steuerung, der im Wesentlichen der DIN 66025 entspricht. Um eventuell doch noch auf gewisse Besonderheiten eingehen zu können wird die *Postprozessor (PP) Konfiguration NCdrive XT* gewählt. In diesen beiden Zeilen könnte bei einer Werkzeugmaschine auch DIN und Siemens 804D stehen, bzw. ein anderer Steuerungstyp, für den ein Postprozessor vorliegt.

Im Falle einer Portalmaschine, wie Sie im Hobbybereich oftmals zum Einsatz kommt arbeiten wir im DNC-Betrieb. Das bedeutet, dass wir die CAM-Daten direkt an die CNC-Steuerung schicken und somit die Vorteile einer durchgängigen Lösung nutzen. Damit muss das System aber auch wissen, in welchem Verzeichnis die Steuerung auf dem PC zu finden ist. Diesen Eintrag machen Sie in der vierten Eingabezeile (C:\NCdrive XT). Eine direkte Weitergabe des G-Codes an die Steuerung ist damit gewährleistet. In der unteren Hälfte der Maske folgen nun Einträge über den maximalen Verfahr-Bereich der Anlage. Dies wird nur für eine Darstellung in der Simulation benötigt. Die Angabe der x-, y- und z-Werte der Abmessungen der Maschine sind damit nicht lebenswichtig, aber doch eine kleine Hilfe zur Orientierung.

Entscheidend für sicheres, erfolgreiches und entspanntes Arbeiten wird es im unteren Teil des Menüs. *Freimaß* Unterseite ist ein Wert, der dazu dient, die Verfahr-Bewegung in der z-Achse zu stoppen, wenn zu große Tiefenangaben gemacht wurden und man Gefahr läuft, durch den Rohling hindurch den Maschinentisch zu berühren. Mit einer Voreinstellung von 0,2 [mm] würde bei einer Rohteildicke von 10 mm und einer eingegebenen Frästiefe von 10 mm die Bearbeitung bei 9,8 mm gestoppt. Die Software gibt dabei eine Warnmeldung aus.

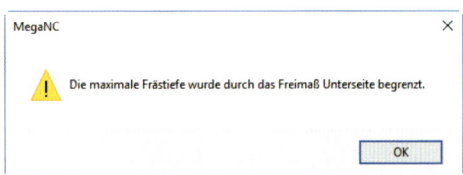

Wer mit einer Verschleißplatte arbeitet kann daher die Dicke von Rohling und Verschleißplatte addieren, um die Sicherheitswarnung nur bei komplett falschen Werten zu bekommen, ohne im normalen Betrieb ständig auf eine mögliche Verletzung des Maschinentischs hingewiesen zu werden.

Die *Rückzugshöhe* ist der z-Wert, der immer zwischen zwei Bearbeitungen angefahren wird, um ausreichend „Luft unterm Flügel" für die schnellen, seitlichen Zustellbewegungen zu haben. Ein Wert von 10 mm ist hier vorgewählt. Maßgeblich für diese Höhe sind Störelemente auf dem Tisch, wie beispielsweise Spannmittel oder ähnliches. Mit einer Angabe, die größer als der höchste Punkt auf dem Maschinentisch ist, mit dem es zu einer Kollision kommen könnte, liegen Sie prinzipiell richtig. Andererseits geht bei Projekten mit vielen Einzelteilen eine Menge Zeit für Zustellfahrten in Z-Richtung verloren.

Unter *Freimaß Z-Zustellung* versteht man wieder eine Z-Höhe. Diese betrifft die Höhenkoordinate, bis zu der die Maschine bei Zustellungen im Eilgang (G00) fährt, bevor Sie auf langsame Fahrt (G01) umschaltet, um mit dieser Geschwindigkeit ins Bauteil einzutauchen. Abhängig von den eingestellten Verfahrgeschwindigkeiten Ihrer Maschine können die oben genannten 10 mm sehr viel sein oder auch die 3 mm bis zum Kontakt mit dem Werkstück sehr wenig.

Auch die nächste Einstelloption betrifft wichtige Grundeinstellungen. Die Wahl zwischen den einzelnen Möglichkeiten des *Anfahrens bei Programmstart* entscheidet über die Art und Weise, wie die Maschine aus dem Stillstand den ersten Punkt eines Fräsprogramms anfährt. Wieder ist dies eine sicherheitsrelevante Option. Solange die oben beschriebenen Einstellungen korrekt sind und die Maschine bei Programmstart in Parkposition (meist maximal z-Höhe) steht, ist es gleichgültig, welchen der drei Punkte Sie markieren. Sollte jedoch ein Programmablauf unterbrochen werden und der Fräser noch im Bauteil stecken, während ein neues Programm gestartet wird, dann ist die Wahl Z – XY (erst Z fahren, dann X- und Y-Achse) die sicherste Methode. Die Maschine fährt in diesem Fall korrekt auf die Rückzugshöhe und bewegt sich dann erst in der Horizontalen. Sie sehen, es sind eine Menge Dinge zu beachten, um Crashs zu vermeiden.

EXTRAMELDUNG!

Gerade in der Phase der Einarbeitung in den Umgang mit der CNC-Maschine ist eine gewisse Vorsicht zu empfehlen. Lieber erst einmal langsamer und mit „weichem" Fräsmaterial Erfahrungen sammeln, statt gleich zu Anfang die Grenzen zu ertasten (und zu erfahren). Nur so werden Sie schnell die notwendige Sicherheit bekommen und die Vorteile dieser Technik mit Vergnügen nutzen können.

In der rechten Spalte des Menüs wird die *maximale Vorschub- und Eilgangsgeschwindigkeit* gewählt. Dies hat noch keine direkte Auswirkung auf Ihr Fräsvorhaben, sondern dient nur einer Abschätzung der Bearbeitungszeit. Diese können Sie mit dem Wert des Zeitfaktors kalibrieren. Hier im CAM wissen wir noch nicht, welche Dynamik Ihre Maschinen aufweist oder wieviel Zeit sie zum Anfahren der Parkposition oder eines Werkzeugwechslers benötigt. Daher bleibt für die Berechnung der Fräsdauer nur die Angabe eines Faktors, den Sie nach und nach passend zu Ihrer Infrastruktur und zu Ihren typischen Fräsjobs korrigieren. Die NC-Dateinamenserweiterung ist mit „.nc" voreingestellt. Unsere Steuerung NCdrive akzeptiert die Textfiles mit dem G-Code unter dieser Bezeichnung. Andere Steuerungen verlangen hier das Kürzel „din" oder „h" (Heidenhain). Mehrere einzelne Bearbeitungen werden in der Regel zu einer *NC-Datei zusammengefasst*. Die meisten Maschinen orientieren sich am kartesischen Koordinatensystem (Rechte-Hand-Regel), nur bei wenigen (z.B. Maho) muss die Bezeichnung von *Y- und Z-Achse getauscht* werden. Die Option *Spindelsteuerung* bewirkt, dass der Fräsmotor beim M3-Befehl (Spindel an, rechtslaufend), der im NC-Programm vor dem ersten Eintauchen ins Material steht, angeschaltet wird. Wie dies in der Maschine elektrisch geschaltet wird – üblicherweise über ein Relais, das über einen Ausgang der Steuerung aktiviert wird – und ob neben dem Schaltbefehl auch ein Signal zur gewünschten Drehzahl (0-10 V) übergeben wird, ist steuerungsseitig zu lösen.

Für jede Bearbeitung in MegaNC kann bei der Vergabe der Technologieparameter später entschieden werden, ob diese mit oder ohne Kühlmittel/Absaugung erfolgen soll. Hier in den Maschineneinstellungen steht zusätzlich die Wahl, das Kühlmittel kontinuierlich, das heißt von Programmanfang bis -ende zu schalten. Sie brauchen vor dem Start in ein aktives Fräsleben hier vernünftige Einstellungen. Es ist anzuraten, diese anfangs eher konservativ zu wählen. Mit zunehmender Erfahrung werden Sie den Wunsch haben, hier zu optimieren. Es ist sinnvoll, den Einstellungen den Namen Ihrer Maschine zu geben und diese Kombination abzuspeichern, damit sie schnell wieder aufrufbar sind. So kann auch an einem Arbeitsplatz für unterschiedliche Maschinen die Arbeitsvorbereitung (CAD/CAM) gemacht werden. Die passenden Einstellwerte haben Sie dann gleich an Bord. Nicht benötigte Maschinen können aus der Liste gelöscht werden. Damit ist der erste Schritt getan, nach dem *Speichern* und *OK* geht es weiter mit der Festlegung eines Rohteils, das bearbeitet werden soll.

Ebenso in den Bereich der Arbeitsvorbereitung gehört die nächste Funktion. *Rohteil definieren* hilft Ihnen ein symbolisches Werkstück aufzuziehen, das später in der Simulation als Klotz erscheint, in dem der Materialabtrag dargestellt wird.

Sie geben einen mm-Wert für die Dicke ein. Wie oben bereits erwähnt wird in der Regel die Dicke von Werkstoff und Verschleißplatte addiert, um auch durch das Material durchfräsen zu können. Mit *OK* wird die Eingabemaske geschlossen und Sie werden nach den beiden Ecken des Rohlings gefragt, die Sie mit der LMT in der Draufsicht aufziehen. Es wird ein einfaches Rechteck dargestellt. Wer sich die Mühe macht und im 3D-Modus die Projektion etwas kippt, der wird erkennen, dass MegaNC die Elemente in der angegebenen Höhe unter der Arbeitsebene z = 0 ablegt. Wichtig ist es dabei zu beachten, dass – im Falle der Arbeit in der 3D-Welt – die Arbeitsebene, in der gearbeitet wird die Draufsicht in Höhe z = 0 ist. Werfen Sie zur Kontrolle einen Blick in das Arbeitsebenen-Menü (*Arbeitsebene definieren*). Hier muss Draufsicht angewählt sein und der Wert für die z-Koordinate muss auf 0 stehen. Eine seitliche Verschiebung (x, y) ist unerheblich. MegaNC setzt dies voraus, um auf dieser Basis einen einfachen und konsequenten Umgang mit den Frästiefen etc. zu gewährleisten.

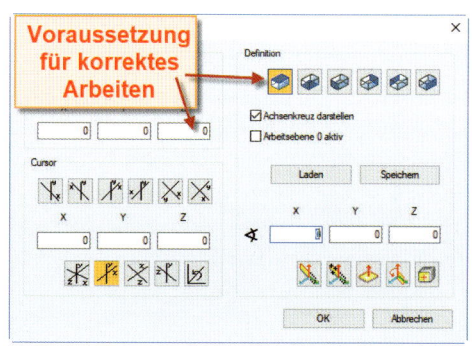

165

Der als Rohteilhöhe angegebene Wert ist später in der Simulation als Dicke des Ausgangsmaterials wiederzufinden. Die definierte Fläche des Rohteils hat direkte Auswirkung auf die benötigte Zeit der Berechnung von Fräsbahnen im 3D. Daher ist es sinnvoll, das Rechteck in etwa an der flächenmäßigen Ausdehnung des Fräsjobs zu orientieren. Ein weiterer Grund für die Anpassung der Größe ist die optische Auflösung der dargestellten Fräswege in der Simulation, die mit größer werdenden Rohteilmaßen schrittweise erhöht wird.

Gehen Sie im Menü ein Icon nach unten und werfen Sie einen Blick in die *Werkzeugbibliothek*.

Mit der Installation von MegaNC finden Sie hier eine Reihe von Werkzeugen, die Sie leicht an Ihre eigene Ausstattung anpassen können. In der linken Spalte finden Sie die Werkzeuge aufgelistet, die alle mit einer Werkzeugnummer und einem beschreibenden Text unterschieden werden. Auch eine Gliederung in einzelne Bereiche (Bohrer, Fräser, …) ist möglich, um die Über-

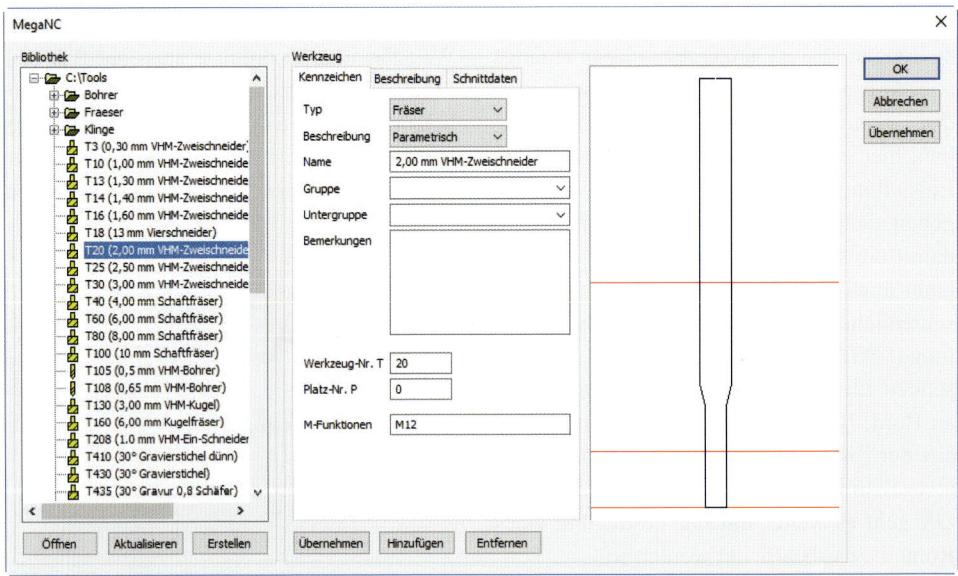

sicht zu behalten. Die mittlere Spalte ist in drei Karteikarten unterteilt und dient der Definition des Werkzeuges. Auf diese werden wir gleich ausführlicher eingehen. Im rechten Bereich wird das Werkzeug dargestellt. Die korrekte Form kann hier optisch kontrolliert werden. Sollten falsche Werte eingegeben werden, dann wird das Bild durch eine Fehlermeldung ersetzt.

Im ersten Reiter *Kennzeichen* wird der Fräser beschrieben:

- *Typ*: MegaNC unterscheidet Fräser und Bohrer, aber auch Drehmeißel und Schnittwerkzeuge (z.B. für das Tangentialmesser).
- *Beschreibung*: Zwei Methoden stehen zur Auswahl. *Parametrisch* ermöglicht es, das Werkzeug über eine Reihe von Größen und Werten zu definieren, während *frei* die Geometriebeschreibung über Koordinatenwerte vornimmt.
- *Name*: Beschreibender Text.
- *Gruppe*: Solange hier kein Eintrag erfolgt erscheint der Fräser in der Liste. Eine Zuordnung in einen Unterordner kann zur Unterscheidung von Werkzeugtypen (Fräser, Bohrer, usw.) durch einfache Vergabe eines Gruppennamens erfolgen.
- *Untergruppe*: Ähnlich wie bei Gruppe kann hier eine weitere Unterstruktur festgelegt werden, beispielsweise zur Zuweisung von Werkzeugen zu einzelnen Materialgruppen.
- *Bemerkungen*: Hier kann beliebiger Text eingegeben werden, um dem Anwender die Auswahl zu erleichtern (z.B. geeignet für CFK) oder die Bestellnummer des Werkzeugs hinterlegt werden, um es für Nachbestellungen einem Lieferanten zuzuordnen.

- *Werkzeug-Nr. T*: Eine eindeutige Nummer, die nur einmal vorhanden sein darf (andernfalls wird das Werkzeug „gegraut"). Der Aufbau der Nummerierung kann und sollte einer sinnvollen Struktur folgen (beispielsweise T13 entspricht Schaftfräser mit 1,3 mm Durchmesser).
- *Platz-Nr. P*: Zuordnung zu einem Platz im automatischen Werkzeugwechsler.
- *M-Funktionen*: Hier können M-Befehle (Maschinenbefehle) hinterlegt werden, die bei Auswahl des Werkzeuges ausgeführt werden müssen. M12 bewirkt beispielsweise eine Längenmessung des Werkzeuges, die ausgeführt wird, bevor das Werkzeug zum Einsatz kommt.

Im zweiten Reiter *Beschreibung* wird die Geometriedefinition vorgenommen:

- *Nenndurchmesser*: Der hier angegebene Wert ist entscheidend für die Berechnung der Radiuskorrektur bei der Ermittlung der Fräsbahnen, entspricht Fräsdurchmesser.
- *Längenkorrektur L*: Jedes Werkzeug wird mit einem Maß für die Ausspannlänge versehen. Daraus berechnet die Steuerung nach dem Abnullen auf dem Werkstück die jeweilige Höhenkorrektur nach dem Werkzeugwechsel. Kommt ein Werkzeugwechsler mit Spannkonen zum Einsatz, dann können die Werkzeuge vorvermessen werden, um ein ständiges Abnullen für eingewechselte Werkzeuge zu vermeiden.
- *Werkzeugkorrektur X*: hat bei Fräsbearbeitung keinen Einfluss.
- *Schaftdurchmesser:* Durchmesser des Werkzeuges am Schaft.

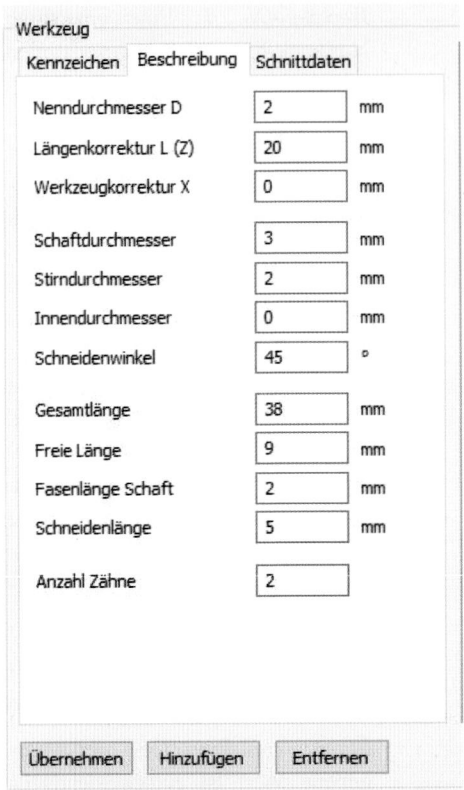

- *Stirndurchmesser*: Durchmesser des Werkzeuges an der Spitze. Ein Wert kleiner als der Nenndurchmesser ergibt ein Werkzeug mit abgerundeter Schneide (solange der Wert Schneidenwinkel = 0 ist).
- *Innendurchmesser*: Definition von Werkzeugen mit Innenkühlung, bzw. Messerköpfen oder Walzenstirnfräsern.
- *Schneidenwinkel*: Ein Wert von 0 bewirkt gegebenenfalls Schaft- oder Kugelfräser. Winkelangaben beschreiben gefaste Werkzeuge, bzw. in Kombination mit Stirndurchmesser = 0 Stichel.
- *Gesamtlänge*: Länge des Werkzeuges.
- *Freie Länge*: Wert für das Maß der maximal möglichen Eintauchtiefe, bevor sich der Fräser vom Nenndurchmesser zum Schaftdurchmesser verdickt.
- *Fasenlänge Schaft*: Längenmaß für den Übergangsbereich von Nenn- zu Schaftdurchmesser.
- *Schneidenlänge*: Definiert die max. mögliche Zustelltiefe.
- *Anzahl der Zähne*: Schneidenanzahl des Werkzeuges.

In der dritten Karteikarte *Schnittdaten* sind die technologischen Werte des Werkzeuges definiert:

- *Schnittgeschwindigkeit*: Diese Angabe beschreibt die Geschwindigkeit der Schneide im Werkstoff und ist maßgebend für die Qualität des Fräsvorgangs. Im gewerblichen Umfeld finden Sie hierzu Angaben in den Werkzeugkatalogen. Für die im Modellbau überwiegend angewandten Werkstoffe ist es schwer verbindliche Werte zu bekommen. Die unten beschriebenen Parameter Drehzahl und Vorschub werden abhängig von der Schnittgeschwindigkeit berechnet.
- *Vorschub je Zahn*: Auch dieser Wert kann für metallische Werkstoffe

in Tabellen des Herstellers nachgeschlagen werden. Hartholz und MDF sind dort auch gelegentlich zu finden, nur für Sperrholz und Balsa bekommt man keine Hilfe. Mit den Angaben für Holzwerkstoffe aus Tabellen kommt man in der Regel auf sehr hohe Drehzahlen, die unsere Spindeln meist gar nicht bieten. Zudem läuft man Gefahr, dass es bei den hohen Drehzahlen zur Überhitzung und damit zur Schädigung von Werkzeug und Werkstoff kommt. Damit bleibt uns nur, uns an die Thematik heranzutasten.

EXTRAMELDUNG!

Tut mir leid, dass ich Ihnen hier nicht exakt sagen kann, mit welchen Werten Sie welchen Werkstoff bearbeiten. Zu viele Einflussparameter an Werkzeug und Werkstück, aber auch an der Spannsituation sind hier maßgebend. Prinzipiell lässt sich gerade für die ersten Schritte sagen: erst einmal langsam und erst einmal weiches, gut spanbares Material, bevor Sie sich mit Highspeed auf Chromnickelstahl stürzen.

- *Max. Spindeldrehzahl*: Die oben erwähnte Berechnung der passenden Drehzahl lässt sich mit dieser Eingabe auf die real existierende Ausstattung ihrer CNC-Fräse anpassen – mit dem Nachteil, dass die Idealwerte eventuell nicht erreicht werden.
- *Drehzahl S*: Mit den obigen Angaben errechnet sich hier ein Wert, den Sie jedoch noch manuell anpassen (überschreiben) können.
- *Vorschub F*: Die Geschwindigkeit, mit der der Fräser durch das Werkstück bewegt wird. Auch er wird berechnet und ist editierbar.
- *Z-Vorschub F*: Diesen Wert für die Geschwindigkeit in z-Richtung gibt es nur bei Fräsern. Für den Werkzeugtyp Bohrer ist dieses Feld gegraut, da hier der oben genannten Vorschub maßgeblich ist.
- *Standzeit*: Im Produktionsumfeld kann hier die maximal nutzbare Zeit des Werkzeugeinsatzes festgelegt werden, um immer optimale Fräsergebnisse zu erzielen. Die Standzeit wird in MegaNC nicht berücksichtigt, sondern fand bisher nur Eingang in firmenspezifischen Sonderlösungen.

Alle Änderungen, die in diesem Menü vorgenommen werden, können mit der Schaltfläche *Übernehmen* unten im Menü für Änderungen an einem bestehenden Werkzeug abgespeichert werden. Soll ein neues Werkzeug angelegt werden, dann geschieht dies mit *Hinzufügen*. Mit *OK* wird das Menü geschlossen.

Alternativ zu der parametrischen Definition eines Werkzeuges kann im Feld *Beschreibung* auch *Frei* gewählt werden. Anstelle der einzelnen Parameter für die geometrische Beschreibung erhalten Sie jetzt ein Eingabefeld, das mit Koordinaten gefüllt werden kann, die gerade oder kreisförmige Konturen des Fräsers definieren. Damit lassen sich dann fast beliebige Formen kreieren. Maßgeblich für die Radiuskorrektur im CAM bleibt jedoch immer der Nenndurchmesser. Der Koordinatennullpunkt liegt in der Spitze des Fräsers, die Geometrie berechnet sich von diesem Punkt aus in Richtung x (rechts) und z (nach oben). Bei der Angabe eines Ra-

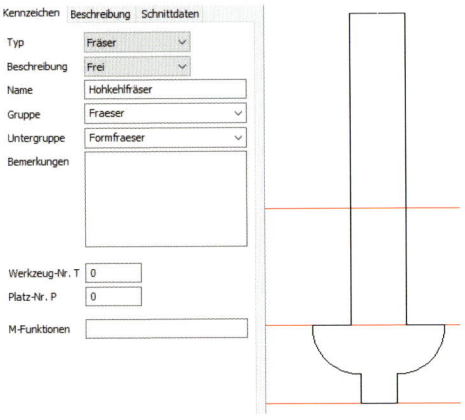

dius werden die Koordinaten auf Plausibilität geprüft.

In Bild 5.1 ist die Vorgehensweise der Koordinateneingabe anhand eines Formfräsers, wie er im Bereich der Holzbearbeitung eingesetzt wird beschrieben.

Nun bleibt Ihnen nur noch ein weiterer Schritt in der Vorbereitung, bevor es endlich mit dem virtuellen Spänemachen losgeht.

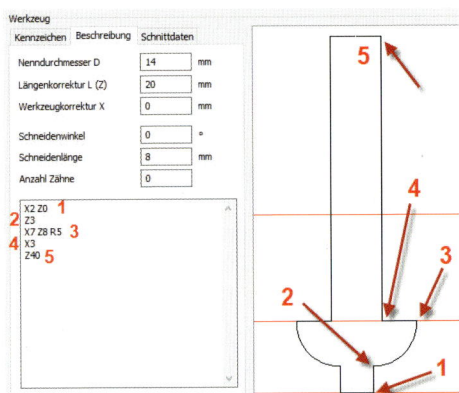

Bild 5.1: Freie Eingabe der Werkzeuggeometrie.

Jedes NC-Programm muss sich auf einen definierten Nullpunkt beziehen, von dem aus die Koordinaten der Fräsbahnen berechnet werden. Mit *Programmnullpunkt* können Sie diesen Punkt beliebig festlegen. Es stehen Ihnen dabei alle aus dem CAD-Bereich bekannten Fangmethoden zur Verfügung. Damit sind Sie vollkommen frei, wo Sie Ihre CAD-Daten auf der x-y-Ebene platzieren, das heißt. es spielt keine Rolle, ob der Nullpunkt des Koordinatensystems auch der Ausgangspunkt der CNC-Bearbeitung ist. So ist es beispielsweise auch möglich, innerhalb einer Konstruktionszeichnung auch die darauf abgeleiteten Fräsdaten zu platzieren. Auch können in einer Fräsdatei mehrere Jobs eingerichtet werden. Die Entscheidung, was jeweils bearbeitet wird, hängt dann davon ab, welche Elemente für das Fräsen aktiv geschaltet werden, und wo der jeweilige Nullpunkt gesetzt wird. Hier kann jeder Anwender die für ihn passende Arbeitsweise herausfinden und ist dabei nur an wenige Konventionen der Software gebunden.

5.2.3 Erste virtuelle Späne

Nach diesen ausführlichen Beschreibungen der Programmidee und -struktur schlage ich vor, dass wir uns wie im CAD-Teil wieder mit praktischen Beispielen beschäftigen, die Ihnen den Einstieg in die CAM-Software aufzeigen. Sicher werden wir dabei nicht alle Icons beschreiben und im Rahmen der Übungen anwenden können. Dafür lernen Sie aber die grundlegende Bedienung kennen und können sich andere Programmteile – auch mittels der Online-Hilfe (Taste F1 während die Maus auf dem Funktionsicon steht) – selbst erschließen.

Wir greifen auf unsere Konstruktion des Condor NT zurück, die im ersten Teil des Buches entstanden ist. Sie können Ihre eigenen Daten heranziehen oder die Datei plan_K1f.prt laden, die sie im Download-Bereich finden. Die folgenden Schritte beziehen sich auf diese Datei. Beachten Sie, dass in dieser Datei die meisten Inhalte über Layer und die Unsichtbarkeitsfunktion ausgeblendet sind, damit Sie direkt loslegen können. Wir beginnen mit der einfachen Bearbeitung einer Rip-

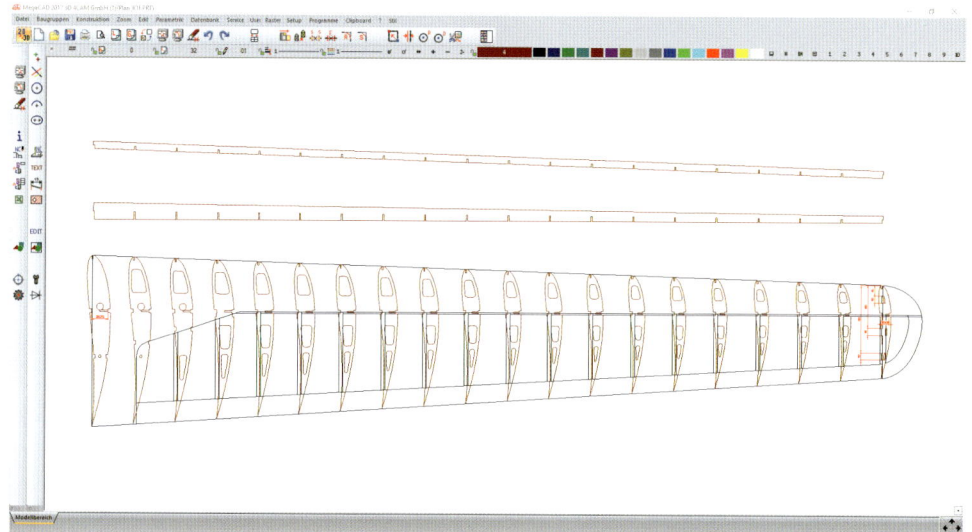

pe, die wir aus einer Platte Sperrholz erzeugen wollen. Rippe 3 soll als Übungsobjekt dienen. Nun wäre es möglich, die Frästechnologie direkt an die Rippe im Plan anzuhängen. Mit Blick auf die spätere, reale Arbeitssituation (einen ganzen Rippensatz auf einer Platte zu verteilen) empfiehlt es sich aber mit der Edit-Funktion eine Kopie des Bauteils zu erzeugen und diese um 90° gedreht (abhängig von der Faserrichtung Ihrer Platte) am Rand zu platzieren.

Um nach der langen Abstinenz die Konstruktionsfunktionen wieder ins Gedächtnis zu rufen hier der Ablauf im Telegrammstil:

Edit – Kopieren; Fangrechteck über die ganze Rippe 3 legen und die beiden Linien des Aufleimers durch erneutes, einzelnes Anklicken deaktivieren; jetzt sollten nur noch die eigentliche Rippenkontur und die Aussparungen rosa markiert sein; *RMT um die Auswahl zu beenden; beliebigen (freien) Punkt als Bezugspunkt wählen*; die Rippe hängt jetzt an der Maus; *in der Statusleiste über die Pfeiltasten* (rechts-links: Schrittweite einstellen, auf-ab: Drehung ausführen) *das Bauteil um 90° drehen; Ablegen der Rippe an beliebigem Punkt; RMT, um die Funktion zu beenden*.

Um sich ganz auf die erste Fräsarbeit zu konzentrieren können Sie jetzt noch die Rippe auf einen eigenen *Layer* (z.B. Layer > 100 für die CNC-Bearbeitung) legen und alle anderen Layer unsichtbar machen. Alternativ bietet sich die Funktion *Unsichtbarkeit* an, mit der Sie unabhängig von Layer- oder Gruppenzugehörigkeit Ihre Zeichenfläche temporär bereinigen können. Wenn Sie die Elemente der Rippe nacheinander per drag&drop anklicken werden Sie erkennen, dass die Geometrie aus drei Polylines und einem Kreis besteht. Zur Erinnerung und zur Planung der Arbeiten möchte ich erwähnen, dass wir als Werkstoff Sperrholz mit einer Dicke von 1,8 mm gewählt hatten. Dieser

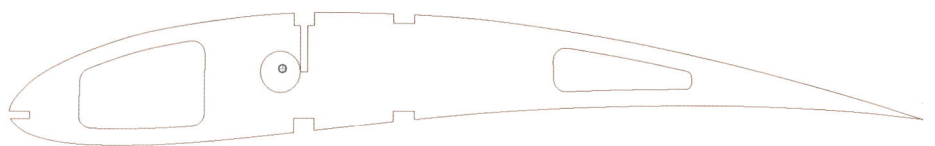

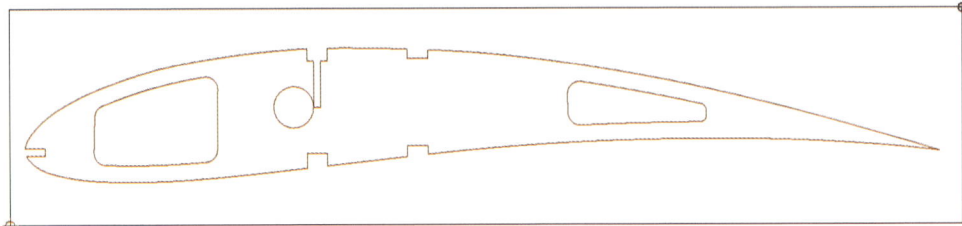

Wert bestimmt auch das Maß der Steckungen für die Nasenleiste und den Steg. Dies zu wissen ist wichtig, da sich daraus die Anforderungen an den Fräser ergeben. Für Arbeiten dieser Art wähle ich gerne Voll-Hartmetall-Fräser mit einem Durchmesser von 1,3 mm. Dieses Werkzeug ist spürbar stabiler als ein 1-mm-Fräser, macht aber im Vergleich mit 1,5 oder 2 mm Werkzeugen angenehm schmale Schnitte. Für Sperrholz dieser Art (in unserem Fall Indo-Sperrholz) erhalten Sie die besten Ergebnisse mit spiralverzahnten Werkzeugen.

Führen Sie jetzt die oben beschriebenen Schritte der Arbeitsvorbereitung aus:

- Auswahl der Maschine (*Maschineneinstellungen*), beispielsweise Fräsmaschine mit NCdrive XT.
- *Rohteil* als Rechteck mit 5 mm Dicke (inklusive Verschleißschicht) über die Rippe ziehen.
- Gegebenenfalls Werkzeug mit 1,3 mm Durchmesser definieren.
- Nullpunkt in die untere linke Ecke des Rohteils setzen.

Beginnen Sie mit der Technologie *Kontur*, um das Steckungsrohr zu bearbeiten. Nach Start der Funktion werden Sie nach Elementen gefragt, die Sie mit der LMT auswählen. Wie gewohnt verfärbt sich das Element bei Annäherung mit der Maus rosa. Die Auswahl beenden Sie wie immer mit der RMT.

Augenblicklich erscheint das umfangreiche und dynamische Menü des Technologie-Managers. Im linken Bereich sehen Sie einen Strukturbaum der vorhandenen Bearbeitun-

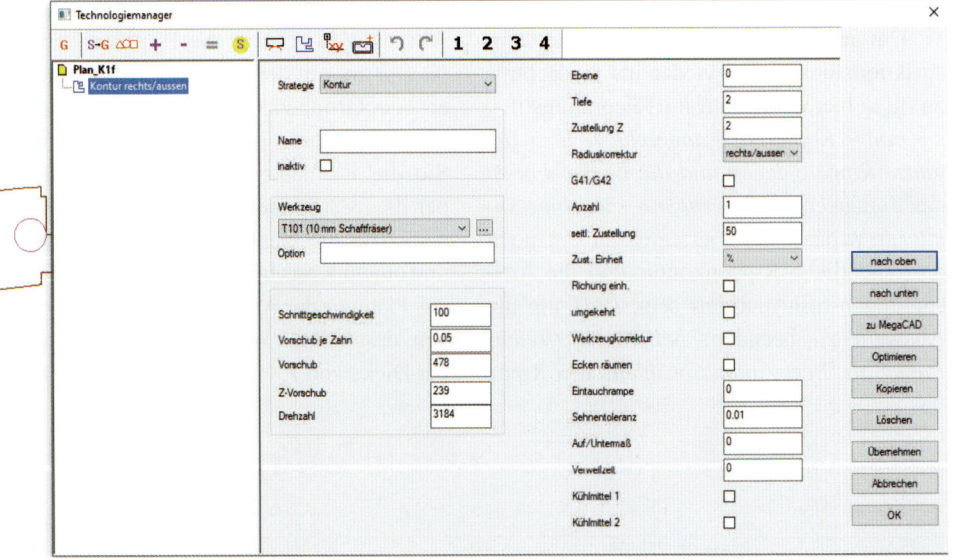

gen. Der Name wird aufgrund der voreingestellten Parameter oder der zuletzt gewählten Angaben vorgeschlagen. Ihre Aufgabe ist es jetzt, die Parameter der Bearbeitung sinnvoll zu vergeben.

Solange Sie in einer Fräsdatei nur wenige Bearbeitungen vorliegen haben, ist die Vergabe eines aussagekräftigen Namens nicht wichtig. Sollte der Bearbeitungsbaum sich aber mehr und mehr füllen werden Sie schnell die Vorteile erkennen, die sich aus der Unterscheidbarkeit der einzelnen Einträge ergeben. *Bohrung* wäre hier ein Vorschlag, bevor es mit der Auswahl des Werkzeugs weitergeht. Im großen *Pulldown-Feld* wird sich im Moment noch kein Eintrag finden, da bisher noch kein Werkzeug zum Einsatz kam. Diese Liste füllt sich erst, wenn nach und nach unterschiedliche Fräser zum Einsatz kommen. Da bleibt Ihnen nur, den *Auswahlschalter* rechts zu drücken, der die Werkzeugbibliothek öffnet. Alle hier angelegten Werkzeuge können jetzt ausgewählt werden. Eine Veränderung der Einträge ist an dieser Stelle nicht möglich (Sie hatten dies weiter oben bereits als eigene Funktion kennengelernt). Mit der Auswahl des 1,3-mm-Zweischneiders werden die Parameter unten mit den Vorgabewerten gefüllt. Ihnen bleibt aber jetzt noch die Chance Einträge für Vorschub oder Drehzahl, usw. zu ändern. Auf der rechten Seite des Menüs ist jetzt zu definieren, wie der Fräsvorgang gestaltet werden soll.

- *Ebene*: In MegaNC wird die Werkstückoberfläche als Höhe 0 angenommen. Auf diese z-Koordinate bezieht sich die Bearbeitung auch, solange der Wert für Ebene 0 bleibt. Bei positiven Eingaben wird diese Ausgangsebene nach oben verschoben, während negative Werte eine Verschiebung nach unten bewirken. Dies ist bei Frässtrategien sinnvoll, die sich an einen bereits durchgeführten Materialabtrag anschließen (Fräsen einer Kontur am Grund einer vorher ausgearbeiteten Tasche).
- *Tiefe*: Dieser Wert ist die gewünschte Frästiefe der Bearbeitung. Wenn Sie eine Kontur mit einer Tiefe von 3 mm definieren, ist der Wert *3 [mm]* anzugeben.

EXTRAMELDUNG!

CAD und CAM sind Techniken, die stark in der Mathematik verwurzelt sind. Unter Beachtung der definierten Koordinatensysteme müsste die Tiefe daher mit negativem Vorzeichen (-3 [mm]) eingegeben werden. Dies widerspricht jedoch dem allgemeinen Sprachgebrauch („die Bohrung ist 5 mm tief" – obwohl sie eigentlich -5 mm tief ist!). Daher haben wir uns entschieden, bei der Tiefe auf das lästige Vorzeichen zu verzichten.

- *Zustellung Z*: Die Eingabe von Werten in der Einheit mm legt fest, wieviel das Werkzeug je Bahn abtragen darf. Bei einer Eingabe von 1 [mm] würde die Kontur in drei Einzelbahnen die gewählte Tiefe erreichen.
- *Radiuskorrektur*: In Bezug auf die CAD-Kontur der Konstruktion kann hier festgelegt werden, ob der Fräser direkt auf der Bahn (*mitte*) oder in Fahrrichtung *links* bzw. *rechts* von dieser fahren soll. Handelt es sich um eine geschlossene Kontur, dann sind die Begriffe *innen* bzw. *außen* leichter zu erfassen. In diesem Fall werden die Koordinaten im G-Code von der CAM-Software gleich korrigiert ausgegeben.

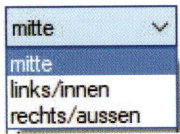

- *G41/G42*: Sollte hier ein Haken gesetzt sein, dann werden die Koordinaten anders als oben beschrieben unkorrigiert (also exakt die CAD-Geometrie) an die CNC-Steuerung übergeben. Diese berechnet dann intern abhängig vom gewählten Werkzeugdurchmesser die Fräsbahnen. Diese Technik kommt bei Werkzeugmaschinen im gewerblichen Einsatz zur Anwendung, da dann der Werker an der Maschine flexibler beim Einsatz von Werkzeugen ist und Korrekturen vor Ort einfach durchführen kann, ohne die Abteilung Arbeitsvorbereitung behelligen zu müssen.
- *Anzahl*: In der Regel steht hier der Wert *1*. Das heißt, dass die Bahn einmal abgefahren werden soll. Wird die Anzahl erhöht, dann beginnt die Bearbeitung um die x-Zustellung versetzt weiter innen (bei Radiuskorrektur innen) bzw. weiter außen. Schruppen und Schlichten kann damit als eine Frässtrategie zusammengefasst werden.
- *x-Zustellung / Zust. Einheit*: Der Versatz der ersten Bahn(en) bei Anzahl >1 erfolgt als prozentualer Abstand bezogen auf den Werkzeugdurchmesser bzw. als Abstandswert in der Einheit mm.
- *Richtung einhalten*: mit der Aktivierung dieser Option wird eine Kontur bei mehrfacher Tiefenzustellung immer in der gleichen Richtung abgefahren. Sie können damit sicherstellen, dass immer im Gleich- bzw. Gegenlauf gefräst wird.
- *umgekehrt*: mit einem Haken an dieser Stelle kann die Fräsrichtung umgedreht werden (Gleich- oder Gegenlauf). Dazu ist anzumerken, dass die Richtung der Bearbeitung sich aus der Klickreihenfolge beim Aufsammeln der Einzelelemente bzw. aus der Orientierung der Elemente ergibt.
- *Werkzeugkorrektur*: diese Option ist nur wichtig, wenn man mit V-förmigen Frässticheln arbeitet, bei denen die Radiuskorrektur zusätzlich über die Eintauchtiefe korrigiert wird (je tiefer desto breit).
- *Ecken räumen:* Ist für uns Modellflieger eine hervorragende Option. In scharfkantigen Ecken bleibt beim Fräsen immer der Werkzeugradius stehen, was dazu führt, dass beispielsweise eine Kiefernleiste

nicht ganz in die erzeugte Vertiefung passt. Statt die Leiste jetzt zu verrunden oder die Aussparung mit der Feile scharfkantig zu machen, nimmt uns MegaNC die Arbeit ab und lässt den Fräser so weit in die Ecke fahren, dass Platz für das Einbauteil geschaffen wird. Abhängig vom Eckenwinkel und dem Fräser-Durchmesser kann der erforderliche Weg unterschiedlich groß ausfallen.

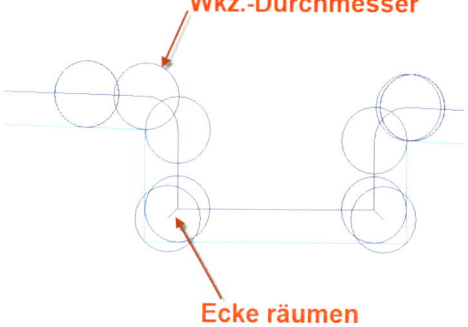

- *Eintauchrampe*: Mit einem Wert ungleich 0 bei dieser Option vermeiden Sie, dass der Fräser beim Zustellen der Frästiefe wie ein Bohrer arbeitet. Im Normalfall positioniert die Maschine die nächste Kontur in x- und y-Richtung und fährt dann die gewünschte Tiefe mit der z-Achse an. Dies kann zu unerwünschten Marken in der Oberfläche führen oder aber auch bei manchen Werkzeugen, die nicht über die Mitte geschliffen sind (im Extremfall ein Messerkopf) unzulässig sein. Die Nutzung der Eintauchrampe bewirkt, dass das Werkzeug bei jeder Bahn über eine Schräge auf Zustelltiefe gefahren wird. Damit vermeiden Sie das senkrechte Eintauchen und setzen das Werkzeug nur „fräsend" ein. Der Wert für den Eintauchwinkel orientiert sich am Werkzeug und an der Länge der zu bearbeitenden Bahn. Bei geschlossenen Konturen wird für jede Zustellung die Rampe ein Stück längs der Bahn versetzt, während bei offenen Konturen am Startpunkt der Eintauchvorgang durch ein Vor- und Zurückfahren des Fräsers erfolgt. Sie tauschen also ein angenehmeres Fräsverhalten gegen etwas erhöhten, zeitlichen Aufwand.
- *Sehnentoleranz*: Im Falle des Einsatzes der Frässtrategie *Kontur* bei dreidimensionalen Geometrien berechnet die Software mit dem angegebenen Wert eine maximale Abweichung von der Originalkontur. Dies geschieht, um bei Fahrten über alle Achsen möglichst große Segmente zu erhalten. Dies wirkt sich direkt auf den Umfang des G-Codes aus.
- *Auf-/Untermaß*: Ein Aufmaß bedeutet in der CNC-Technik, dass die Fräskontur so berechnet wird, dass ein gewisses Restmaterial – beispielsweise für einen weiteren Frässchritt – erhalten bleibt. Bei Außenkonturen wird also zu groß gefräst, bei Innenkonturen zu klein. Einen praktischen Nutzen hat das bei dicken Bauteilen, die mit einem Aufmaß von wenigen Zehnteln in mehreren Zustellungen bearbeitet werden, um abschließend mit voller Frästiefe aufs Endmaß zu arbeiten. So erhalten Sie perfekte Oberflächen. Aber auch beim Erzeugen von Passungen kann Auf-/Untermaß eingesetzt werden. Ohne das Nennmaß in der Zeichnung zu ändern können Sie Einflüsse von Werkzeug

und Maschine ausgleichen, um die Bohrung durch Anpassen des Auf-/Untermaßes so zu erhalten, dass das Lager so streng sitzt, wie Sie es wünschen.

EXTRAMELDUNG!

CNC-Technik bedeutet nicht, dass alles exakt so von der Maschine springt, wie Sie es konstruiert haben! Zu viele Einflussfaktoren können dafür sorgen, dass Ihr Bauteil zu groß oder zu klein wird. Werkstoff, Werkzeug, Gleich- oder Gegenlauf, aber auch Vorschub, Temperatur und nicht zuletzt die Qualität der Maschine sind für gewisse Abweichungen vom Echtmaß verantwortlich. Diese in den Griff zu bekommen ist letztlich Ihre Aufgabe. Dies gilt gleichermaßen bei teuren Werkzeugmaschinen bei Cr-Ni-Stahl, wie bei unserer einfachen Ausstattung und Sperrholz.

- *Verweilzeit*: Ist dieser Eintrag nicht 0, dann wird in den G-Code eine Wartezeit (G4-Befehl) eingebaut. Das Werkzeug hält dann nach dem Eintauchen kurz inne, bevor es die Konturfahrt startet. Bei gewissen Werkstoff-/Werkzeugkombinationen kann dies notwendig sein. In der Regel bleibt der Wert auf 0.

- *Kühlmittel 1/2*: MegaNC steuert zwei Schaltoptionen, die als Kühlmittel oder Mindermengendosierung bzw. für das Zuschalten einer Absaugung genutzt werden können. Wenn Sie diese in der jeweiligen Technologie nutzen, dann wird nur dann gesprüht oder gesaugt, wenn Späne gemacht werden. Eine globale Schaltmöglichkeit hatten Sie schon in den Maschineneinstellungen kennengelernt.

Sinnvolle Werte für die Bearbeitung der Bohrung in der Rippe aus 1,8-mm-Sperrholz könnten jetzt so aussehen, wie in Bild 5.2 dargestellt.

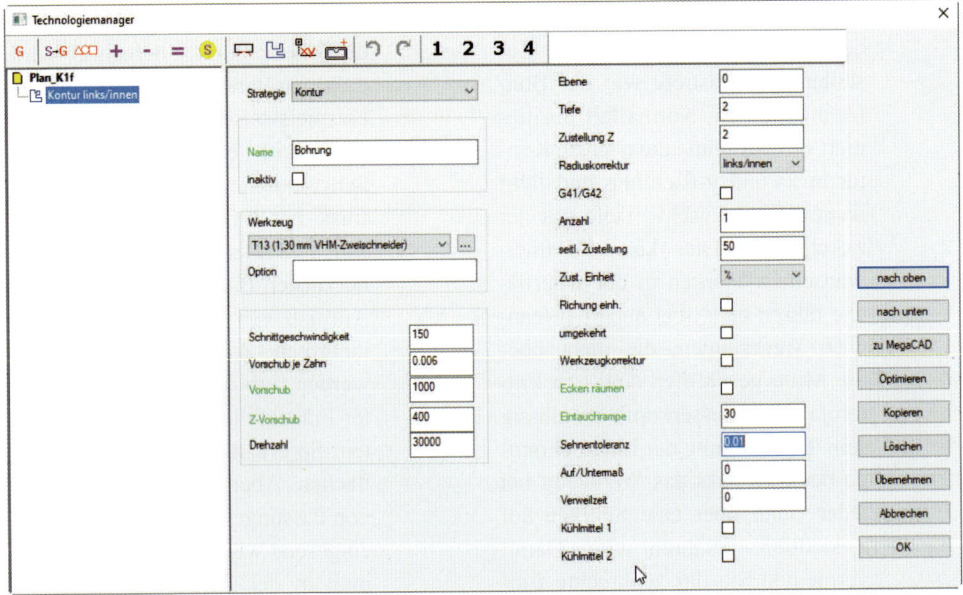

Bild 5.2: Sie sehen die Parameter Ihrer ersten Fräskontur.

Auf die farbige Darstellung von Teilen des Menüs werden wir später noch ausführlich eingehen. Wenn Sie fürs Erste mit Ihren Eingaben zufrieden sind, dann können Sie die Maske mit *OK* schließen. Die Schaltfläche *Übernehmen* würde die Werte ebenso speichern, aber das Menü noch offenlassen. *Abbrechen* bewirkt, dass keine Ihrer Änderungen erhalten bleibt, sondern dass mit den Werten gearbeitet wird, die beim Öffnen des Technologie-Managers angezeigt wurden. Löschen dagegen würde Ihre CAD-Geometrie wieder in den Originalzustand bringen, das heißt, die angehängten Informationen und die Umfärbung des Kreises würden entfernt.

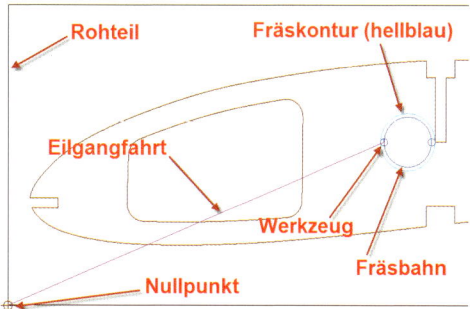

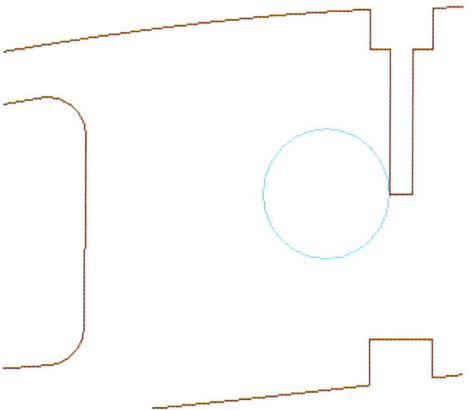

Die vorgenommene Umfärbung erkennen Sie erst beim Speichern der Änderungen und dem Verlassen des Menüs. Ihr ehemals rostbraun gezeichneter Kreis weist nun die Farbe hellblau auf. Daran erkennen Sie, dass es sich dabei um eine Geometrie handelt, die schon weiß, wie sie bearbeitet werden soll. Sollte jetzt hellblau Ihre bevorzugte Konstruktionsfarbe sein, dann ist das auch kein Problem. Diese Voreinstellung lässt sich in den Grundeinstellungen von MegaNC leicht verändern.

Um gleich zu sehen, ob Ihre ersten CNC-Schritte auch korrekt waren, überspringen Sie im Menü eine ganze Reihe von Funktionen, von denen wir uns die meisten später noch ansehen werden. Ziel des Mauscursors ist die Schaltfläche *Werkzeugpfade anzeigen*. Diese einfache Voransicht des Jobs ist oftmals ausreichend für eine Überprüfung. Man erkennt die Zustellfahrt vom Nullpunkt aus im Eilgang und die Fräsergröße, sowie die eigentliche Bahn des Werkzeugs. Zusätzlich kann man im 3D-Modus mit der gedrückten mittleren Maustaste die Szene etwas kippen und bekommt zusätzliche Informationen über die Fahrten der z-Achse. Damit ist eine einfache Kontrolle möglich und es könnte direkt mit der Übergabe an die CNC-Software weitergehen. Vorher werfen wir aber noch einen Blick in die Simulationssoftware, die uns zusätzliche Sicherheit gibt, bevor es auf die Maschine geht.

Noch zwei Icons tiefer im MegaNC-Menü starten Sie die OPGL-Simulation NClator. Das sich öffnende Fenster begrüßt Sie mit einem Blick auf das Rohteil. In der rechten Spalte kann gleichzeitig der fertige G-Code (reines DIN, ohne Anpassungen durch einen möglichen Postprozessor) einge-

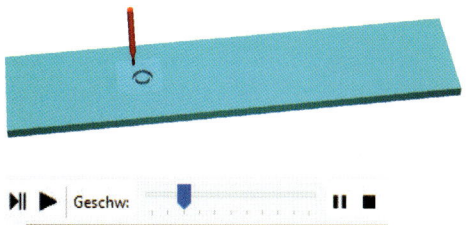

sehen werden. Die wichtigsten Schaltflächen befinden sich oben in der Bedienleiste, wo Sie zwischen Einzelschritt und kontinuierlicher Fahrt bei unterschiedlichen Simulationsgeschwindigkeiten wählen können. Drücken Sie auf Start und genießen Sie den Anblick, wenn zum ersten Mal ein von Ihnen programmiertes Werkzeug durch ein virtuelles Material fährt. Das kurze Programm ist natürlich schnell abgearbeitet und Sie können sich darauf verlassen, dass der Job auf Ihrer Maschine exakt gleich ablaufen wird. Vorausgesetzt Ihre Steuerung arbeitet korrekt mit DIN-Code und Sie haben Werkzeug und den Nullpunkt auf der Oberfläche des Rohlings exakt eingerichtet.

Ich denke, Ihnen wird es vielleicht ähnlich gehen wie mir und Sie wollen das Ganze jetzt auch gleich in realitas erleben. Doch gedulden Sie sich noch etwas, wir sollten wenigstens die eine Rippe vollständig bearbeiten, bevor wir dann wirklich Späne machen. Auf diese Weise eingebremst verlassen Sie bitte wieder die Simulationsoberfläche und kehren ins CAD/CAM zurück. Sollten Sie sich daran stören, dass die Werkzeugbahnen auf Ihrem Bildschirm angezeigt werden, dann können Sie diese einfach mit *Werkzeugpfade ausblenden* unsichtbar machen. Als Nächstes kommen die beiden Erleichterungs-Ausschnitte dran. Aufgrund ihrer Größe läuft man Gefahr, dass Sie beim Fräsvorgang aus der Platte springen und es zur Kollision mit dem Werkzeug kommt, wenn dieses an der nächsten Kontur in z-Richtung zustellt. Natürlich steht mit dem herausgetrennten Sperrholzstück der Verlierer dieses Duells schnell fest. Jedoch sollten Sie auch nicht das Risiko für den Fräser und damit auch für die Maschine und für sich unterschätzen, wenn ein Reststück exzentrisch „aufgespießt" wird und mit über 20.000 Umdrehungen pro Minute die Mechanik der Maschine und des Werkzeugs testet. Mit dieser Warnung (bevor es eine Erkenntnis wird) wenden wir uns für

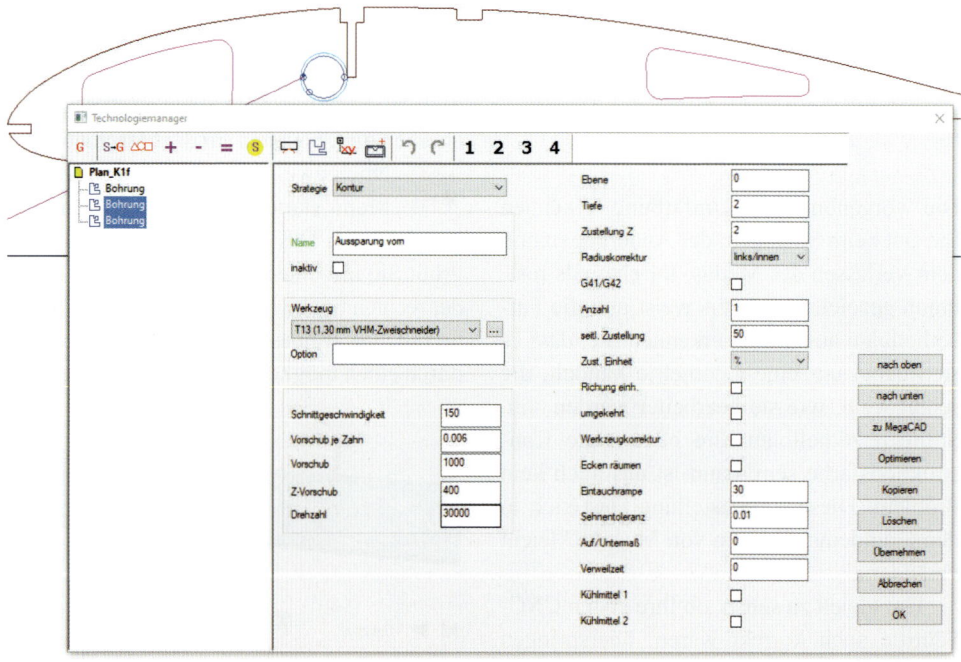

derartige lose Teile nochmals der Funktion *Kontur* zu, die wir jetzt um die Funktionalität Stege ergänzen. Ab der Version 2021 von MegaNC ist es nicht mehr notwendig die (weiterhin vorhandene) Funktion *Kontur mit Stegen* dafür einzusetzen. Ähnlich wie schon bei der Kontur müssen Sie zuerst die Geometrien mit der LMT auswählen, die dieses Mal mit Stegen gefräst werden sollen, bevor ein Rechtsklick wieder die Oberfläche des Technologie-Managers öffnet.

EXTRAMELDUNG!

Gerade in der Phase der Einarbeitung in den Umgang mit der CNC-Maschine ist eine gewisse Vorsicht zu empfehlen. Lieber erst einmal langsamer und mit „weichem" Fräsmaterial Erfahrungen sammeln, statt gleich zu Anfang die Grenzen zu ertasten (und zu erfahren). Nur so werden Sie schnell die notwendige Sicherheit bekommen und die Vorteile dieser Technik mit Vergnügen nutzen können.

Die beiden neuen Einträge in der Liste sind markiert und Sie erkennen im Hintergrund, dass die Polylines in der Zeichenfläche rosa markiert sind. Alle Werteingaben, die Sie in dieser Situation machen, werden beiden Bearbeitungen zugewiesen. Den Fräser mit 1,3-mm-Durchmesser können Sie gleich aus der *Werkzeugliste* auswählen, er wurde ja bereits eingesetzt und bietet sich daher jetzt automatisch an.
Speichern Sie Ihre Eingaben mit *Übernehmen*, um weiterhin im Menü zu bleiben. Der

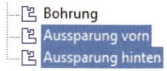
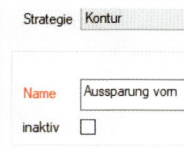

Name *Aussparung vorn* trifft natürlich nur auf eine der beiden Konturen zu, das wollen wir jetzt noch korrigieren. Wählen Sie dazu in der Liste nur den unteren Eintrag an und ändern Sie die Bezeichnung in *Aussparung hinten*. Wieder wird mit *Übernehmen* zwischengespeichert. Sie können dabei beobachten, dass dabei die Feldbezeichnung *Name* ihre grüne Farbe verliert.

Der Übung halber markieren Sie jetzt noch einmal beide Einträge (entweder mit gedrückter Strg-Taste oder durch Überfahren der beiden Zeilen mit gedrückter LMT). Sie können beobachten, dass jetzt der Text rot dargestellt wird. Damit wird darauf hingewiesen, dass mehrere Technologien unterschiedliche oder im Fall von schwarzen Bezeichnern gleiche Werte besitzen. Dies trifft auch für alle anderen Felder in der Maske zu. Zur Anzeige kommt dabei immer der Inhalt der zuerst markierten Strategie. Diese Technik bietet die komfortable Möglichkeit, auch später beliebigen Bearbeitungen neue Werte zuzuweisen.

Sobald Sie in einem rot hervorgehobenen Feld einen neuen Eintrag machen, wird der Text wieder zwischenzeitlich grün eingefärbt und mit *OK* oder *Übernehmen* wird die Änderung durchgeführt. Eine Besonderheit stellt die Situation dar, dass allen markierten Einträgen der Wert zugeordnet werden soll, der bereits im Feld eingetragen ist. Hier hilft ein *Doppelklick* mit der LMT auf den Bezeichner, um diesen auf grün, das heißt auf Änderungsbereitschaft umzuschalten. Beim Verlassen des Menüs finden Sie inzwischen drei hellblaue Konturen vor und wer jetzt allzu schnell auf *Werkzeugpfade anzeigen* schaltet wird enttäuscht sein, wenn in der Vorschau nichts auf das Fräsen von Stegen hinweist.

Des Rätsels Lösung ist es, dass Sie dem System noch nicht mitgeteilt haben, wo Sie die

Stege gerne hätten. Das machen Sie jetzt schnellstens mit dem Icon unterhalb der Konturfunktion. *Stege erstellen* fragt Sie nach dem gewünschten Stegdurchmesser, den Sie mit 2 [mm] bestätigen. Diese Größe ist abhängig vom verwendeten Werkzeug, Sie können das gleich anschließend in der Anzeige der Fräsbahnen erkennen. Die Nuttiefe gibt an, ob der Steg in voller Materialstärke stehenbleiben soll (Wert = 0), oder ob mit einem negativen Wert der obere Teil weggefräst wird. Eine Eingabe von -1 [mm] würde beispielsweise bei unserem 1,8er-Sperrholz einen Steg von 0,8 mm erzeugen. Vorteil dieser Variante ist, zumindest auf einer Seite des Materials eine saubere Fräskante zu erhalten. Ein positiver Wert für die Nuttiefe dagegen lässt das Werkzeug an dieser Stelle um ein konkretes Maß aus dem Material herausfahren. Diese Option nutzt man, wenn man sicherstellen will, dass gerade bei dünnem Material, das das Werkzeug gerne etwas vom Tisch anhebt, ein Steg in kompletter Bauteildicke erzeugt wird. Mit dem Rundungsradius haben wir zusätzlich eine Option geschaffen, die die Laufruhe der Maschine bei Stegen positiv beeinflusst. Anstatt vor dem Steg anzuhalten und in positive z-Richtung zu fahren wird diese Bewegung durch eine Verrundung der Fräserbahn ersetzt. Beachten Sie bitte unbedingt, dass die Größe des gewählten Radius zur Tiefe, bzw. Zustelltiefe der Bearbeitung passt. Andernfalls ergeben sich ungewünschte ,Irrfahrten'!

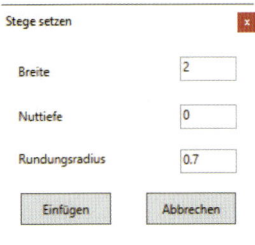

Die hier zur Anwendung kommende Technik ist die Darstellung von Kreisen mit dem angegebenen Durchmesser (Breite), die Sie auf die Kontur setzen. Wichtig ist dabei, dass der Mittelpunkt des erzeugten Kreises wirklich auf der Kontur sitzt. Die Fangmethode *Element* bietet sich hier an. Damit teilen Sie MegaNC mit, dass der Fräser diesen Bereich in den angegebenen Höhen (Berücksichtigung des Wertes der Nuttiefe) nicht befahren darf. Folglich bleibt dem Werkzeug nur ein Ausweichen in positive z-Richtung, bevor es am Ende der Sperrzone wieder auf die Zustelltiefe abtaucht. Setzen Sie jetzt die Kreise in der Zeichnung ab. Am günstigsten ist dies an Positionen, die für das Verputzen der Stelle nach dem Herausbrechen der Teile gut zu erreichen sind. Die Anzahl der

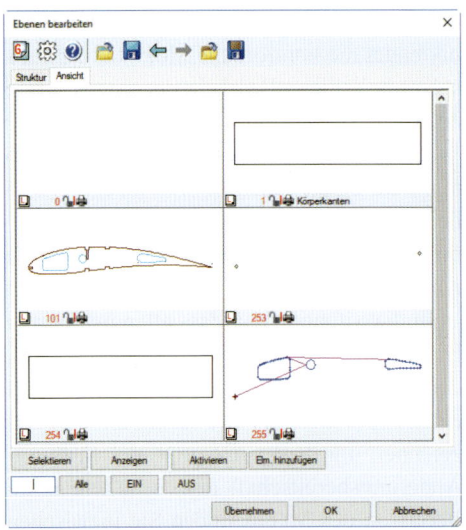

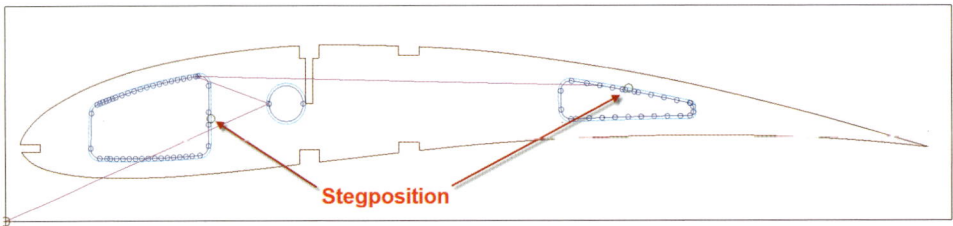

Stege richtet sich nach Ihren Vorstellungen, wieviel Stabilität der Verbund der gefrästen Konturen im Material behalten soll. Die Vorschau zeigt zwei Fräser-Symbole (Kreise), die sich an den Steg tangential anschmiegen. Die Größe und Lage der Stege lässt sich einfach per drag&drop mit der Maus verändern. Auch das Duplizieren ist im drag&drop durch den Einsatz der Strg-Taste beim Absetzen des Kreissymbols möglich. Werfen Sie einen Blick in die Layerstruktur der Fräszeichnung. Sie werden erkennen, dass die CAM-spezifischen Inhalte von der Software automatisch auf vordefinierte Layer abgelegt werden. Auch dies lässt sich beeinflussen. Werfen Sie dazu einen Blick in die allgemeinen *Grundeinstellungen* ganz oben im MegaNC-Menü. Hier finden Sie Optionen, die wir oben noch nicht erklärt haben, da sie – abgesehen von den Layer-Einstellungen – für den Einstieg ins Programm keinen hohen Stellenwert haben. Sie werden damit in der Aufgabe entlastet, die Struktur Ihrer Datei zu pflegen. Gleichzeitig haben Sie aber die Möglichkeit, durch Ein- oder Ausblenden von Inhalten die Übersichtlichkeit der Darstellung zu erhöhen.

Inzwischen fehlt nur noch die Definition der

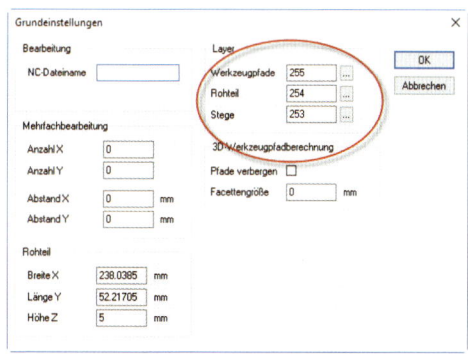

Fräsparameter für die Außenkontur. Wieder bietet sich als Strategie die *Kontur* an, die Sie natürlich wieder mit Stegen ausstatten. Zu ändern sind nur der *Name*, die *Radiuskorrektur auf rechts/außen* und die Option *Ecken räumen*. Wenig später sind dann alle Informationen zugeordnet und die Bearbeitung der Rippe kann berechnet und dargestellt werden.

Weil's so schön ist sollten Sie auch nochmals die Simulation aufrufen, die nach dem Start

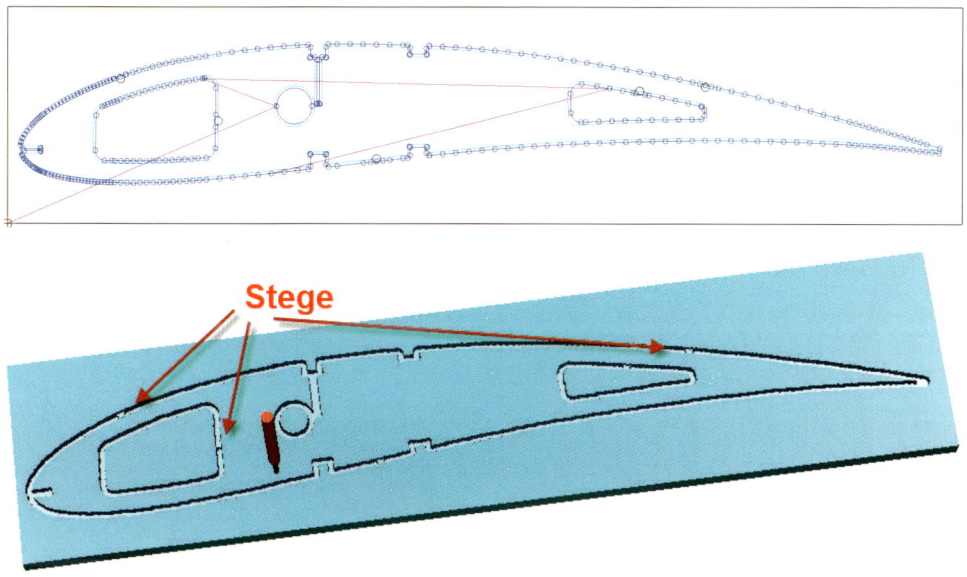

des virtuellen Fräsjobs das Ergebnis in 3D und mit Materialabtrag offeriert. Bevor wir die Theorie verlassen und einen Blick auf die Maschine werfen, nutzen wir die Gelegenheit, uns kurz mit dem Thema G-Code zu befassen. In Bild 5.3 ist Ihre Rippe (in Auszügen) als NC-Programm dargestellt. Die Erklärungen in der rechten Spalte gehören nicht zum Code, sondern wurden für diese Einführung von Hand hinzugefügt.

Der Programmcode entspricht der DIN 66025 und wurde mit einigen Zeilen für die Kommunikation mit der Steuerung NCdrive erweitert. Der G-Code beginnt mit dem Programmnamen. Jede Steuerung hat hier etwas unterschiedliche Anforderungen über die Formatierung der ersten Zeile, meist wird das %-Zeichen verwendet. Die Zeilen N10-N60 sind sogenannte Vorab-Kommentare, um ggfs. die Steuerung in einen Standardmodus zu bringen. Beispielsweise wird mit G90 auf absolute Koordinaten umgeschaltet für den Fall, dass die Maschine bei ihrem letzten Einsatz auf relative Angaben umgestellt war. Mit Zeile N70 beginnt das eigentliche Programm. Zur besseren Übersichtlichkeit wird für jede Kontur der Name der Technologie als Kommentar eingetragen. Das hilft dem Anwender beim Lesen des Programms, sich besser zurechtzufinden.

Der M6-Befehl in Zeile N80 beauftragt die Steuerung das Werkzeug T13 zu holen. Was die Maschine an dieser Stelle macht, das heißt was für die Steuerung der Befehl M6 explizit bedeutet, wird in der Maschinensoftware hinterlegt. Das kann eine einfache Aufforderung auf dem Bildschirm sein, den Wechsel per Hand vorzunehmen oder auch ein komplexes Procedere bei vollautomati-

```
%FRäSEN2                                                    Programmname
N10  G40                                                    Radiuskorrektur aus
N20  G71                                                    Angaben in mm
N30  G90                                                    absolute Koordinaten
N40  G94                                                    Vorschub in mm/min
N50  G50 X-0.000 Y-0.000 Z0 I238.039 J52.217 K-5.000        Rohteildefiniton
N60  G17                                                    Ebene x-y
N70  (Bohrung)                                              Kommentar
N80  T13 M06   (1,30 mm VHM-Zweischneider)                  Werkzeug 13 einwechseln
N90  S30000 M03                                             Spindel an mit 30.000 U/min
N100 G00 X67.167 Y28.416 Z10.000                            Positionierung im Eilgang
N110 G00 Z3.000                                             Absenken auf z=3 im Eilgang
N120 G01 Z0.000 F400                                        Eintauchen auf z=0
N130 G03 X75.868 Y28.416 Z-1.000 I4.350 J0.000  F1000       Kreis im Gegenuhrzeigersinn
N140 G03 X67.167 Y28.416 Z-2.000 I-4.350 J-0.000
N150 G03 X75.868 Y28.416 I4.350 J0.000
N160 G03 X67.167 Y28.416 I-4.350 J-0.000
N170 G00 Z10.000                                            Hochziehen auf Rückzugshöhe im Eilgang
N180 (Aussparung vorn)                                      Kommentar
N190 G00 X48.546 Y35.031 Z10.000
N200 G00 Z3.000
N210 G01 Z-2.000 F300
N220 G01 X46.939 Y34.768 F1000                              Linearfahrt im Material, Vorschub 1000 mm/min
N230 G01 X45.344 Y34.493
N240 G01 X43.762 Y34.204
N250 G01 X42.193 Y33.897
N260 G01 X40.638 Y33.570
.
.
.
N5790 G03 X65.847 Y12.071 I-0.067 J0.646                    letzte Kreisbahn im Material
N5800 G00 Z10.000                                           Hochziehen auf Rückzugshöhe im Eilgang
N5810 M05                                                   Spindel aus
N5820 M60                                                   Anfahren der Werkstückwechselposition
N5830 M30                                                   Programmende
```

Bild 5.3: Der NC-Code der Rippe (Auszug).

schen Wechslern. Damit verbunden ist auch die Frage nach dem Abnullen des Werkzeuges, um eine korrekte Länge des Fräsers zu erhalten. Mit passendem Werkzeug kann dann in Zeile N90 die Spindel mit einer Drehzahl von 30.000 U/min gestartet werden (M3).

Das waren alles noch vorbereitende Arbeiten, um die Maschine in Startposition zu bringen. Mit Zeile N100 bewegt sich die Mechanik zum ersten Mal, um die Position der ersten Fräsaufgabe anzufahren. Dies geschieht im Eilgang (G0), ebenso wie die Z-Zustellung auf eine Höhe von 3 mm über dem Rohteil. Diesen Wert hatten Sie in den Maschineneinstellungen vorgegeben. So nahe am Werkstück wird es Zeit die Fahrt zu verlangsamen und so berühren Sie in Zeile N120 mit G01 (lineare Fahrt im Bauteil) und einem Vorschub von F400 erstmalig das Material in Höhe z = 0. Hier beginnt nun eine Kreisbogenfahrt (G03), die auch gleichzeitig in Form einer Helix die ersten Späne erzeugt. Nach einem Halbkreis ist die Tiefe von z=-1 erreicht und so geht es weiter bis zur Endtiefe (z = -2) in Zeile N140. Wie oben schon beschrieben ist die Eintauchrampe der ersten Umrundung noch als Material vorhanden, was zwei weitere Halbkreise in Tiefe z = -2 bedingt, um die Bohrung vollständig zu erzeugen.

Im Eilgang geht's wieder auf Rückzugshöhe (z = 10) und nach einer Erklärung über die nächste Aufgabe (Aussparung vorn) in Zeile N180 weiter zur nächsten Positionierung. Hier beginnt die nächste Fräskontur mit zuerst schnellem Annähern (N200) und anschließend langsamem (N210) Eintauchen in das Sperrholz. Dieses Mal geht es gleich auf die erste Zustelltiefe (z = -2, entspricht Gesamttiefe), weil bei der Stegkontur in diesem Beispiel keine Eintauchrampe gefahren wird. Im Unterschied zur oben beschriebenen Bohrung wird die Polyline der Aussparung in einer Mischung aus Linearbewegungen (G01) und Kreisbogenbewegungen (G02, bzw. G03) gefahren.

Der Beispielcode lässt jetzt eine ganze Reihe von Befehlen aus, bevor in Zeile N5790 der letzte Bogen im Material gefahren wird. Der nächste Schritt bringt wieder den Fräser auf Rückzugshöhe, bevor in Zeile N5810 die Spindel ausgeschaltet wird (M05). M60 weist den CNC-Controller danach an, eine in der Steuerungssoftware hinterlegte Position anzufahren. Diese ist üblicherweise so definiert, dass der Anwender gut an das Werkstück herankommt, um es aus der Maschine zu nehmen, ohne Gefahr zu laufen, sich an der Spindel zu verletzen. In Zeile 5830 findet das Programm mit dem M30-Befehl das Ende, der einen Rücksprung in die erste Zeile auslöst.

Puhh, das wäre geschafft und Sie haben jetzt einen ersten Eindruck von den Geheimnissen des G-Codes nach DIN 66025. Mit diesen Befehlen umzugehen ist bei der von uns vorgeschlagenen Arbeitsweise einer kombinierten CAD/CAM-Lösung (MegaNC) mit direkt integriertem CNC (NCdrive) zwar nicht zwingend notwendig, aber es erleichtert die Arbeit zuweilen, wenn man im Groben versteht, was die Maschine gerade macht oder noch wichtiger: was sie im nächsten Moment machen wird! Weitere Infos zum Umfang mit der Maschinensprache finden Sie in den der Software beiliegenden Hilfetexten, in Fachliteratur wie beispielsweise dem Tabellenbuch Metall (Europa Lehrmittelverlag) oder natürlich im großen weiten Netz.

5.2.4 Der Weg zur Maschine…

…kann ein leichter sein. Mit dem fertigen NC-Programm können Sie jetzt jede Maschine füttern, die sich an den Sprachumfang der DIN hält. Doch bei der Maschinensprache ist wie bei den echten Sprachen. Nur weil einer beispielsweise Deutsch spricht, muss ihn ein anderer aus diesem Land nicht vollumfänglich verstehen. Gewisse Dialekte und eigene Interpretationen der Befehle werden Sie auch im Umfeld der CNC-Steuerungen antreffen. Meist beziehen sich diese aber auf Kleinigkeiten im Programmkopf oder am Programmende. Die grundlegenden Definitionen – beispielsweise das prinzipielle Arbeiten mit absoluten oder relativen Koordinaten oder Kreismittelpunkts-Angaben, bzw. die festgelegten Einheiten – müssen natürlich übereinstimmen. Aus diesem Grund gibt MegaNC den Programmcode auch mit den Vorbefehlen (G40, G71, usw) aus, damit die Steuerung sich notfalls darauf einstellt. Andererseits kann hier auch noch händisch eingegriffen werden, da es sich ja um einfache Textfiles handelt. So können Spezialitäten der eigenen Steuerung einfach bedient werden. Im Zweifel können in der Pro-Version von MegaNC umfassende Anpassungen am Postprozessor gemacht werden, damit die Befehle in exakt der Weise aufgelistet werden, wie dies von der Steuerung erwartet wird.

Im Rahmen dieser Ausführungen möchte ich Ihnen die weiteren Schritte zum fertigen Bauteil am Beispiel der Steuerung NCdrive XT zeigen. Die Anbindung zu dieser CNC-Lösung ist in MegaNC direkt integriert und so ist der Weg zur Maschine wirklich ein leichter.

Bei der Betrachtung der Maschineneinstellungen am Anfang des Kapitels 5.2.2. hatten

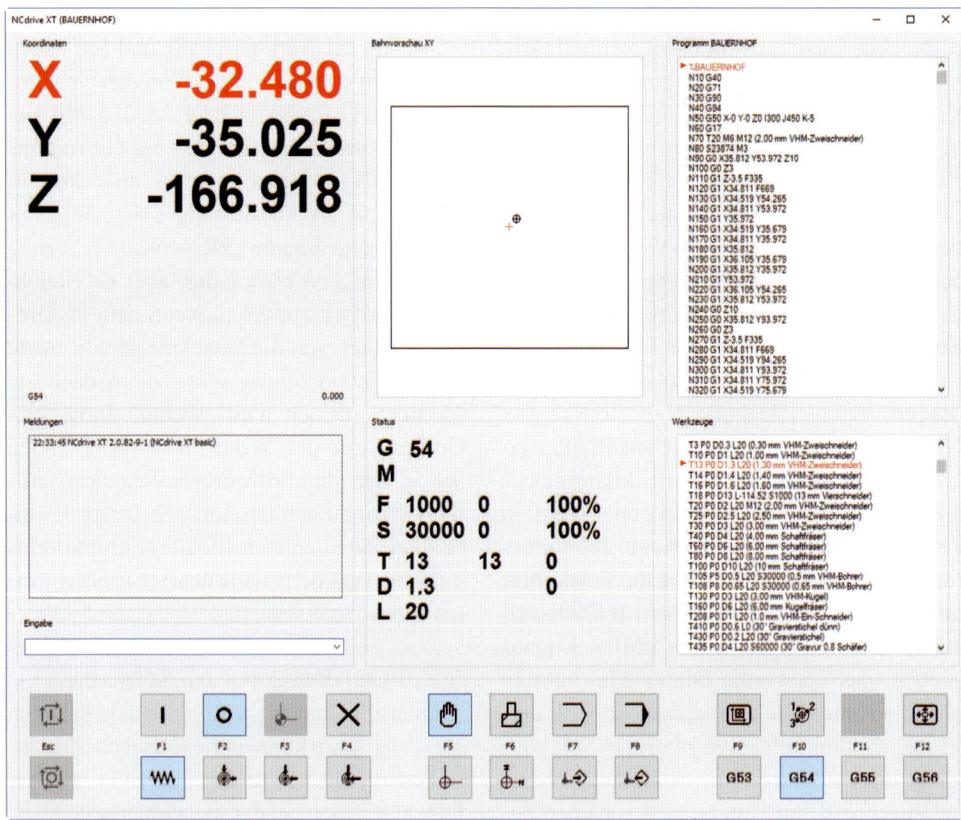

Bild 5.4: Das Bedienfeld der CNC-Steuerung NCdrive XT.

wir schon die Anbindung der Maschine vorbereitet, indem wir dort bei der PP-Konfiguration und beim NCdrive-Verzeichnis die entsprechenden Einträge gemacht hatten. Damit ist die Schaltfläche *NCdrive* scharf geschaltet für das Zusammenspiel der beiden Programmteile. Wenn Sie nun auf dieses Icon drücken werden Sie überrascht sein, dass vordergründig nichts passiert. Ohne weitere Rückmeldung schreibt MegaNC den Code als Textfile „ncdrive.nc" in das CNC-Verzeichnis des Steuerungspfades c:\ncdrivext. Dieses Verzeichnis wird von der CNC-Software überwacht. Das bedeutet, dass die Software beim Programmstart den hier abgelegten G-Code einliest und sich vorbereitet, dieses Fräsprogramm auszuführen. Für den Fall, dass die Software parallel zum CAD/CAM geöffnet ist wird jede Änderung der Datei „ncdrive.nc" registriert und von NCdrive XT zum Einlesen vorgeschlagen. Die CNC-Oberfläche, wie Sie im Auslieferungszustand angezeigt wird sehen Sie in Bild 5.4.

Die Maschine befindet sich dabei im Ruhezustand, sodass die Software auf ein neues NC-Programm im CNC-Pfad reagiert und das neue Programm zur Bearbeitung anbietet. Mit *Ja* wird der Vorschlag angenommen und im Programmbereich der Software erscheint der G-Code Ihrer Rippe. Sollten Sie neue Daten erzeugen, während die Maschine arbeitet, dann erscheint diese Meldung erst nach Ende des Programmablaufs oder nach einer Unterbrechung des Automatikbetriebes. Die Oberfläche der Software zeigt sich aufgeräumt und orientiert sich an den üblichen Symbolen und Begriffen der professionellen CNC-Welt. Die Bedienung erfolgt mit der Maus (falls diese in der zuweilen schmutzigen Werkstattumgebung gewünscht ist) oder mit den F-Tasten der Tastatur bzw. durch direkte Eingabe über einen Touchscreen. Sollten Sie die Bedienung über das keyboard bevorzugen, dann ist die untere Reihe der Icons mit den Tasten F1-F12 zu schalten, während die obere Reihe der Hotkeys Shift + F1-Shift + F12 zugewiesen ist.

Die Bedienweise erfolgt in vier Modi, die in der Mitte angeordnet sind. Zum Teil wer-

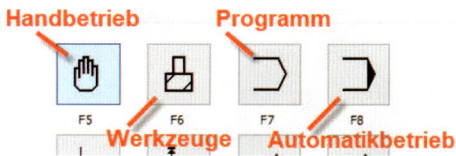

den in diesen vier Betriebsarten die anderen Tasten in ihrer Funktionalität angepasst. Beim Programmstart ist der Handbetrieb voreingestellt, damit Sie die Maschine einschalten und einen Nullpunkt anfahren können. Zuerst müssen Sie die Maschine *anschalten*. Mit diesem Befehl werden die Antriebe der Maschine in Bereitschaft gebracht, das heißt die Schrittmotorendstufen oder Servoantriebe werden bestromt. Damit werden die Achsen „hart" (Haltemoment) bzw. die Servos gehen in den Regelbetrieb. In jedem Fall sollte jetzt eine *Referenzfahrt* durchgeführt werden, um die Maschine in eine definierte Position zu bringen. Sollten Sie Ihrer CNC-Maschine ein Messsystem mit Absolutwertgebern (z. B. Glasmaßstäbe) gegönnt haben, dann können Sie sich diesen Schritt natürlich sparen. Damit könnte es schon direkt losgehen, doch bevor Sie mit dem augenblicklichen Kenntnisstand auf irgendwelche Knöpfe drücken, sollten Sie noch ein paar wesentliche Punkte kennenlernen.

Gehen wir davon aus, dass Sie die Maschine noch nicht vollständig eingerichtet haben,

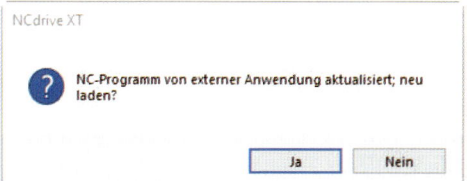

was die Spannsituation (z.B. Lage eines Anschlages für das Werkstück) und das Einmessen der Länge der Werkzeuge betrifft. Würden diese Werte exakt vorliegen und auch in der CAD-Zeichnung (Lage des Nullpunktes) hinterlegt sein, dann könnte tatsächlich zu diesem Zeitpunkt auf Programmstart gedrückt werden. Sie können sich dies für die Zukunft vornehmen. Bis dahin tasten wir uns an die Funktionen des Programms heran.

Zunächst einmal müssen Sie die Maschine bewegen können. Ein elektronisches

Handrad kann hier sehr nützlich und angenehm sein, aber auch über die Richtungstasten in der Programmoberfläche oder Hotkeys ist das möglich. Mit Shift + F12 oder einem Mausklick auf das Icon werden die *Schaltflächen für Positionierung* angezeigt. Jetzt genügt ein Halten einer der Tasten und die Maschine bewegt sich in die gewünschte Richtung. Werfen Sie dabei kurz einen Blick auf den Wert des Vorschubes F im Statusfeld in der Mitte.

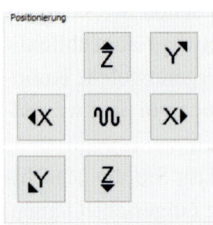

Die Geschwindigkeit der Achsbewegung entspricht dem dort hinterlegten Eintrag. Über die Eingabezeile kann auch ein anderer Vorschub vorgegeben werden. Tippen Sie dazu beispielsweise die Zeichenfolge *F 500* ein und bestätigen Sie die Eingabe mit *Strg + Enter*. Bei der nächsten Bewegung wird sich die Geschwindigkeit diesem F-Wert anpassen. Sollten Sie es eilig haben dann hilft es die *Eilgang*-Taste in der Mitte der Richtungspfeile zu aktivieren. Leuchtet diese hellblau, dann wird mit dem in der Konfiguration hinterlegten Wert für Eilgang Handbetrieb gefahren.

Wem das Halten der Tasten am Bildschirm nicht gefällt kann auch mit den Pfeiltasten Bewegung in die Maschine bringen. Aus Sicherheitsgründen ist hier Zweihandbedienung notwendig. Das bedeutet, dass Sie bei gedrückter *Strg*-Taste die Tasten *links/rechts*, *auf/ab* und *Bild auf/Bild ab* auf dem Keyboard drücken, um jeweils eine Achse zu verfahren. Schneller geht's auch hier, indem Sie zusätzlich die *Shift*-Taste gedrückt halten.

Während wir noch über das Thema Werkzeugwechsel sprechen, bzw. über die Einwechslung des vorgesehenen Fräsers stellen Sie bitte sicher, dass Ihr Werkstück fest auf dem Maschinentisch gespannt ist. Wir hatten uns die Werkzeugbibliothek bei den CAM-Funktionen genauer angeschaut und müssen jetzt dafür sorgen, dass auch NCdrive XT auf diese Fräsersammlung zugreifen kann. Wechseln Sie kurz in den Windows-Explorer und starten Sie im NCdrive-XT-Installationsverzeichnis die Werkzeugbibliothek *NCtools.exe*. Es erscheint das Ihnen bereits bekannte Programm. Doch wahrscheinlich werden die Werkzeuge im Augenblick noch in einem anderen Verzeichnis gesucht, was störend ist, da Sie dadurch zwei Bibliotheken parallel pflegen müssen. Drücken Sie daher die Taste *Öffnen* unten links im Menü und verweisen Sie auf den gleichen Pfad, den Sie auch in MegaNC vorfinden. Die jetzt hier erscheinende Liste von Werkzeugen wird Ihnen bekannt vorkommen.

Mit diesen Vorbereitungen wechseln Sie bitte zurück in die CNC-Oberfläche und schalten

> **EXTRAMELDUNG!**
>
> Der Hersteller von MegaNC und NCdrive XT (4CAM GmbH) kann bei der Installation nicht voraussetzen, dass der Anwender beide Programme einsetzt. Daher müssen beide Softwarepakete mit einer eigenen Grundausstattung an Werkzeugen installiert werden. Es hat sich bewährt, die Bibliothek an einen neutralen Ort der Festplatte zu legen, um dann von CAM und CNC auf diese Sammlung zuzugreifen. Kopieren Sie dazu Ihren Werkzeugordner *.\Tools* beispielsweise au *c:\Tools* und verweisen Sie aus beiden Programmen auf diesen Pfad.

mit *Shift + F6* auf *Werkzeug einrichten* um. In diesem Programmteil werden die Werkzeuge verwaltet. Um jetzt Ihre Fräser in den Speicher der Maschine zu bringen, tippen Sie bitte in der Eingabezeile ein Sternchen ein * und betätigen dann die *Taste F7 Werkzeugliste laden*. Der Stern ist der Platzhalter für alle Werkzeuge in NCtools und in der rechten Auflistung erscheinen jetzt die Ihnen vertrauten Fräser, Bohrer und Stichel.

Um der Maschine vor Programmstart gleich das richtige Werkzeug einzuwechseln, doppelklicken Sie die Zeile *T13....* und drücken anschließend den *Werkzeugwechsel F3*. Auch ein Befehl *M6 T13*, gefolgt von einem *Strg + Enter* in der Eingabezeile würde bewir-

Werkzeuge

T3 P0 D0.3 L20 (0,30 mm VHM-Zweischneider)
T10 P0 D1 L20 (1,00 mm VHM-Zweischneider)
► T13 P0 D1.3 L20 (1,30 mm VHM-Zweischneider)
T14 P0 D1.4 L20 (1,40 mm VHM-Zweischneider)
T16 P0 D1.6 L20 (1,60 mm VHM-Zweischneider)

ken, dass die Maschine den in der Konfiguration hinterlegten Prozess des Werkzeugwechsels ausführt und danach den passenden Fräser im Status auflistet. Noch wird als Werkzeuglängenkorrektur der Wert von L = 20 [mm] angezeigt. Bei gesondert eingemessenen Werkzeugen wird dieser natürlich variieren.

Wie oben beschrieben können Sie jetzt bei eingespanntem Werkzeug die Nullposition auf

Status

G	54		
M			
F	500	0	100%
S	30000	0	100%
T	13	13	0
D	1.3		0
L	20		

der Sperrholzplatte anfahren und durch langsames Absenken auf die Werkstückoberfläche die Ausgangshöhe ankratzen. Mit aufwändigerer Technik (3D-Taster, vermessene Werkzeuge mit Konusaufnahme oder dem Einsatz eines Werkzeuglängentasters) kann diese Vorgehensweise natürlich vereinfacht werden. Auf dem Werkstoff aufliegend können Sie nun im Betriebsmodus *Maschine einrichten (Shift + F5)* die Taste *Nullpunkt setzen drücken (F5)*. Damit würde die zuletzt gefahrene Achse unter Berücksichtigung der Radiuskorrektur genullt. Wir wollen aber alle drei Achsen auf 0 setzen und betätigen daher diesen Schalter gleichzeitig mit der *Strg*-Taste. Jetzt springt die Koordinatenanzeige oben auf dreimal Null und die Maschine weiß, wo es losgeht. Die Schaltfläche F5 wird nur aktiv sein, wenn Sie nicht den Maschinennullpunkt G53 angewählt haben. Dieser ist bekanntlich unveränderbar. Sie müssen also einen der anderen Nullpunkte (G54 bis G56 oder per Definition in der Eingabezeile – z.B.: G57 Strg + Enter) anwählen, bevor Sie den Ausgangspunkt der Verfahrbewegung definieren.

Alle Vorbereitungen sind getroffen und Sie stehen kurz vor Ihrem ersten Span. Nicht aus technischen, sondern eher aus psychologischen Gründen würde ich jetzt den Fräser etwas weg vom Bauteil (z-Achse) bewegen und dann auf den *Automatikbetrieb* umschalten *(Shift + F8)*. Auch wenn alles perfekt eingerichtet ist, bleibt doch immer ein gewisser Respekt (vor allem beim ersten Mal) einfach auf *GO* zu drücken. Um die Sache ganz entspannt anzugehen, empfehle ich noch die Taste *F11 (Vorschub-Override Eilgang)* zu aktivieren. Diese bewirkt, dass auch Eilgangfahrten über das Vorschub-Poti am Handrad beeinflusst werden. Drehen Sie dieses auf 0 %, dann kann die Fahrt beginnen, indem Sie mit *F3* die *Programmausführung kontinuierlich* starten. Der Programmablauf startet mit den Vorab-Befehlen, die Spindel läuft an, aber die Maschine wartet mit der ersten Bewegung, bis Sie ganz entspannt das Poti langsam aufdrehen und dabei in Ruhe beobachten, ob alles mit rechten Dingen zugeht und der erste Einstechpunkt in passender Höhe angefahren wird. Ist alles in Ordnung kann das Poti gemütlich auf 100 % Vorschub gestellt werden und Ihre erste CNC-Rippe entsteht.

Sollte sich das Bearbeitungsgeräusch durch Überbelastung von Fräser oder Spindel, bzw. durch ein Flattern des ungenügend gespannten Sperrholzes nicht gut anhören, so haben Sie jederzeit die Chance durch Veränderung des Vorschubs oder der Spindeldrehzahl an den Potis des Handrads korrigierend einzugreifen. So haben Sie jederzeit die Kontrolle über Ihre CNC-Maschine und Sie schonen Werkzeug, Material und Ihre Nerven.

Während des Programmablaufs beobachten Sie, wie die einzelnen G- und M-Befehle im Programmfenster abgearbeitet werden. Die restliche Bearbeitungszeit läuft rückwärts und gibt Ihnen eine Rückmeldung über die Dauer der Bearbeitung. Neben dem Notaus-Knopf, der für den Ernstfall gut erreichbar an der Maschine angebracht sein sollte, können Sie die Verfahrbewegung jederzeit über das Poti am Handrad verlangsamen oder die Maschine zum Stehen bringen. Ein Drücken der *ESC*-Taste bewirkt ebenso ein Anhalten der Achsen (während in diesem Fall die Spindel weiterläuft), die Sie damit gesteuert bis zum Stillstand abbremsen. Vorteil dieses sanften Anhaltens gegenüber dem Notaus ist, dass Sie keine Schrittverluste im Antrieb bekommen und damit jederzeit wieder neu anfahren können.

Nach der berechneten Zeit kommt die Maschine zum Programmende und fährt mit dem M60-Befehl in die in der Steuerung hinterlegte Parkposition. Das war's auch schon mit der ersten Fahrt im Material. Auf Ihrer Maschine sollte jetzt eine Rippe an dünnen Stegen im Ausgangsmaterial hängen. Nach dem Herauslösen aus der Platte und einem kurzen Verputzen sollte die Rippe dann wie in Bild 5.5 dargestellt vor Ihnen liegen.

Bild 5.5: Ihre erste CNC-gefertigte Rippe.

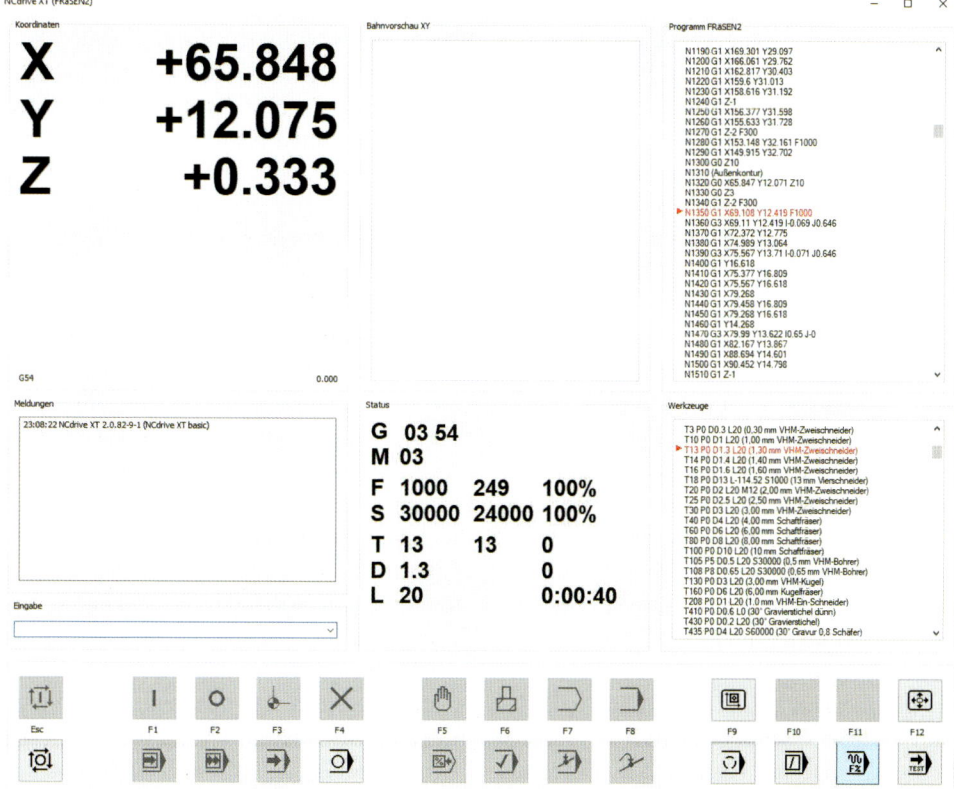

5.2.5 Weitere CAM-Funktionen

Die Funktionen *Kontur* und *Stegkontur* sind sicherlich die wichtigsten Werkzeuge beim Erstellen eines Frästeilesatzes für ein Modellflugzeug. Natürlich stehen im 2½D weitere CAM-Funktionen zur Verfügung, auf die wir einen kurzen Blick werfen wollen. Bei der Erstellung der Rippe hatten wir die Geometrie für das Steckungsrohr zwar als Bohrung bezeichnet, jedoch in der Praxis mit einer Kontur gearbeitet. Hintergrund war, dass der kreisförmige Ausschnitt mit dem gleichen Fräser erschaffen werden sollte, wie die restlichen Geometrien. Aus diesem Weg erspart man sich einerseits einen Werkzeugwechsel, andererseits ist die Vorgehensweise mit einem 10-mm-Bohrer auf das dünne Sperrholz loszugehen nicht gerade erfolgversprechend.

Es gibt aber auch Anwendungsfälle, bei denen es sinnvoll ist, explizit einen Bohrer einzuspannen, da dieser ja aufgrund seiner Schneiden-Geometrie gegenüber einem Fräser eine höhere Spanleistung beim reinen Bohren aufweist. Stellen Sie sich vor, Sie wollen sich eine kleine Vakuumvorrichtung bauen, um dünne Bauteile sicher spannen zu können. Da kommt man schnell mal auf 1.000 kleine Bohrungen und es macht sich bei der gesamten Bearbeitungszeit bemerkbar, wenn man je Bohrung auch nur Zehntelsekunden einspart.

Im MegaNC-Menü finden Sie zwei Bohrungsfunktionen unterhalb von *Kontur* und *Tasche*. Sobald Sie *Bohrung* anwählen, werden Sie vom System aufgefor-

dert Elemente anzuwählen, die mit den Bearbeitungsparametern verknüpft werden sollen. Werfen Sie einen Blick auf das seitliche Hilfsmenü. MegaNC zeigt Ihnen hier, dass für diesen Befehl nur Punkte oder Kreise in Frage kommen. Alle anderen Auswahlfilter sind gegraut. Sie können nun einzeln oder mit den bekannten Auswahlmethoden (Rechteck, Polygon, ganzer Bildschirm, Layer, Farbe, usw.) in der linken Spalte die gewünschten Elemente definieren, bevor sich mit der RMT das Dialogfeld des TechnologieManagers öffnet. Die ausgewählten Elemente legen nur die Position der Bohrung fest, die Größe wird allein durch die Form des Werkzeuges bestimmt. Das heißt, auch ein Kreis, der mit einem Durchmesser von 10 mm gezeichnet ist, wird mit dem 3-mm-Fräser nur eine 3er-Bohrung ergeben.

Die meisten Felder im TechnologieManager sind ja bereits bekannt. Für einfache Bohrungen ist die Angabe der Tiefe und der Zustellung ausreichend. Geht es einmal tiefer ins Material, dann kann über die Zustellung Z festgelegt werden, in wie vielen Schritten gebohrt werden soll. Dann ist auch die Angabe eines Wertes für den Rückzug Z sinnvoll, um für eine ordentliche Spanabfuhr zu sorgen. Durch mehrfaches Anheben des Bohrers, bzw. Herausziehen aus dem Werkstück schaffen Sie Platz in der Bohrung für weitere Späne und vermeiden ein Überhitzen von Werkzeug und Werkstück.

Bild 5.6 zeigt ein einfaches Bohrbild, das auf Punkten und Kreisen basiert. Es ist gut zu erkennen, dass sich die Größe der Bohrung natürlich nur durch das eingesetzte Werkzeug ergibt. Die Elemente wurden über die Rechteckauswahl selektiert. An den Verfahrwegen kann man erkennen, dass sich in diesem Fall die Reihenfolge der Bearbeitung aufgrund der Entstehungsfolge der Elemente ergibt. Zuerst wurden die Punkte zeilenweise von links nach rechts abgesetzt, bevor die Kreise wieder in der gleichen Richtung platziert wurden. Mit den beiden diagonalen Eilgangfahrten (rosa) könnte man in diesem Beispiel leben. Es gibt aber auch Situationen, dass die Maschine mehr Zeit für die Positionierfahrten benötigt als für das eigentli-

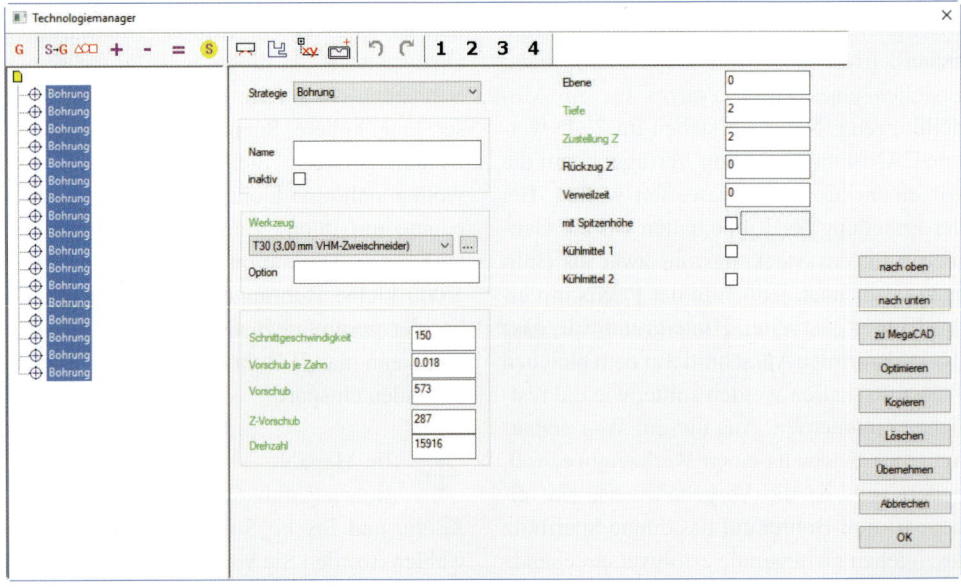

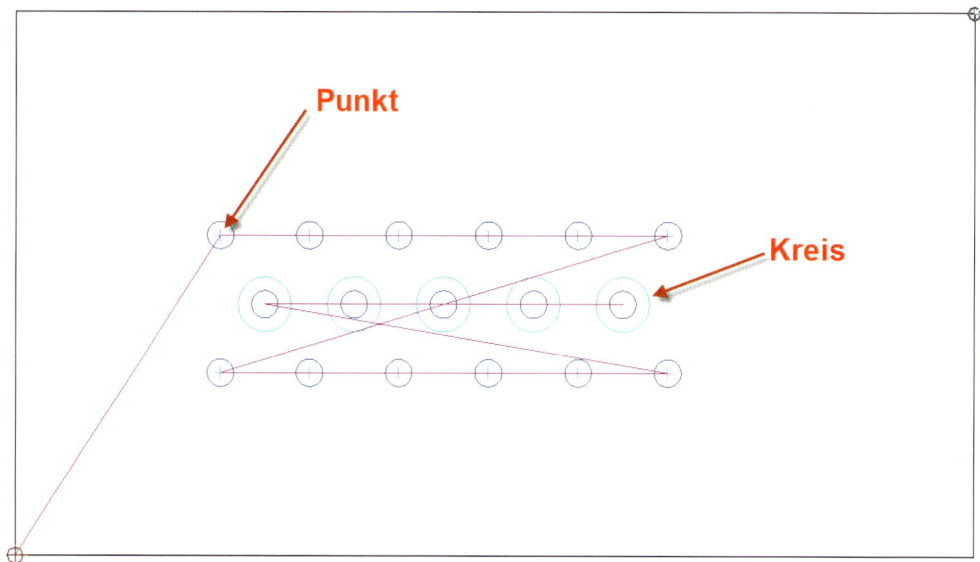

Bild 5.6: Notwendige Bohrbearbeitungen.

che Bohren oder Fräsen. Dann kommt gerne die Funktion *Optimieren* ins Gespräch. Sie finden die Schaltfläche im TechnologieManager, den Sie jetzt nochmals händisch öffnen und mit gedrückter Maustaste die Einträge 2 bis Ende markieren. Ausgehend von der ersten Bohrung wird bei der Optimierung der Verfahrbewegungen nach Bearbeitung einer Technologie der Startpunkt der nächsten gesucht. Diejenige, die dem Ausgangspunkt am nächsten liegt, wird angefahren. So wird versucht, möglichst kurze Fräszeiten zu erhalten. In Grenzfällen kann dies zu „vergessenen" Bearbei-

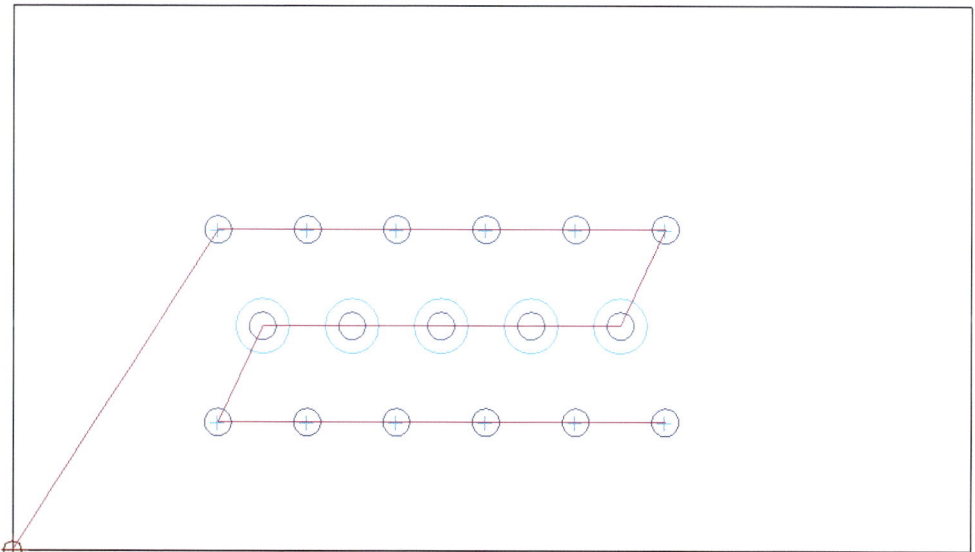

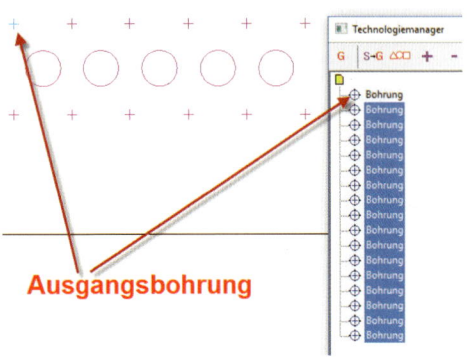

tungen führen, die die Software erst einmal links liegen lässt, um sie in der Liste weiter unten einzureihen. Wenn Sie jetzt das Optimieren mit der Schaltfläche *Optimieren* am rechten Menürand starten, werden Sie aufgrund der identischen Namen der Technologien keine Veränderung feststellen können. Die Auswirkung sehen Sie erst durch das Schließen des Menüs mit *OK* und einer *Neuberechnung* der Fräsbahnen.

In der Oberfläche des TechnologieManagers können Sie auch markierte Bearbeitungen mit den Tasten *nach oben* bzw. *nach unten* verschieben, um die Reihenfolge des Fräsvorgangs händisch zu beeinflussen. Auch mit gedrückter mittlerer Maustaste ist ein Verschieben der Einträge möglich. Es können dabei auch mehrere Bearbeitungen markiert sein, die dann jeweils gemeinsam verschoben werden.

Die zweite Bohrungsfunktion *Bohrung direkt* unterscheidet sich vom oben Beschriebenen nur durch die Definition der Positionen. Für dieses Werkzeug müssen keine Punkte oder Kreise in der Zeichnung ausgewählt werden. Mit dem Mausklick wird hier die Bohrposition direkt erzeugt. Dafür stehen alle Fangmethoden von MegaNC zur Verfügung, wie Sie im seitlichen Menü erkennen können. An der ausgewählten Stelle wird ein Punkt dargestellt, der die Informationen für die Bearbeitung trägt. Beide Methoden sind ansonsten exakt gleich aufgebaut.

Eine weitere, viel genutzte CAM-Methode ist die Bearbeitung von Taschen. Gemeint sind damit flächige Bereiche, die komplett ausgeräumt werden sollen, beispielsweise, um ein anderes Bauteil in dem frei gewordenen Bauraum zu versenken. Am ganzen Condor NT habe ich kein passendes Beispiel für eine Tasche gefunden. Um jetzt kein Phantasieobjekt aus dem Hut zaubern zu müssen, will ich Ihnen die Funktion anhand eines einfachen Servorahmens zeigen. Aufbauend auf den 3D-Daten eines 12,5-g-Servos, welche Sie unter https://www.vth.de/fmt/cad-bibliothek/power-as-215bb-mg-analog-servo in der CAD-Bibliothek des VTH-Verlages finden können, bauen wir uns einen kleinen Rahmen für die liegende Montage der Rudermaschine. Die Idee ist es, das Servo in einem 5-mm-Sperrholz zu versenken und an zwei eingeleimten Haltern zu verschrauben. In diese beiden Laschen werden gleich M3-Muttern versenkt, um eine sichere und lösbare Verbindung zu erhalten. Und damit gibt uns dieses einfache Beispiel zwei Anwendungen für Taschen. Aufbauend auf einem Quader mit 5-mm-Stärke platzieren wir das Servo liegend auf der Grundplatte, sodass es 2,5 mm im Teil versinkt. Die Bildung einer Differenz von Sperrholz und Servo gibt den Raum frei, indem es einen sicheren und spielfreien Halt findet. Um dies zu erreichen, gibt es mehrere Methoden. Das bloße Subtrahieren der Rudermaschine geht schnell von der Hand, hat aber den Nachteil, dass sich auch alle Rundungen des 3D-Modells im Sperrholz abzeichnen. Besser ist es da, sich die Umrandung vom Bauteil auf die Platte zu projizieren, da diese noch einfach angepasst werden kann. Dies ist notwen-

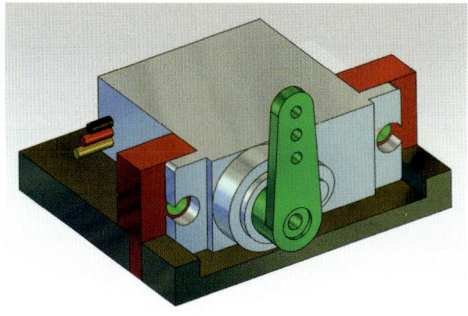

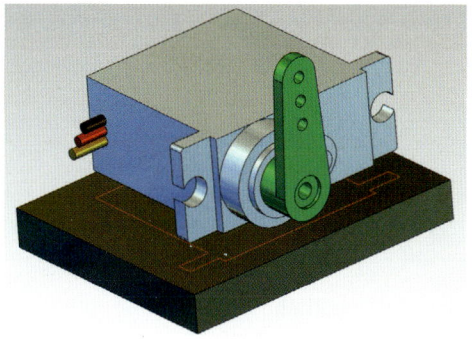

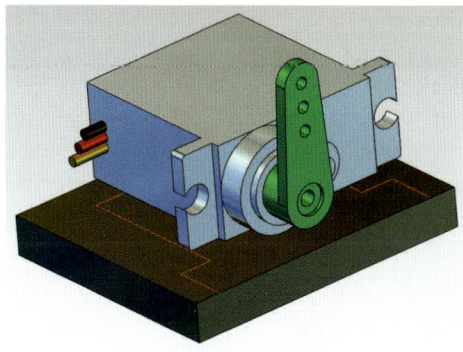

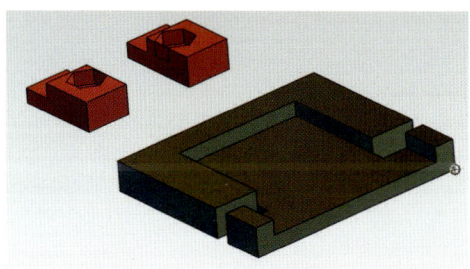

dig, um für den Servohebel Bewegungsraum zu schaffen. Mit dieser modifizierten Kontur kann dann ein Prisma aufgezogen werden, das bis zur Hälfte in die Sperrholzplatte reicht. Durch Differenzbildung der beiden Volumen entsteht das gewünschte Bauteil. Es gibt natürlich viele mögliche Wege, diese Grundplatte zu konstruieren. Ich möchte die Vorgehensweise auch nicht im Detail beschreiben, da Sie ja inzwischen ein Alter Hase in der 3D-Konstruktion sind und Ihre Ideen sicherlich schnell umsetzen können. Sind auch die beiden Laschen mit den Vertiefungen für die M3-Muttern konstruiert, stehen die zu fräsenden Bauteile zur Verfügung.

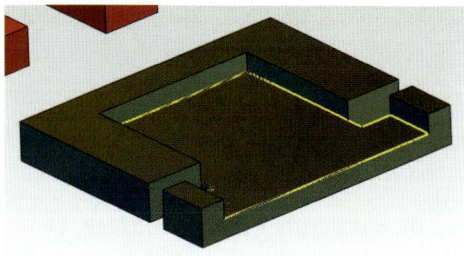

Bild 5.7: Die Elementkanten am 3D-Bauteil.

Es wäre jetzt möglich, die 3D-Daten direkt für die Erstellung der Fräsbahnen zu nutzen. An diesem Beispiel möchte ich Ihnen aber ein kleines Handicap dieser Arbeitsweise aufzeigen. MegaNC kann sich die zu fräsende Geometrie aus dem 3D-Modell ableiten. In Bild 5.7 sind diese Geraden gelb hervorgehoben. Eine Bearbeitung, die auf diesen Begrenzungen aufbaut, hat den Nachteil, dass in den Innenecken Radien stehen bleiben. An der Unterseite des Servos ist dies nicht zu vermeiden, aber an der Vorderkante des Sperrholzbrettes wären diese nicht zu bearbeitenden Bereiche oftmals störend. Abhilfe schafft nur, die Geometrie größer zu konstruieren, um zum passenden Ergebnis zu kommen. Dies jedoch würde jedoch etwas den Sinn einer 3D-Konstruktion verfälschen. Flexibler ist es da, sich vom Modell eine Zeichnungsableitung zu erstellen und auf diesen 2D-Da-

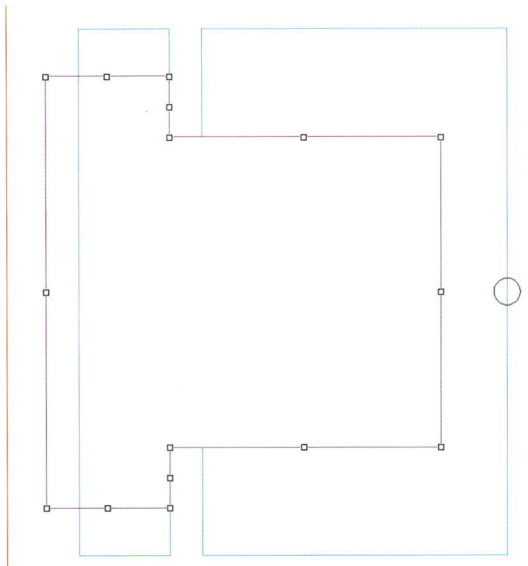
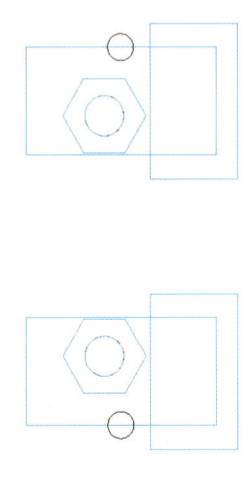

ten die Fräsbearbeitung aufzubauen. Durch geschicktes Erstellen von Polylines ist dieses einfache Beispiel eines 2,5D-Jobs übersichtlich zu meistern. Der „überhängende" Bereich, der von der Tasche erfasst werden soll, ist durch einfaches Verzerren der Polyline mit drag&drop zu definieren.

Im TechnologieManager tauchen neue Begriffe auf, die kurz erklärt werden müssen. Die seitliche *x-Zustellung* wird als prozentualer Wert bezogen auf den Fräser-Durchmesser angegeben, bzw. als seitlicher Versatz der Fräsbahnen in Millimeter. Mit der Option *konturparallel* schaltet das System von mäanderförmigen Fräswegen auf ein Ausräumen von der Mitte nach außen um. Spätestens nach dem Berechnen des Fräsjobs wird klar, wie sich die Taschen-

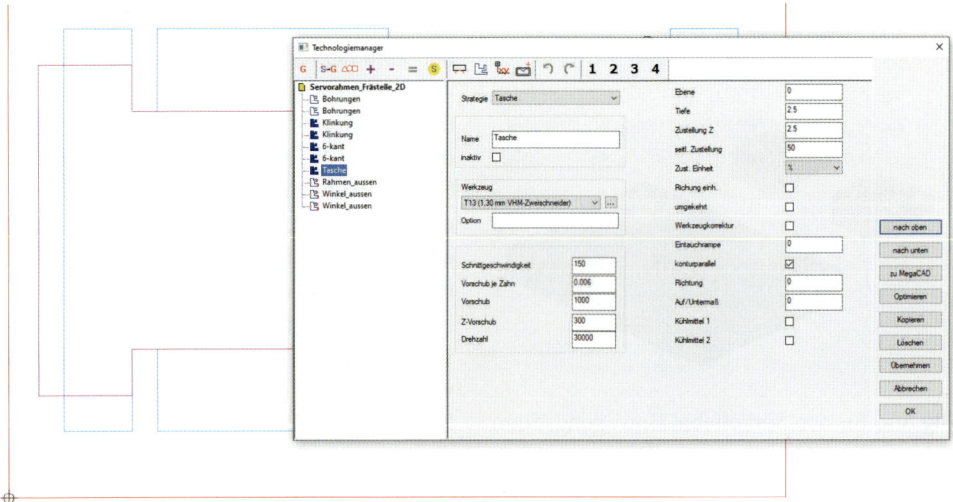

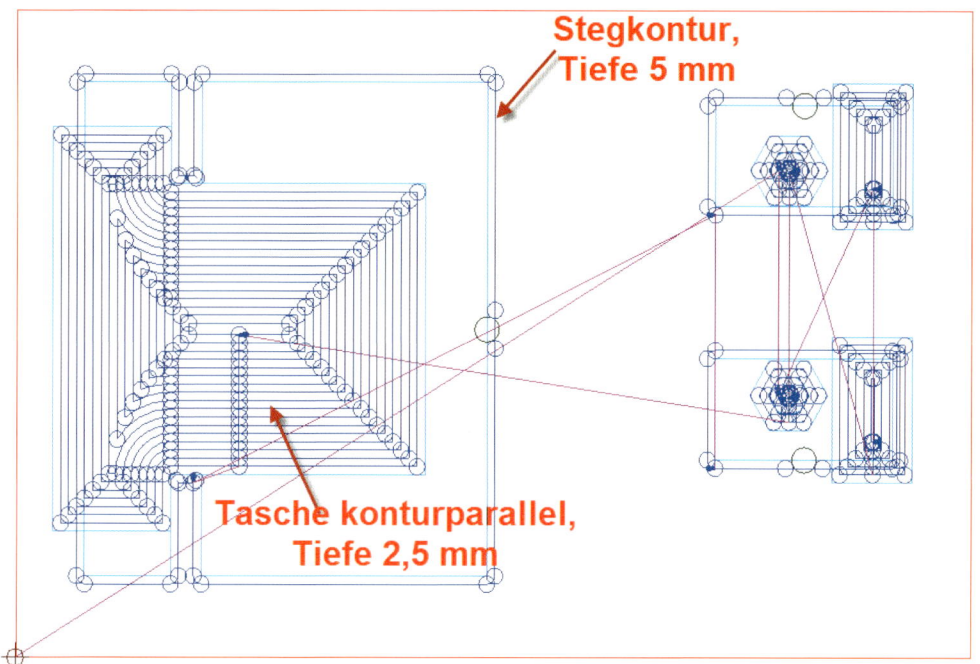

funktion einsetzen lässt. In der Simulation holen Sie sich die Sicherheit, dass alles korrekt eingegeben ist und danach steht auch hier dem Gang in die Praxis nichts im Wege.

Bevor es mit den Fräsarbeiten im 3D weitergeht, möchte ich Ihnen noch kurz einen Blick auf eine interessante Funktion gewähren, die wiederkehrende, einfache Grundgeometrien wie in einem Baukastensystem bearbeitbar macht. Die sogenannten *Smartforms* wurden entwickelt, um beispielsweise die Erstellung von Frontplatten im Bereich der Elektronikentwicklung zu vereinfachen. Hier müssen immer wieder ähnliche Geometrien als Durchbrüche oder Taschen in Aluminiumbleche eingebracht werden. Die Größe der Formen kann über Parameter beschrieben werden und oft verwendete Größen können in Tabellen hinterlegt werden. Aber auch im Modellbau ist diese Funktion nutzbar. Ich denke dabei an Ausschnitte in Rippen für die Verlegung der Elektrik. Servo- oder Multiplex-Stecker muss man sich nicht jedes Mal neu ausdenken, sondern hinterlegt sie sich als Smartform.

Beim ersten Absetzen über das Kontur- oder Taschenicon in der oberen Leiste müs-

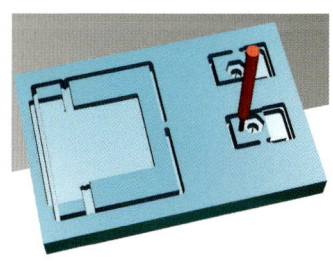

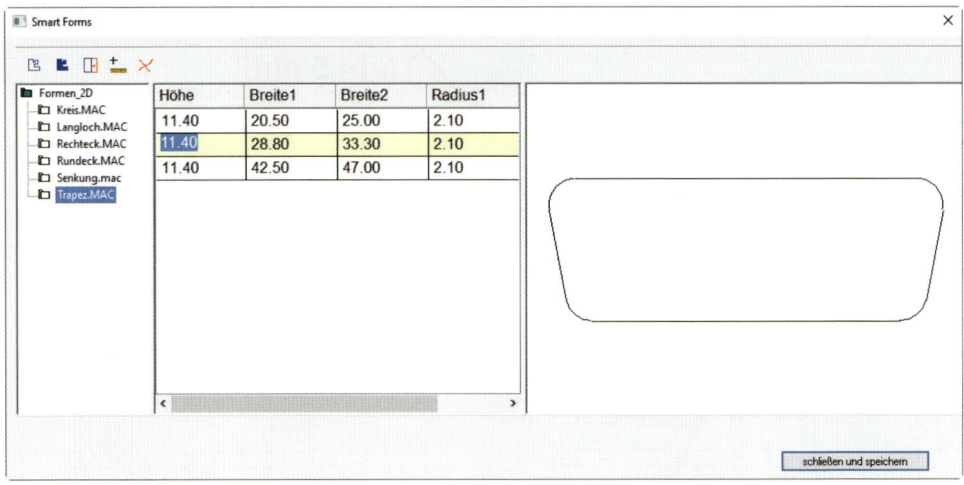

sen die Werte im TechnologieManager noch explizit eingetragen werden, bei jeder weiteren Smartform übernimmt das System die einmal hinterlegten Fräsparameter. Natürlich können diese auch für einzelne Geometrien nachträglich verändert werden.

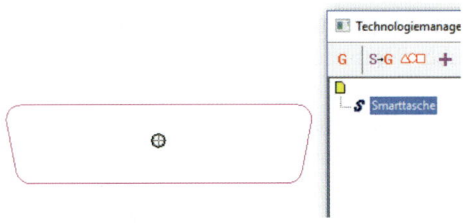

Eine Besonderheit bei den als Taschen gefrästen Smartforms, ist die Art des Eintauchens und der Zustellung. Während bei normalen Taschen nur auf einer Schrägen (Eintauchrampe) oder alternativ senkrecht (Zustellung bohrend) ins Material gefahren wird, berechnet sich die Smartform eine helixförmige Eintauchbewegung. Den Winkel, das heißt. die Steilheit der Fräsbahn in z-Richtung kann man über den Wert *Eintauchwinkel* in den Bearbeitungsparametern definieren. Einmal auf Zustelltiefe angekommen, beginnt das Ausräumen der Tasche in einer einzigen spiralförmigen Bewegung ohne Anhalten und seitliches Zustellen. Diese Methode garantiert eine harmonische und zeitoptimale Bearbeitung bei maximal schonendem Umgang mit dem Werkzeug. Als Geometrien, die als Smartform genutzt werden können stehen im Augenblick Kreis, Langloch, Rechteck, Rundeck, Senkung und Trapez zur Verfügung. Im rechten Ansichtsfenster wird die Geometrie dargestellt, sobald eine Zeile im Tabellenfeld angeklickt wird. Jede Änderung eines Eintrags wird auf die Grafik übertragen, sobald mit der *Tabulator*-Taste die Spalte verlassen wird. Das Absetzen der Form in der Zeichnung erfolgt unter Nutzung der bekannten Fangmethoden im

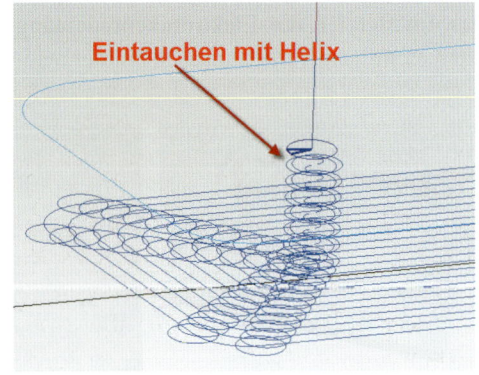

Hilfsmenü. Dieses wird sichtbar, sobald die Geometrie an der Maus hängt. Auch am unteren Bildschirmrand sehen Sie bereits bekannte Werkzeuge. Sie kennen diese Funktionen (Spiegeln, Ausrichten, Bezugspunkt setzen, usw.) aus ähnlichen Situationen der Programmbedienung. Auch beim Platzieren von Baugruppen oder beim Verschieben von Elementen haben Sie diese Methoden kennengelernt. Werfen Sie auch einen Blick auf die grüne Anzeige der Schrittweiten und Drehwinkel, die es Ihnen erlauben durch direkte Eingabe eines Winkels oder durch Drücken der Pfeiltasten an der Tastatur eine Drehung der Smartform an der Maus zu erreichen. Sie sehen, die Bedienidee der Software ist im CAD- und im CAM-Bereich konsequent beibehalten.

5.3 CAM-Funktionen im 3D

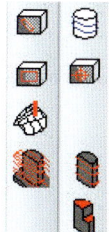

Die Funktionen für die Fräsbearbeitung, die auf 3D-Objekten basieren, werden automatisch sichtbar, sobald Sie im 3D-Modus von MegaNC sind. Im NC-Menü erscheinen dann neue Schaltflächen Kontur 3D, Tasche 3D und Bohrung 3D, die stark an die bereits bekannten Strategien aus dem ebenen Fall erinnern, sowie mehrere Methoden zur Bearbeitung von Freiformflächen. Der Unterschied zum ebenen Fall bei der ersten Gruppe ist – wie dies weiter oben bereits angedeutet wurde – dabei lediglich, dass der Wert für die Tiefe der Bearbeitung aus dem 3D-Modell ermittelt wird. Hierfür ist Voraussetzung, dass die Ausgangshöhe (Bezugshöhe) des Bauteils in der x-y-Ebene des globalen Achsensystems auf Höhe 0 liegt. Sie sehen, hier ist nicht allzu viel Neues zu erleben. Daher wenden wir uns gleich den Bearbeitungsfunktionen zu, mit denen beliebige, räumliche Körper erstellt werden können.

In unserem Mustermodell Condor NT bietet sich die über Freiformflächen erzeugte Hauben-Geometrie förmlich für die folgenden Arbeiten an. Der Übersicht halber empfiehlt es sich, das Bauteil in einer eigenen Datei abzuspeichern. Dazu stehen zwei Methoden zur Verfügung:

- Laden Sie sich die Konstruktionszeichnung des Condor NT und löschen Sie alles bis auf die Haube weg und geben der Datei dann mit *Datei – Speichern als* einen neuen Namen.
- Sie können aber auch einen zweiten MegaNC-Task öffnen und die Freiformfläche über die Zwischenablage (*Strg + c* und Bezugspunkt setzen => *Strg + v*) in die neue Sitzung kopieren.

In der isometrischen Ansicht sieht man dann die Fläche seitlich in der x-y-Ebene liegen. Doch, bevor wir uns Gedanken über die Ausrichtung im Raum machen, gilt es zu überlegen, wie die Haube später hergestellt werden soll. Wie in unserem CAD-Modell sollte die Haube transparent sein, damit der Modellpilot auch ordentlich hinaussehen kann. Damit kommt als Material durchsichtiges Kunststoffmaterial in Frage, das sich Tiefziehen lässt. Das kann die einfache Rollenware aus

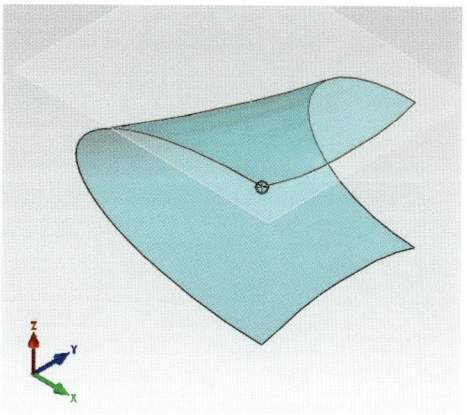

dem Gartenmarkt sein oder auch das höherwertige Vivat. In jedem Fall benötigen wir eine Tiefziehform als positiv. Mit dieser Entscheidung stellen wir die Weichen für unser Vorgehen beim 3D-Fräsen. Ein Klotz soll entstehen, den wir später in einer kleinen Tiefziehanlage platzieren können oder unter Zuhilfenahme des heimischen Backofens von Hand in das über einer Matrize erwärmte Material drücken.

Ein einfacher und kostengünstiger Weg für die Herstellung des Haubenklotzes ist das Fräsen desselben aus MDF-Material. In Plattenstärken von 20 mm ist mitteldichte Faserplatte im Baumarkt zu bekommen und lässt sich hervorragend bearbeiten. Ich verschweige hier aber auch nicht die erhebliche Spänemenge, die schon beim Fräsen dieses kleinen Bauteils entsteht.

Wie ist nun das Bauteil mit der 3-Achs-Maschine zu bearbeiten? Auf den ersten Blick scheint das nur möglich, wenn wir die Haube von oben bearbeiten, jedoch stellt sich bei einer maximalen Höhe von über 80 mm die Frage, ob wir ein ausreichend langes Werkzeug zur Verfügung haben, um an der steilen Wandung kollisionsfrei arbeiten zu können. Die erforderliche Länge bedingt einen größeren Durchmesser des Fräsers und damit überfordern wir vielleicht unsere Maschine im Hinblick auf Verfahrwege und Stabilität.

Eine Bearbeitung von oben verbietet sich, da die Einschnürung im Mittelteil der Hauben-Rückseite eine Hinterschneidung entstehen lässt, die wir mit drei Achsen nicht erreichen können. Eine Alternative wäre es da, die Haube längs zu teilen und ganz bequem zwei flache Hälften zu erzeugen, die wir anschließend zusammensetzen. Um eine Bearbeitung der Oberfläche kommen wir bei dem gewählten Werkstoff ohnehin nicht herum, dann kann uns auch Fügestelle nicht daran hindern einen technisch einfacheren Weg zu gehen.

Der besseren Übersichtlichkeit wegen bauen wir die Freiformfläche in einen massiven Klotz (Volumenkörper) um. Bei der Gelegenheit erfahren Sie gleich noch, wie man hier vorgehen kann und Sie lernen weitere Funktionen in der 3D-Konstruktion kennen.

Unabhängig von der Lage im Raum legen Sie sich bitte die *Arbeitsebene über 3 Punkte* in die Rückwand der Haube. Dort können Sie jetzt ein einfaches 2D-*Rechteck* so aufziehen, dass unten und oben seitlich etwas übersteht. Ganz flott geht das mit der Fangmethode *Fangen mit Abstand*, die Sie mit einem negativen Wert von -5 [mm] nutzen. Das Rechteck dient als Basisgeometrie für einen Klotz, der später gegen die Flächenform getrimmt werden soll. Im *Volumenmenü* greifen Sie wieder einmal auf die Funktion *gerades Prisma* zurück und wählen die Rechteckgeometrie mit der Auswahlmethode *Fläche* von außen an. Augenblicklich hängt das Prisma an der Maus und Sie müssen nur noch die Höhe anklicken. Diese sollte etwas über den höchsten Punkt der Haube hinausreichen. Die Fläche verschwindet vollständig im Volumenkörper. Zu besseren Erkennbar-

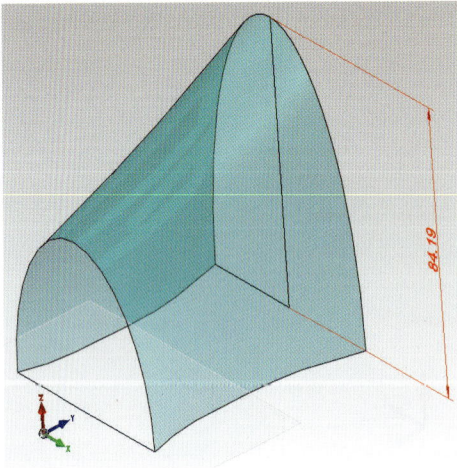

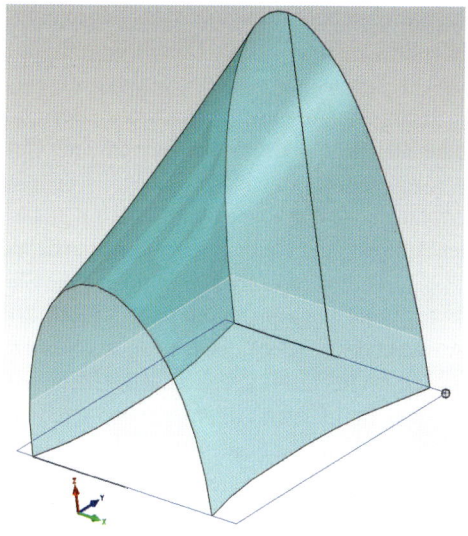
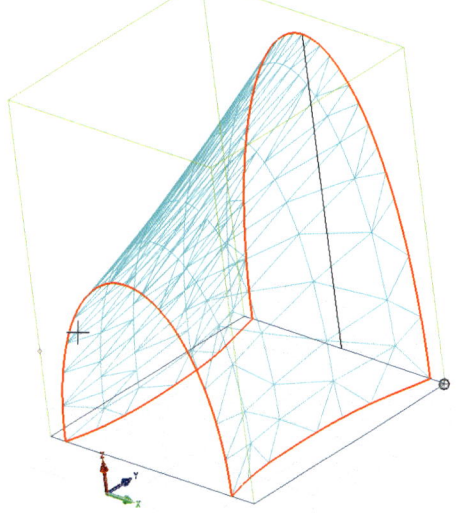

OPGL keit und um die Geometrie später einfacher auswählen zu können wird in der Menüleiste oben auf die Drahtgitterdarstellung umgeschaltet. Um nun die „hauchdünne" Fläche dazu heranzuziehen, den Körper zu beschneiden wählen Sie im Edit-Menü die Funktion *Trimmen einfach* an. Bisher diente diese immer dazu, Linien oder Bögen anhand von angrenzenden, anderen 2D-Elementen zu verlängern oder zu verkürzen. Im 3D wirkt das Trimmen wie ein Schnittwerkzeug, das Volumenkörper trennt. Um einen eindeutigen Verlauf der Geometrie zu erhalten, müssen die offenen Enden der Trennfläche mindestens bis auf die Außenseiten des Klotzes reichen. Andernfalls kann die Funktion *Trimmen* nicht arbeiten. Das war der Grund, warum unserer Basiskontur an Ober- und Unterseite der Fläche enden musste. Starten Sie nun die Funktion, dann werden Sie wie im 2D-Modus nach einem zu trimmenden und einem trimmenden Element gefragt. In unserem Beispiel sind das der Klotz und die Haubenfläche, die Sie in dieser Reihenfolge anklicken. Die Außenkonturen der Fläche werden dabei rot hervorgehoben. Mit dem zweiten Mausklick wird der Trimmvorgang gestartet und MegaNC lässt Ihnen die Wahl, das richtige Ergebnis auszuwählen. Das kann die Außenform sein (negativ), keine Auswahl – das heißt damit kann die Funktion verlassen werden - die Positivform oder letztlich beide Formhälften. Sie können so lange die LMT betätigen, bis das gewünschte Ergebnis schematisch angezeigt wird. Verpassen Sie den richtigen Moment, dann können Sie durch weiteres Klicken die Auswahl

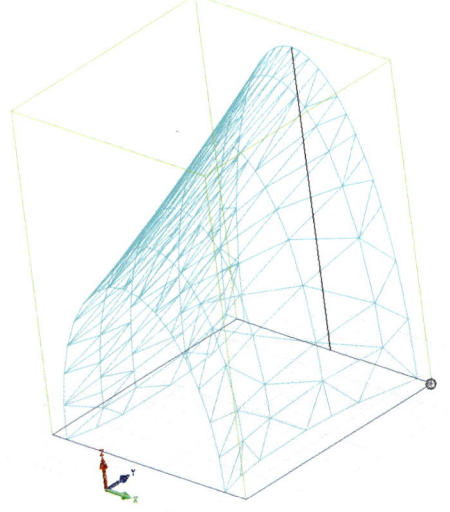

von vorne starten. Erst die RMT beschließt diese Endlosschleife und unser Haubenklotz ist aus dem Quader herausgetrennt.

Das Schimmern der Oberfläche erinnert uns daran, dass im Moment noch zwei Bauteile mit exakt gleicher Außengeometrie aufeinander liegen. Empfehlenswert ist es jetzt, die Fläche einfach auszublenden oder gleich zu löschen. Mit dem Löschbefehl wird beim Annähern an die Bauteile am Mauscursor eine 2 angezeigt und durch leichtes Verfahren der Maus nach links erhalten Sie die Auswahl, welches Bauteil entfernt werden soll. Damit haben wir zwar noch nicht die Trennung der Haube in zwei Hälften ausgeführt, aber zumindest ein Modell auf dem Schirm, welches sich besser handhaben lässt als eine reine Freiformfläche.

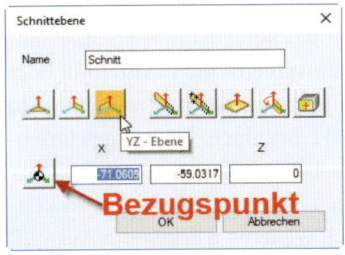

Im nächsten Schritt folgt jetzt das Legen eines Schnittes an einer Ebene. Diesen Begriff kennen Sie bereits aus mehreren anderen Zusammenhängen (Arbeits-, Projektions-, Bezugs- oder Zielebene). Hier machen wir uns jetzt Gedanken, parallel zu welcher Ebene der Schnitt erfolgen soll. Wir können uns dabei am globalen Achsensystem orientieren und starten dabei die Funktion *Schnitt an Ebene*, die Sie im *Volumenmenü* vorfinden. Nach der Auswahl des zu schneidenden Objekts, gefolgt von einem Rechtsklick, erscheint das Menü mit den bereits geübten Arbeitsschritten. Neu ist hier, dass neben der Festlegung auf eine *Schnittebene* mit den bekannten Methoden (Hauptebene, Körperkanten, drei Punkte, usw.) auch ein *Bezugspunkt* gewählt werden muss, durch den diese Ebene verlaufen soll. Wieder kommt die Abfolge von Vorschlägen betreffend der gewünschten Bauteilhälfte. In diesem Fall müssen Sie so lange mit der LMT klicken, bis beide Teile hervorgehoben werden. Der Rechtsklick schließt wieder die Funktion ab und eine umlaufende Kante signalisiert die Anwesenheit von zwei Hälften. Um dies noch besser hervorzuheben, kann eines der Teile auch umgefärbt

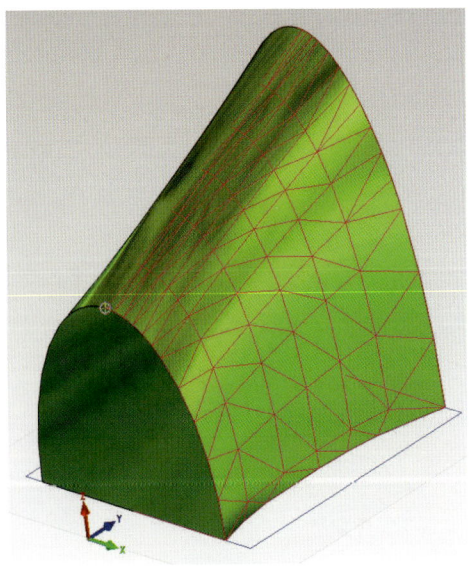

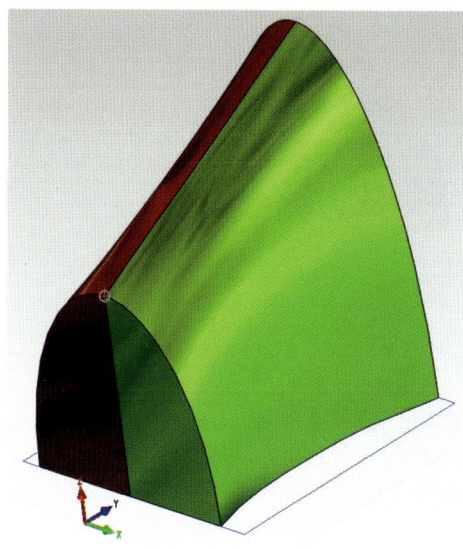

werden. Das Ergebnis sind zwei Bauteile, die von den Seiten bearbeitet so flach sind, dass bequem mit einem 3-mm-Schaftfräser gearbeitet werden kann. Vorher müssen die beiden Teile jedoch noch so platziert werden, dass eine Bearbeitung in Richtung der z-Achse möglich wird. Die Höhenlage unterhalb von z = 0 bestimmt dabei, wieviel Material weggefräst werden muss, bevor auf der Maschine das eigentliche Bauteil im Rohling sichtbar wird.

Für die Bearbeitung bietet sich nach einem Schruppvorgang das Abzeilen der Geometrie an. Dabei wird der Fräser in sehr vielen parallelen Bahnen über das Bauteil geführt. In dem weichen Material und bei den geringen Spanmengen nach dem Schruppen kann die Maschine hier mit sehr hohen Geschwindigkeiten fahren. Am Ende jeweils einer Kontur muss jedoch stark abgebremst werden, um die Flanken des Bauteils in negativer z-Richtung zu bearbeiten. Daher versucht man, die Anzahl dieser Richtungswechsel möglichst zu minimieren. In unserem Beispiel erreichen wir dies, indem wir die beiden Teile des Haubenklotzes gegengleich mit einem gewissen Abstand auf dem Tisch platzieren und die Lücke durch ein Prisma füllen. So können beide Teile in einer Bewegung gefräst werden. In der Mitte wird dann am Ende einfach mit der Bandsäge ein Schnitt durchgeführt und die beiden Seiten verklebt. Der dadurch entstehende Überstand bringt beim Tiefziehen noch den Vorteil eines sauberen Abschlusses nach hinten. In der Haube wird gleichzeitig die entstandene Kante als Markierung für das Zuschneiden des Rohlings dienen.

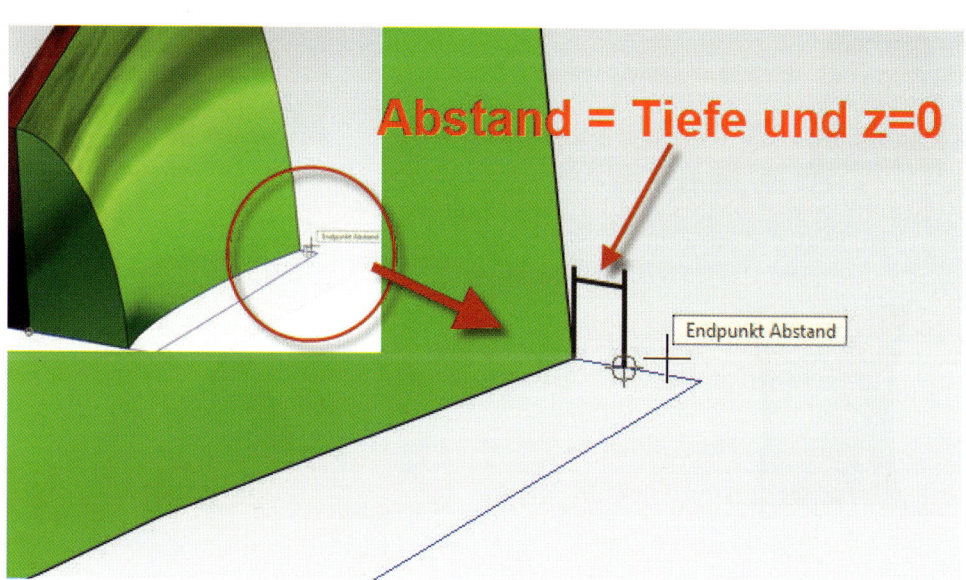

Starten Sie also die Funktion *Verschieben* im *Edit-Menü* und wählen Sie eine Hälfte aus. Als *Bezugspunkt* können Sie gleich eine Position an dem Rechteck definieren und legen damit automatisch die 0-Höhe fest. Um exakt diesen Wert wird später Ihr 3D-Bauteil im Rohling der MDF-Platte „hängen". Mit diesem Mausklick löst sich das Bauteil und kann so platziert werden, wie es später auch gefräst werden soll. Wenn Sie diesen Punkt jetzt mit der Fangmethode *Frei* auf der Grundebene platzieren, dann stellt sich die Höhe automatisch ein. Vergewissern Sie sich eventuell noch, dass die momentan gewählte Arbeitsebene auch wirklich die Draufsicht ist und mit dem Bezugspunkt z = 0 keine paralle-

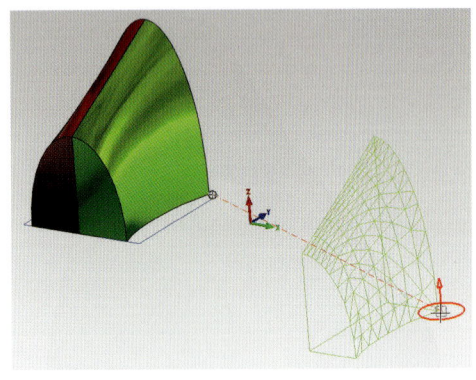

le Verschiebung der Ebene stattgefunden hat.

Was noch fehlt ist die Ausrichtung des Teils. Werfen Sie dazu einen Blick auf Ihren Mauscursor. Der dort dargestellte rote Kreis stellt wieder die Bezugsebene dar (in diesem Fall gleich der AE). Am unteren Bildschirmrand bieten sich wieder eine Reihe von *Optionsicons* an. *Zielebene* hilft Ihnen die passende Ausrichtung des Bauteils zu erhalten. Gegebenenfalls muss noch über die Pfeiltasten eine Drehung herbeigeführt werden.

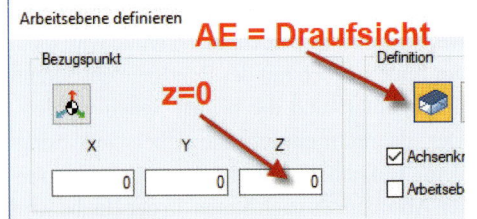

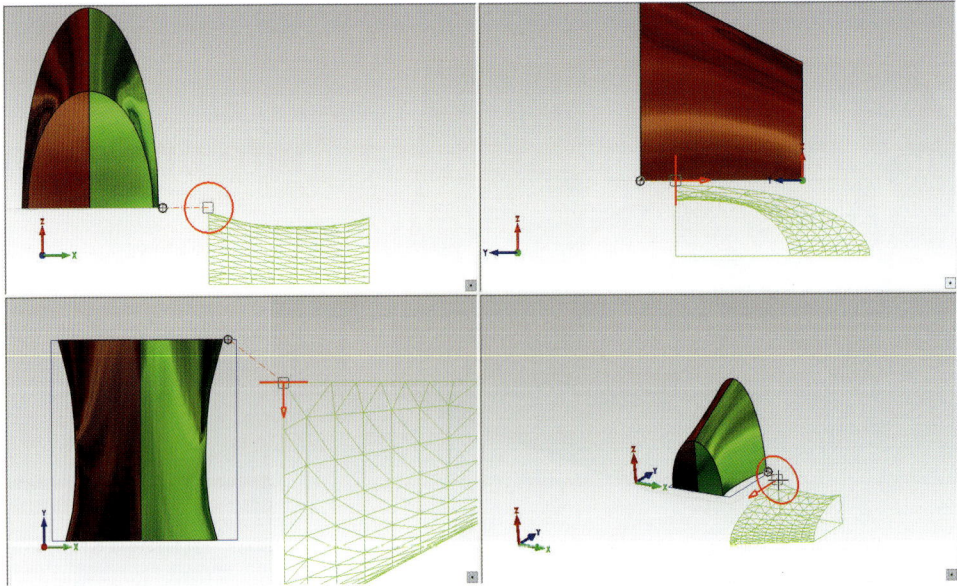

Bild 5.8: Die Darstellung in mehreren Ansichten.

EXTRAMELDUNG!

MegaNC bietet die Möglichkeit, eine Bildschirmteilung vorzunehmen. Im 2D kann das sinnvoll sein, um bei sehr großen Konstruktionen zwei oder mehrere Teilbereiche gleichzeitig vergrößert sehen zu können. Im 3D kann es dazu dienen, ein Modell aus mehreren Ansichtsrichtungen zu betrachten. Mit der Hotkey-Taste *F6* oder dem Icon in der Menüleiste kann umgeschaltet werden. Unter *Setup-Layout* sind Grundeinstellungen zu treffen.

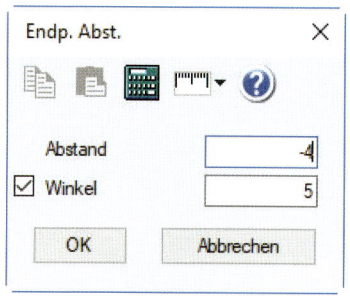

Die zweite Formhälfte wäre anschließend auf die gleiche Weise unter die 0-Ebene zu kippen. Um aber etwaige Ungenauigkeiten beim Festlegen des Nullpunktes zu vermeiden, schlage ich ein Spiegeln des Bauteils vor. Damit können Sie dies in der 3D-Umgebung gleich nochmals üben. Wie bei den anderen Funktionen zur nachträglichen Veränderung von Lage und Größe (Verschieben, Skalieren, usw.) ist die Lage der Arbeitsebene wichtig für den Erfolg der Bemühungen. Die Operation am Bauteil bezieht sich auf diese Ebene, das heißt das Modell verlässt die Ebene nicht. In der Praxis sieht dies folgendermaßen aus. Starten Sie die *Spiegelfunktion* und wählen die Klotzhälfte aus. Nach dem Rechtsklick kommt die Frage nach den beiden Punkten einer Spiegelachse. Um die Lücke gleich einzubauen, die später mit dem geraden Prisma gefüllt wird (Trennschnitt am fertigen Bauteil), empfiehlt sich hier die Fangmethode *Fangen Abstand* mit einem Wert von -4 [mm]. Das ergibt dann einen parallelen Bereich von 8 mm. Zu fangen sind die Punkte jeweils an der unteren und oberen Mittellinie. Drehen Sie dazu das Modell nach dem ersten Klick, um an die hintere Kante heranzukommen, bzw. schalten Sie auf Drahtgitterdarstellung um. Schon nach dem ersten Mausklick sehen Sie das gespiegelte Bauteil an der Maus hängen. Der zweite Punkt der Spiegelachse legt die Position fest. Eine 1 im folgenden Menü erstellt Ihnen die Kopie.

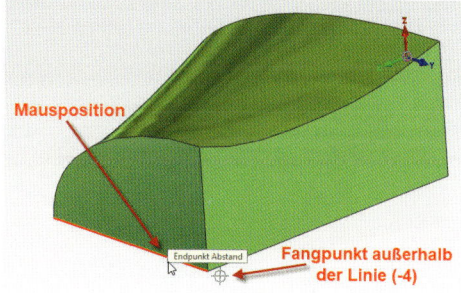

Um jetzt den Lückenfüller einzubauen, starten Sie die Funktion *Gerades Prisma*. Mit der sonst üblichen Auswahlmethode *Fläche* wird die Kontur nicht erkannt, weil die Randgeometrie der Freiformfläche sich so nicht erfassen lässt. Für diesen Zweck gibt es aber eine Funktion *Auswahl Kanten*, die mit zwei Mausklicks – einem auf die geschwungene Außenkante und einem auf die untere Begrenzungslinie – die gewünschte Fläche erfasst. Sie werden bei der Auswahl durch ein auffälliges Einfärben der Geometrie unterstützt. Wie immer beendet ein Betätigen der RMT die Selektion und das Prisma baut sich auf. Die Höhe des neuen Volumenkörpers kön-

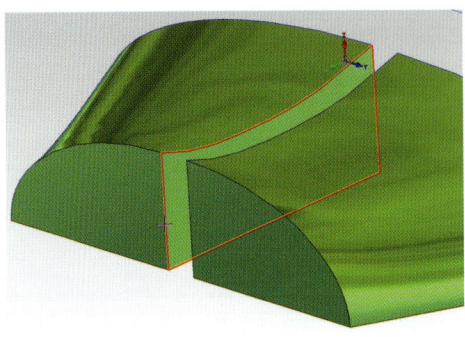

nen Sie direkt als *Endpunkt* am gespiegelten Klotz abgreifen. Damit ist dieses kleine CAD-Zwischenspiel beendet. Die jetzt überflüssigen Elemente können gelöscht werden und die Geometrie, die im Anschluss gefräst werden soll, stellt sich wie in Bild 5.9 dar.

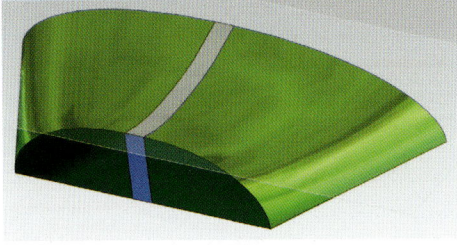

Bild 5.9: Der Haubenklotz ist fertig zum Fräsen.

Um mit dieser Aufgabenstellung auf die Maschine zu kommen sind wieder die schon bekannten Vorbereitungen zu treffen, die schon aus der 2D-Bearbeitung bekannt sind. Teilen Sie dem System mit, welche Maschine Sie einsetzen wollen (*Maschineneinstellungen*) und wie groß Ihr Rohling sein soll (*Rohteil definieren*). Am besten lässt sich dies in der Draufsicht erledigen. Achten Sie dabei darauf, dass jetzt im 3D ein angewählter Punkt, der nicht in Ebene 0 liegt (beispielsweise ein Endpunkt einer Körperkante unten) als Ausgangspunkt für die Berechnung der Rohteildicke herangezogen wird. Das bedeutet, dass Sie entweder nur Punkte anwählen sollten, die in Höhe z = 0 liegen oder Sie müssen den Fangpunkt mit der

 Option *Fangen auf Arbeitsebene* auf die Oberfläche des Rohteils projizieren. Eine Dicke von 35 mm (inklusive einer virtuellen Opferplatte) genügt, um die symbolische Darstellung des Rohteils als Rechteck unterhalb Ihres Haubenklotzes anzuzeigen. In der perspektivischen Projektion ist das gut zu beobachten.

Damit können Sie mit der Definition der Bearbeitung starten. Im MegaNC-Menü sind Sie ja bereits, also schauen Sie sich zuerst einmal das Werkzeug an, mit dem Sie eine Geometrie in Bezug auf *z-Ebenen*

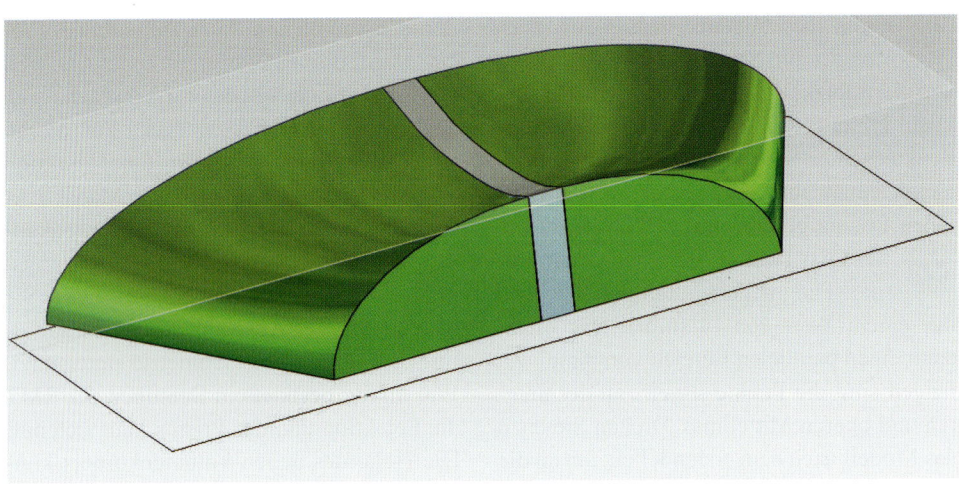

schruppen können. Diese Funktion dient dazu, dass Sie möglichst schnell die grobe Kontur aus dem Klotz herausarbeiten, bevor es zur finalen Feinbearbeitung kommt.

Die Funktion will zuerst von Ihnen wissen, in welchem Bereich die Arbeit stattfinden soll. Dazu könnten Sie Körperkanten anklicken, die den Bereich eingrenzen. Nachdem Sie aber mit den beiden Formhälften und dem Füllstück drei Elemente am Schirm haben, wird dies so nicht funktionieren. Sie müssten die Bauteile zuerst über eine Addition zusammenfassen. Dies ist aber nicht nötig, da es übersichtlicher ist, auch die Randbereiche wegzufräsen. Das Plus an Spänen, die Sie hier erzeugen ist gegenüber der besseren Weiterverarbeitbarkeit zu verschmerzen. Wenn Sie also keine konkreten Kanten anwählen können oder wollen, genügt wieder einmal ein *Rechtsklick* mit der Maus, um die Ausdehnung des Rohlings als gewünschten Arbeitsbereich festzulegen. Das System signalisiert Ihnen das mit einer Einblendung einer Polyline in Höhe z = 0. An diese Geometrie werden im nächsten Schritt auch die Informationen angehängt (in Form von Elementinfos), die alle Parameter der Bearbeitung enthalten. Sie kennen bereits aus dem 2,5D-Fräsen, dass Elemente in die Farbe hellblau umgefärbt werden, sobald Sie diese Informationen beinhalten. Genauso verhält es sich auch hier, Sie werden dies gleich beobachten können. Verzichten Sie also auf die explizite Anwahl von Elementkanten, sondern nehmen wie oben erläutert den Rohling als zu fräsende Fläche, dann erkennen Sie im Hintergrund die rechteckige Polyline, während im Vordergrund der *TechologieManager* Details zur Strategie von Ihnen erwartet.

Viele der Parameter sind Ihnen schon bekannt, so bleibt in der linken Spalte bzgl. *Namensgebung* und *Werkzeugauswahl* alles beim Alten. Eine Ebene, die wie im 2,5D verschoben werden kann gibt es hier nicht. Die *Tiefe* ist die Gesamttiefe der Bearbeitung, die in mehreren *Z-Zustellungen* (hier mit 5 mm) erreicht wird. Die *Radiuskorrektur* betrifft hier die Entscheidung, ob der Fräser am Rand des definierten Bereichs innerhalb der Grenzen bleiben muss, mit der Fräsermitte bis zur Umrandung fahren darf oder aber die Begrenzungskontur vollständig überfahren darf. Die *Anzahl* (hier 1) bewirkt in Verbindung mit dem Winkel der Hauptfahrtrichtung die einfache Bearbeitung oder das mehrfache Überfräsen (bei Anzahl 2: 0°-Richtung und 90°-Richtung). Die *x-Zustellung* regelt wieder den Abstand der Bahnen in Abhängigkeit vom Fräser-Durchmesser bzw. als direkt im mm angegebenen Wert für den seitlichen Versatz.

Um die 3D-Kontur zu erfassen wird ein Raster im Abstand der *Auflösung* (hier 0,3) über

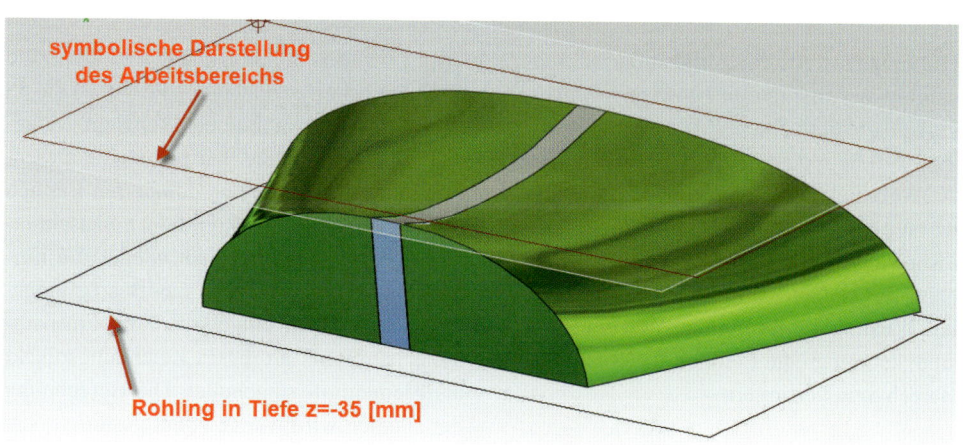

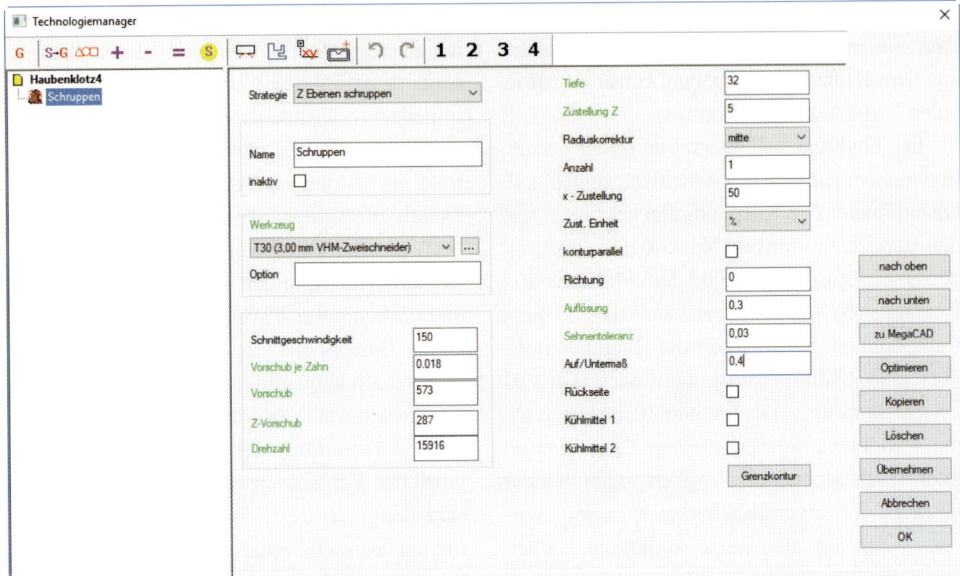

das Bauteil gelegt, um daraus ein Höhenmodell zu generieren. Dieser Wert wirkt sich quadratisch auf die Rechenzeit der 3D-Bearbeitung aus. Mit der *Sehnentoleranz* kann angegeben werden, welche Abweichung von der Originalkontur zugelassen wird, um aus mehreren, aufeinander folgenden Fräsbahnen einen Verfahrbefehl zu berechnen. Dies wirkt sich positiv auf die Programmlänge des G-Codes aus.

EXTRAMELDUNG!

Die Eingabewerte für Auflösung und Sehnentoleranz sind in einer gewissen Abhängigkeit zu betrachten. Mit einem Faktor von 1:10 liegt man in der Regel recht gut.

Während der Definition der Parameter ist es sinnvoll, mit einer größeren Auflösung zu starten. Die Rechenzeit bleibt dann angenehm kurz. Wenn alle Angaben (Zustellung, Richtung, usw.) überprüft sind, kann man die Feinheit für eine finale Berechnung verringern.

Beim Schruppen ist ein positives *Aufmaß* notwendig, um für den späteren Schlichtvorgang noch ein gewisses Restmaterial zur Verfügung zu haben.

Eine Rückseitenbearbeitung kann für die beidseitige Bearbeitung eines Bauteils genutzt werden. Entsprechende Vorkehrungen für ein Umspannen des Rohlings über Passstifte müssen dabei natürlich getroffen werden. Die optionale Anwahl von Kühlmittel ist bereits wieder aus den ersten Schritten im CAM-Umfeld bekannt.

Mit der Option *Grenzkontur* kann eine (vorher gezeichnete) Polyline, die in Höhe 0 über dem Bauteil „schwebt" angewählt werden, um die Bearbeitung zu diesem Zeitpunkt noch auf einen definierten Bereich (anstatt des gesamten Rohlings) einzuschränken. Die OK-Taste schließt wieder die Eingabemaske und Sie sehen das Bearbeitungsrechteck hellblau eingefärbt. Alle Fräsparameter sind jetzt an dieses Zeichnungsobjekt als Elementinfo angeheftet. Die Berechnung der Bahnen wird wie gewohnt gestartet. Neu wird die Tatsache sein, dass die Berechnung der Fräswege bei 3D-Bauteilen eine messbare Zeit in Anspruch nimmt. Das waren wir vom 2,5D nicht gewohnt. Ein Blick auf die Länge des entstehenden Programms wird diese kurze Wartezeit später relativieren. Ein Fortschrittsbalken informiert Sie während der Berechnung über den Fortschritt der Arbeiten.

In der Perspektive sind die Verfahrwege unbereich beschreibt, verschmälert werden. Nachdem diese auf einer Polyline basiert, ist dies einfach durch Verziehen der Kante per drag&drop möglich. Eine andere Art Einfluss zu nehmen, ist CAD-seitig das Aufziehen von zwei schmalen Prismen, die ein Abtauchen des Werkzeuges verhindern. Sie sehen, dass Sie mit einfachen Mitteln das Ergebnis verändern können, da die Software bei dieser

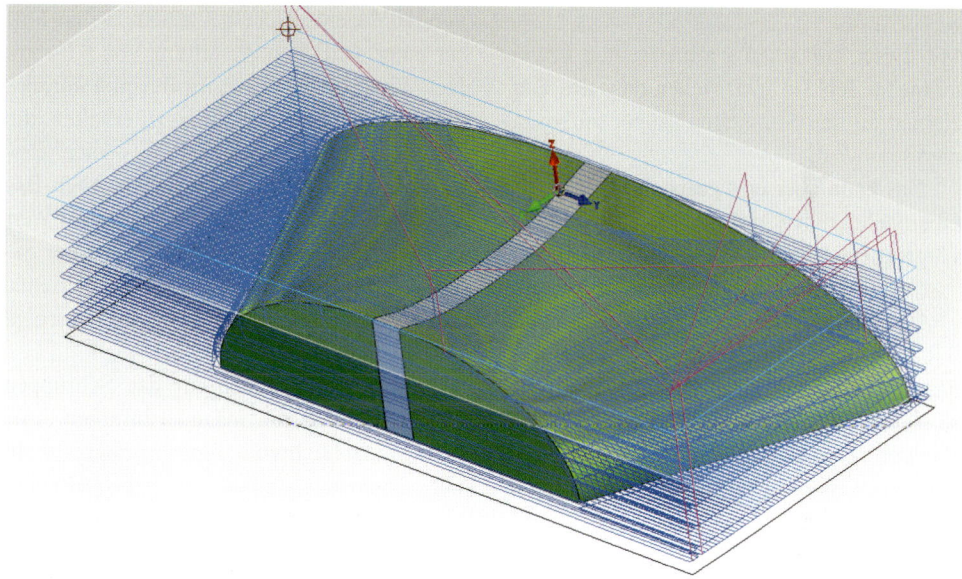

Bild 5.10: Die dargestellten Fräswege beim Schruppen.

terschieden nach Eilgangbewegungen (rot) für die Zustellung und spanabhebenden Bahnen im Bauteil (blau) zu erkennen. In Bild 5.10 wird das schichtweise Abtragen in 5-mm-Schritten deutlich. Die Simulation zeigt schließlich noch plastischer das Zwischenergebnis und bestätigt die Richtigkeit der Vorgehensweise. Dabei ist zu überlegen, ob die Länge des verwendeten Fräsers ausreicht, um die planen stirnseitigen Flächen ohne Kollision abfahren zu können. Sollte dies nicht sichergestellt sein, kann die zu fräsende Fläche durch einfaches Verkleinern der hellblauen Kontur, die den Bearbeitungs-

Technologie schlicht den definierten Bereich bearbeitet und alles berücksichtigt, was sich unterhalb der 0-Ebene befindet.

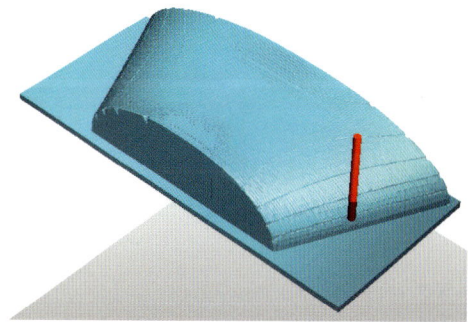

Mit dieser einfachen geometrischen Erweiterung stellen Sie auch sicher, dass das Tiefziehteil an den Stirnseiten sauber zu besäumen sein wird.

Das kann aber erst geschehen, wenn die Oberfläche durch den folgenden Schlichtvorgang (und eine kleine Nachbearbeitung) eine gute Qualität aufweist. Das *Abzeilen* ist für eine Flächengeometrie wie die Ihnen vorliegende die beste Methode das Finish auszuführen. Die Vorgehensweise ist die gleiche wie beim Schruppen. Ein *Rechtsklick* nach dem Funktionsstart signalisiert den Wunsch, wieder die ganze Fläche der Rohlings-Geometrie als Arbeitsbereich zu markieren. Die Parameter im sich daraufhin öffnenden Eingabefeld sind auch bereits im Wesentlichen bekannt. Aufgrund des vorher durchgeführten Schruppvorgangs kann jetzt in einem Schritt auf volle Zustelltiefe gefahren werden. Um die gewünschte Feinheit der Bearbeitung zu erhalten ist jedoch eine deutlich engere Anordnung der parallelen Bahnen sicher zu stellen. Ein Wert von 10 % entspricht bei einem 3-mm-Fräser einer seitlichen Zustellung von 0,3 mm. Der Winkel von 90° ist im Beispiel korrekt, um möglichst lange Bahnen zu erhalten, die mit hohem Vorschub gefahren werden können. Natürlich wird in diesem zweiten Bearbeitungsschritt das Aufmaß auf einen Wert von 0 gesetzt. Damit sind die Parameter gesetzt und nach dem Schließen des Menüs folgt wieder die Berechnung und *Anzeige der Werkzeugpfade*.

Neben den Bahnen für das Schruppen sind jetzt auch die mäanderförmigen Kurven des Schlichtvorgangs zu erkennen. In der Simulation können Sie jetzt die Entste-

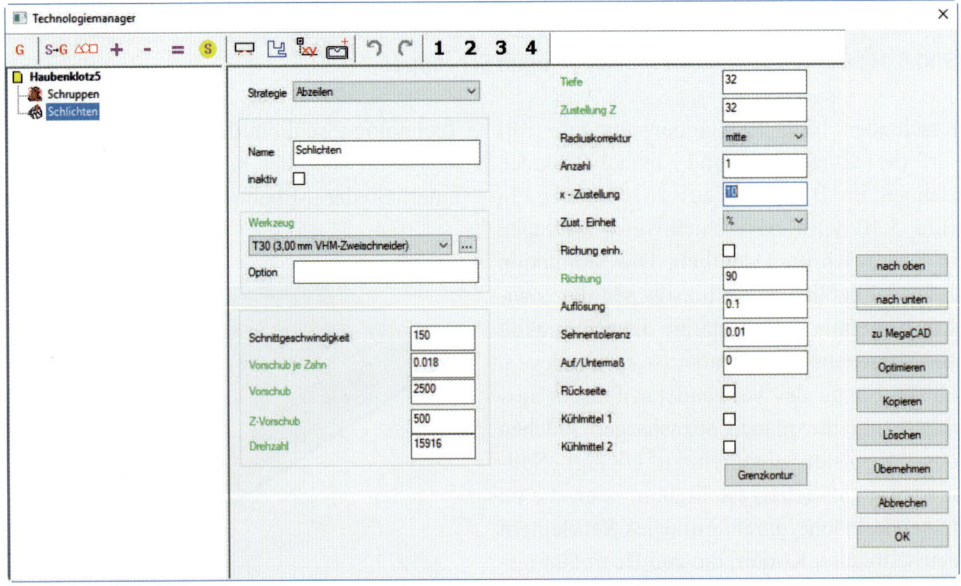

hung des 3D-Bauteils genießen und das virtuelle Ergebnis nach der Abarbeitung von über 40.000 Zeilen Programmcode betrachten. Gut zu erkennen sind die leichten Knicke an den Stellen, an denen Sie durch gerade Prismen händische Erweiterungen vorgenommen haben. Diese Unstetigkeiten werden Sie auch später am Tiefziehteil vorfinden und als Markierung für die Schnittkante nutzen können.

Die CAM-technische Aufbereitung des Haubenklotzes ist damit abgeschlossen. Vielleicht interessiert es Sie aber auch, wie es mit dem Frästeil weitergeht. In Bild 5.11 sieht man die Maschine in Aktion kurz vor Ende des Schlichtzyklus. Nach dem Trennschnitt und dem Zusammenkleben der beiden Formhälften wurde die Oberfläche mit Schleifgrund dick eingelassen und anschließend mit feinem Schleifpapier (Körnung 400 aufwärts) gefinished. Damit stand einem Tiefziehen auf dem Vakuumtisch nichts mehr im Wege. Es ist immer wieder schön, wenn es gelingt auch mit geringem Materialeinsatz ordentliche Ergebnisse erzielen zu können. Andererseits ist es auch möglich, echte Prototypenwerkstoffe heranzuziehen. Ureol, Necuron und andere Markennamen sind hier zu nennen. Die Oberflächengüte lässt sich mit diesen Materialen noch steigern, gleiches gilt aber auch für die damit verbundenen Ausgaben.

Bild 5.11: Die 3D-Bearbeitung von MDF.

Bevor die Haube dann später am Modell eingesetzt und verklebt wurde sollte noch ein würdiger Pilot Platz nehmen. Meine Wahl fiel auf den Flugpionier Gottlob Espenlaub, der zu Zeiten der Wasserkuppe den Segelflug mit aus der Taufe hob. Er war damals bekannt für „schräge" Konstruktionen und sein Innovationsgeist hätte ihn bei Versuchen mit Raketenantrieben beinahe das Leben gekostet. Ich denke, ihm hätte der Condor NT sicher gefallen.

6. Schlusswort

Wir sind hier mit dem Gedanken angetreten, im Rahmen der Einarbeitung in die CAD/CAM-Software MegaNC ein Flugmodell zu entwickeln. In Gänze haben die zur Verfügung stehenden Seiten für dieses Vorhaben natürlich nicht ganz gereicht. Mit dem was Sie im Rahmen der Erläuterungen und Übungen konstruiert und schließlich (zumindest virtuell) gefertigt haben, kommt der Condor NT noch nicht in die Luft. Ich hoffe aber, dass die Ausführungen Ihnen die Thematik CAD, CAM und CNC ausreichend nahegebracht haben, damit Sie die Erfahrungen bei der Lektüre und Anwendung dieses Buches einsetzen können, um sich weiter in dieses interessante und nützliche Werkzeug einzuarbeiten.

Mit ein wenig weiterer Übung wird Ihnen der Umgang mit den einzelnen Funktionen immer leichter von der Hand gehen und Sie werden die Werkzeuge für sich herausfinden, die Ihnen am meisten liegen, bzw. die Ihnen für die Erledigung Ihrer Aufgabenstellung am nützlichsten erscheinen. Die hier im Buch dargestellten Schritte sind nur ein gangbarer Weg von mehreren möglichen Arbeitsweisen. So werden Sie später auch mit fundiertem Wissen um die Möglichkeiten der Software und ausreichend praktischer Erfahrung immer wieder auf andere Funktionen und Wege stoßen, um eine Aufgabenstellung effektiv zu erledigen und diese dann in der Folgezeit verstärkt einsetzen.

Neben der Vermittlung von technischen Sachverhalten beim Einsatz der Software war es mir auch wichtig aufzuzeigen, welchen praktischen Nutzen das computer-unterstütze Arbeiten im Modellbau hat. Auch die Freude darüber darzustellen, das Ergebnis der Bemühungen bereits am PC wachsen zu sehen und die Gewissheit zu haben, dass es später einfach passt, war Intention bei der Entstehung dieses Buches. Auch nach zwei Jahrzehnten des Umgangs mit diesen Medien und einer dem Ingenieur eigenen technisch-nüchternen Grundhaltung kommt doch immer wieder fast kindliche Freude auf, wenn auch mit einfachen Mitteln eine Perfektion zu erreichen ist, die man klassisch-handwerklich nur mit größtem Aufwand oder begnadeten Händen erlangt.

Letztlich hoffe ich, dass dieses Buch auch für Leser interessant und hilfreich ist, die sich nicht dem Flugmodellbau verschrieben haben. Die vorgestellten Werkzeuge und Funktionen lassen sich natürlich ebenso bei Schiffsmodellen, im Fahrzeugumfeld der RC-Cars oder -Motorräder oder bei den Truckern und Baumaschinenfans einsetzen. Auch im Umfeld der Eisenbahner oder Dampfmaschinenbauer hat CAD und CAM längst Einzug gehalten, wenn auch die eingesetzten Werkstoffe und Werkzeuge sich bezüglich Anwendungsparametern unterscheiden. Ihnen allen soll die Lektüre den Umgang mit den C-Techniken erleichtern.

Einzelschritte der Anwendung und Funktionsbeschreibungen sind zwar an der Software MegaNC verdeutlicht, die prinzipielle Denk- und Arbeitsweise beim Einsatz von CAD und CAM ist aber auch auf andere Softwarelösungen übertragbar.

Sie haben nun bis zum Ende durchgehalten und ich würde mich freuen, wenn die Lektüre Sie ein Stück weitergebracht hat. Für Anregungen oder konstruktive Kritik stehe ich Ihnen gerne über den VTH-Verlag zur Verfügung.

Jochen Zimmermann

7. Register

2D-Modus 16, 24
3D-Spline 135, 142
absolut 24
Ansicht - Arbeitsebene 114, 145
Arbeitsebene 83ff,97ff,
        106ff, 114ff 135, 142, 155f , 165
Arbeitsebene - 3 Punkte 87, 98, 114,
        140, 156, 198
Arbeitsebene - Bezugspunkt 96,
        107, 117f
Arbeitsebene - Element 86, 142
Arbeitsebene - Normale 87
Arbeitsebene - Strahl 85, 109, 117f, 145
Attribut - Farbe 21, 63
Attribut - Strichart 18, 41, 71
Attribut - Strichstärke 39f, 62
Attribute 18, 22, 38, 45
Attribute übernehmen 49, 56,
        59, 62, 99, 112, 154
Auswahl - Attribute 24, 104, 108
Auswahl - Bildschirm 22, 99ff
Auswahl - einzeln 22, 41, 131, 136, 157
Auswahl - Filt 41f, 68, 99, 101ff, 152, 190
Auswahl - Fläche 58, 62, 69, 81,
        94, 99, 104, 116, 146, 198, 203
Auswahl - Layer 22, 46, 107, 152, 190
Auswahl - Schnittlinie 41

Auswahl Polyline 99, 129
Baugruppe 8, 22, 45, 68, 93, 132ff, 153
Baugruppe - Einfügen 110, 132
Bemaßung 70ff, 109
Bezugsebene 106, 117, 138, 150, 202
Bezugspunkt 28, 48, 52ff, 64, 72,
        92, 107, 114, 118, 136ff, 152, 171, 197, 202
Bitmap laden 89ff, 103
Bitmap skalieren 90
Bogen - 3 Punkte 114, 156
Boole'sche Operation 81f, 124, 147
CAD 9
CAM 10
Clipboard - Einfügen 92, 152
Clipboard - Kopieren - MegaCAD 92, 151
CNC 11
CNC-Steuerung 11, 154, 161, 174, 183
Datei - Einfügen 46
Datei - Laden 17, 46, 75ff, 92, 151, 170
Datei - Speichern 17, 74ff, 137, 151
Datenaustausch 45, 76
DB-Info 134
Differenz zweier Körper 125ff, 147, 193
DIN 66025 .... 11, 161, 182f
drag & drop...................... 35, 46, 57, 63, 72,
        91, 102, 115, 122f, 128, 145, 150, 153f, 170,
        181, 207

Drahtprojektion 143
Drehen Bezugspunkt 113
Drucken 18, 76ff
DXF 45f, 78, 91, 162
Edit 18, 28ff, 36ff, 48, 53,
    60ff, 95, 103, 105ff, 138, 171, 199
Edit - Trimmen doppelt 36, 73
Edit - Abrunden 60, 146
Edit - Aufbrechen automatisch 31, 36,
    49, 53, 61, 65, 70ff, 97, 114, 155
Edit - Elementattribute 38ff
Edit - Kopieren 29, 53, 72, 95, 118, 171
Edit - Rotieren 64
Edit - Skalieren 55, 109ff
Edit - Spiegeln 103, 124, 146, 203
Edit – Trimmen doppelt 36, 73
Edit - Trimmen einfach 36,
    43, 95, 130, 138, 154, 199
Edit - Trimmen mehrfach 69
Edit - Verschieben 28, 53, 72, 120
Edit - Zeichnung säubern 61
Eilgang 164, 177, 183, 186, 207
Elementfilter.....41, 68, 99f, 108, 152, 155ff
Ellipse 97, 142
Fangen - Abstand 29, 33, 42,
    51, 64, 95, 129, 198, 203
Fangen - Element 103, 114, 123,
    151, 180
Fangen - Endpunkt 28, 31, 48, 55,
    72, 92, 98, 103, 115, 129, 156
Fangen - frei 63, 66, 85, 93, 102,
    110, 202
Fangen - Konstruktionspunkte 49,
    51, 67, 107, 139
Fangen - Mitte zwischen 2 Punkten 102
Fangen - Mittelpunkt 135
Fangen - Raster 121
Fangen - Schnittpunkt 31, 43, 49,
107, 133
Fangen - Segmentpunkt 25, 28
Fangen - zwischen 2 Schnittpunkten 57
Fangen auf Arbeitsebene 122, 135,
    143, 155, 204
feature tree 100, 110ff, 121ff, 145ff
Fläche Profilnetz 156
Formen - Rechteck 52, 57, 98
Freiformfläche 10, 81, 102, 141, 154,
    197, 200
Freimaß 163
Freimaß Z-Zustellung 164
G-Code 11f, 161ff, 173ff, 182ff, 206
Gerades Prisma 81, 99ff, 111,
    117, 129, 146, 158, 193, 203
Gruppe 21f, 38, 105, 167, 171
Hiddenline 127
Hilfesystem 20
Hilfslinie 37, 58, 66, 105, 108, 139, 155
Hotkey 27, 44, 52, 55, 66, 68,
    84, 92ff, 101, 114, 185, 203
Infocursor 71
Isometrie 84, 96, 197
Koordinaten 20, 25, 29, 52, 71,
    84ff, 142, 164ff, 174, 182
Kreis - Mittelpunkt - Randpunkt 86
Kreis - Mittelpunkt-Durchmesser 21,
    51, 136
Layer 18, 21ff, 38, 40, 47, 53ff, 63, 70ff,
    85, 93ff, 102, 107ff, 129, 152ff, 170, 181
Linie frei 19, 25, 31, 42, 50, 56, 96
Linie lotrecht 27, 56, 64, 102, 120, 155
Linie parallel 28, 33, 37, 50, 69ff,
    95, 115, 146
Linie Spline 21, 32ff, 63, 91, 102ff, 135
Linien - Rechteck 33, 52, 68, 71, 77,
    84, 198
Linienbreite 39, 41, 105

Linientyp 22, 39	Simulation 83, 162ff, 177, 181, 195, 207
Löschen 58, 64, 68, 94, 101, 107, 123, 158, 200	Smartforms 195ff
Maschineneinstellungen 162, 165, 183, 204	Speicherpfad 74
	Standardattribute 133, 139
Maximale Frästiefe 163, 173, 175	Statuszeile 20, 24, 28, 33, 39, 48, 52, 65, 69, 73, 93, 106, 117, 124, 127, 141, 156
Menüoberfläche - fluent 16	Stift 40ff, 58, 65ff, 91, 95, 105
Menüoberfläche - klassisch 16	Summe zweier Körper 124, 147
NC-Code 182	Sweep Körper 130ff, 142
Nullpunkt 25, 46, 53, 169ff, 177, 185, 187, 203	Tabulator 27, 73, 110, 114, 119, 140, 141, 196
OPGL - Darstellung 126, 143, 157	Technologie - Tasche 160, 173, 196f
OPGL - Transparenz 158	Technologie - Abzeilen 201
Optionsicon 52, 101, 112ff, 120, 125, 140	Technologie - Bohrung 173, 176, 181, 189
Paralleles Profil 59	Technologie - Kontur 160, 171ff, 197
Polarkoordinaten 73	Technologie - Kontur mit Stegen 179, 189
Polyline 48, 52, 58ff, 68, 129, 156, 179, 205	Technologie - Schruppen 174, 201, 205, 207f
Polyline aufbrechen 59	TechnologieManager 190ff
Polyline zusammenstellen 62, 94, 104, 206	Text - Positionsnummer 67
	Textattribute 66
Positionieren - EIN/AUS 118f	Textzeile 64ff
Positionieren - Festhalten 119	Undo 44, 68, 129
Positionieren - Zielebene 106, 118, 140	Unsichtbarkeit 99, 108, 117, 145f, 170
Postprozessor 161ff, 177, 184	Werkzeugbibliothek 166, 173, 186
Profil editieren 138	Werkzeuglängenkorrektur 167
Profil ersetzen 116, 123	Zeichnungsableitung 83, 150ff
Programmnullpunkt 170	Zeitfaktor 164
Quader 81, 84ff, 120ff, 138, 192, 200	Zielebene 106, 117f, 140f, 150, 200f
Radiuskorrektur 167, 174, 187, 205	Zoom - Autozoom 27, 32, 84f
Referenzfahrt 185	Zoom - Direktkzoom 33
Rohteil 163ff, 172, 177, 193, 204	
Rückzugshöhe 164, 193	
Rundung an Körper 126ff	
Schnitt an Ebene 144, 200	
Schraffur 22, 40, 69	
Setup - Linienbreiten 105	

FMT
Die führende Fachzeitschrift

Die FMT ist Europas größtes Fachmagazin für Flugmodelle. Sie berichtet monatlich über alle Sparten von ferngesteuerten Flugmodellen, wie Segel-, Elektro-, Motorflug, Heli- und Multikopter, Jets sowie Foamies. Sie greift damit ein breites Interessen-Spektrum des Hobbys auf. Baupraktische Themen, Eigenbau-Porträts, Reportagen und Marktübersichten gehören ebenso zum monatlichen Inhalt der umfangreichsten deutschen Fachzeitschrift für den Flugmodellbau wie die fundierten Testberichte aus allen Sparten. Sie bieten Orientierung und geben den Lesern eine objektive Bewertung als Entscheidungshilfe zum Kauf.

Preis Druckausgabe:
7,50 € im Inland

ABO-Preis:
12 Ausgaben jährlich
79,00 € im Inland mit Sepa-Lastschrifteinzug*
98,90 € im Ausland mit Sepa-Lastschrifteinzug*

Digital-Ausgabe: 5,99 €   *Zahlung auf Rechnung zzgl. 5 € Aufpreis

FMT Highlights
Scale-Modelle

Die Konstruktion und der Bau von vorbildgetreuen Flugmodellen ist fraglos eine Königsdisziplin des Modellbaus. Der Anspruch ist oft nicht weniger, als ein Ebenbild des Originals zu schaffen, mit exakt maßstabsgetreuen Abmessungen und Details wie Cockpitausbau, Lackierung und Schriftzügen. Aber nicht nur das Aussehen, sondern auch das Flugbild soll, was Geschwindigkeit und Flugverhalten angeht, möglichst dem großen Vorbild gleichen. In hunderten oder gar tausenden Arbeitsstunden werden so von Modellbauenthusiasten wahre Kunstwerke geschaffen, an denen man sich nicht satt sehen kann.

Hochwertiger Sammelband, 144 Seiten, Preis: 19,90 €, ArtNr: 3000099

FMT Highlights
Scale-Modelle Band 2

In diesem zweiten Sammelband haben wir die schönsten Eigenbauten zusammengefasst - von Jets über Motormaschinen bis hin zu Segelflugzeugen. Die Bandbreite der vorgestellten Modelle reicht dabei von einer mit 19,75 g ultraleichten Messerschmitt Bf 109 bis hin zur gigantischen North American B-25 im Maßstab 1:3,5 mit 6 m Spannweite und fast 150 kg Abfluggewicht.

Hochwertiger Sammelband, 144 Seiten, Preis: 19,90 €, ArtNr: 3000104

FMT EXTRA

Alle Ausgaben digital erhältlich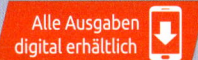

RC-Hangflug
FMT-EXTRA 27:
ArtNr: 3502127
Druck-Ausgabe: 7,80 €
Für FMT-Abonnenten: 5,40 €
Digital-Ausgabe: 5,99 €

Segelflug
FMT-EXTRA 26:
ArtNr: 3502126,
Druck-Ausgabe: 7,80 €
Für FMT-Abonnenten: 5,40 €
Digital-Ausgabe: 5,99 €

RC-Elektronik
FMT-EXTRA 25:
ArtNr: 3502125
Druck-Ausgabe: 7,80 €
Für FMT-Abonnenten: 5,40 €
Digital-Ausgabe: 5,99 €

Baupraxis
FMT-EXTRA 24:
ArtNr: 3502024
Druck-Ausgabe: 7,80 €
Für FMT-Abonnenten: 5,40 €
Digital-Ausgabe: 5,99 €

Segelflug
FMT-EXTRA 23:
ArtNr: 3502022
Druck-Ausgabe: 7,80 €
Für FMT-Abonnenten: 5,40 €
Digital-Ausgabe: 5,99 €

RC-Hangflug
FMT-EXTRA 22:
ArtNr: 350202
Druck-Ausgabe: 7,80 €
Für FMT-Abonnenten: 5,40 €
Digital-Ausgabe: 5,99 €

Segelflug
FMT-EXTRA 17:
ArtNr: 3501917
Druck-Ausgabe: 7,80 €
Für FMT-Abonnenten: 5,40 €
Digital-Ausgabe: 5,99 €

RC-Elektronik
FMT-EXTRA 16:
ArtNr: 3501916
Druck-Ausgabe: 7,80 €
Für FMT-Abonnenten: 5,40 €
Digital-Ausgabe: 5,99 €

RC-Hangflug
FMT-EXTRA 12 und 15:
Extra 12, ArtNr: 3501712
Extra 15, ArtNr: 3501815
Druck-Ausgabe: je 9,90 €
Für FMT-Abonnenten: je 5,99 €

Baupraxis
FMT-EXTRA 14:
ArtNr: 3501814
Druck-Ausgabe: 7,80 €
Für FMT-Abonnenten: 5,40 €
Digital-Ausgabe: 5,99 €

UNSER GEHEIM-TIPP!

Nutzen Sie die VORTEILE des EXTRA-Lieferservices:

Keine Ausgabe verpassen - Portofreie Lieferung jedes neuen EXTRAs innerhalb von Deutschland - Zahlung per Einzelrechnung zum aktuellen Coverpreis - Jederzeit abbestellbar!

Jetzt dabei sein!
www.vth.de/fmt/extra-lieferservice

Jetzt bestellen!

📞 07221 - 5087-22
🖨 07221 - 5087-33
✉ abo@vth.de

🌐 www.vth.de/shop
📷 vth_modellbauwelt
▶ VTH neue Medien GmbH

f VTH & FMT
in VTH Verlag

Maschinen im Modellbau

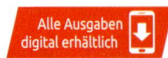
Alle Ausgaben digital erhältlich

Die Fachzeitschrift für den technischen Funktionsmodellbau

Alle Bereiche des technischen Modellbaus sind jeden zweiten Monat Thema dieser Fachzeitschrift. Ob Dampfmaschinen, Heißluft- oder Verbrennungsmotoren, die Freunde technischer Wunderwerke verschiedenster Art finden hier eine Fülle an Informationen, um neue Projekte in der Heimwerkstatt zu verwirklichen.

Das dazu notwendige Wissen zum Einsatz von Werkzeugmaschinen sowie Tipps und Tricks aus der Praxis für die Praxis finden Sie in jeder Ausgabe. Abgerundet wird das breite Themenspektrum von Reportagen aus der Welt der historischen Technik.

Preis Druckausgabe:
8,90 € im Inland

Digital-Ausgabe: 7,99 €

ABO-Preis:
6 Ausgaben jährlich
48 € im Inland mit Sepa-Lastschrifteinzug*
58,80 € im Ausland mit Sepa-Lastschrifteinzug*
*Zahlung auf Rechnung zzgl. 4,80 € Aufpreis

Maschinen im Modellbau Highlights Dampfmaschinen

In diesem Sammelband haben wir Ihnen einige der schönsten Dampfmaschinenmodelle der letzten Jahre zusammengestellt. Genießen Sie die Technik und Ästhetik dieser Maschinen und lassen Sie sich zu neuen Projekten inspirieren.

Hochwertiger Sammelband, 144 Seiten,
Preis: 19,90 €, ArtNr: 3000103

MIT UNS SIND IHREM HOBBY KEINE GRENZEN GESETZT

Ihre Abo-Vorteile:
- alle Ausgaben portofrei* direkt nach Hause geliefert
- früher informiert und immer „up-to-date"
- Wunschprämie aussuchen
- exklusive Vorteilspreise im VTH-Shop
- und das Beste: kostenlose Mitgliedschaft im Abo-Club

*innerhalb Deutschland

FMT: Europas größtes Fachmagazin für Flugmodelle. Sie berichtet jeden Monat über alle Sparten von ferngesteuerten Flugmodellen und greift dabei ein besonders breites Interessen-Spektrum auf.

www.fmt-rc.de

ModellWerft deckt die unterschiedlichen Bereiche des Schiffsmodellbaus ab. Top-Autoren berichten jeden Monat über alles, was Schiffsmodellbauer interessiert: Aktuelle Informationen, neueste Entwicklungen sowie geschichtliches und technisches Hintergrundwissen.

www.modellwerft.de

Maschinen im Modellbau deckt alle Bereiche des technischen Modellbaus ab. Ob Dampfmaschinen, Heißluft- oder Verbrennungsmotoren, Werkzeugmaschinen und CAD-/CAM- und CNC-Themen – Maschinen im Modellbau gibt Tipps und Tricks aus der Praxis.

www.maschinen-im-modellbau.de

TRUCKmodell bietet alle Informationen, um vorbildgetreue Trucks, Bagger und andere Nutzfahrzeuge als funktionsfähige Modelle nachzubauen. Kompetente Testberichte und Kniffe aus der Werkstatt helfen bei der Umsetzung eigener Ideen. Spannende Reportagen zeigen die Szene.

www.truckmodell.de

Jetzt bestellen!

07221 - 5087-22
07221 - 5087-33
abo@vth.de

www.vth.de/shop
vth_modellbauwelt
VTH neue Medien GmbH

VTH & FMT
VTH Verlag

Das perfekte und platzsparende Archiv

Die Chronik des Flugmodellbaus

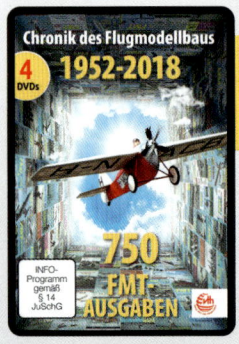

4 DVDs in einer Box

- Alle 750 Ausgaben auf DVD
- 4 DVDs à 8 GB Datenvolumen

Preis: 99,- €

ArtNr: 6201180
Abonnenten bestellen zum Vorteilspreis von nur 89,- €

Die Chroniken sind auch in unseren Mystery Boxen enthalten!

FMT Mystery Box
ArtNr: 6211899
Preis: 129 €

ModellWerft Mystery Box
ArtNr: 6211900
Preis: 109 €

TRUCKmodell Mystery Box
ArtNr: 6211901
Preis: 99 €

Maschinen im Modellbau Mystery Box
ArtNr: 6211902
Preis: 89 €

Die Chronik des Schiffsmodellbaus

2 DVDs in einer Box

- Alle 450 Ausgaben auf DVD
- 2 DVDs mit mehr als 12 GB Inhalt

Preis: 79,- €

ArtNr: 6201187
Abonnenten bestellen zum Vorteilspreis von nur 69,- €

Die Chronik des Nutzfahrzeug-Modellbaus

Alles auf einer DVD

- Alle 175 Ausgaben auf DVD

Preis: 69,- €

ArtNr: 6201289
Abonnenten bestellen zum Vorteilspreis von nur 59,- €

Die Chronik des Schiffspropellers

Alles auf einer DVD

- 35 Jahre auf DVD

Preis: 59,- €

ArtNr: 6201290
Abonnenten bestellen zum Vorteilspreis von nur 49,- €

Die Chronik des technischen Modellbaus

Alles auf einer DVD

- Alle 150 Ausgaben auf DVD

Preis: 59,- €

ArtNr: 6201192
Abonnenten bestellen zum Vorteilspreis von nur 49,- €

Mini-Flugmodelle
Flugzeuge, Hubschrauber, Multicopter

Hinrik Schulte

Die Auswahl an Flugmodellen unter 100 g Abfluggewicht ist inzwischen sehr groß und unübersichtlich. Hinrik Schulte stellt nach etwas Theorie eine Auswahl von insgesamt 25 Mini-Modellen vor und hat diese, nach Bewertungskriterien wie Anfängertauglichkeit und Flugmöglichkeiten, in unterschiedliche Kategorien eingeteilt.

Umfang: 144 Seiten
Abbildungen: 200
ArtNr: 3102235
Preis: 18,80 €

Leichtschaum-Giganten
Motorflugzeuge, Segelmodelle, Jets

Hinrik Schulte

In seinem Buch beschreibt Hinrik Schulte zuerst die theoretische Seite des Themas Leichtschaum-Giganten und zeigt die neuralgischen Punkte, bevor er eine Auswahl großer Schaum-Flugmodelle vorstellt, die er ausgiebig auf Herz und Nieren geprüft hat. Wie Sie ein derartiges Modell richtig bauen und sicher fliegen, lesen Sie hier.

Umfang: 136 Seiten
Abbildungen: 166
ArtNr: 3102221
Preis: 23,80 €

3D-Druck im Flugmodellbau
Vom ersten Entwurf zum finalen Druck

Thomas Fischer

Die Herstellungsmethode des 3D-Drucks erfreut sich wachsender Beliebtheit. Auch im Modellbau findet das 3D-Druckverfahren immer mehr Anklang. Thomas Fischer beantwortet in seinem Buch alle Fragen rund um den 3D-Druck im Flugmodellbau. Sowohl der interessierte Neuling als auch der bereits praktisch tätige Anwender wird hier fündig. Praxisnah erläutert und vertieft das Buch die Grundlagen zum 3D-Druck, technische und persönliche Anforderungen sowie Vor- und Nachteile verschiedene Filament-Materialien und Druckprozesse. Darüber hinaus beschreibt der Autor die eigenen Projekte mit praktischen Tipps – unter anderem der Bau eines Drei-Meter-Seglers, eines Super-Tigers und selbstgedruckten Bauteilen.

Umfang: 192 Seiten
ArtNr: 3102294
Preis: 32,90 €

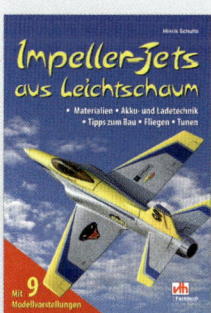

Impeller-Jets aus Leichtschaum

Hinrik Schulte

Bevor man mit einem leistungsfähigen und schnellen Modell in die Luft geht, gibt es einiges, das man wissen sollte. Hinrik Schulte vermittelt Tipps aus der Praxis und erleichtert den Einstieg zusätzlich, indem er beispielhaft an neun Modellen die Stärken und Schwächen unterschiedlicher Konstruktionen und Konzepte vorstellt.

Umfang: 144 Seiten
Abbildungen: 199
ArtNr: 3102206
Preis: 19,80 €

Depron-Workshop
Leichte Schaummodelle selber bauen

Michael Rützel

Depron ist ein perfektes Material für leichte Flugmodelle. Doch nur vorgefertigte Bausätze zu montieren, wird auf Dauer langweilig. Gerade der individuelle Bau nach Eigenkonstruktion oder Bauplan macht Spaß und ist gar nicht so schwierig, wie man meint. Man braucht auch deutlich weniger Werkzeug als etwa beim Bau mit Holz.

Umfang: 104 Seiten
ArtNr: 3102277
Preis: 19,90 €

RC-Wasserflugmodelle
Konstruktion und Optimierung

Jörg Pfister

Warum hüpfen Wasserflugzeuge bei der Landung? Warum macht ein Wasserflugzeug beim Start einen Sprung nach oben? Viele Probleme beim RC-Wasserflug liegen nicht unbedingt am Können des Piloten, sondern sind oft konstruktionsbedingt. Jörg Pfister zeigt, worauf es beim Eigenbau eines Wasserflugzeuges oder beim Kauf und der Optimierung eines Fertigmodells ankommt.

Umfang: 144 Seiten
Abbildungen: 147
ArtNr: 3102251
Preis: 23,80 €

Jetzt bestellen!

📞 07221 - 5087-22
📠 07221 - 5087-33
✉ abo@vth.de

🌐 www.vth.de/shop
📷 vth_modellbauwelt
▶ VTH neue Medien GmbH

f VTH & FMT
in VTH Verlag

CNC-Fräsen und -Drehen im Modellbau
Grundlagen – Praxis – Tipps
Christoph Selig

Der Autor weiht Sie in die Geheimnisse des CNC-Fräsens und – erstmals – des CNC-Drehens ein. Umfassend geht er sowohl auf die Hardware, die Software und auch die Werkzeugmaschinen ein. Dabei sind Grundlagen, vor allem aber die Praxis des Umbaus und des CNC-gesteuerten Fertigens das Thema.

Umfang: 240 Seiten
Abbildungen: 266
ArtNr: 3102256
Preis: 31,90 €

Elektrofeinwerkzeuge
Geräte & Praxis
Thomas Riegler

Ob im Modellbau oder bei anderen feinen Aufgaben – Elektrofeinwerkzeuge machen viele Arbeiten einfacher und manchmal sogar überhaupt erst möglich. Thomas Riegler beschreibt in diesem Buch die verschiedenen Geräte, ihre Besonderheiten und Einsatzzwecke, erklärt die Bedienung und verrät Tipps und Tricks für die praktische Arbeit mit ihnen.

Umfang: 208 Seiten
Abbildungen: 475
ArtNr: 3102263
Preis: 29,80 €

Tipps und Tricks für die Metallwerkstatt
Ideen und Bauvorschläge aus der Praxis
Jörg Burgdorf

Arbeiten mit Metall stellen den Laien häufig vor Probleme. Dabei haben die Profis häufig Tricks und Kniffe, um sich die Arbeit leichter, effektiver und schneller zu machen. Jörg Burgdorf lässt uns in diesem Buch in seine Werkstatt schauen und gibt zahlreiche Tipps aus der Profi-Werkstatt.

Umfang: 64 Seiten
Abbildungen: 61
ArtNr: 3102262
Preis: 14,90 €

50 Kniffe für die Werkstatt
Dr. Kurt Becker

In diesem Buch zeigt Kurt Becker 50 – eigentlich sogar ein paar mehr – Kniffe, mit denen die Metallbearbeitung im Modellbau einfacher und besser gelingt. Seine praxiserprobten Tipps und Tricks sind manchmal erstaunlich simpel – aber man muss halt drauf kommen!

Umfang: 88 Seiten
Abbildungen: 84
ArtNr: 3102289
Preis: 19,90 €

GRUNDLAGENWISSEN DREHEN & FRÄSEN

Drehen für Modellbauer
Band 1: Das ABC des Hobbydrehers
Jürgen Eichardt

In Band 1 geht es um Anforderungen an Tischdrehmaschinen, die Pflege und Verbesserung der Arbeitsgeräte, die Werkzeuge und das Material. Außerdem werden auch die üblichen Arbeitsweisen näher beschrieben.

Umfang: 192 Seiten
ArtNr: 3102113
Preis: 24,90 €

Drehen für Modellbauer
Band 2: Besondere Aufgaben und Technologien
Jürgen Eichardt

In Band 2 erläutert Jürgen Eichardt die etwas schwierigeren Operationen und zeigt ungewöhnliche Hilfsmittel: Rändeln und Kordieren, Gewindeschneiden und Formdrehen, und vieles mehr.

Umfang: 144 Seiten
ArtNr: 3102114
Preis: 21,90 €

Fräsen für Modellbauer
Band 1: Maschinen, Werkzeuge und Materialien
Jürgen Eichardt

In Band 1 erfahren Sie, worauf man beim Kauf einer Fräsmaschine achten muss, wie die Maschine gepflegt wird, und wie wir sie mit einer Vielzahl von selbst gebauten Verbesserungen und nützlichen Zubehörteilen versehen können.

Umfang: 172 Seiten
ArtNr: 3102117
Preis: 24,90 €

Fräsen für Modellbauer
Band 2: Frästechniken, Messen & Sonderanwendungen
Jürgen Eichardt

Hier erfährt man, wie die verschiedenen Fräswerkzeuge arbeiten und wie man sie richtig einsetzt. Einfache Fräsbearbeitungen werden ebenso gründlich besprochen wie vermeintlich schwierige Anwendungen.

Umfang: 172 Seiten
ArtNr: 3102118
Preis: 24,90 €

3D-Druck-Praxis
Alles für den Start
Oliver Bothmann

Der 3D-Druck ist eine der Techniken der Zukunft – dieses Buch macht Sie fit für seine Anwendung! Der Autor zeigt, wie 3D-Druck daheim funktioniert, was Sie dafür benötigen und wie Sie erfolgreich zu Ihrem ersten 3D-Druck kommen.

Umfang: 176 Seiten
Abbildungen: 246
ArtNr: 3102245
Preis: 24,80 €

Antriebsmodelle
für Dampfmaschinen und Heißluftmotoren

Volker Koch

Viele Modellbauer – gerade auch Einsteiger – fragen sich, wenn das erste Dampfmaschinen- oder Heißluftmotormodell fertiggestellt ist und funktioniert: und nun? Solche Maschinen waren im Original ja dazu gedacht Arbeit zu verrichten und maschinelle Tätigkeiten zu ermöglichen. Schon früh kamen die Anbieter von Spielzeugdampfmaschinen daher auf die Idee, Antriebsmodelle herzustellen, bei denen die Maschinen ihre Kraft sinnvoll abgeben konnten.

**Umfang: 160 Seiten
ArtNr: 3102295
Preis: 29,90 €**

Dampfbetriebene Werkstätten als Modell
Antriebsmaschinen – Transmissionen – Betriebsmodelle

Volker Koch

Die Nutzung von Dampfmaschinen für den Antrieb von Werkzeugmaschinen war der Grundstein der ersten industriellen Revolution. Viele Fragen zum Aufbau und dem Betrieb von dampfbetriebenen Modellwerkstätten beantwortet Volker Koch in seinem umfangreich bebilderten Buch, welches ein faszinierendes Stück Technikgeschichte wiederauferstehen lässt.

**Umfang: ca. 256 Seiten
Zahlreiche Abbildungen
ArtNr: 3102296
Preis: 34,90 €**

Hydraulik im Modellbau
Grundlagen für den Bau einer Modellhydraulik

Marcel Sigrist

Ob Bagger oder Raupe, Kipper oder Radlader – im Original kommen alle diese Nutzfahrzeuge nicht ohne Hydraulik aus. In diesem Buch gibt der Modellhydraulik-Spezialist Marcel Sigrist Informationen, damit ein Modell mit einer funktionierenden Hydraulik ausgestattet werden kann. Von der Berechnung der benötigten Leistung bis zu den benötigten Sicherheitseinrichtungen – ein komplettes Archiv der technischen Zeichnungen für die benötigten Bauteile rundet das Buch ab.

**Umfang: 112 Seiten
ArtNr: 3102278
Preis: 28,90 €**

Akkus für jeden Zweck
Auswahl und Pflege für Smartphone, Spielzeug und Co

Thomas Riegler

Unsere Welt ist auf Akku! Immer mehr Geräte, die wir täglich benutzen – seien es Smartphones über Laptops, Werkzeuge bis hin zum Elektro-Fahrrad und Auto – basieren auf netzunabhängiger Energie. Doch welchen Akku verwendet man für welchen Zweck? Dieses und noch viel mehr erklärt Thomas Riegler in diesem Buch und macht Sie so zum echten Akkuspezialisten!

**Umfang: 192 Seiten
ArtNr: 3102283
Preis: 29,90 €**

Kunststoffe für Modellbauer

Alex Weiss

Kunststoffe gibt es in den vielfältigsten Formen, mit unterschiedlichsten Eigenschaften und für zahlreiche Anwendungen. Der Autor Alex Weiss sorgt mit diesem Fachbuch für den notwendigen Überblick, um Kunststoffe richtig einzusetzen und zu verarbeiten. Besprochen werden Kunststoffe wie ABS, Polystyrol, PVC, Polyethylen, Polyester, Epoxyd, Polyurethan, Acryl, Silikon und viele mehr.

**Umfang: 160 Seiten
Abbildungen: 233
ArtNr: 3102169
Preis: 22,00 €**

Das große Lötbuch
Löten in der Praxis von A bis Z

Thomas Riegler

Das richtige Löten ist aus der Elektronik nicht wegzudenken. Thomas Riegler beschreibt in diesem Buch die verschiedenen Löttechniken, gibt Tipps, welches Gerät für welchen Einsatz das richtige ist und vermittelt anschaulich die Praxis des Lötens. Umfassend wird dabei auch auf die Besonderheiten des bleifreien Lötens eingegangen und der Aufbau einer Schaltung beschrieben.

**Umfang: 208 Seiten
Abbildungen: 288
ArtNr: 3102254
Preis: 29,90 €**

Materialien für den Modellbau

Alex Weiss

Dieses Buch beschreibt die vielen unterschiedlichen Materialien, die vom Funktionsmodellbauer in seiner Werkstatt verwendet werden. So unter anderem Eisen und Stahl, Nichteisen-Metalle wie Aluminium, Messing und Kupfer, Hart- und Weichhölzer sowie eine Anzahl von Kunststoffen – bearbeitbare und andere. Ein Buch, das in jede Modellbauerwerkstatt gehört!

**Umfang: 160 Seiten
Abbildungen: 104
ArtNr: 3102142
Preis: 15,00 €**

Jetzt bestellen!

07221 - 5087-22
07221 - 5087-33
abo@vth.de

www.vth.de/shop
vth_modellbauwelt
VTH neue Medien GmbH

VTH & FMT
VTH Verlag

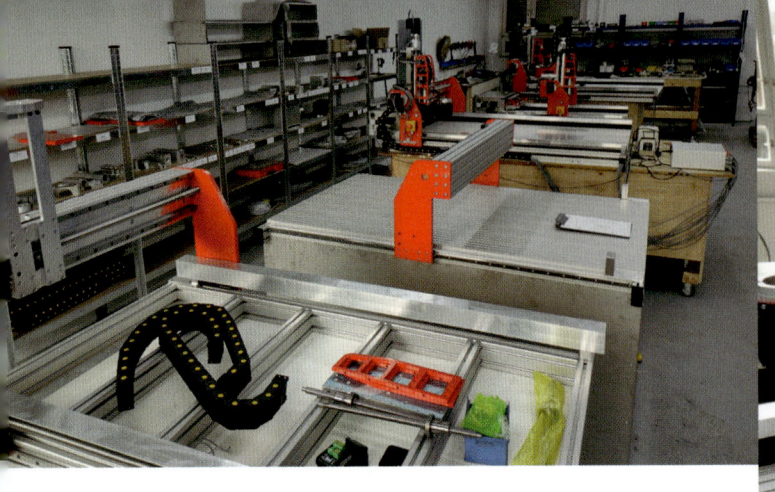

Plettenbergstraße 3
72336 Balingen
07433/ 9372968
service@bulldog-cnc-maschinen.de

- Robust
- Langlebig
- Individuell
- 100% Made in Germany

www.Bulldog-cnc-maschinen.de

Anzeige

Der größte Aluminium-Onlineshop

Unsere Flexibilität ist Ihr Vorteil!

METALLE
in allen Qualitäten und Abmessungen

IHR MODELLBAU-SPEZIALIST!

ALLES AUCH IN KLEINSTMENGEN!

Wilms Metallmarkt Lochbleche GmbH & Co. KG
Widdersdorfer Straße 215 · 50825 Köln
T 0221 54668 – 0 · F – 30 · mail@wilmsmetall.de
www.wilmsmetall.de

Anzeige

Vom Beginner zum Profi
Für den Modellbauer, Bastler oder Experten mit allen Maschinen und Zubehör

Ihre **CNC-Maschine**, unser *WinPC-NC*

NEUE Version 4

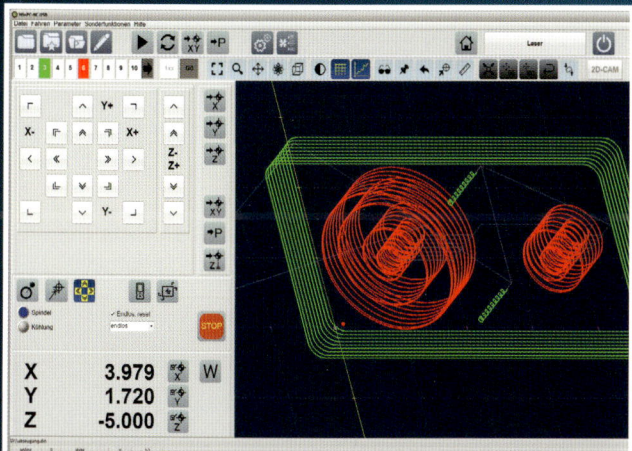

Lasern, Fräsen, Bohren
Gravieren, Schneiden
3D-Drucken, uvm.

- Tausendfach im Einsatz
- Intuitive Bedienung
- DXF, GCode, Isel, uvm.
- 3-/4-Achs-Bahnsteuerung

Mehr Informationen auf:
www.lewetz.de | info@lewetz.de

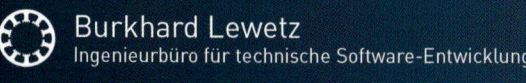

Burkhard Lewetz
Ingenieurbüro für technische Software-Entwicklung

CAD – CAM – CNC im Modellbau

Jochen Zimmermann

Der Computer ist heute aus dem Alltag – vor allem aus dem Berufsleben – nicht mehr wegzudenken. So haben computerunterstützte Konstruktionssysteme schon längst Zeichenbrett und Tuschestift abgelöst. Was im professionellen Bereich eingesetzt wird, findet natürlich zwangsläufig auch sehr schnell den Weg in den Modellbau. So setzen in der Zwischenzeit viele Modellbauer CAD-Systeme ein, um ihre Modelle zu konstruieren und CNC-Maschinen, um die Teile zu produzieren. Viele aber scheuen sich vor diesem Schritt in eine als kompliziert verschriene Materie.

Mit der 2. Auflage dieses Buches führt Sie Jochen Zimmermann in die Welt der computerunterstützten Konstruktion und Fertigung – ganz auf den Modellbau abgestimmt. Die Arbeitsweise eines CAD/CAM-Systems wird anhand der Software MegaCAD/MegaNC (Releasestand 2021) erläutert. Anhand eines praktischen Beispiels aus dem Flugmodellbau – aber auch umsetzbar auf Schiffs- und Truck- und andere Modelle – wird die Konstruktion in 2D und 3D gezeigt. Tipps und Tricks für den Umgang mit der Software und die Punkte, auf die bei einer Konstruktion zu achten ist, sind für jeden, der den Modellbau mit Computerunterstützung bereichern will, eine wahre Fundgrube. Die Umsetzung in entsprechende Bearbeitungsdateien und Hilfen für die 2D- und 3D-Fertigung von Bauteilen runden das Buch ab.

Machen Sie den nächsten Schritt im Modellbau – konstruieren und fertigen Sie mit Computerunterstützung dank CAD, CAM und CNC!

Aus dem Inhalt:
- Begriffsbestimmungen: CAD – CAM – CNC
- 2D-Konstruktion – Planerstellung
- Grundlagen des Konstruierens am CAD
- Fangmethoden
- Layer und Gruppen
- Dateiverwaltung
- Drucken und Datenaustausch
- Konstruieren in 3D
- CNC-Technik – vom PC auf die Maschine
- Nach CAD kommt CAM
- CAM-Funktionen im 3D

Verlag für Technik und Handwerk neue Medien GmbH

Preis: 34,90 € (D)
Best.-Nr.: 3102270

ISBN 978-3-88180-485-1